高职高专系列教材

特种加工技术

主　编　杨　晶　邢国芬　李婷婷

副主编　张正鑫　王国际

崔立辉　刘乐年

参　编　高建民　康爱军　尹爱东

中国石化出版社

内 容 提 要

本教材以就业为导向，以能力为根本，优化理论知识，增强职业技能；运用模块式教学，将两者有机结合，通俗易懂，图文并茂。

书中简化理论内容，强化实训能力，将理论与技能整合，展现最新知识与技能。全书包括电火花、线切割、高能束加工、超声波加工、化学加工、磨料流、水射流加工等内容。

本书适合大学本科、自学考试、高职、高专的机制、数控、模具、机电、机修等机械类相关专业人员、学生学习，也可供从事特种加工技术的人员参考使用。

图书在版编目(CIP)数据

特种加工技术 / 杨晶，邢国芬，李婷婷主编.
—北京：中国石化出版社，2014.3
高职高专系列教材
ISBN 978－7－5114－2685－7

Ⅰ.①特… Ⅱ.①杨… ②邢… ③李… Ⅲ.①特种加工－高等职业教育－教材 Ⅳ.①TG66

中国版本图书馆 CIP 数据核字(2014)第 045076 号

中国石化出版社出版发行

地址：北京市东城区安定门外大街 58 号
邮编：100011 电话：(010)84271850
读者服务部电话：(010)84289974
http://www.sinopec-press.com
E-mail:press@sinopec.com
北京科信印刷有限公司印刷
全国各地新华书店

*

787×1092 毫米 16 开本 16.5 印张 407 千字
2014 年 3 月第 1 版 2014 年 3 月第 1 次印刷
定价：35.00 元

前　言

特种加工技术开辟了现代制造技术的新领域，它是区别于传统加工，不主要依靠机械能，而是将电、磁、声、光、化学等能量或组合施于工件被加工部位，从而实现材料减薄、增厚、变形、改性等的非传统加工，它可以加工难切削材料，获得复杂型面，完成传统方法无法加工的高精尖产品，在现代工业中占据着越来越重要的地位。

本教材以就业为导向，以能力为根本，优化理论知识，增强职业技能，强调理论与技能的和谐统一；运用模块式教学，将两者有机结合，力求通俗易懂，图文并茂，取得了很好的教学效果。

此次编撰，又在原来基础上与时俱进，优化组合，简化理论内容，强化实训能力，打破原有体系框架，将理论与技能整合，力图展现最新知识与技能。全书包括电火花、线切割、高能束加工、超声波加工、化学加工、磨料流、水射流加工等内容，适合大学本科、自学考试、高职、高专的机制、数控、模具、机电、机修等机械类相关专业人员、学生学习，也可供从事特种加工技术的人员参考使用。

本书由天津石油职业技术学院杨晶、邢国芬、李婷婷主编。杨晶搭建全书框架，负责全书统稿、完善、细化工作；邢国芬编撰全部电火花加工篇、超声波加工篇、电子束、离子束加工模块八、快速成形加工模块十以及本书全部思考题；李婷婷完成电解加工模块五、电铸加工模块六、激光加工模块七和其他特种加工模块十一；王国际完成绪论部分；崔立辉完成电化学加工基础知识模块四。康爱军、尹爱东、高建民对全书图表进行了认真校对、修订与完善；张正鑫、刘乐年对全书的编写给予了大力支持与帮助，在此一并表示感谢！

由于编者水平有限，加之时间仓促，书中不足之处在所难免，敬请广大读者批评指正。

目　录

第三篇　高能束加工

第四篇　超 声 加 工

第五篇　其他特种加工

绪 论

知识要点

- 特种加工的概念、特点
- 特种加工与传统加工的区别
- 特种加工分类与应用

学习要求

- 掌握特种加工概念、特点、分类和应用
- 理解特种加工与传统加工的区别
- 了解特种加工产生与发展远景

知识链接

一、特种加工技术概况

车、铣、刨、磨加工方法通常称为传统加工，传统加工必须用比加工对象更硬的刀具，通过刀具与加工对象的相对运动以机械能的形式完成加工。但目前难切削加工的材料越来越多，如硬质合金、淬火钢，甚至是目前世界上最硬的金刚石，那么如何对它们进行加工？半导体材料为脆性材料，如何切？宇航中广泛使用钛合金，弹性好、导热性差，又如何加工？

对于这些难加工材料的加工正是特种加工的主要应用范畴之一。目前，特种加工技术已成为先进制造技术中不可缺少的分支，在难切割、复杂型面、精细表面、优质表面、低刚度零件及模具加工等领域中已成为重要的工艺方法。

特种加工可以用比加工对象硬度低的工具、甚至没有成形的工具，通过电能、化学能、光能、热能等形式对材料进行加工，并且特种加工的形式也有很多。本书将对几种常用的特种加工技术的含义、特点、加工工艺等进行介绍。

(一)特种加工技术的产生

历史的发展、社会的进步屡次证明加工方法对新产品的研制、推广和社会经济的发展等起着重大的作用。例如18世纪70年代就发明了蒸汽机，但苦于制造不出高精度的蒸汽机汽缸，无法推广应用。直到有人创造和改进了汽缸镗床，解决了蒸汽机主要部件的加工工艺，才使蒸汽机获得广泛应用，引起了世界性的第一次产业革命。

随着新材料、新结构的不断出现，加工方法的重要性愈加突出。第一次产业革命以来，一直到第二次世界大战以前，长达150多年靠机械切削加工(包括磨削加工)的漫长年代里，并没有产生对特种加工的迫切要求，也没有发展特种加工的充分条件，人们的思想一直还局限在传统的用机械能量和切削力来除去多余的金属，以达到加工要求。

20 世纪 40 年代，苏联科学家拉扎连柯夫妇研究开关触点遭受火花放电腐蚀损坏的现象和原因，发现电火花的瞬时高温可使局部的金属熔化、气化而被腐蚀掉，开创和发明了电火花加工，用铜丝在淬火钢上加工小孔。首次用软的工具加工硬的材料，利用电能、热能去除金属。

后来，由于材料科学、高新技术的发展和激烈的市场竞争、发展尖端国防及科学研究的急需，不仅新产品的更新换代日益加快，而且产品要求具有很高的强度重量比和性能价格比，朝着高速度、高精度、高可靠性、耐腐蚀、高压高温、大功率、尺寸大小两极分化的方向发展，为此，各种新材料、新结构、形状复杂的精密机械零件大量涌现，对机械制造业提出了一系列迫切需要解决的新问题。

(1) 各种难切削材料的加工

如硬质合金、钛合金、耐热钢、不锈钢、淬硬钢、金刚石、宝石、石英以及钨、硅等各种高硬度、高强度、高韧性、高脆性的金属及非金属材料的加工。

(2) 解决各种特殊复杂表面的加工问题

如喷气涡轮机叶片、整体涡轮、发动机机匣和锻压模和注射模的立体成型表面，各种冲模、冷拔模上特殊断面的型孔，炮管内膛线，喷油嘴，栅网、喷丝头上的小孔、窄缝等的加工。

(3) 解决各种超精、光整或具有特殊要求的零件的加工问题

如对表面质量和精度要求很高的航天航空陀螺仪、伺服阀，以及细长轴、薄壁零件、弹性元件等低刚度零件的加工。

为解决上述诸如此类的问题，采用传统加工方法十分困难，甚至根本无法解决。人们相继探索研究，从两个方向入手：一方面立足传统切削，改善切削状态、提高切削加工水平。研究高效加工的刀具和刀具材料优化切削参数；提高刀具可靠性、在线刀具监控系统；开发新型切削液；研制新型自动机床。另一方面，冲破传统方法束缚，探索、寻求新的加工方法。于是产生了多种有别于传统机械加工的新加工方法。这些新加工方法从广义上定义为特种加工(NTM, Non-Traditional Machining)，也被称为非传统加工技术，其加工原理是将电、热、光、声、化学等能量或其组合施加到工件被加工的部位上，从而实现材料去除、变形、改变性能或被镀覆等。

切削加工的本质和特点：一是靠刀具材料比工件更硬；二是靠机械能把工件上多余的材料切除。一般情况下这是行之有效的方法，但是，当工件材料愈来愈硬，加工表面愈来愈复杂的情况下，物极必反，原来行之有效的方法转化为限制生产率和影响加工质量的不利因素了。相比而言，特种加工与传统的机械加工相比，特种加工(Special Machining，简称 SM)技术是借助电能、热能、光能、声能、电化学能、化学能及特殊机械能等多种能量或其复合以实现切除材料的加工方法。具有其独特之处：

① 不主要依靠机械力和机械能切除金属，而是主要用其他能量(如电、化学、光、声、热等)去除金属和非金属材料。它们瞬时能量密度高，可以直接有效地利用各种能量，造成瞬时、局部熔化，以强力、高速爆炸、冲击去除材料。故可加工任何高硬度材料。

②“以柔克刚”，不受材料强硬度等限制，其加工性能与工件材料的强、硬度力学性能无关。加工时，工具与被加工零件基本不接触，不受工件强度和硬度的制约，故可加工超硬、高脆性及热敏材料以及特殊的金属和非金属材料和精密微细零件，甚至工具材料的硬度

可低于工件材料的硬度。易于加工复杂型面、微细表面以及柔性零件。

③ 可以获得良好的表面质量。由于加工机理不同于一般金属切削加工，不产生宏观切屑，不产生强烈的弹、塑性变形，故可获得很低的表面粗糙度，其残余应力、冷作硬化、热影响度等也远比一般金属切削加工小。

④ 向精密加工方向发展，当前已出现了精密特种加工，许多特种加工方法同时又是精密加工方法、微细加工方法，如电子束加工、离子束加工、激光束加工等就是精密特种加工：精密电火花加工的加工精密可达微米级0.5～1μm，表面粗糙度可达镜面R_a0.02μm。

⑤ 加工能量易于控制和转换，工件一次装夹可同时实现粗、中、精加工，从而大大减少装夹时间，减少安装误差，有利于保证加工精度，提高生产率。故加工范围广，适应性强。

⑥ 各种加工方法可以任意复合、扬长避短，形成新的工艺方法，更突出其优越性，便于扩大应用范围。如目前的电解电火花加工（ECDM）、电解电弧加工（ECAM）就是两种特种加工复合而形成的新加工方法。

⑦ 特种加工对简化加工工艺、变革新产品的设计及零件结构工艺性等产生积极的影响。

由于特种加工技术具有其他常规加工技术无法比拟的优点，在现代加工技术中，占有越来越重要的地位。表面粗糙度 $R_a<0.01$μm 的超精密表面加工，非采用特种加工技术不可。所以就总体而言，特种加工可以加工任何硬度、强度、韧性、脆性的金属或非金属材料，且专长于加工复杂、微细表面和低刚度的零件。如今，特种加工技术的应用已遍及从民用到军用的各个加工领域。

目前，国际上对特种加工技术的研究主要表现在以下几个方面：

① 微细化　目前，国际上对微细电火花加工、微细超声波加工、微细激光加工、微细电化学加工等的研究正方兴未艾，特种微细加工技术有望成为三维实体微细加工的主流技术。

② 特种加工的应用领域正在拓宽　例如，非导电材料的电火花加工，电火花、激光、电子束表面改性等。

③ 广泛采用自动化技术　充分利用计算机技术对特种加工设备的控制系统、电源系统进行优化，建立综合参数自适应控制装置、数据库等，进而建立特种加工的CAD/CAM和FMS系统，这是当前特种加工技术的主要发展趋势。用简单工具电极加工复杂的三维曲面是电解加工和电火花加工的发展方向。目前已实现用四轴联动线切割机床切出扭曲变截面的叶片。随着设备自动化程度的提高，实现特种加工柔性制造系统已成为各工业国家追求的目标。

（二）特种加工技术的发展

特种加工技术的发展主要表现在以下方面：

① 按照系统工程的观点，加大对特种加工原理、工艺规律、加工稳定性等深入研究的力度。同时融入现代电子技术、计算机技术、信息技术和精密制造技术等高新技术，使加工设备向自动化、柔性化方向发展。

② 从实际出发、大力开发特种加工领域中的新方法，包括微细加工和复合加工，尤其是质量高、效率高、经济型的复合加工，并与适宜的制造模式性匹配，以充分发挥其特点。

③ 污染问题是影响和限制特种加工应用、发展的严重障碍，必须花大力气解决废气、废液、废渣问题，向绿色加工方向发展。

我国的特种加工技术起步较早。20世纪50年代中期，我国已经设计研发出电火花穿孔机床、电火花表面强化机。50年代末期，我国第一家电加工机床专业生产厂营口电火花机床厂成批生产电火花强化机和电火花机床。后来，上海第八机床厂、苏州长风机械厂和汉川机床厂等也生产电火花加工机床。50年代末电解加工也开始在原兵器工业部采用，这个时期我国也曾出现了“超声波热”，把超声波技术用于强化工艺过程和加工，成立了上海超声波仪器厂和无锡超声电子仪器厂等。

60年代初，中国科学院电工研究所研制成功我国第一台靠模仿形电火花线切割机床。60年代末，上海电表厂张维良工程师在阳极－机械切割的基础上发明出我国独创的高速走丝线切割机床，上海复旦大学研制出电火花线切割数控系统。

1963年，哈尔滨工业大学最早开设特种加工课程和实验，并编印出相应的教材。1979年，我国成立了全国性的电加工学会。1981年，我国高校间成立了特种加工教学研究会。这对电加工和特种加工的普及和提高起了很大的促进作用。但是，由于我国原有的工业基础薄弱，特种加工设备和整体技术水平与国际先进水平有不少差距，每年还需从国外进口300台以上高档电加工机床。

(三)特种加工的分类和应用领域

到目前为止，已经出现了近百种特种加工方法。但特种加工的分类还没有明确的规定，一般按能量来源和作用形式以及加工原理可分为表0－1所示的形式。

表0－1　常用特种加工方法的分类

加工方法		主要能量形式	作用形式	符号
电火花加工	电火花成型加工	电能、热能	熔化、气化	EDM
	电火花线切割加工	电能、热能	熔化、气化	WEDM
电化学加工	电解加工	电化学能	金属离子阳极溶解	ECM(ELM)
	电解磨削	电化学能、机械能	阳极溶解、磨削	EGM(ECG)
	电解研磨	电化学能、机械能	阳极溶解、研磨	ECH
	电铸	电化学能	金属离子阴极沉积	EFM
	涂镀	电化学能	金属离子阴极沉积	EPM
高能束加工	激光束加工	光能、热能	熔化、气化	LBM
	电子束加工	光能、热能	熔化、气化	EBM
	离子束加工	电能、机械能	切蚀	IBM
	等离子弧加工	电能、热能	熔化、气化	PAM
物料切蚀加工	超声加工	声能、机械能	切蚀	USM
	磨料流加工	机械能	切蚀	AFM
	液体喷射加工	机械能	切蚀	HDM
化学加工	化学铣削	化学能	腐蚀	CHM
	化学抛光	化学能	腐蚀	CHP
	光刻	光能、化学能	光化学腐蚀	PCM
复合加工	电化学电弧加工	电化学能	熔化、气化腐蚀	ECAM
	电解电化学机械磨削	电能、热能	离子溶解、熔化、切割	MEEC

1. 常用特种加工方法的分类

诸如超声振动或低频振动切削，导电切削、加热切削以及低温切削等加工方法，是特种加工发展过程中形成的介于常规机械加工和特种加工工艺之间的过渡性工艺，这些加工方法是在切削加工的基础上发展起来的，目的是改善切削的条件，基本上仍属于切削加工。

另外，还有一些属于减小表面粗糙度值的工艺。如电解抛光、化学抛光、离子束抛光等；改善表面性能的工艺，如电火花表面强化、镀覆、刻字、激光表面处理、改性、电子束曝光和离子束注入掺杂等，均属于特种加工范围。

随着半导体大规模集成电路生产发展的需要，上述提到的电子束、离子束加工，逐渐演变成近年来提出的纳米级超精微加工，即所谓原子、分子单位的加工方法。尽管特种加工方法优点突出，应用日益广泛，但是各种特种加工的能量来源、作用形式、工艺特点却不尽相同，其加工特点与应用范围自然也不一样，而且各自还都具有一定的局限性。为了更好地应用和发挥各种特种加工的最佳功能及效果，必须依据工件材料、尺寸、形状、精度、生产率、经济性等情况作具体分析，区别对待，合理选择特种加工方法。

本课程主要讲述电火花、线切割、电化学、离子束、电子束等加工方法的基本原理、基本设备、主要特点及主要使用范围，表 0－2 描述了几种特种加工方法的综合比较。

表 0－2　几种常见特种加工方法的综合比较

加工方法	可加工材料	工具损耗率/%（最低/平均）	材料去除率/（mm^3/min）（平均/最高）	可达到尺寸精度/mm（平均/最高）	可达到表面粗糙度 R_a/μm（平均/最高）	主要适用范围
电火花成型加工	任何导电金属材料，如硬质合金钢、耐热钢、不锈钢、淬火钢、钛合金等	0.1/10	30/3000	0.03/0.003	10/0.04	从数微米的孔、槽到数米的超大型模具、工件等，如各种类型的孔、各种类型的模具
电火花线切割加工		较小（可补偿）	20/200（mm^2/min）	0.02/0.002	5/0.32	切割各种二维及三维直纹面组成的模具及零件，也常用于钼、钨、半导体材料或贵重金属切削
电解加工		不损耗	100/10000	0.1/0.01	1.25/0.16	从微小零件到超大型工件、模具的加工，如型孔、型腔、抛光、去毛刺等
电解磨削		1/50	1/100	0.02/0.001	1.25/0.04	硬质合金钢等难加工材料的磨削，如硬质合金刀具、量具等
超声波加工	任何脆性材料	0.1/10	1/50	0.03/0.005	0.63/0.16	加工脆硬材料，如玻璃、石英、宝石、金刚石、硅等，可加工型孔、型腔、小孔等

续表

<table>
<tr><th>加工方法</th><th>可加工材料</th><th>工具损耗率/%（最低/平均）</th><th>材料去除率/（mm^3/min）（平均/最高）</th><th>可达到尺寸精度/mm（平均/最高）</th><th>可达到表面粗糙度 R_a/μm（平均/最高）</th><th>主要适用范围</th></tr>
<tr><td>激光加工</td><td rowspan="3">任何材料</td><td rowspan="3">不损耗（三种加工，没有成型用的工具）</td><td rowspan="2">瞬时去除率很高，受功率限制，平均去除率不高</td><td rowspan="2">0.01/0.001</td><td rowspan="2">10/1.25</td><td>精密加工小孔、窄缝及成型切割、蚀刻，如金刚石拉丝模、钟表宝石轴承等</td></tr>
<tr><td>电子束加工</td><td>在各种难加工材料上打微小孔、切缝、蚀刻、焊接等，常用于制造大、中规模集成电路微电子器件</td></tr>
<tr><td>离子束加工</td><td>很低</td><td>/0.01 μm</td><td>/0.01</td><td>对零件表面进行超精密、超微量加工、抛光、刻蚀、掺杂、镀覆等</td></tr>
</table>

①线切割加工的金属去除率按惯例均用 mm^2/min。

②离子束加工工艺，主要用于精微和超精微加工，不能单纯比较材料去除率。

2. 特种加工的应用领域

特种加工的领域主要表现在以下几个方面：

① 难加工材料　如钛合金、耐热不锈钢、高强钢、复合材料、工程陶瓷、金刚石、红宝石、硬化玻璃等高硬度、高韧性、高强度、高熔点材料。

② 难加工零件　如复杂零件三维型腔、型孔、群孔和窄缝等的加工。

③ 低刚度零件　如薄壁零件、弹性元件等零件的加工。

④ 以高能量密度束流实现焊接、切割、制孔、喷涂、表面改性、刻蚀和精细加工等。

特种加工可以加工任何硬度、强度、韧性、脆性的金属或非金属材料，且专长于加工复杂、微细表面和低刚度零件。同时，有些方法还可以进行超精加工、镜面光整加工和纳米级(原子级)加工。

二、特种加工对机械制造工艺技术的影响

由于特种加工与传统机械加工不同的工艺特点，对机械制造工艺技术产生了显著的影响。例如对材料的可加工性、工艺路线的安排、零件结构工艺好坏的衡量标准等一系列的影响。主要表现在以下几个方面：

1. 提高了材料的可加工性

以前认为的难加工材料——金刚石、硬质合金、淬火钢、石英、玻璃、陶瓷等，现在可以用电火花、电解、激光等多种方法来加工。材料的可加工性不再与硬度、强度、韧性、脆性等有直接关系。对电火花、线切割加工而言，淬火钢比未淬火钢更易加工。特种加工方法使材料的可加工范围从普通材料发展到硬质合金、超硬材料和特殊材料。

2. 改变了零件的典型工艺路线

由于特种加工基本上不受工件硬度的影响，一般都先淬火而后加工。改变了传统切削中除磨削外的切削加工方法必须安排在淬火热处理工序之前进行的程式。最为典型的是电火花线切割加工、电火花成形加工和电解加工等都必须先淬火后加工。特种加工的出现还对工序的“分散”和“集中”产生了影响。以加工齿轮、连杆等型腔锻模为例，由于特种加工时没有显著的切削力，机床、夹具、工具的强度、刚度不是主要矛盾。因此，即使是较大的、复杂的加工表面，往往宁可用一个复杂工具、简单的运动轨迹、一次安装、一道工序加工出来，这样做工序比较集中。

3. 缩短了新产品的试制周期

试制新产品时，采用数控电火花线切割，可以直接加工出各种特殊、复杂的二次曲面体零件。这样可以省去设计和制造相应的刀、夹、量具、模具以及二次工具，大大缩短了试制周期。

4. 影响产品零件的结构设计

由于加工方法和工艺的限制，许多结构不得不接受一些缺陷。例如花键孔与轴的齿根部分，为了减少应力集中，应设计成小圆角，但拉削加工时刀齿做成圆角对排屑不利，容易磨损，所以刀齿只能设计与制造成清棱清角的齿根；而用电解加工时由于存在尖角变圆现象，可加工出小圆角的齿根。又如一些复杂模具，采用电火花、线切割加工后，即使是硬质合金的模具或刀具，也可做成整体结构。喷气发动机涡轮也由于电加工而可采用整体结构。

5. 对工艺、材料等评价标准的影响

（1）难加工的材料

特种加工与机械性能无关，加工变得容易；以往传统加工认为是设计“禁区”，工艺设计员非常“忌讳”的盲孔、方孔、小孔、窄缝等，特种加工的采用可改变这种现象。对于电火花穿孔和电火花线切割工艺来说，加工方孔和加工圆孔的难易程度是一样的。

（2）低刚度零件

特种加工因为没有宏观切削力和变形，故可轻松实现加工。

（3）异型孔和复杂空间曲面

特种加工中，工件形状完全由工具形状确定，只要能加工出工具，就能加工出各种复杂零件。

6. 特种加工已成为微细加工和纳米加工的主要手段

如大规模集成电路、光盘基片、微型机械及机器人零件、细长轴、薄壁零件、弹性元件等低刚度零件加工均是采用微细加工和纳米加工技术进行的，而借助的工艺手段主要是电子束、离子束、激光、电化学、电火花等电物理、电化学等特种加工技术。

目前，特种加工已经成为难切削材料、复杂型面、精细零件、低刚度零件、模具加工、快速成形制造以及大规模集成电路等领域不可缺少的重要工艺手段，并发挥着越来越重要的作用。

事物总有两面性，特种加工也不例外，除了其存在的优越性之外，也存在一定的不足，主要表现如下：

① 一些特种加工技术的加工过程会对环境造成污染。如电化学加工，在其加工过程产生的废渣和有害气体会对环境和人体健康造成危害。

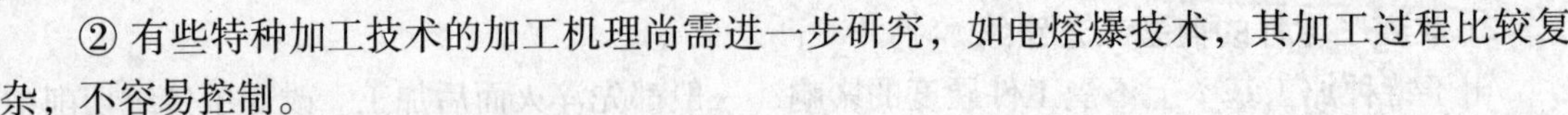

② 有些特种加工技术的加工机理尚需进一步研究，如电熔爆技术，其加工过程比较复杂，不容易控制。

③ 加工精度和生产率有待进一步提高。特种加工技术普遍存在加工效率较传统机械加工偏低的问题。

④ 一些特种加工的设备复杂，成本高，使用维修费用高。

从制造业发展的方向看，特种加工技术的发展趋势如下：

① 扩大应用范围，向复合加工方向发展，开发由不同特种加工技术复合而成的加工方法，如电解电火花加工等复合加工，以扬长避短。

② 向多功能化、精密化、智能化方向发展，力求达到标准化、系列化、模块化的目的。

③ 应着重于特种加工方法加工机理研究及工艺方法的研究，从根本上解释其内在的工艺规律，并不断提高加工工艺水平。

④ 解决一些特种加工技术加工过程对环境造成的污染问题，向绿色以及可持续性方向发展。

三、本课程学习必要性和目标

本课程学习的必要性：

① 可以获得特殊零件加工的能力；

② 可以将物理、化学、电工、液压、机械等多门学科的知识综合运用；

③ 可以通过理论和实践的学习，扩展在机械制造行业中的就业渠道。

本课程学习目标：

① 掌握电火花加工、电解加工、超声波加工等复杂加工的基本原理、基本规律；

② 了解与常规切削加工方法不同的一些特种加工新工艺；

③ 掌握常规零件的特种加工，特别是电火花、线切割加工的实际操作，以获得必需的操作技能。

知识巩固

思考题

1. 什么是特种加工？有什么特点？
2. 传统加工面临的问题有哪些？如何解决？
3. 特种加工与传统加工的主要区别是什么？
4. 特种加工方法主要分几类？
5. 特种加工与传统加工相比的重大变革在哪里？

第一篇 电火花加工

模块一 电火花加工基础知识

知识要点

- 电火花加工的概念、原理、特点
- 电火花加工的分类与应用

技能要点

- 以此作为电火花操作技术的理论基础

学习要求

- 掌握电火花加工概念、原理、特点、分类和应用
- 初步掌握电火花加工规律

知识链接

一、电火花加工原理

电火花加工(Electrical Discharge Machining，简称 EDM)是在 20 世纪 40 年代初开始研究和逐步应用于生产的，其加工过程与传统的机械加工完全不同。

它是一种利用电能和热能进行加工的方法。加工时，在一定的加工介质中，两极之间脉冲性火花放电时局部、瞬时产生的高温把金属蚀除下来对材料进 行尺寸加工或表面加工，因放电过程中可见到火花，故称为“电火花加工”，也叫“电脉冲加工”或“放电加工”，也有统称为“电蚀加工”的。

(一) 电火花加工的基本过程

电火花加工的原理是基于工具和工件(正、负电极)之间脉冲性火花放电时的电腐蚀现象来蚀除多余的金属，以达到对零件的尺寸、形状及表面质量预定的加工要求。电腐蚀现象早在 19 世纪初就被人们发现了，例如在插头或电器开关触点开、闭时，往往产生火花而把接触表面烧毛、腐蚀成粗糙不平的凹坑而逐渐损坏。长期以来电腐蚀一直被认为是一种有害的现象，人们不断地研究电腐蚀的原因并设法减轻和避免它。

经过大量实验研究，结果表明电火花腐蚀的主要原因是：火花放电时，放电通道在瞬时间产生大量的热能，达到很高的温度，足以使电极表面的金属局部熔化，甚至气化蒸发而被

蚀除下来。

电火花加工的原理如图1－1所示，工件电极与工具电极分别与脉冲电源的两输出端相连接。自动进给系统（电动机及丝杠螺母机构）使工具和工件间经常保持一很小的放电间隙（0.01～0.1mm），电极的表面（微观）是凹凸不平的，当脉冲电压加到两极之间时，便在当时条件下相对于某一间隙最小处或绝缘强度最低处击穿介质，在该局部产生火花放电，瞬时高温使工具和工件表面都蚀掉一部分金属，各自形成一个小凹坑，如图1－2所示，其中图1－2（a）表示单个脉冲放电后的电蚀坑，图1－2（b）表示多个脉冲放电后的电极表面。脉冲放电结束后，经过一段时间间隔（脉冲间隔），使工作液恢复绝缘后，第二个脉冲电压又加到两极上，又会在当时极间距离相对最近或绝缘强度最弱处击穿放电，又电蚀出一个小凹坑。这样随着相当高的频率，连续不断地重复放电，工具电极不断地向工件进给，就可将工具的形状复制在工件上，加工出所需要的零件，整个加工表面将由无数个小凹坑所组成。

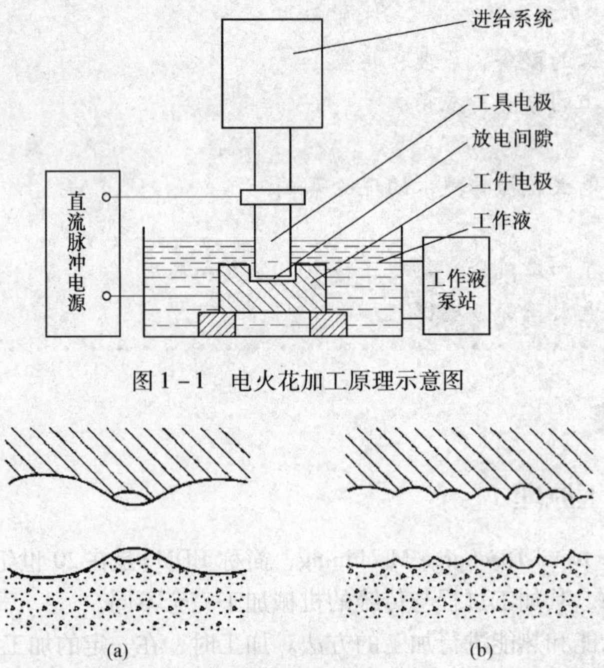

图1－1　电火花加工原理示意图

图1－2　电火花加工表面局部放大图

（二）电火花加工的微观机理

火花放电时，电极表面的材料究竟是怎样被蚀除下来的？了解这一微观过程，有助于掌握电火花加工过程中有关工具电极损耗、加工精度和表面粗糙度形成的各种基本规律。以便对脉冲电源、进给系统、机床本体等提出合理的要求，以提高生产率和降低生产成本。

电火花加工的物理本质，即电火花腐蚀的微观过程，由于放电时间极短，间隙很小，故很难观察。根据大量实验资料的分析，电火花腐蚀的微观过程是电力、磁力、热力和液力等综合作用的过程。这一过程，一般认为可分为以下几个连续阶段：介质电离击穿并形成放电通道；电极材料的熔化、气化热膨胀；电极材料的抛出；极间介质的消电离。

1. 介质电离击穿并形成放电通道［图 1－3(a)］

当约 100V 的脉冲电压施加于工具电极和工件电极之间时，两极之间形成一个电场，电场强度与电压成正比，距离成反比，工具电极与工件电极缓缓靠近，极间的电场强度增大，由于两电极的微观表面是凹凸不平的，因此在两极间距离最近的 A、B 处电场强度最大。工具电极与工件电极之间充满着液体介质，液体介质中不可避免地含有杂质及自由电子，它们在强大的电场(10^5V/mm 左右)作用下，形成了带负电的粒子和带正电的粒子，电场强度越大，带电粒子就越多，最终导致液体介质电离、击穿，形成放电通道。放电通道是由大量高速运动的带正电和带负电的粒子以及中性粒子组成的。由于通道截面很小，通道内因高温热膨胀形成的压力高达几万帕，高温高压的放电通道急速扩展，产生一个强烈的冲击波向四周传播。在放电的同时还伴随着声、光效应，这就形成了肉眼所能看到的电火花。

2. 电极材料的熔化、气化热膨胀［图 1－3(b)、(c)］

液体介质被电离、击穿，形成放电通道后，通道间带负电的粒子奔向正极，带正电的粒子奔向负极，粒子间相互撞击，产生大量的热能，使通道瞬间达到很高的温度(10000℃)。通道高温首先使工作液汽化，进而气化，然后高温向四周扩散，使两电极表面的金属材料开始熔化直至沸腾气化。气化后的工作液和金属蒸气瞬间体积猛增，形成了爆炸的特性。所以在观察电火花加工时，可以看到工件与工具电极间有冒烟现象，并听到轻微的爆炸声。

3. 电极材料的抛出［图 1－3(d)］

正负电极间产生的电火花现象，使放电通道产生高温高压。通道中心的压力最高，工作液和金属气化后不断向外膨胀，形成内外瞬间压力差，高压力处的熔融金属液体和蒸汽被排挤，抛出放电通道，大部分被抛入到工作液中。仔细观察电火花加工，可以看到桔红色的火花四溅，这就是被抛出的高温金属熔滴和碎屑。

4. 极间介质的消电离［图 1－3(e)］

加工液流入放电间隙，将电蚀产物及残余的热量带走，并恢复绝缘状态。若电火花放电过程中产生的电蚀产物来不及排除和扩散，产生的热量将不能及时传出，使该处介质局部过热，局部过热的工作液高温分解、积炭，使加工无法继续进行，并烧坏电极。因此，为了保证电火花加工过程的正常进行，在两次放电之间必须有足够的时间间隔让电蚀产物充分排出，恢复放电通道的绝缘性，使工作液介质消电离。

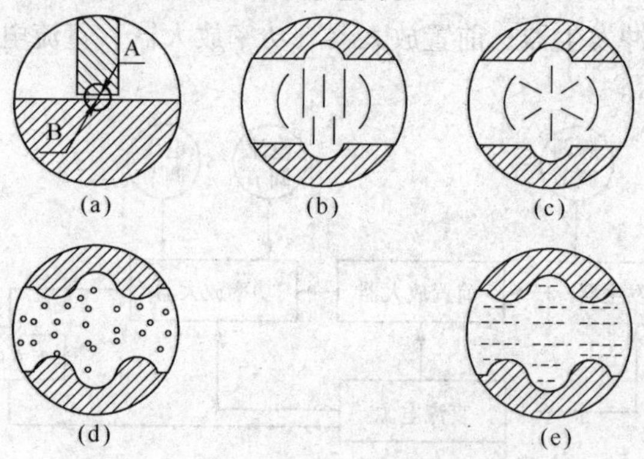

图 1－3 电火花加工的微观机理图

（三）电火花加工的必备条件

要完成电火花加工必须具备的条件：

① 在脉冲放电点必须有足够大的能量密度，能使金属局部熔化和气化，并在放电爆炸力的作用下，把熔化的金属抛出来。为了使能量集中，放电过程通常在液体介质中进行。

② 工具电极和工件被加工表面之间要保持一定的放电间隙，这一间隙随加工条件而定，通常为几微米至几百微米。如果间隙过大，极间电压不能击穿极间介质。因此，在电火花加工过程中必须具备自动进给装置维持放电间隙。

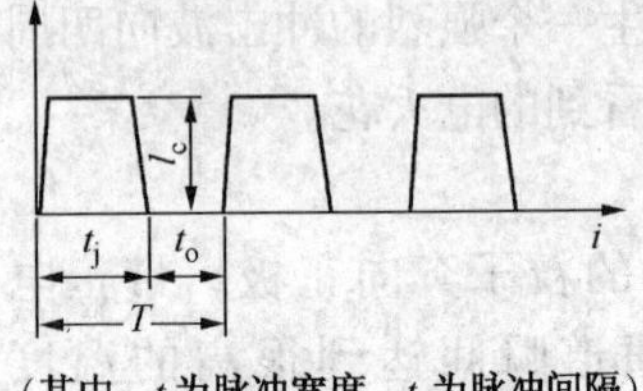

（其中：t_j为脉冲宽度，t_o为脉冲间隔）

图1－4 脉冲电源波形

③ 放电形式应该是脉冲的（图1－4），并且单向配置，放电时间要很短，一般为10^{-7}～10^{-3} s。这样才能使放电所产生的热量来不及传到扩散到其余部分，将每次放电点分布在很小的范围内，否则将持续电弧放电，产生大量热量，只是金属表面熔化、烧伤，而达不到加工目的。

④ 必须把加工过程中所产生的电蚀产物和余热及时地从加工间隙中排除出去，保证加工能正常地持续进行。

⑤ 在相邻两次脉冲放电的间隔时间内，电极间的介质必须能及时消除电离，避免在同一点上持续放电而形成集中的稳定电弧。

⑥ 电火花放电加工必须在具有一定绝缘性能的液体介质（工作液）中进行，例如，煤油、皂化液或去离子水等。它们必须具有较高的绝缘强度（10^3～$10^7\Omega \cdot cm$），以利于产生脉冲性的火花放电。同时液体介质还能把电火花加工过程中产生的金属屑、炭黑等电蚀产物在放电间隙中悬浮出去，并且对电极和工件表面有较好的冷却作用。

二、电火花加工用脉冲电源

脉冲电源，又称高频电源，其作用是把普通220V或380V、50Hz交流电转换为具有一定输出功率的高频单向脉冲电，提供电火花加工所需要的放电能量来蚀除金属。脉冲电源是电火花机床的重要组成部分。它是影响电火花加工工艺指标最关键的设备之一，它的性能对电火花加工的生产效率、表面质量、加工过程的稳定性，以及工具电极的损耗等技术指标有很大的影响，应给予足够的重视。

脉冲电源主要由脉冲发生器、前置放大器、功率放大器、直流电源及各相关调节电路组成，原理如图1－5所示。

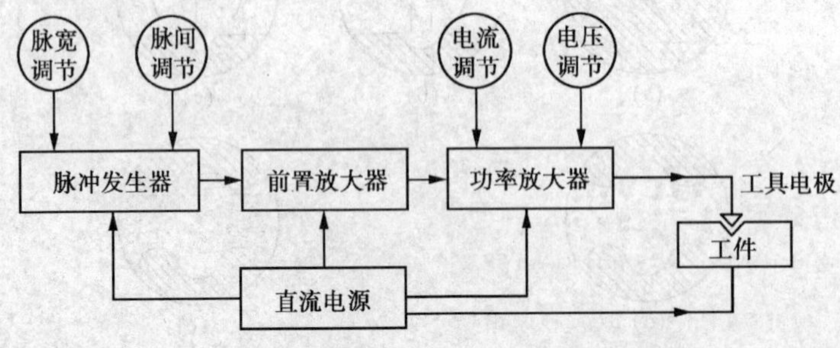

图1－5 脉冲电源基本组成框图

（一）对脉冲电源的要求

各种电火花加工设备，其脉冲电源的工作原理相似，但是由于加工条件和加工要求的不同又各有各的特点，一般情况下，对脉冲电源有以下要求：

① 要有一定的脉冲放电能量，否则不能使工件金属气化。

② 火花放电必须是短时间的脉冲性放电，这样才能使放电产生的热量来不及扩散到其他部分，从而有效地蚀除金属，提高成型性和加工精度。

③ 脉冲波形是单向的，以便充分利用极性效应，提高加工速度和降低工具电极损耗，如图1－4所示。

④ 脉冲波形的主要参数（峰值电流、脉冲宽度、脉冲间歇等）有较宽的调节范围，以满足粗、中、精加工的要求。

⑤ 有适当的脉冲间隔时间，使放电介质有足够时间消除电离并冲去金属颗粒，以免引起电弧而烧伤工件。

（二）脉冲电源的类型

1. 按主要部件分类

（1）阻容式脉冲电源

它的原理是利用电阻、电容、电感的充放电，把直流电转换为一系列的脉冲。它是电火花加工中最早采用的一种电源。其特点是结构简单，使用和维护方便，但电源功率不大，电规准受放电间隙情况的影响很大，电极损耗也较大。这种电源常用于电火花磨削、小孔加工以及型孔的中、精规准加工。

（2）电子管和闸流管电源

以电子管和闸流管作开关元件，把直流电源逆变为一系列高压脉冲，以脉冲变压器耦合输出放电间隙。这种电源大多用于穿孔加工，是目前电火花穿孔加工中使用最普遍的脉冲电源。这种电源的电参数与加工间隙情况无关，因此又称为独立式脉冲电源。常用的有单管、双管和四管。

（3）晶体管和晶闸管脉冲电源

这两种脉冲电源是目前使用最为广泛的脉冲电源，它们都能输出各种不同的脉宽、峰值电流、脉冲停歇时间的脉冲波，能较好地满足各种工艺条件，尤其适用于型腔电火花加工。

（4）智能化自适应控制电源

由于计算机、集成电路技术的发展，可以把不同材料，粗、中、精不同的电加工参数，规准的数据存入集成芯片内或数据库。操作人员只要“输入”工具电极，工件材料和表面粗糙度等加工条件，计算机根据加工条件和状态的变化，自动选择最佳电规准参数进行加工，达到生产效率最高，最佳稳定状态。目前高档的电加工机床多采用微机数字化控制的智能自适应脉冲电源。

2. 按脉冲波形分类

电火花加工脉冲电源，按放电脉冲波形，可分为方波（矩形波）、锯齿波、前阶梯波、梳状波、分组脉冲波等电源，如图1－6所示。

（1）晶体管方波脉冲电源

是目前普遍使用的一种电源。这种电源电路的特点是：脉冲电源和脉冲频率可调，制作

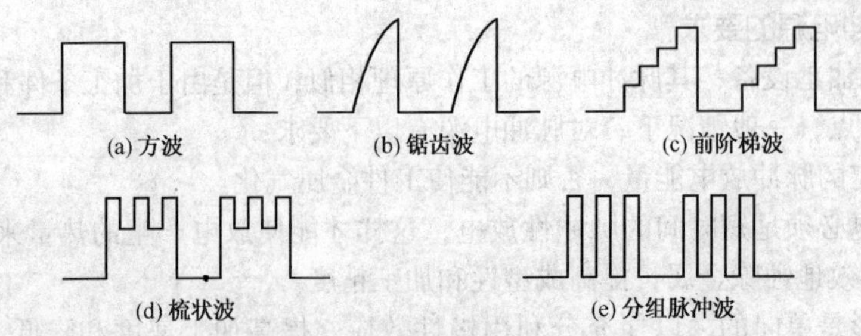

图 1-6　脉冲电源电压波形

简单，成本低，但只能用于一般精度和一般表面粗糙度加工。

(2) 锯齿波电源

脉冲波形前沿幅度缓变，可以降低加工表面粗糙度，但加工效率不高。锯齿波电源俗称电极丝的低损耗电源。由于其电路比较简单，成本低，故应用比较广泛。

(3) 前阶梯波电源

前阶梯波电源可以在放电间隙输出阶梯状上升的电流脉冲波形。这种波形可以有效减小电流变化率。一般是由多路起始时间顺序延时的方波在放电间隙叠加组合而成。它有利于减少电极丝损耗，延长电极丝使用寿命，还可以降低加工表面粗糙度，俗称电极丝低损耗电源，但是加工效率低，用得不多。

(4) 梳状波电源

这种电源的性能比方波电源要好。由于带有下方波关不断的现象，容易形成电弧烧断电极丝和不稳定的现象，结构比方波复杂，而且成本高，应用范围有限。

(5)分组脉冲电源

是线切割机床上使用效果比较好的电源，比较有发展前途。这种电源有集成电路式、数字式等。每组高频短脉冲之间有一个稍长的停歇时间，在间隙内可充分消除电离，以保证加工稳定性；同时高频短脉冲的频率可以提得很高，表面粗糙度与切割速度得到了较好的兼顾。

电火花加工工艺类型不同，对脉冲电源的要求也不同。目前广泛采用的电源是晶体管方波电源、晶体管控制的 RC 式电源和分组脉冲电源。

三、电火花加工的分类、特点及应用

(一) 电火花加工的分类

按工具电极的形状、工具电极与工件电极的相对运动方式和用途，可将电火花加工归纳为五大类，即电火花成形加工(又称电火花成形穿孔加工)、电火花线切割加工、电火花磨削加工、电火花展成加工(即电火花同步共扼回转加工)、电火花表面处理。总的来说，电火花加工可分为电火花成形加工和电火花线切割加工两大类。图 1-7 表示了电火花加工的分类。

1. 电火花穿孔成型加工

电火花穿孔成型加工包括成型加工、穿孔加工等。

电火花成型加工一般指三维型腔和型面加工，雕刻、打印、打标记也包括在内，如图 1-8、图 1-9 所示。

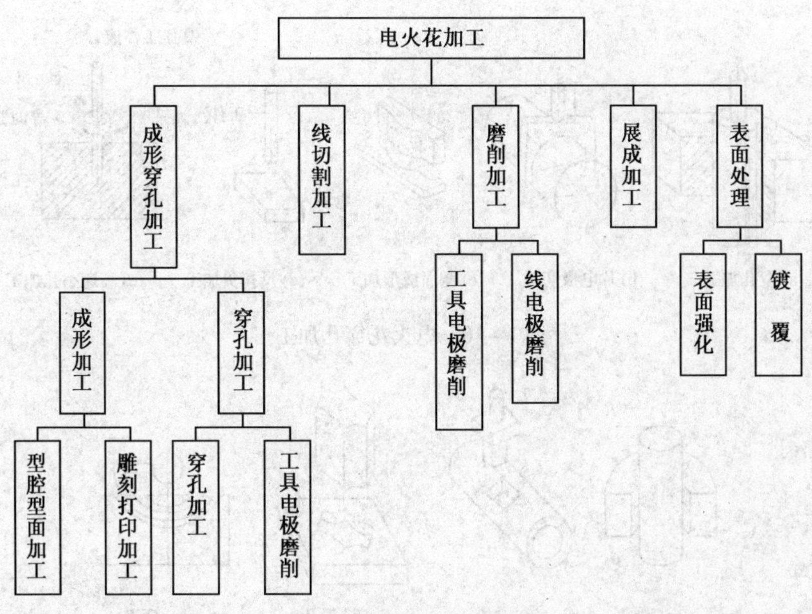

图 1－7　电火花加工的分类

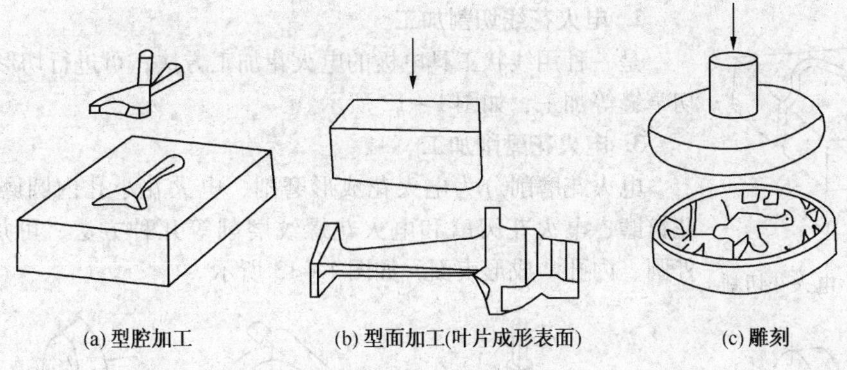

(a) 型腔加工　(b) 型面加工(叶片成形表面)　(c) 雕刻

图 1－8　电火花成型加工

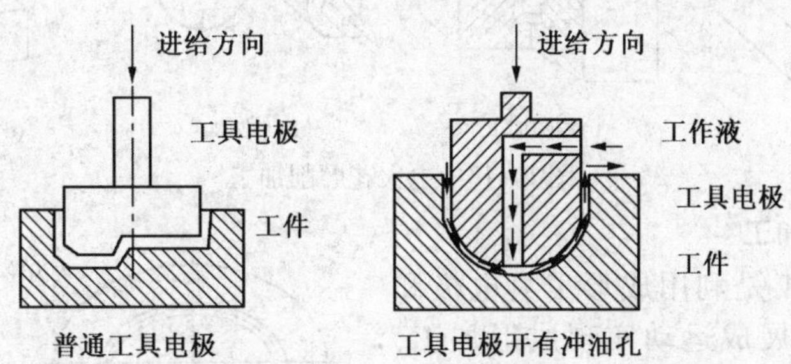

图 1－9　电火花成型加工原理示意图

电火花穿孔加工一般指二维型孔加工，片电极切割、侧面成形、反拷贝加工也应包括在内，如图 1－10、图 1－11 所示。同时还应包括为电火花线切割预穿丝孔、小深孔的电火花高速小孔加工，现已有专门机床。

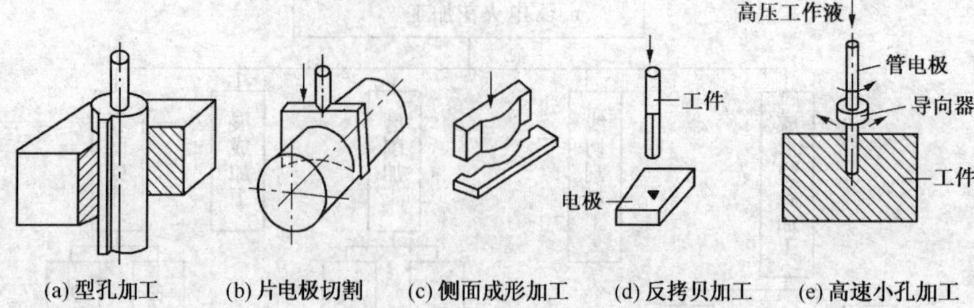

(a) 型孔加工　(b) 片电极切割　(c) 侧面成形加工　(d) 反拷贝加工　(e) 高速小孔加工

图 1－10　电火花穿孔加工

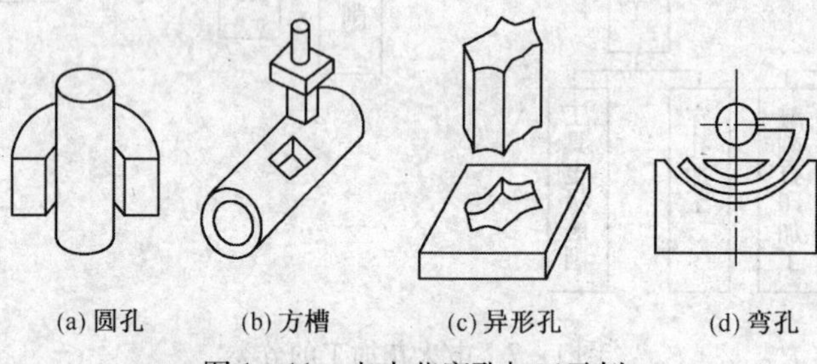

(a) 圆孔　(b) 方槽　(c) 异形孔　(d) 弯孔

图 1－11　电火花穿孔加工示例

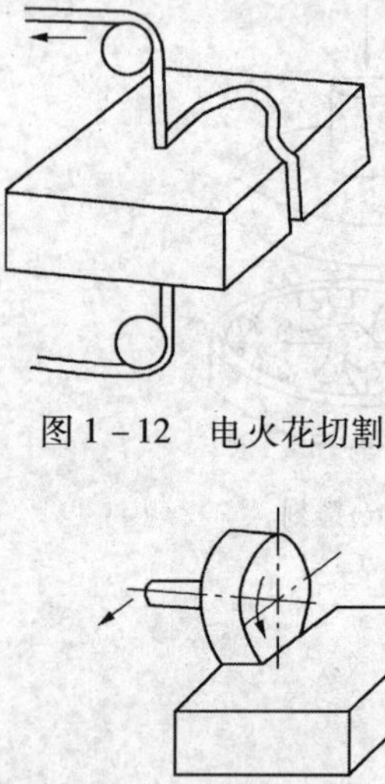

图 1－12　电火花切割

2. 电火花线切割加工

是一种用线状工具电极的电火花加工方法，可进行切形、切断、切窄缝等加工，如图 1－12 所示。

3. 电火花磨削加工

电火花磨削分为电火花成形磨削、电火花小孔内圆磨削、电火花铲磨、电火花刃磨和电火花螺纹磨削等几种方法，可加工平面、外圆、内孔、成形表面，如图 1－13 所示。

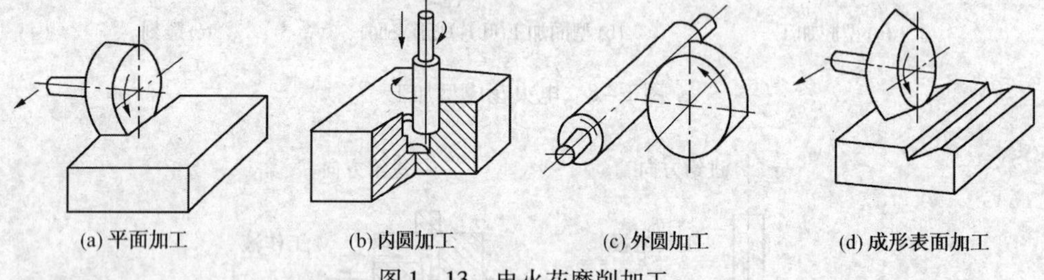

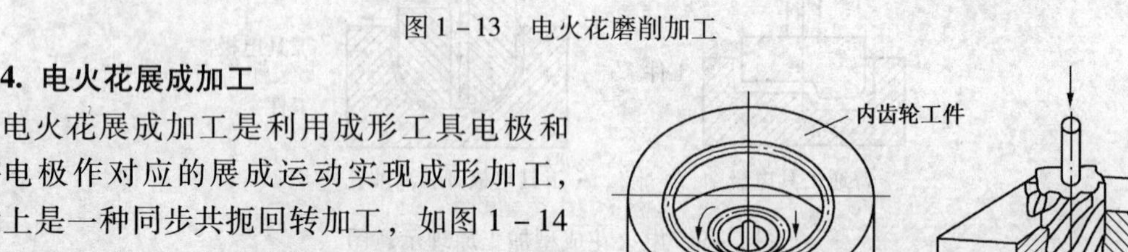

(a) 平面加工　(b) 内圆加工　(c) 外圆加工　(d) 成形表面加工

图 1－13　电火花磨削加工

4. 电火花展成加工

电火花展成加工是利用成形工具电极和工件电极作对应的展成运动实现成形加工，实际上是一种同步共扼回转加工，如图 1－14 所示为内齿轮齿面展成加工和螺旋面展成加工。

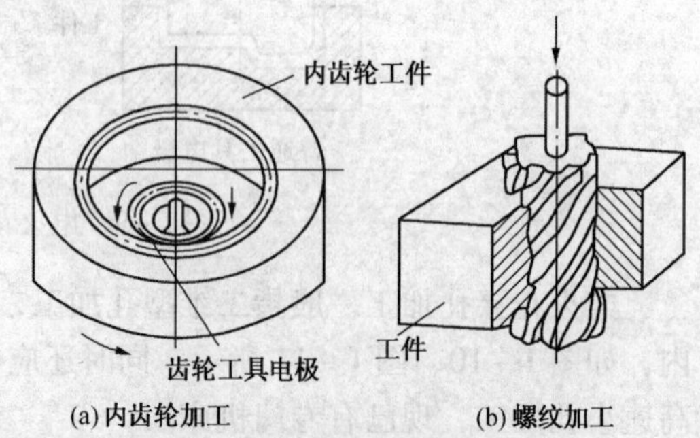

(a) 内齿轮加工　(b) 螺纹加工

图 1－14　电火花展成加工

如图 1－15 所示是电火花共轭同步回转加工内螺纹逐点对应原理示意图。过去在淬火钢或硬质合金材质上电火花加工内螺纹，是利用导向螺母使工具电极在旋转的同时作轴向进给，生产效率极低，而且只能加工出带锥度的粗糙螺纹孔。

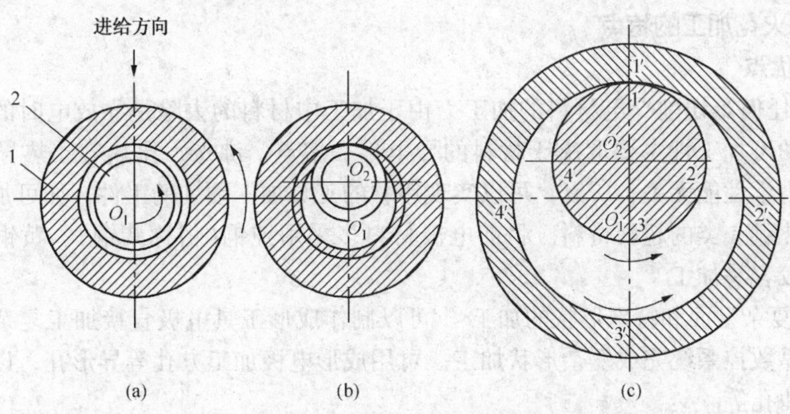

图 1－15　电火花同步共轭加工内螺纹原理示意图

1—工件；2—工具电极

电火花加工内螺纹综合了电火花加工和机械加工方面的经验，采用工件与电极同向同步旋转，工件作径向进给来实现。工件预孔按螺纹内径制作，工具电极的螺纹尺寸及其精度按工件图样的要求制作，但电极外径应小于工件预孔 0.3～2mm。加工时，电极穿过工件预孔，保持两者轴线平行，然后使电极和工件以相同的方向和相同的转速旋转［图 1－15(a)］，同时工件向工具电极径向切入进给［图 1－15(b)］，从而复制出所要求的内螺纹。

这种加工方法具有以下优点：

① 由于电极贯穿工件，且两轴线始终保持平行，因此加工出来的内螺纹没有通常用电火花攻螺纹所产生的喇叭口。

② 因为电极外径小于工件内径，而且放电加工一直只在局部区域进行，加上电极与工件同步旋转时对工作液的搅拌作用，有利于电蚀产物的排除，所以，可以获得好的几何精度和表面粗糙度。

③ 可降低对电极设计和制造的要求。对电极中径和外径尺寸精度无严格要求。由于电极外径小于工件内径，使得在同向同步回转中，电极与工件电蚀加工区域的线速度不等，存在微量差动，对电极螺纹表面局部的微量缺损有均匀化的作用，故减轻了对加工质量的影响。

工具电极材料使用纯铜或黄铜比较合适，纯铜电极比黄铜电极损耗小，但在相同电规准下，黄铜电极可得到较好的表面粗糙度。

一般情况下，电规准的选择应采用正极性加工，使用 RC 线路弛张式电源，可以获得较好的表面粗糙度。电火花共轭回转加工的应用范围日益扩大，目前主要应用于以下几方面：

① 各类螺纹环规及塞规，特别适于硬质合金材料及内螺纹的加工；

② 精密的内、外齿轮加工，特别适用于非标准内齿轮加工；

③ 静压轴承油腔、回转泵体的高精度成型加工等；

④ 梳刀、精密斜齿条的加工等。

5. 电火花表面处理

主要有电火花表面强化、镀覆等。

（二）电火花加工的特点

1. 主要优点

① 适合任何难切削导电材料的加工　由于加工中材料的去除是靠放电时的电热作用实现的，材料的可加工性主要取决于材料的导电性、熔点、沸点、比热容、热导率等热学特性，几乎与力学性能无关，所以，可以实现用软的工具加工硬韧的工件，如可加工聚晶金刚石、立方氮化硼一类的超硬材料。目前电极材料多采用纯铜(俗称紫铜)、黄铜或石墨，因此工具电极较容易加工。

② 适合复杂型面和特殊形状的加工　可以制作成形工具电极直接加工复杂型面，简单的工具电极靠数控系统完成复杂形状加工。可用成形电极加工方孔等异形孔，以及用特殊运动轨迹加工曲孔等。

③ 可加工薄壁、弹性、低刚度、微细小孔、异型小孔、深小孔等有特殊要求的零件。由于加工中工具电极和工件不直接接触，没有机械加工的切削力，因此适宜加工低刚度工件及微细加工，目前能加工出 0.005mm 的短微细轴和 0.008mm 的浅微细孔，以及直径小于 1mm 的齿轮。在小深孔方面，已加工出直径 0.8～1mm、深 500mm 的小孔，也可以加工圆弧形的弯孔。

④ 直接利用电能进行加工，因此易于实现加工过程的自动控制及实现无人化操作；并可减少机械加工工序，加工周期短，劳动强度低，使用维护方便。当前，电火花加工绝大多数采用数控技术，几乎都是用数控电火花加工机床进行加工。

2. 电火花加工的局限性

① 主要用于加工金属等导电材料，但在一定条件下也可以加工半导体和非导体材料。这是当前的研究方向，如用高电压法、电解液法可加工金刚石、立方氮化硼、红宝石、玻璃等超硬和超硬非导电材料。

② 一般加工速度较慢。通常安排工艺时多采用切削加工来去除大部分余量，然后再进行电火花加工以求提高生产效率。但已有研究成果表明，采用特殊水基不燃性工作液进行电火花加工，其生产率甚至可不亚于切削加工。

③ 存在电极损耗。由于电极损耗多集中在尖角或底面，影响成形精度。但近年来粗加工时已能将电极相对损耗比降至 0.1% 以下，甚至更小。

④ 工件表面存在电蚀硬层。工件表面由众多放电凹坑组成，硬度较高，不易去除，影响后续工序加工。

（三）电火花加工的应用

1. 电火花穿孔成型加工的应用

由于电火花加工有其独特的优越性，再加上数控水平和工艺技术的不断提高，其应用领域日益扩大，已经覆盖到机械、宇航、航空、电子、核能、仪器、轻工等部门，用以解决各种难加工材料、复杂形状零件和有特殊要求的零件的制造，成为常规切削、磨削加工的重要补充和发展。模具制造是电火花成型加工应用最多的领域，而且非常典型。以下简单介绍电火花成型加工在模具制造中的主要作用：

(1) 高硬度零件加工

对于某些硬度较高的模具，或者硬度要求特别高的滑块、顶块等零件，在热处理后其表面硬度高达 50HRC 以上，采用机加工方式很难加工这么高硬度的零件，采用电火花加工则可以不受材料硬度的影响。

(2) 型腔尖角部位加工

如锻模、热固性和热塑性塑料膜、压铸模、挤压模、橡皮膜等各种模具的型腔常存在着一些尖角部位，在常规切削加工中由于存在刀具半径而无法加工到位，使用电火花加工可以完全成形。

(3) 模具上的筋加工

在压铸件或者塑料件上，常有各种窄长的加强筋或者散热片，这种筋在模具上表现为下凹的深而窄的槽，用机加工的方法很难将其加工成型，而使用电火花加工可以很便利地进行加工。

(4) 深腔部位的加工

由于机加工时，没有足够长度的刀具，或者这种刀具没有足够的刚性，不能加工具有足够精度的零件，此时可以用电火花进行加工。

(5)小孔加工

对各种圆形小孔、异型孔的加工，如线切割的穿丝孔、喷丝板型孔等，以及长深比非常大的深孔，很难采用钻孔方法加工，而采用电火花或者专用的高速小孔加工机可以完成各种深度的小孔加工。

(6)表面处理

如刻制文字、花纹，对金属表面的渗碳和涂覆特殊材料的电火花强化等。另外通过选择合理加工参数，也可以直接用电火花加工出一定形状的表面蚀纹。图 1－16 所示为电火花成型加工的应用。

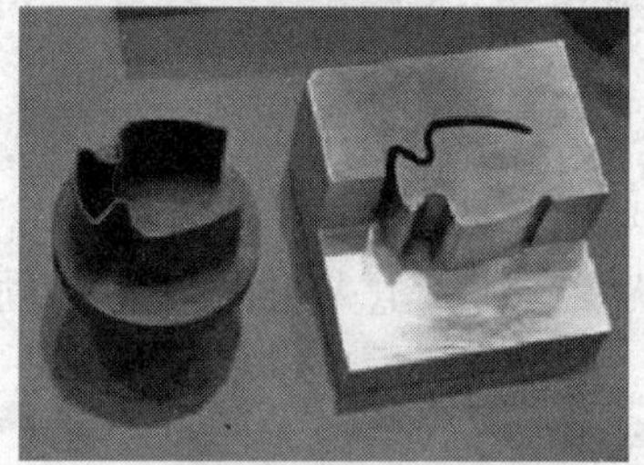
(a) 窄缝深槽加工

(b) 花纹、文字加工

(c) 型腔加工

(d) 冷冲模穿孔加工

图 1－16　电火花成型加工零件

2. 电火花线切割加工的应用

电火花线切割加工与电火花成型加工不同的是，它是用细小的电极丝作为电极工具，可以用来加工复杂型面、微细结构或窄缝的零件。下面是其应用示例。

(1) 加工模具

电火花线切割加工主要应用于冲模、挤压模、塑料模及电火花成型加工用的电极等。目前，其加工精度已达到可以与坐标磨床相竞争的程度。而且线切割加工的周期短、成本低、配合数控系统，操作系统简单，见图1－17、图1－18。

图1－17　无轨电车爪手模具

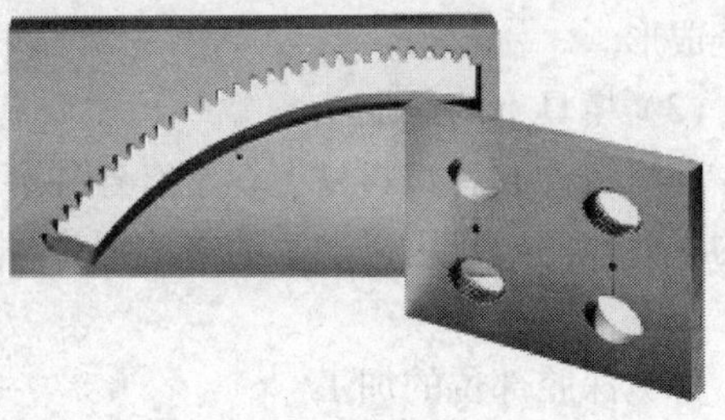

图1－18　精密冷冲模具

(2) 加工具有微细结构和复杂形状的零件

电火花线切割利用细小的电极丝作为火花放电的加工工具，又配有数控系统，所以可以轻易地加工出具有微细结构和复杂形状的零件。见图1－19。

图1－19　具有微细结构、窄缝、复杂型面和曲线的零件

(3) 加工硬质导电材料

由于电火花加工不靠机械切削，与材料硬度无关，所以电火花线切割可以加工硬质导电的材料，如硬质合金材料，见图1－20。

图1－20　加工硬质合金与高速钢车刀

另外，由于线切割加工，能一次成型，所以特别适合于新产品试制。一些关键部件，如果用模具制造，则加工模具周期长而且成本高，如果采用线切割加工则可以直接切制零件，从而降低成本，缩短新产品的试制周期。由于线切割加工用的电极丝尺寸远小于切削刀具尺寸(最细的电极丝尺寸可达0.02mm)，用它切割贵重金属可减少很多切缝消耗，从而提高原材料利用率。

知识巩固

思考题

1. 说明电火花加工的定义和工作原理。
2. 简述电火花加工微观机理，并指出其加工必备条件？
3. 何谓脉冲电源？其作用和要求有哪些？分类怎样？
4. 用实例说明电火花加工的主要分类和特点。
5. 试用实例说明电火花同步共轭加工的机理、特点与应用。
6. 电火花加工在应用中有哪些局限性？

模块二　电火花穿孔成型加工

知识要点

- 电火花穿孔成型加工的设备、工艺
- 电火花穿孔成型加工的操作

技能要点

- 掌握电火花穿孔成型加工机床结构
- 合理选用加工参数、工作液等
- 熟练掌握电火花穿孔成型加工操作规程

学习要求

- 掌握电火花穿孔成型加工的设备与基本操作技术
- 针对实例实现电火花穿孔成型加工典型另件的加工
- 了解电火花穿孔成型加工规律

知识链接

理论单元

一、电火花穿孔成型加工的设备

(一) 国产电火花穿孔成型加工机床型号、规格

我国国标规定，电火花成型机床均用 D71 加上机床工作台面宽度的 1/10 表示，例如 D7132。其中：D 表示电加工成型机床（若该机床为数控电加工机床，则在 D 后加 K，即 DK）；71 表示电火花成型机床；32 表示机床工作台的宽度为 320 mm。

在中国大陆以外，电火花加工机床的型号没有采用统一标准，由各个生产企业自行确定。如日本沙迪克（Sodick）公司生产的 A3R、A10R，瑞士夏米尔（Charmilles）技术公司的 ROBOFORM20/30/35，台湾乔懋机电工业股份有限公司的 JM322/430 等。

电火花加工机床按其大小可分为小型（D7125 以下）、中型（D7125 ~ D7163）和大型（D7163 以上）；按数控程度分为非数控、单轴数控和三轴数控。随着科学技术的进步，国外已经大批生产三坐标数控电火花机床，以及带有工具电极库、能按程序自动更换电极的电火花加工中心，我国的大部分电加工机床厂现在也正开始研制生产三坐标数控电火花加工机床。

(二) 电火花加工机床的主要结构形式

电火花加工机床的主要结构形式如图 2 - 1 所示。

(1) 立柱式

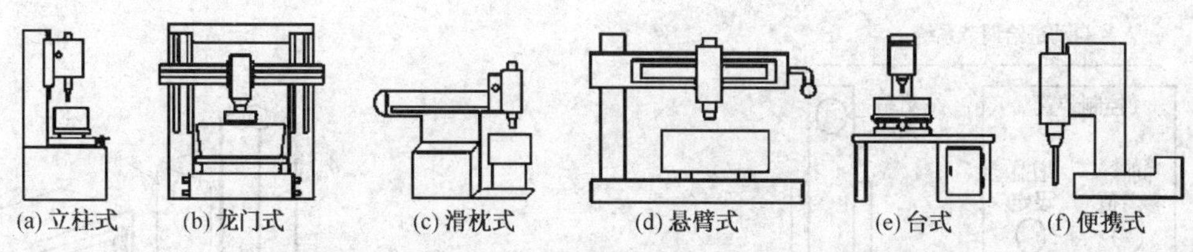

图 2－1　机床本体结构示意图

大部分数控机床采用立柱式的结构形式。这种结构在床身上安装了立柱和工作台。床身一般为铸件，对于小型机床，床身内放置工作液；大型机床则将工作液置于床身外。此类机床的刚性较好，导轨的承载均匀，容易制造和装配。

(2) 龙门式

龙门式结构类似于龙门刨床。其结构将主轴安装在 X 轴和 Y 轴两个导轨上，工作液槽采用升降式。它的最大特点是机床的刚度好，可制成大型电火花机床。

(3) 滑枕式

类似于牛头刨床。该结构将主轴安装在 X 轴和 Y 轴的滑枕上，工作液槽采用升降结构。机床工作时，工作台不动。此类机床结构比较简单，容易制造，适用于大、中型电火花机床。不足之处是机床刚度受主轴行程的影响，电极找正也不方便。

(4) 悬臂式

悬臂式结构类似于摇臂钻床，该结构将主轴安装在悬臂上，可在悬臂上移动，上下升降比较方便，它的好处是电极装夹和校准比较容易，结构简单，一般用于精度要求不高的电火花机床上。

(5)台式

台式结构比较简单，床身、立柱可连成一体，机床的刚性比较好，结构比较紧凑。电火花高速小孔机是这种结构形式。

(6)便携式

主要是为蚀除折断在工件中的丝锥、钻头等。

(三) 电火花机床的重要组成部分

如图 2－2 所示，电火花加工机床主要由机床本体、脉冲电源、自动进给调节系统、工作液过滤和循环系统、数控系统和机床控制柜组成。

1. 机床本体

电火花成型加工机床本体主要由床身、立柱、工作台、主轴头和附件等部分组成。其作用主要是支承、固定工件和工具电极，调整工件与电极的相对位置，实现工具电极的进给运动，保证放电加工正常进行，满足被加工零件的精度、粗糙度和加工速度等技术指标。为此，要求机床精度高、热变形小、刚性好、承载能力大、主轴灵敏度高、结构合理、操作方便、附件齐全等。

(1) 床身与立柱

床身和立柱是由电火花成型加工机床的基础构件。其作用是保证电极和工件之间的相对位置。它们的刚度和精度对整个机床的刚度和精度都有很大影响。因此，不能忽视。

床身是机床的基础，要求牢固可靠。长期不变形，吸振性要好。多采用铸铁件经过机械加工而成。

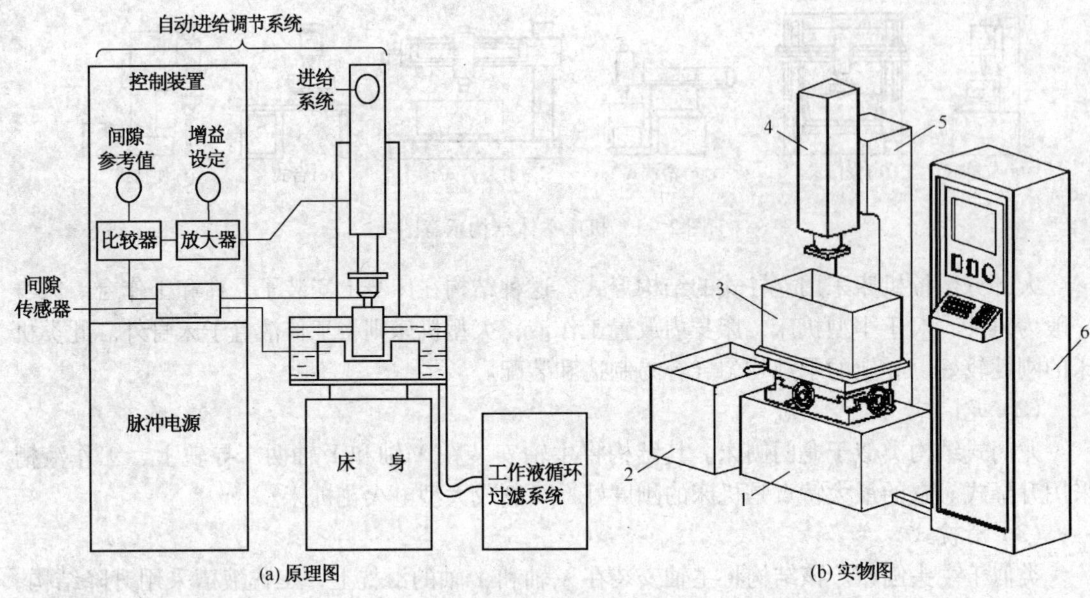

图 2－2　电火花加工机床

1—床身；2—工作液箱；3—工作台及工作液槽；4—主轴头；5—立柱；6—控制柜

立柱是机床的关键部件之一。它要悬挂主轴头，带动主轴头上下运动。还要保证主轴与工作台面的垂直度。因此，刚性要好，导轨精度要高。

(2) 工作台

工作台是机床的加工甚准面，必须有较高的平面度、足够的刚度和尺寸精度。一般分为普通和精密两种。

① 普通工作台　坐标移动采用十字拖板，用两根丝杠分别带动上下拖板，实现工作台的纵、横方向移动。其结构简单、操作方便，但定位精度低，只适用于精度要求不高的机床。

② 精密工作台　其结构类似坐标镗床的工作台，为了提高工作台的精度，多采用滚柱导轨和蜗轮副、滚珠丝杠副传动，并用精密丝杠检测系统、光学读数系统、光栅和磁栅数字显示系统等来保证传动精度。一般定位精度可达 0.004 ~ 0.01mm。操作方便，易于实现自动化。

(3) 主轴头

主轴头是电火花穿孔成型加工机床中最关键的部件，是自动调节系统中的执行机构，对加工工艺指标的影响极大。因此，要求结构简单、传动链短、传动间隙小，并应具有必要的刚度和精度，以适应自动调节系统的惯性小、动作灵敏、能承受一定负载等要求。

图 2－3 为直(交)流伺服进给主轴头，用直流伺服电动机驱动丝杠、用转速传感器做速度反馈和用光栅做位置反馈，伺服电机的转速能随控制信号的大小而变化。要求调速动作灵敏、惯性小。这种控制系统具有结构简单、操作调节方便等特点。但由于制作精度较差，抗干扰能力低，机械刚性较差，灵敏度较低。

电机式主轴头过去是采用高转速、小力矩的直流电机，减速系统比较复杂，传动间隙很难消除，反应迟钝，尤其是零件磨损后更为严重。近年来逐步被新发展起来的步进电机、直流力矩电机、宽调速电机驱动的主轴头所代替。这些传动系统反应灵敏、加工稳定。特别是力矩电机直接带动滚珠丝杠，驱动主轴头下上移动，大大减化了机械传动机构，减小了时滞和死区，反应速度快、灵敏度高，且噪音小，无漏油等问题。操作和维修也方便。

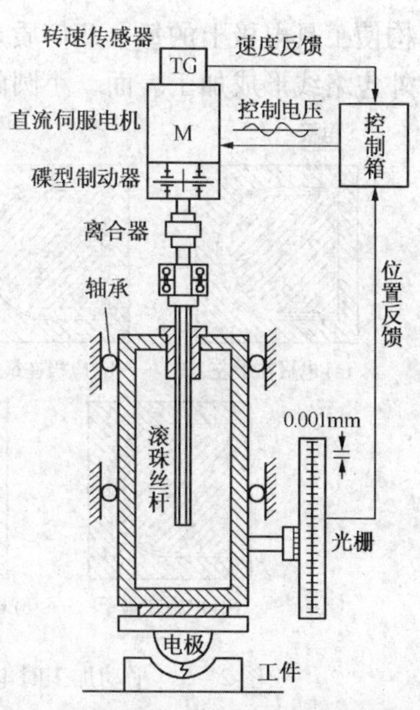

图 2－3　直(交)流伺服进给主轴头

(4) 工作台的附件

① 可调节工具电极角度的卡头　电极夹头(图 2－4)的作用是把工具电极固定在主轴上，在加工前需要调节到与工件基准面垂直，这一功能的实现通常采用球面铰链；在加工型孔或型腔时，还需要在水平面内调节、转动一个角度，使工具电极的截面形状与加工出的工件型孔或型腔位置一致。这主要靠主轴与工具电极安装面的相对转动机构来调节，垂直度与水平转角调节正确后，采用螺钉拧紧。此外，机床主轴、床身应连成一体接地，而装工具电极的夹持调节部分应单独绝缘，以防止操作人员触电。

(a) 卡头实物图

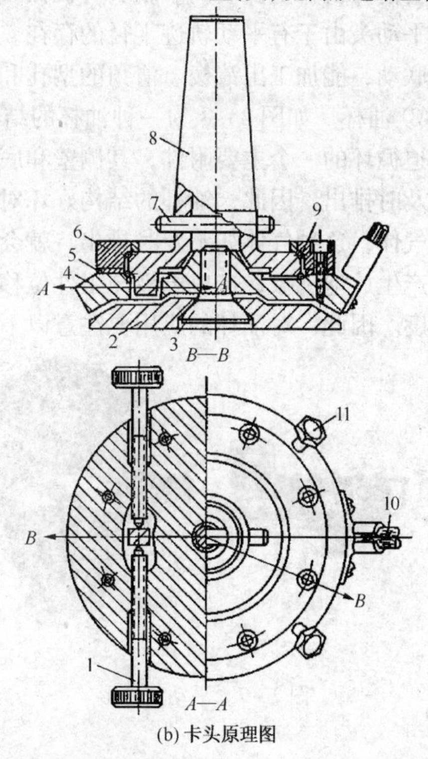

(b) 卡头原理图

图 2－4　带垂直和水平转角调节装置的卡头

1—调节螺钉；2—摆动法兰盘；3—球面螺钉；4—调角校正架；5—调整垫；6—上压板；7—销钉；8—锥柄座；9—滚珠；10—电源线；11—垂直度调整螺钉

② 平动头　平动头是装在主轴上的一个工艺附件。单电极型腔加工中，它用来补偿上一个加工规准和下一个加工规准之间的放电间隙之差和表面粗糙度之差。另外，它也用做工件侧壁修光和提高尺寸精度的附件。平动头大都由电机和偏心机构组成，由电机驱动偏心结

构使工具电极上的每个几何质点围绕原始位置在水平面上作平面小圆周运动，平面上小圆的外包络线形成加工表面，小圆的半径就是平动量(图2－5、图2－6)。

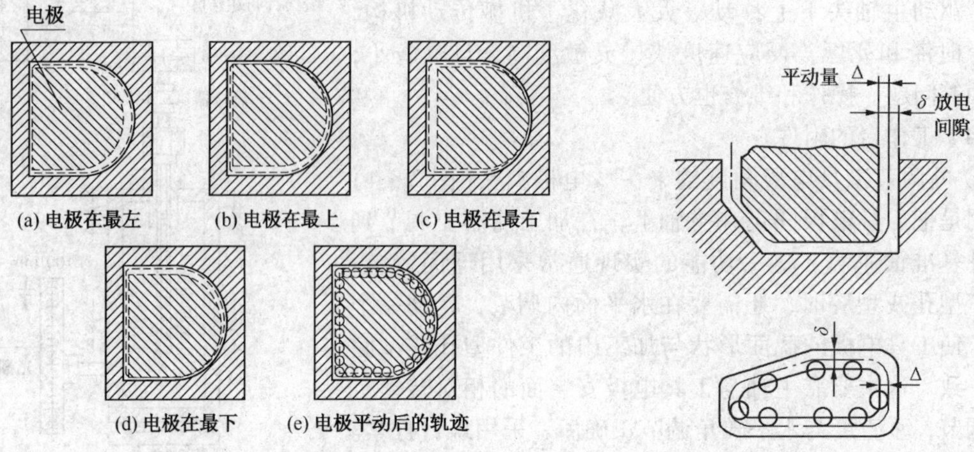

图2－5　平动加工时电极的运动轨迹

图2－6　平动头扩大间隙原理图

目前，机床上安装的平动头有机械式平动头和数控平动头，其外形如图2－7所示。机械式平动头由于有平动轨迹半径的存在，它无法加工有清角要求的型腔；而数控平动头可以两轴联动，能加工出清棱、清角的型孔和型腔。

③ 油杯　如图2－8为一种油杯的结构。在电火花加工中，油杯是实现工作液冲油或抽油强迫循环的一个主要附件，其侧壁和底边上开有冲油和抽油孔。在放电加工时，可使电蚀残物及时排出，因此，油杯的结构好坏对加工效果有很大影响。放电加工时，工件也会分解产生气体，这种气体如不及时排出，就会积存在油杯里。当这种气体被电火花放电引燃时，将会产生放炮现象，造成电极与工件位移，给加工带来很大麻烦，从而影响被加工工件的尺寸精度。因此，对油杯的应用要注意以下几点：

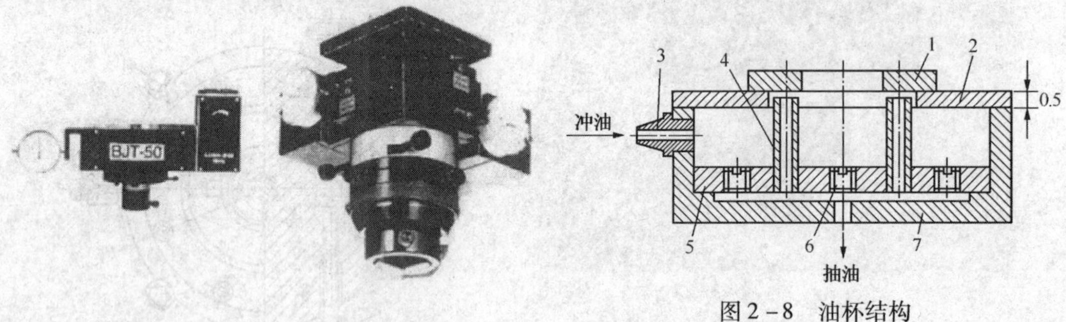

图2－7　平动头外形

图2－8　油杯结构

1—工件；2—油杯盖；3—管接头；4—抽油抽气管；5—底板；6—油塞；7—油杯体

a. 油杯要有合适的高度，在长度上能满足加工较厚工件的电极，在结构上应满足加工型孔的形状和尺寸要求。油杯的形状一般有圆形和长方形两种，必须具备冲、抽油的条件，但不能在顶部积聚气泡。为此，抽油抽气管应紧挨在工件底部。

b. 油杯的刚度和精度要好，油杯的两端面不平度应小于0.01mm，同时密封性要好，以防止漏油现象的发生。

c. 图中油杯底部的抽油孔，如在底部安装不方便，也可安置在靠底部侧面，或省去抽油抽气管 4 和底板 5，而直接安置在油杯侧面的最上部。

2. 脉冲电源

电火花加工过程中，脉冲电源的作用是把工频正弦交流电流转变成频率较高的单向脉冲电流，向工件和工具电极间的加工间隙提供所需要的放电能量以蚀除金属。脉冲电源的性能直接关系到电火花加工的加工速度、表面质量、加工精度、工具电极损耗等工艺指标。

3. 自动进给调节系统

电火花放电时，电极和工件之间必须保持一定的间隙，但是由于放电间隙很小，而且与加工面积、工件蚀除速度等有关，因此电火花加工的进给速度既不是等速的，也不能靠人工控制，而必须采用伺服进给系统，这种不等速的伺服进给系统也称为自动进给装置，安装在主轴头内。

在电火花成型加工设备中，自动进给调节系统占有很重要的位置，它的性能直接影响加工稳定性和加工效果。因此对其通常有以下几点要求：

① 有较广的速度调节跟踪范围　电火花的加工状态随电极材料、极性、工作液、电规准以及加工方式的不同而不同，调节系统应具有较宽的调节范围，以适应各种状态下的加工需要；

② 具有足够的灵敏度和快速性　满足放大倍数，减短过渡过程，以适应各种加工需要；

③ 电火花加工时，各种异常放电经常发生，自动调节装置应该能够适应各种状态下的间隙特性；

④ 具有较高的稳定性和抗干扰能力。

4. 工作液过滤和循环系统

电火花加工中的蚀除产物，一部分以气态形式抛出，其余大部分是以球状固体微粒分散地悬浮在工作液中，直径一般为几微米。随着电火花加工的进行，蚀除产物越来越多，充斥在电极和工件之间，或粘连在电极和工件的表面上。蚀除产物的聚集，会与电极或工件形成二次放电。这就破坏了电火花加工的稳定性，降低了加工速度，影响了加工精度和表面粗糙度。为了改善电火花加工的条件，一种办法是使电极振动，以加强排屑作用；另一种办法是对工作液进行强迫循环过滤，以改善间隙状态。

工作液强迫循环过滤是通过工作液循环过滤器来完成的。电火花加工用的工作液过滤系统包括工作液泵、容器、过滤器及管道等，使工作液强迫循环。图 2－9 是工作液循环系统油路图，它既能实现冲油，又能实现抽油。其工作过程是：储油箱的工作液首先经过粗过滤器 1，经单向阀 2 吸入油泵 3，这时高压油经过不同形式的精过滤器 7 输向机床工作液槽，溢流安全阀 5 使控制系统的压力不超过 400 kPa，补油阀 11 为快速进油用。待油注满油箱时，可及时调节冲油选择阀 10，由阀 8 来控制工作液循环方式及压力。当阀 10 在冲油位置时，补油冲油都不通，这时油杯中油的压力由阀 8 控制；当阀

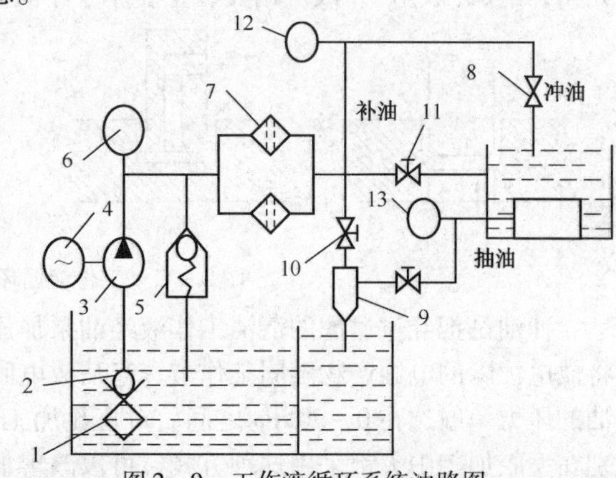

图 2－9　工作液循环系统油路图

1—粗过滤器；2—单向阀；3—油泵；4—电极；5—安全阀；6—压力表；7—精过滤器；8—压力调节阀；9—射流抽吸管；10—冲油选择阀；11—快速进油控制阀；12—冲油压力表；13—抽油压力表

10 在抽油位置时，补油和抽油两路都通，这时压力工作液穿过射流抽吸管 9，利用流体速度产生负压，达到实现抽油的目的。

目前，我国电火花加工所用的工作液主要是煤油与机油，在加工过程中由于电蚀产物的颗粒很小，这些小颗粒存在于放电间隙中，使加工处于不稳定状态直接影响生产率和表面粗糙度。为解决这些问题，人们采用介质过滤的方法。

介质过滤曾广泛用木屑、黄砂或棉纱等作为过滤介质，其优点是材料来源广泛，可以就地取材，缺点是过滤能力有限，不适于大流量、粗加工，且每次更换介质，要消耗大量煤油，故新式机床中目前已被纸过滤器所代替(图 2－10)。

图 2－10　纸过滤器

纸过滤器过滤精度较高，阻力小，更换方便，本身的耗油量比木屑等少很多，特别适合中、大型电火花加工机床，一般可连续应用 250～500h 之多，用后经反冲或清洗，仍可继续使用，而且由专业纸过滤器芯生产厂生产，故现已被大量应用。

电火花穿孔成型加工中，尤其是盲孔加工，如果采用自然循环，电蚀产物不易排出，会产生“二次放电”，所以一般采取强迫循环方式。强迫循环常用的方法有：冲油、抽油、喷射等。如图 2－11 所示工作液循环过滤系统工作方式中，图(a)、(b)为冲油式，排屑冲刷能力强，由于容易实现，比较常用；图(c)、(d)为抽油式，加工时，气体容易聚积在回路死角，造成“放炮”，故应用少，主要用于小间隙、精加工。

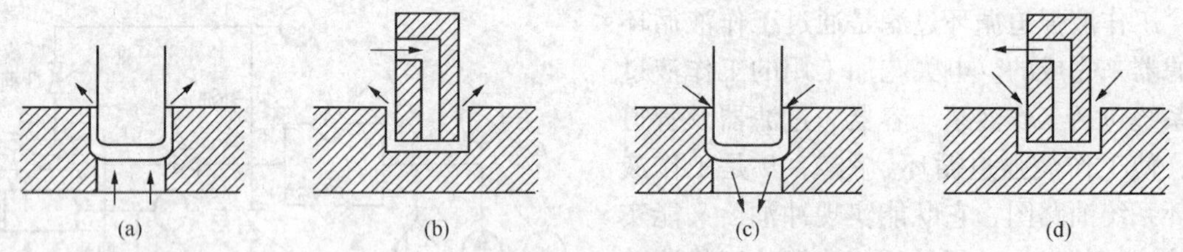

图 2－11　工作液循环过滤系统工作方式

冲油是把经过过滤的清洁工作液经油泵加压，强迫冲入电极与工件之间的放电间隙里，将放电蚀除的电蚀产物随同工作液一起从放电间隙中排除，以实现稳定加工。在加工时，冲油的压力一般选在 0～20kPa 之间。对盲孔加工，采用冲油的方法循环效果比抽油更好，特别在型腔加工中大都采用这种方式，可以改善加工的稳定性。这种方法排屑能力强，但电蚀产物通过已加工区，排除时形成二次放电，容易形成大的间隙和斜度。此外，强力冲油对自动调节系统是一种严重干扰。过大的冲油会影响加工的稳定性。

图 2－11(b)中电极上开小孔，并强迫冲油是型腔电加工最常用的方法之一。冲油小孔直径一般为 0.5～2mm 左右，可以根据需要开一个或几个小孔。

抽油是将工作液连同电蚀产物经过电极的间隙和工件的待加工面被吸出。这种排屑方式可得到较高的加工精度，但排屑力较冲油方式小。抽油不能用于粗加工，因为电势差无经过加工区域抽出困难。

5. 数控系统

电火花成型加工的控制参数多、实时要求高，加工中要监测放电状态来控制伺服进给和后退，同时还要控制抬刀和摇动，这些都是实时性的，并且要根据放电状态的好坏来实时调整参数。另外，电火花成型加工的工艺性也非常强，影响因素多，随机性大。

将普通电火花机床上的移动或转动改为数控之后，会给机床带来巨大的变革，使加工精度、加工的自动化程度、加工工艺的适应性、多样性(称为柔性)大为提高；使操作人员大为省力、省心，甚至可以实现无人化操作。数控化的轴数越多，加工的零件可以越复杂。

数控电火花加工机床有 X、Y、Z 三个坐标轴，高档系统还有三个转动的坐标轴。其中绕 Z 轴转动的称 C 轴，C 轴运动可以使数控连续转动，也可以是不连续的分度转动或某一角度的转动。

一般冲模和型腔模，采用单轴数控和平动头附件即可加工；复杂的型腔模，需采用 X、Y、Z 三周数控联动加工。加工须在圆周上分度的模具或加工有螺旋面的零件或模具，需采用 X、Y、Z 轴和 C 轴四轴多轴联动的数控系统。

数控进给伺服系统有开环控制系统、半闭环控制系统和闭环控制系统三种。

关于数控电火花机床的数控系统，目前，绝大部分电火花数控机床采用国际上通用的 ISO 代码进行编程、程序控制、数控摇动加工等，具体内容如下：

(1) ISO 代码编程简介

ISO 代码是国际标准化机构制定的用于数控编码和程序控制的一种标准代码。代码主要有 G 指令(即准备功能指令)和 M 指令(即辅助功能指令)，具体见表 2－1。

表 2－1　常用的电火花数控指令

代　码	功　能	代　码	功　能
G00	快速移动，定位指令	G81	移动到机床的极限
G01	直线插补	G82	回到当前位置与零点的一半处
G02	顺时针圆弧插补指令	G90	绝对坐标指令
G03	逆时针圆弧插补指令	G91	增量坐标指令
G04	暂停指令	G92	制定坐标原点
G17	XOY 平面选择	M00	暂停指令
G18	XOZ 平面选择	M02	程序结束指令
G19	YOZ 平面选择	M05	忽略接触感知
G20	英制	M08	旋转头开
G21	公制	M09	旋转头关
G40	取消电极补偿	M80	冲油、工作液流动
G41	电极左补偿	M84	接通脉冲电源
G42	电极右补偿	M85	关断脉冲电源
G54	选择工作坐标系 1	M89	工作液排除
G55	选择工作坐标系 2	M98	子程序调用
G56	选择工作坐标系 3	M99	子程序结束
G80	移动轴直到接触感知		

以上代码，绝大部分与数控铣床、车床的代码相同，只有G54、G80、G82、M05等是以前接触较少的指令，其具体用法如下：

一般的慢走丝线切割机床和部分快走丝线切割机床都有几个或几十个工作坐标系，可以用G54、G55、G56等指令进行切换(表2－2)。在加工或找正过程中定义工作坐标系的主要目的是为了坐标的数值更简洁。这些定义工作坐标系指令可以和G92一起使用，G92代码只能把当前点的坐标系中定义为某一个值，但不能把这点的坐标在所有的坐标系中都定义成该值。

表2－2　工作坐标系

G54	工作坐标系0
G55	工作坐标系1
G56	工作坐标系2
⋮	⋮

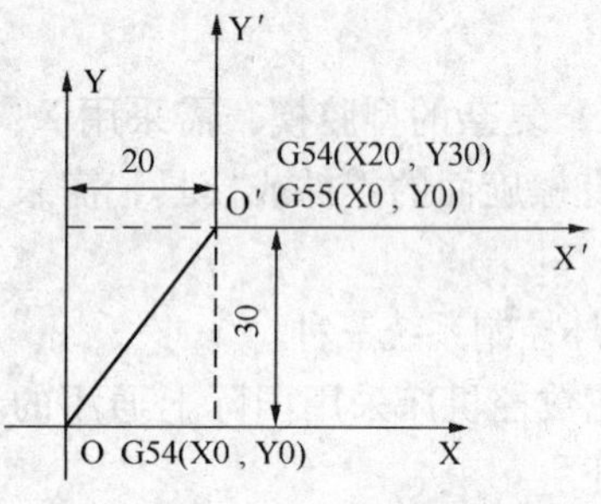

图2－12　工作坐标系切换

如图2－12所示，可以通过如下指令切换工作坐标系。

G92 G54 X0 Y0；

G00 X20. Y30.；

G92 G55 X0 Y0

这样通过指令，首先把当前的O点定义为工作坐标系0的零点，然后分别把X、Y轴快速移动20 mm、30 mm到达点O，并把该点定义为工作坐标系1的零点。

G80：含义：接触感知。格式：G80轴＋方向

如：G80 X－；/电极将沿X轴的负方向前进，直到接触到工件，然后停在那里。

G82：含义：移动到原点和当前位置一半处。格式：G82轴

如：G92 X100.；/将当前点的X坐标定义为100.

G82 X；/将电极移到当前坐标系X＝50. 的地方

M05：含义：忽略接触感知，只在本段程序起作用。具体用法是：当电极与工件接触感知并停在此处后，若要移走电极，请用此代码。

如：G80 X－；/X轴负方向接触感知

G90 G92 X0 Y0；/设置当前点坐标为(0，0)

M05 G00 X10.；/忽略接触感知且把电极向X轴正方向移动10 mm

若去掉上面代码中的M05，则电极往往不动作，G00不执行。

以代码通常用在加工前电极的定位上，具体实例如下：

如图2－13所示，ABCD为矩形工件，AB、BC边为设计基准，现欲用电火花加工一圆形图案，图案的中心为O点，O到AB边、BC边的距离如图中所标。已知圆形电极的直径为20 mm，请写出电极定位于O点的具体过程。

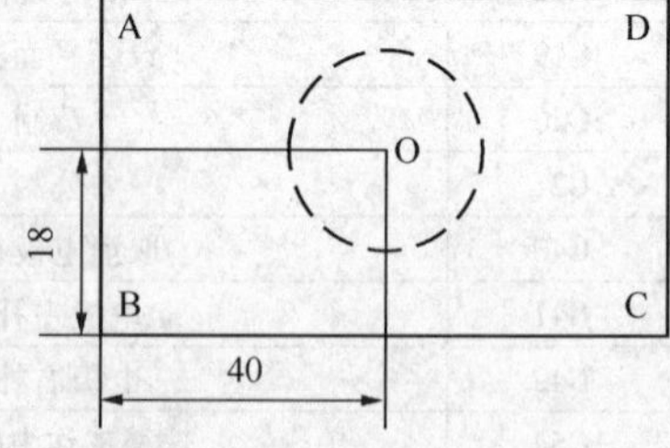

图2－13　工件找正图

具体过程如下：

首先将电极移到工件AB的左边，Y轴坐标大致与O点相同，然后执行如下指令：

G80 X+;

G90 G92 X0;

M05 G00 X-10.;

G91 G00 Y38.;/38. 为一估计值，主要目的是保证电极在 BC 边下方

G90 G00 X50.;

G80 Y+;

G92 Y0;

M05 G00 Y-2.;/电极与工件分开，2 mm 表示为一小段距离

G91 G00 Z10.;/将电极底面移到工件上面

G90 G00 X50. Y28.

（2）摇动加工

如前面所述，普通电火花加工机床为了修光侧壁和提高其尺寸精度而添加平动头，使工具电极轨迹向外可以逐步扩张，即可以实现平动。对数控电火花机床，由于工作台是数控的，可以实现工件加工轨迹逐步向外扩张，即摇动，故数控电火花机床不需要平动头。

摇动加工的作用：

① 可以精确控制加工尺寸精度；

② 可以加工出复杂的形状，如螺纹；

③ 可以提高工件侧面和底面的表面粗糙度；

④ 可以加工出清棱、清角的侧壁和底边；

⑤ 变全面加工为局部加工，有利于排屑和加工稳定；

⑥ 对电极尺寸精度要求不高。

摇动的轨迹除了可以像平动头的小圆形轨迹外，数控摇动的轨迹还有方形、菱形、叉形和十字形，且摇动的半径可为 9.9mm 以内任一数值。

摇动加工的编程代码各公司均自己规定。以汉川机床厂和日本沙迪克公司为例，摇动加工的指令代码如下(表 2-3)。

表 2-3　电火花数控摇动类型一览表

类型 \ 摇动轨迹 / 所在平面		无摇动	○	□	◇	×	+
自由摇动	X-Y 平面	000	001	002	003	004	005
	X-Z 平面	010	011	012	013	014	015
	Y-Z 平面	020	021	022	023	024	025
步进摇动	X-Y 平面	100	101	102	103	104	105
	X-Z 平面	110	111	112	113	114	115
	Y-Z 平面	120	121	122	123	124	125
锁定摇动	X-Y 平面	200	201	202	203	204	205
	X-Z 平面	210	211	212	213	214	215
	Y-Z 平面	220	221	222	223	224	225

数控摇动的伺服方式，共有以下三种(图2－14)。

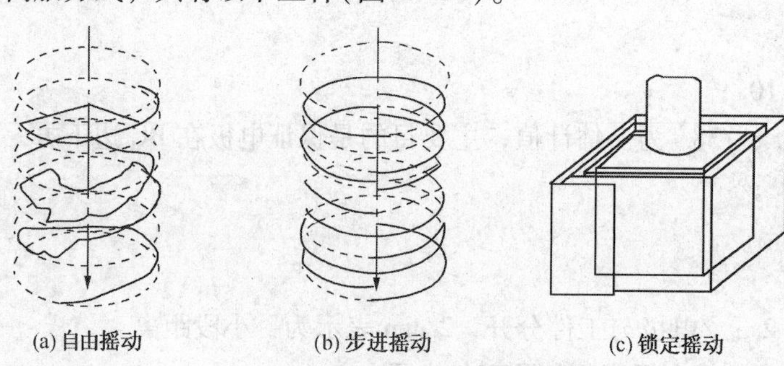

图2－14　数控摇动的伺服方式

① 自由摇动　选定某一轴向(例如Z轴)作为伺服进给轴，其他两轴进行摇动运动[图2－14(a)]。例如：

G01 LN001 STEP30 Z－10.

G01表示沿Z轴方向进行伺服进给。LN001中的00表示在X—Y平面内自由摇动，1表示工具电极各点绕各原始点作圆形轨迹摇动，STEP30表示摇动半径为30μm，Z－10. 表示伺服进给至Z轴向下10mm为止。其实际放电点的轨迹见图2－14(a)，沿各轴方向可能出现不规则的进进退退。

② 步进摇动　在某选定的轴向作步进伺服进给，每进一步的步距为2μm，其他两轴作摇动运动[图2－14(b)]。例如：

G01 LN101 STEP20 Z－10.

G01表示沿Z轴方向进行伺服进给。LN101中的10表示在X—Y平面内步进摇动，1表示工具电极各点绕各原始点作圆形轨迹摇动，STEP20表示摇动半径为20 μm，Z－10. 表示伺服进给至Z轴向下10 mm为止。其实际放电点的轨迹见图2－14(b)。步进摇动限制了主轴的进给动作，使摇动动作的循环成为优先动作。步进摇动用在深孔排屑比较困难的加工中。它较自由摇动的加工速度稍慢，但更稳定，没有频繁的进给、回退现象。

③ 锁定摇动　在选定的轴向停止进给运动并锁定轴向位置，其他两轴进行摇动运动。在摇动中，摇动半径幅度逐步扩大，主要用于精密修扩内孔或内腔[图2－14(c)]。例如：

G01 LN202 STEP20 Z－5.

G01表示沿Z轴方向进行伺服进给。LN202中的20表示在X—Y平面内锁定摇动，2表示工具电极各点绕各原始点作方形轨迹摇动，Z－5. 表示Z轴加工至－5mm处停止进给并锁定，X、Y轴进行摇动运动。其实际放电点的轨迹见图2－14(c)。锁定摇动能迅速除去粗加工留下的侧面波纹，是达到尺寸精度最快的加工方法。它主要用于通孔、盲孔或有底面的型腔模加工中。如果锁定后作圆轨迹摇动，则还能在孔内滚花、加工出内花纹等。

(3) 电火花机床的常见功能

① 回原点操作功能　数控电火花在加工前首先要回到机械坐标的零点，即X、Y、Z轴回到其轴的正极限处。这样，机床的控制系统才能复位，后续操作机床运动不会出现紊乱；

② 置零功能　将当前点的坐标设置为零；

③ 接触感知功能　让电极与工件接触，以便定位；

④ 其他常见功能。

6. 电火花机床控制柜

电火花机床控制柜是用于操作电火花加工机床的设备，通过输入指令进行加工的。控制柜按功能不同而有所区别，有些控制柜只有各种触摸式控制按钮，而没有显示屏；而另外一些机床则配置了电脑屏幕的控制柜，它通过一个键盘来输入指令。一般中型或大型机床还配置一个手控盒。

二、电火花穿孔成型加工工艺

(一) 电火花穿孔成型加工工艺规律

1. 影响材料电蚀的主要因素

电火花加工过程中，材料放电腐蚀的规律是十分复杂的综合性问题。研究电蚀的因素，对于应用电火花加工方法，提高电火花加工的生产率，降低工具电极的损耗是极为重要的。这些主要因素有：

(1) 极性效应

电火花加工过程中，无论是正极还是负极，都会受到不同程度的电蚀。即便是相同材料，例如"钢打钢"加工，正、负电极的电蚀量也是不同的。这种单纯由于正、负极性不同而彼此电蚀量不一样的现象称为极性效应。通常把工件接脉冲电源的正极(工具电极接负极)时，称为"正极性"加工；反之，工件接脉冲电源的负极(工具电极接正极)时，称为"负极性"加工，亦称"反极性"加工。

产生极性效应的原因很复杂。火花放电过程中，正、负电极表面分别受到负电子和正离子的轰击和瞬时热源的作用，在两极表面所分配到的能量是不一样的。这是由于电子的质量和惯性都小，容易获得很高的加速度和速度，在击穿放电的初始阶段就有大量的电子奔向正极，把能量传递给阳极表面，使电极材料迅速熔化和气化；而正离子则由于质量和惯性较大，起动和加速较慢，在击穿放电的初始阶段，大量的正离子来不及到达负极表面，而到达负极表面并传递能量的只有一小部分正离子。因而正、负电极表面熔化、气化抛出的电蚀量是不一样的。

短脉冲加工时，电子的轰击作用大于离子的轰击作用，正极的蚀除速度大于负极的蚀除速度，这时工件应接正极；而采用长脉冲(即放电持续时间较长)加工时，质量和惯性大的正离子将有足够的时间加速，到达并轰击负极表面的离子数将随放电时间的增长而增多，由于正离子的质量大，对负极表面的轰击破坏、发热作用强，同时自由电子挣脱负极时要从负极获取逸出功，而正离子到达负极后与电子结合释放位能，故长脉冲时负极的蚀除速度将大于正极，此时工件应接负极。因此，当采用窄脉冲(例如纯铜电极加工钢时，$t_j < 10\mu s$)精加工时，应选用正极性加工；当采用长脉冲(例如纯铜电极加工钢时，$t_j > 80\mu s$)粗加工时，应采用负极性加工，可以得到较高的蚀除速度和较低的电极损耗。

两极上的能量分配对电蚀量也很重要，电子和正离子对电极表面的轰击则是影响能量分布的主要因素，生产和研究结果表明，正电极表面能吸附工作液中分解游离出来带有负电荷的碳微粒，形成熔点和气化点较高的薄层碳黑膜，保护正极，减小电极损耗。例如当脉宽为12μs、脉间为15μs时，往往正极蚀除速度大于负极，应采用正极性加工。当脉宽不变时，逐步把脉间减少(应配之以抬刀，以防止拉弧)，使有利于碳黑膜在正极上的形成，就会使负极蚀除速度大于正极而可以改用负极性加工。这实际上是极性效应和正极吸附碳黑之后对正极的保护作用的综合效果。

除了脉宽、脉间的影响，很多电参数都会影响极性效应，此效应愈显著愈好，电火花加工过程中可通过合理选用工具电极材料、最佳电参数，充分地利用极性效应，最大限度地降低工具电极的损耗，使工件的蚀除速度最高。

(2) 电参数

电参数主要是指电压脉冲宽度、电流脉冲宽度、脉冲间隔、脉冲频率、峰值电流、峰值电压和极性等。

电参数的理论计算与生产实践证实，提高脉冲频率，增加单个脉冲能量，增加平均放电电流，减小脉冲间隔，提高与电极材料、脉冲参数、工作液等有关的工艺系数等，均可提高电蚀量和生产率。当然，实际生产时要考虑到这些因素之间的相互制约关系和对其他工艺指标的影响，例如：脉冲间隔时间过短，会使工作液来不及消电离、排屑等，将产生破坏性的稳定电弧放电，影响加工进程，随着单个脉冲能量的增加，加工表面粗糙度也随之增大。

(3) 电极材料热学常数

所谓材料热学常数，是指材料的熔点、沸点(气化点)、热导率、比热容、熔化热、气化热等。一般情况下，当脉冲放电能量相同时，金属的熔点、沸点、比热容、熔化热、气化热等热学常数愈高，电蚀量越小，工件越难加工，生产率低；但另一方面电蚀量也会随电极的热导率增大而减少，故电蚀量要根据电极材料的热学常数、放电时间、单个脉冲能量等因素综合考虑。

(4) 工作液

电火花放电过程中，工作液的作用主要有：

① 放电　形成电火花，击穿介质，形成放电通道；

② 压缩　压缩放电通道，并限制其发展，提高放电能量密度，加强了蚀除效果，也提高了仿形精确性；

③ 绝缘　加速电极间隙的消电离过程，有助于防止出现破坏性电弧放电迅速恢复绝缘，防止“二次放电”；

④ 抛出　加剧放电的流体动力过程，有助于金属的抛出；

⑤ 排屑　强化电蚀产物的抛出效应，帮助与加速电蚀产物排出，

⑥ 冷却　对工件、工件进行实时冷却和冲刷等。

目前电火花成形加工中主要采用油类作为工作液。粗加工时，采用的脉冲能量大，加工间隙也较大，爆炸排屑抛出能力强，往往选用介电性能，黏度较大的全损耗系统用油(即机油)，且这种燃点较高，大能量加工时着火的可能性小；中、精加工时，放电间隙较小，排屑较困难，故一般采用黏度小，流动性好，渗透性好的煤油作工作液；水作工作液由于绝缘性差，黏度低且易锈蚀机床，但采用各种添加剂后可改善性能。水基工作液在粗加工时的加工速度可大大高于煤油，但大面积精加工取代煤油还有距离，精密加工中可采用较纯的蒸馏水、去离子水或乙醇水溶液做工作液，其绝缘强度比普通水高。

(5) 加工过程的稳定性

加工过程的稳定性将干扰以致破坏正常的火花放电，使有效脉冲利用率降低从而降低电蚀量。对稳定性影响最大的是电火花加工的自动进给和调节系统，以及正确选择和调

节加工参数。随着加工深度、面积的增加，及加工型面复杂程度的增加，均不利于电蚀产物的排出，影响加工稳定性；降低加工速度，甚至造成结炭拉弧，使加工难以进行。为了改善排屑条件，提高加工速度和防止拉弧，常采用强迫冲油和工具电极定时抬刀等措施；若加工面积较小，而采用的加工电流较大，也会使局部电蚀产物浓度过高，放电点不能分散转移，放电后的余热来不及传播扩散而积累起来，造成过热，形成电弧，破坏加工的稳定性。

电极材料对加工稳定性也有影响。钢电极加工钢时不易稳定，纯铜、黄铜加工钢时则比较稳定。脉冲电源的波形及其前后沿陡度影响着输入能量的集中或分散程度，对电蚀量也有很大影响。

2. 表面变质层对加工结果的影响

（1）表面变质层的产生

放电时产生的瞬时高温高压，以及工作液快速冷却作用，使工件与电极表面在放电结束后产生与原材料工件性能不同的变质层，如图 2－15 所示。

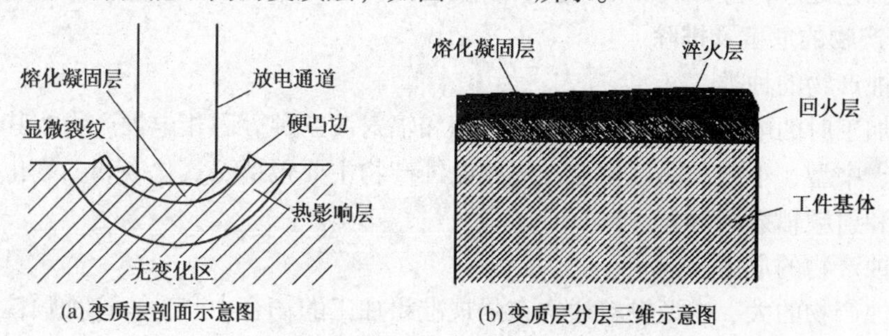

(a) 变质层剖面示意图　　(b) 变质层分层三维示意图

图 2－15　工件表面的变质层

工件表面的变质层从外向内大致分：

① 熔化凝固层　它位于工件表层的最上层。放电时被高温熔化后未被抛出的材料颗粒，受工作液快速冷却而凝固黏结于工件表面，形成熔化凝固层，俗称“白层”。它不同于基体金属，与内层结合也不牢固，其厚度随脉冲能量的增大而变厚，但一般小于 0.1mm。

② 热影响层　位于熔化层和基体间，其中靠近熔化层的材料受放电高温作用及工作液的急冷作用形成淬火层，距表面更深一些的材料则受温度变化影响形成回火层。高温使其金相组织发生变化，但与基本材料间不存在明显界限。热影响层主要是淬火区，其厚度一般为最大微观不平度的 2～3 倍。

③ 显微裂纹　电火花加工表面由于受到瞬时高温和骤冷作用，容易出现显微裂纹。脉冲能量越大显微裂纹越深；脉冲能量小到一定程度时，则一般不再出现显微裂纹。

（2）表面变质层对加工结果的影响

表面变质层的结构和性质会因材料的不同而有差异。一般情况下，表面变质层对加工结果的影响是不利的，表现在以下几个方面：

① 表面粗糙度　变质层的产生增加了材料表面的表面粗糙度，变质层越厚，工件表面粗糙度越高；

② 表面硬度　变质层硬度一般比较高，并且由外而内递减至基体材料的硬度，增加了抛光的难度。不过这一规律因材料不同而会有差异，如淬火钢的回火层硬度要比基体低，而

硬质合金在电加工后反而会在表面产生“软层”；

③ 耐磨性　一般来说，变质层的最外层硬度比较高，耐磨性好，但由于熔化凝固层与基体的黏结并不牢固，因此容易剥落，反而加速磨损；

④ 耐疲劳性能　在瞬间热胀冷缩的作用下，变质层表面形成较高的残余应力(主要为拉应力)，并可能因此产生细小的表面裂纹(显微裂纹)，使工件的耐疲劳性能大大降低。

(3) 工艺措施

减少变质层对工件加工结果产生的负面影响措施有：

① 改善电火花加工参数　脉冲能量越大，熔化凝固层越厚，同时表面裂纹也越明显；而当单个脉冲能量一定时，脉宽越窄，熔化凝固层越薄。因此，对表面质量要求较高的工件，应尽量采用较小的电加工规准，或者在粗加工后尽可能进行精加工。

② 进行适当的后处理　由于熔化凝固层对工件寿命有较大影响，因此可以在电加工完成后将它研磨掉，为此需要在电加工中留下适当的余量供研磨及抛光。另外，还可以采用回火、喷丸等工艺处理，降低表面残余应力，从而提高工件的耐疲劳性能。

3. 电蚀产物的危害及排除

(1) 电蚀产物的种类

电火花加工时的电蚀产物分为固相、气相和辐射波三种。固相电蚀产物按其形状的大小可分为大型、中型、小型和微型颗粒；气相电蚀产物主要包括一氧化碳和二氧化碳；辐射波主要有声波和射频辐射两部分。

(2) 电蚀产物的危害

固相电蚀产物的大、中型颗粒通常在强规准粗加工的场合中产生，这种颗粒对电火花加工有一定的影响，容易产生短路和烧弧现象，从而破坏工件的加工精度和表面粗糙度；小型颗粒通常在型腔和穿孔的粗加工中产生，除易产生短路和烧弧现象外，还有可能引起二次放电；微型颗粒的产生是不可避免的，任何电火花加工都可能出现，容易产生烧弧现象，降低加工稳定性。

气相产物中由于包含有毒气体，所以必须及时排除，否则对人体有一定的危害。通常采用强迫抽风或风扇排风以降低影响。

(3) 电蚀产物的排除

在电火花加工过程中，工具电极和工件的蚀除将产生大量的电蚀产物。及时将电蚀产物从工作区域中清除成为电火花加工顺利进行的必要条件。主要排除形式有：

① 抬刀　工具电极重复抬起和进给是最常用的排屑方法，抬刀的方式：

a. 定时抬刀　所谓电极定时抬刀法，是利用电极向上时形成局部真空抽吸换油，电极向下时挤出工作液排出加工屑，它通常与加工液的强迫流通并用。但是，若加工大面积不通孔或深型腔时，则不宜采用这种方法。因为在此种情况下，工具电极抬刀抽、挤工作液时会对电极和工件产生很大的反作用力，从而造成主轴、立柱等部件的局部变形，甚至引起瞬时短路。

b. 适应抬刀　这种抬刀方式通常只是在加工不正常时采用，可以提高加工生产率，减少不必要的抬刀。

② 电极转动　当电极的横截面为圆形时，可采用电极转动的方法来改善排屑条件，有时也可采用工件转动或者工件和电极同时转动，排屑条件和转动速度有关。

③ 工件或电极的振动　此方法是改善排屑条件的有效措施之一。由于工件和电极的重量都受到限制，所以只能应用于小型和微细电火花加工。其优点是能大大提高加工稳定性，缺点是加工精度有所下降。

④ 开排气孔　这种方法在大型型腔加工时经常采用。工艺简单，对电极损耗影响较小，但排屑效果不太理想。

⑤ 冲油法　在电极或工件上开加工液孔的方法为冲油法，如图 2－16 所示。冲油法分为上冲油和下冲油。上冲油主要应用于加工复杂型腔或在无预孔的情况下加工深孔，如图 2－16(a)所示；下冲油则主要应用于直壁的孔加工，如图 2－16(b)所示。

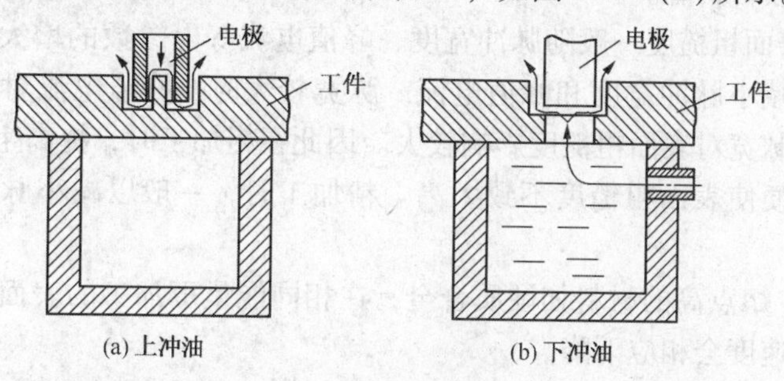

图 2－16　冲油法

⑥ 抽油法　采用抽油法的目的是为了控制小的侧壁锥度，因此通常应用于必须将锥度限制在很小的情况下。抽油法也可分为上抽油和下抽油。上抽油主要应用于型腔的垂直剖面形状呈下大上小的工件，如图 2－17(a)所示；下抽油主要应用于型腔的垂直剖面形状呈上大下小的工件，如图 2－17(b)所示。

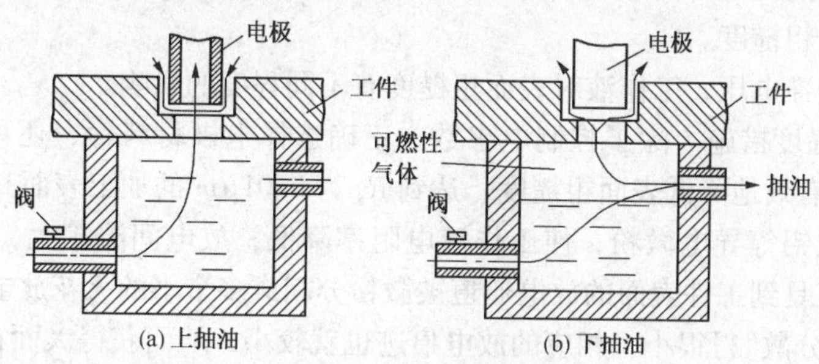

图 2－17　抽油法

冲油方式与抽油方式对工具电极的损耗速度的影响差别不大，但对于工具电极端面的均匀性影响区别较大。在冲、抽油时，工作液的进口处所含杂质较少，温度也较低，因此进口处的覆盖效应易于降低，这样就使冲油时工具电极易于形成凹形端面而抽油时则形成凸形端面。

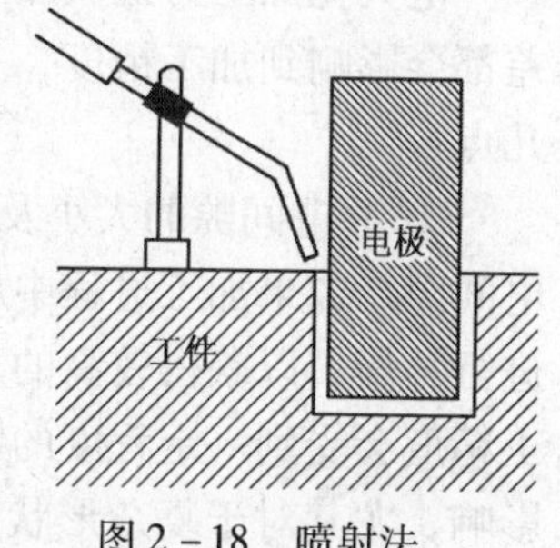

图 2－18　喷射法

⑦ 喷射法　所谓喷射法就是指当电极或工件不能开加工液孔时，从电极的侧面强迫喷射加工液的方法(图 2－18)。在实际加工中，应根据工艺条件采用不同的改善排屑的方法，不能一概而论。

4. 电火花加工的工艺指标

电火花加工中的工艺指标包括加工精度、表面粗糙度、加工速度以及电极损耗比等，影响因素有电参数和非电参数。如前所述，电参数主要有脉冲宽度、脉冲间隔、峰值电压、峰值电流、加工极性等；非电参数主要有压力、流量、抬刀高度、抬刀频率、平动方式、平动量等。这些参数相互影响，相互制约。

(1) 表面粗糙度

电火花加工表面和机械加工的表面不同，它是由无方向性的无数小坑和硬凸边所组成，特别有利于保存润滑油；其润滑性能和耐磨损性能优于机械加工表面。

① 影响电火花加工表面粗糙度因素　影响电火花加工表面粗糙度因素主要有电参数、工件材料、工具电极材料等。

a. 电参数　表面粗糙度一般随脉冲宽度、峰值电流等电参数的增大而增大。为了提高表面粗糙度，必须减小脉冲宽度和峰值电流。脉宽较大时，峰值电流对表面粗糙度影响较大；脉宽较小时，脉宽对表面粗糙度影响较大。因此在粗加工时，提高生产率以增大脉宽和减小间隔为主，以便使表面粗糙度不致太高。精加工时，一般以减小脉冲宽度来降低表粗糙度。

b. 工件材料　熔点高的材料如硬质合金，在相同能量下加工的表面粗糙度要比熔点低的材料好，但加工速度会相应下降。

c. 工具电极材料　也极大地影响工件的加表面粗糙度，例如：在电火花加面时使用纯铜电极要比黄铜电极加工的表面粗糙度低。精加工时，工具电极的表面粗糙度也影响加工表面粗糙度。一般认为，精加工后工具电极的表面粗糙度要比工件表面低一个精度等级。表面粗糙度高的电极要获得低表面粗糙度工件表面很困难。

d. 异常放电现象　如二次放电、烧弧、结炭等将破坏表面粗糙度，而表面的变质层也会影响工件的表面粗糙度。

除此以外，击穿电压、工作液对表面粗糙度有不同程度的影响。

② 降低表粗糙度措施　除了控制电参数、正确选择电极材料等，还可以采用“混粉加工”新工艺，可以有效地降低表面粗糙度，达到 R_a 为 0.01μm 的加工表面其方法是在电火花加工液中混入硅或铝等导电微粉，使工作液电阻率降低，放电间隙扩大，寄生电容大幅减少；同时每次从工具到工件表面的放电通道被微粉分割成多个小的火花放电通道，到达工件表面的脉冲能量“分散”得很小，相应的放电痕迹也就较小，从而获得大面积的光整表面。

(2) 电火花加工精度

电火花加工与机械加工一样，机床本身的各种误差以及工件和工具电极的定位、安装误差都会影响到加工精度，另外电火花加工的一些工艺特性也将影响加工精度，主要有以下几点：

① 放电间隙的大小及其一致性　电火花加工时，工具电极与工件之间存在着一定的放电间隙。如果加工过程中放电间隙保持不变，通常可以通过修正工具电极的尺寸对放电间隙进行补偿，以获得较高的加工精度。然而，在实际加工过程中放电间隙是变化的，因此，加工精度会受到一定程度的影响。此外，放电间隙的大小对加工精度（尤其是仿形精度）也有影响，尤其对于复杂形状表面的加工，棱角部位电场强度分布不均，间隙越大，影响越严重。因此，为了降低加工误差，应采用较小的加工规准，缩小放电间隙。另外，加工过程要尽可能保持稳定。

② 工具电极的损耗　工具电极的损耗对尺寸精度和形状精度都有影响。电火花穿孔加

工时，电极可以贯穿型孔而补偿电极的损耗，但是型腔加工则无法采用这种方法，精密型腔加工时可以采用更换电极的方法。

③ 电极的制造精度　电极的制造精度是加工精度的重要保证。电极的制造精度应高于加工对象要求的精度这样才有可能加工出合格的产品。

在同一加工对象中，有时往往用一个电极难以完成全部的加工要求，即使能完成加工要求也不能保证加工精度。通常情况下可以用不同形状的电极来完成整个加工。对于加工精度要求特别高的工件，使用同样的电极重复加工能提高精度，但必须保证电极制造精度和重复定位精度。

④ 二次放电　在已加工表面上，由于电蚀产物的介入而产生的二次放电也能影响电火花加工形状加工，它能使加工深度方向产生斜度，加工棱角边变钝。

上下口间隙的差异主要是由二次放电(图 2－19)造成的。加工屑末在通过放电间隙时，形成“桥”，造成二次放电，使加工间隙扩大。因此当采用冲油排屑时，由于加工屑末均经过放电间隙而在上口的二次放电机会最大、次数最多、扩大量最大、斜度也最大，同时放电加工时间越长，斜度也越大；但当采用抽油排屑时，由于加工屑末经过侧面间隙的机会较小，因此加工斜度相对来说比较小，如图 2－20 所示。

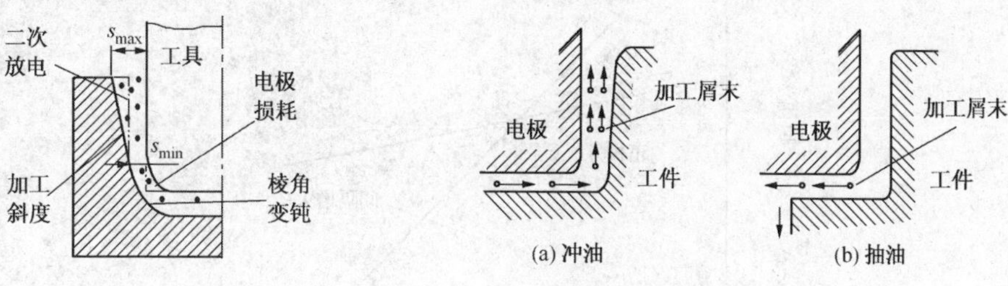

图 2－19　二次放电

图 2－20　排泄方式与二次放电

⑤ 热影响　加工过程中，工作液温度升高容易引起机床的热变形。由于机床各部件(包括工件和电极) 的热膨胀系数不同，因此加工精度难免受到影响。对于工件尺寸超过几十毫米的大型工件，影响尤其明显。同时，工件和电极的尺寸、截面、材质也会造成热变形。如薄片电极、用于电铸、放电压力成型一类的薄壳电极等，由于其热容量很小，温度升高很快易产生变形。另外，加工电流大，工作液温度冷却不够也会造成热变形。因此，加工时必须控制加工电流，对电极易变形的部位采取加固和冷却措施。

(3) 电火花加工速度

电火花加工的加工速度是指单位时间内工件的电蚀量，即生产率，通常用单位时间内工件蚀除重量和单位时间内工件蚀除体积表达。一般通过增大脉冲峰值电流、增加脉冲宽度提高加工速度，但会增加表面粗糙度和降低加工精度，因此，一般用于粗加工和半精加工的场合；还可以通过提高脉冲频率即缩小脉冲间隔，从而提高加工速度，但脉冲间隔不能过分减小，否则加工区工作液将不能及时消电离，电蚀产物和气泡不能及时排除，反而影响加工稳定性，从而导致生产效率的下降。此外，还可以通过提高工艺系数来提高加工速度，包括合理选择电极材料、电参数和工作液，改善工作液的循环过滤方法以提高脉冲利用率，提高加工稳定性，以及控制异常放电等。

(4) 电极损耗的原因及改善措施

电极损耗是加工中衡量加工质量的一个重要指标，已不仅取决于工具的损耗速度，还要看同时能达到的加工速度，因此通常采用相对损耗(损耗速度/加工速度)来衡量工具电极耐损耗的指标。

在实际加工过程中，降低电极的相对损耗具有很现实的意义。总的来说，影响电极损耗的因素主要有以下几点：

① 脉冲宽度和峰值电流　这两者是影响损耗最大的参数。通常情况下，峰值电流一定时，脉冲宽度越大，电极损耗越小。当脉冲宽度增大到某一值时，相对损耗下降到1%以下；脉冲宽度不变时，峰值电流越大，损耗越大。

② 极性效应　极性对于电极损耗的影响很大。它除了受到电参数的影响之外，还受到诸如正极碳黑保护膜、放电电压、工作液等因素的影响。图2-21所示为用石墨电极加工钢工件时，正负极性与电极损耗的关系。由图可知，正极性加工时，电极损耗随脉冲宽度的增大变化不明显；负极性加工时，电极损耗则随脉冲宽度的增大急剧下降。因此，当放电脉冲小于正负极曲线交界点时，采用正极性加工可有效地减少电极的损耗；当大于交界点时，则应该采用负极性加工。

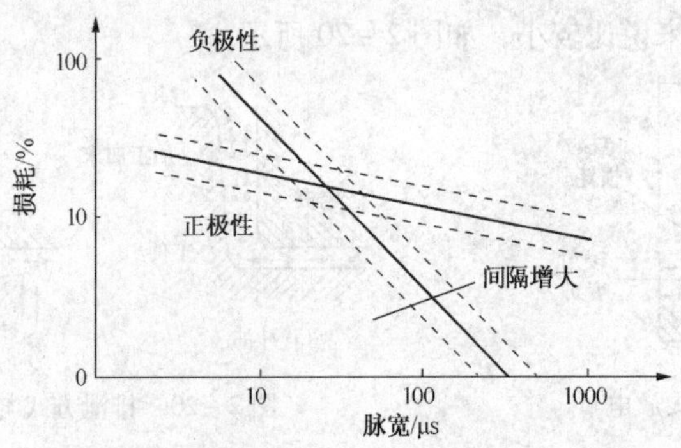

图2-21　用石墨电极加工钢件时，正负极性与电极损耗的关系

③ 吸附效应　在电火花加工中，若采用负极性加工(工具电极接正极)，工作液采用煤油之类的碳氢化合物时，放电时产生由于高热，产生大量碳微粒，与金属形成带负电的碳胶团，吸附在正电极表面形成一定强度和厚度的化学吸附层，称为“碳黑层或碳黑膜”。由于碳的熔点和气化点很高，可对电极起到一定的保护作用，从而实现低损耗加工。在油类介质中加工时，覆盖层主要是石墨化的碳黑层，其次是粘附在电极表面的金属微粒。

碳黑层的生成条件：

a. 足够高的温度　电极上待覆盖部分的表面温度不低于碳黑层生成温度，但要低于熔点，从而易使碳粒子烧结成石墨化的耐蚀层；

b. 足够多的电蚀产物　尤其是介质的热解产物—碳粒子；

c. 足够的时间　以便在此表面形成一定厚度的碳黑层；

d. 一般采用负极性加工，因为碳黑层易在正极表面形成；

e. 油类工作介质中加工。

影响吸附效应的因素：

a. 脉冲参数与波形的影响　增大脉冲放电能量有助于覆盖层的生成，但对中、精加工有相当大的局限性，减小脉冲间隔有利于在各种电规准下生成吸附层，但若脉冲间隔过小，正常的火花放电有转变为破坏性电弧放电的危险；

b. 电极对材料的影响　铜加工钢时覆盖效应较明显，但铜电极如工硬质合金工件则不容易生成吸附层；

c. 工作液的影响　工作液清洁度、循环方式等也会影响吸附效应，油类工作液在放电产生的高温作用下，生成大量的碳粒子，有助于碳黑层的生成，采用强迫冲、抽油，也有利于间隙内电蚀产物的排除和加工的稳定，但同时将增加电极的损耗，故实际加工过程中必须控制冲、抽油的压力；

d. 吸附效应还与电参数、间隙状态等工艺参数密切相关，当峰值电流和脉冲间隔一定时，炭黑膜厚度随脉冲宽度的增加而增厚；而当脉冲宽度和峰值电流一定时，炭黑膜厚度随脉冲间隔的增加而减薄，表现在电火花加工中，吸附层不断形成，又不断被破坏、消失，所以应积极控制电参数，使吸附层的形成与破坏达到动态平衡，有效地降低工具损耗。

5. 电火花加工中的异常放电及预防

在电火花加工过程中，工件和电极通过火花放电所产生的高温来蚀除，工具电极被蚀除产生电极损耗，工件被蚀除从而达到放电加工的目的。

过去认为在电火花稳定加工的状态下不会产生异常放电现象，但试验表明即使在非常稳定的加工状态下也会产生异常放电，只不过此时的异常放电现象微弱而短暂。在加工过程中，并不是所有的脉冲都放电加工，进给速度越快，脉冲利用率就越高，但产生异常放电的几率也就越大。

异常放电主要有烧弧、桥接、短路等几种形式：

（1）烧弧

烧弧是电火花加工时最常见、也是破坏性最大的异常放电形式。轻者影响加工精度、表面粗糙度和加工效率，重者工件报废。一旦发生烧弧，一般的措施很难恢复正常放电，而需抬起电极，对工件和电极进行人工处理才能继续加工。烧弧现象在粗、中、精加工中都可能发生，粗、中加工时的烧弧现象破坏性尤甚。因此必须严防烧弧现象的产生。

烧弧表现出以下现象：

① 放电往往集中在一处，火花呈橘红色，与正常放电时不同，爆炸声低而闷，产生的烟浓而白，伺服机构急剧跳动；

② 抬起电极观察时，电极上有一凹坑，工件上相对应部位黏附有炭黑(严重时有凸起)。刷去炭黑后，工件上烧弧处金属呈熔融状态，与周围的放电状态不同；

③ 弱规准的烧弧，工件与电极上痕迹不太明显，常在工件表面形成较深的凹坑，在工件抛光后，此表面缺陷明显地暴露出来；

④ 烧弧开始时，观察电流表、电压表，表针急剧摆动，然后电流表针指不在正常值和短路电流值间的一个数值上。同时，加工进给指示百分表的表针也来回摆动；

⑤ 用接于放电间隙的示波器观察，可以比较正确地判别烧弧或正常加工。烧弧时，荧光屏上的反映是：在各个脉冲波形的正常加工线(带毛刺的前高后低的倾斜线)下面呈现一条光滑的光亮线。刚开始烧弧时，加工线和烧弧线同时出现，然后烧弧线越来越亮，加工线逐渐暗淡。

(2) 桥接

桥接是烧弧的前奏，常发生于精加工，其破坏性相对来说比较轻。桥接现象与正常放电常牵涉在一起，只需稍微改变加工条件就能恢复正常放电。

发生桥接时的现象：

① 烟发白，气泡体积比正常放电时大一些，且比较集中，放电声明显不均匀；

② 电极与桥接处发毛，工件上积聚一层炭黑，用刷子可以刷去，刷去后工件表面也有熔融状。即使工件抛光后，表面还是出现针状小凹坑；

③ 观察电流表，电流有明显波动，且比无桥接时略大；

④ 发生桥接时，深度指示器回退；

⑤ 用示波器观察时，正常情况下波形应从上至下，发生桥接时波形前端从下至上。

(3) 短路

放电加工过程中的短路现象是瞬时的，但也会对加工造成不利影响。加工中短路现象经常发生，即使正常加工也可能出现，精加工时更加频繁。正常加工时偶尔出现的短路现象是允许的，一般不会造成破坏性后果，但频繁的短路会使工件和电极局部形成缺陷，而且它常常是烧弧等异常放电的前奏。

产生异常放电的原因很多，主要有以下几点：

① 电蚀产物的影响　电蚀产物中金属微粒、炭黑以及气体都是异常放电的“媒介”。传统理论将间隙中炭黑微粒的浓度看作间隙污染的程度，污染严重时不利于加工，因此必须及时清除。但近来研究表明，由于间隙被污染而使放电的击穿距离增大，使之与维持放电的距离接近，有利于加工的稳定。另外，炭黑微粒在放电过程中参与了物理化学作用，在某些加工状态下使电极损耗减少，起到了积极的作用。

② 进给速度的影响　一般来说，进给速度太快是造成异常放电的直接原因。在正常加工时，电极应该有一个适当的进给速度，为保持加工状态而不产生异常放电，进给速度应该略低于蚀除速度。

在实际使用中，进给速度还取决于电极和工件材料的种类、型腔加工的深度、电规准的强弱、排屑条件的好坏、伺服机构的判别能力等因素。一般来说，电极材料在加工稳定性好、加工深度浅、电规准强、排屑条件好、伺服机构灵敏度高的加工条件下，进给速度可以快一些；反之，进给速度应该慢一些。

③ 电规准的影响　放电规准的强弱、电规准的选择不当容易造成异常放电。一般来说，电规准较强、放电间隙大不易产生异常放电；而规准较弱的精加工，放电间隙小且电蚀产物不易排除，容易产生异常放电。此外，放电脉冲间隔小，峰值电流过大，加工面积小而使加工电流密度超过规定值，以及极性选择不当都可能引起异常放电。

在加工过程中，对电规准应给予充分重视。对于规准较强的粗加工，脉冲间隔与脉宽的比值可取小些(一般可于小于1)；对于规准很弱的精加工，其比值应取大些(通常可大于5)，特别是对于排屑条件差、型孔尖角较多的加工应取大些。起始加工时，要防止加工电流密度过大，且随着加工面积的增大而增加加工电流时仍需防止。

(二) 电火花穿孔加工工艺

由图2－22、图2－23可以看出，电火花加工主要由三部分组成：

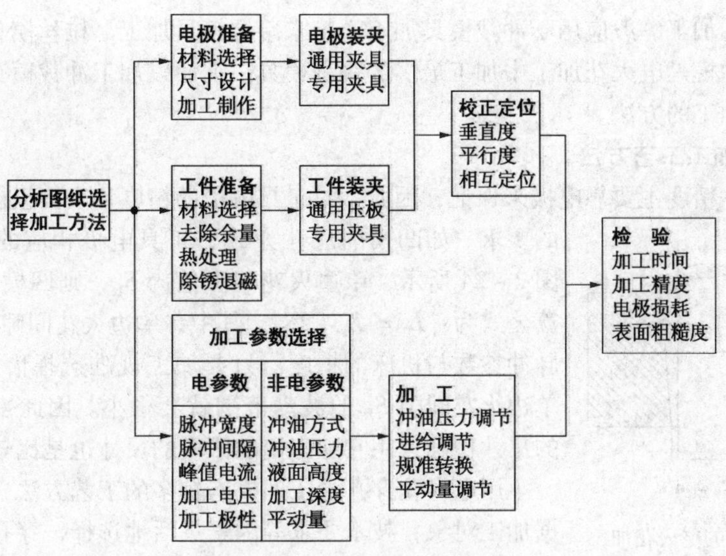

图 2－22　电火花加工步骤

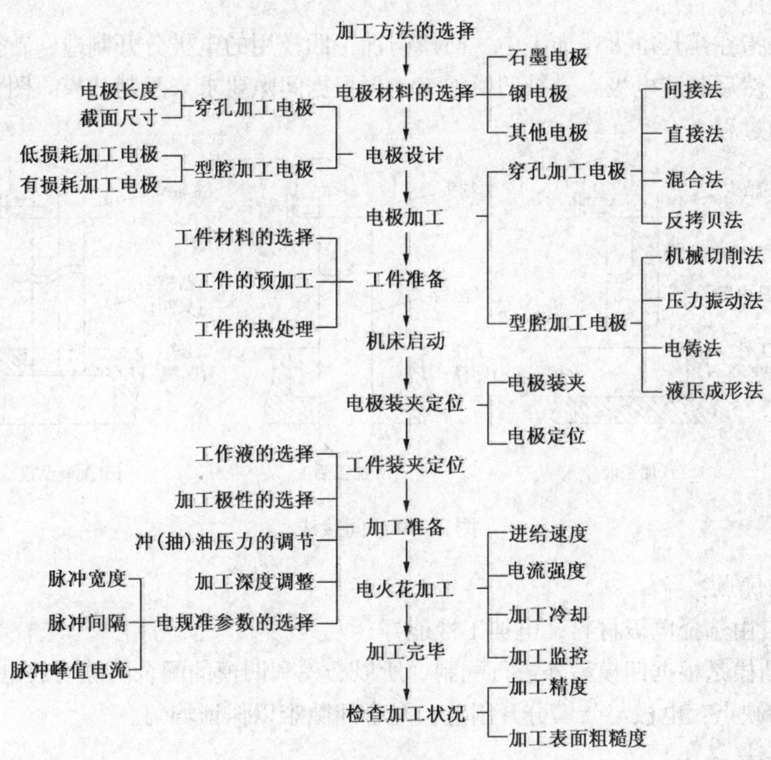

图 2－23　操作流程简图

电火花加工的准备工作(包括电极准备、电极装夹、工件准备、工件装夹、电极工件的校正定位等)、电火花加工、电火花加工检验工作。

其中电火花加工可以加工通孔和盲孔，前者习惯称为电火花穿孔加工，后者习惯上称为电火花成型加工。它们不仅是名称不同，而且加工工艺方法有着较大的区别。

电火花穿孔加工一般应用于冲裁模具加工、粉末冶金模具加工、拉丝模具加工、螺纹加工等。其中，冲模是电火花加工中加工最多的一种模具。下面以加工冲裁模具的凹模为例说明电火花穿孔加工的方法。

1. 电火花加工工艺方法

凹模的尺寸精度主要靠电极来保证，因此，对工具电极的精度和表面粗糙度都应有一定的要求。如凹模的尺寸为 L_2，工具电极相应的尺寸为 L_1，如图 2－24 所示，单边火花间隙值为 S_L，则凹模的尺寸 L_2 的计算公式为：$L_2 = L_1 + 2S_L$，其中，单边火花间隙 S_L 主要取决于脉冲参数与机床的精度。只要加工规准选择恰当，加工稳定，单边火花间隙 S_L 的波动范围就会很小。因此，只要工具电极的尺寸精确，用它加工出的凹模的尺寸也是比较精确的。

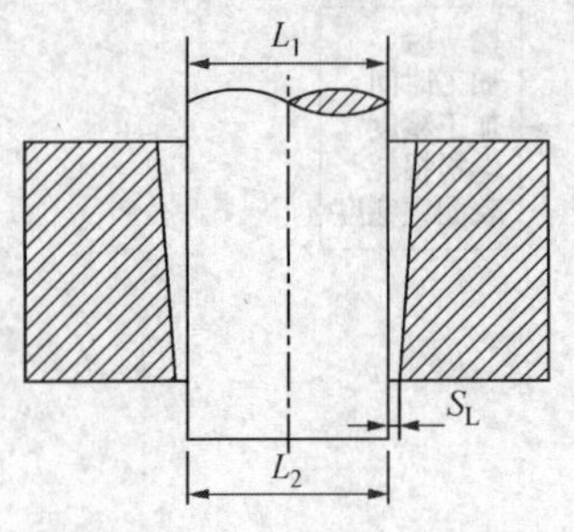

图 2－24　凹模的电火花加工

用电火花穿孔加工凹模有较多的工艺方法，在实际中应根据加工对象，技术要求等因素灵活地选择，穿孔加工的具体方法简单介绍如下：

（1）间接法

间接法是指在模具电火花加工中，凸模与加工凹模用的电极分开制造，首先根据凹模尺寸设计电极，然后制造电极，进行凹模加工，再根据间隙要求来配制凸模。图 2－25 为间接法加工凹模的过程。

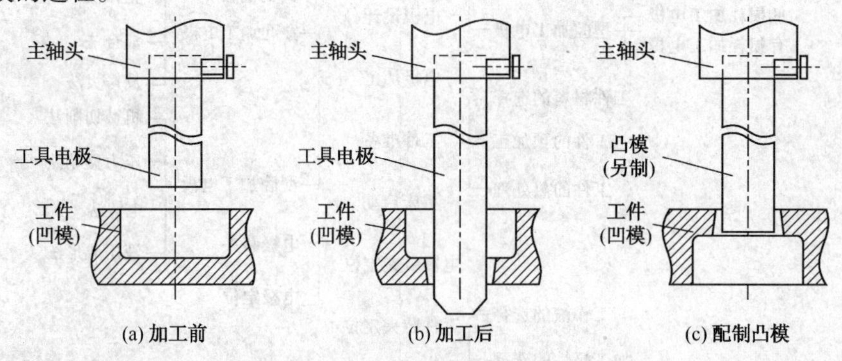

图 2－25　间接法

间接法的优点：

① 可以自由选择电极材料，电加工性能好；

② 因为凸模是根据凹模另外进行配制，所以凸模和凹模的配合间隙与放电间隙无关。

间接法的缺点：电极与凸模分开制造，配合间隙难以保证均匀。

（2）直接法

直接法适合于加工冲模，是指将凸模长度适当增加，先作为电极加工凹模，然后将端部损耗的部分去除直接成为凸模（具体过程如图 2－26 所示）。直接法加工的凹模与凸模的配合间隙靠调节脉冲参数、控制火花放电间隙来保证。

直接法的优点：

① 可以获得均匀的配合间隙、模具质量高；

② 无须另外制作电极；

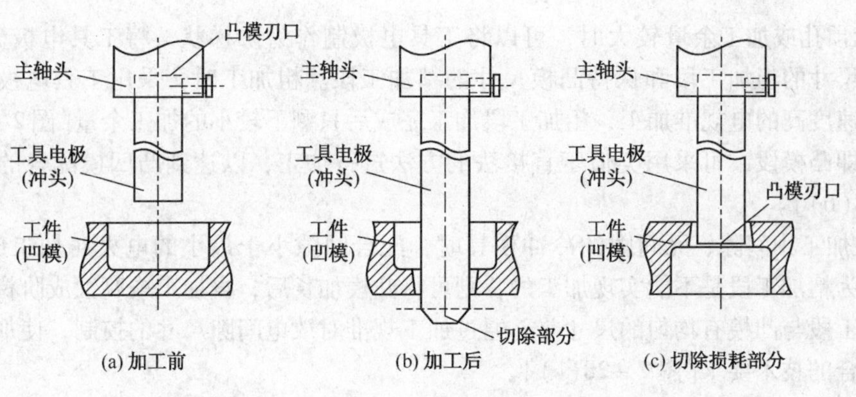

图 2－26　直接法

③ 无须修配工作，生产率较高。

直接法的缺点：

① 电极材料不能自由选择，工具电极和工件都是磁性材料，易产生磁性，电蚀下来的金属屑可能被吸附在电极放电间隙的磁场中而形成不稳定的二次放电，使加工过程很不稳定，故电火花加工性能较差；

② 电极和冲头连在一起，尺寸较长，磨削时较困难。

（3）混合法

混合法也适用于加工冲模，是指将电火花加工性能良好的电极材料与冲头材料粘结在一起，共同用线切割或磨削成型，然后用电火花性能好的一端作为加工端，将工件反置固定，用“反打正用”的方法实行加工。这种方法不仅可以充分发挥加工端材料好的电火花加工工艺性能，还可以达到与直接法相同的加工效果（图 2－27）。

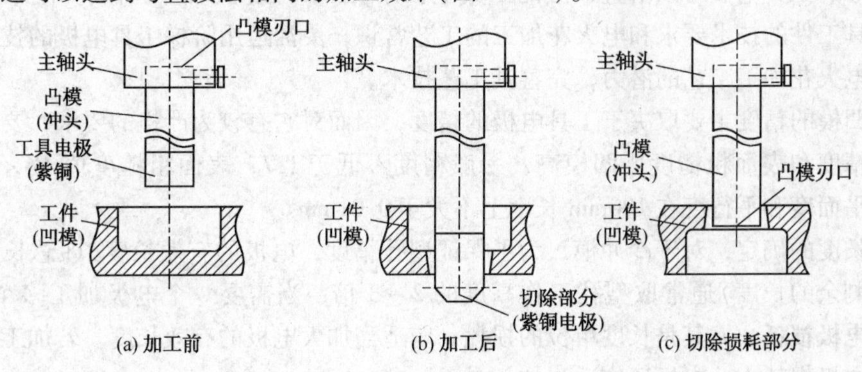

图 2－27　混合法

混合法的特点：

① 可以自由选择电极材料，电加工性能好；

② 无须另外制作电极；

③ 无须修配工作，生产率较高；

④ 电极一定要粘结在冲头的非刃口端（图 2－27）。

（4）阶梯工具电极加工法

阶梯工具电极加工法在冷冲模具电火花成型加工中极为普遍，其应用方面有两种：

① 无预孔或加工余量较大时，可以将工具电极制作为阶梯状，将工具电极分为两段，即缩小了尺寸的粗加工段和保持凸模尺寸的精加工段。粗加工时，采用工具电极相对损耗小、加工速度高的电规准加工，粗加工段加工完成后只剩下较小的加工余量[图2－28(a)]。精加工段即凸模段，可采用类似于直接法的方法进行加工，以达到凸凹模配合的技术要求[图2－28(b)]。

② 在加工小间隙、无间隙的冷冲模具时，配合间隙小于最小的电火花加工放电间隙，用凸模作为精加工段是不能实现加工的，则可将凸模加长后，再加工或腐蚀成阶梯状，使阶梯的精加工段与凸模有均匀的尺寸差，通过加工规准对放电间隙尺寸的控制，使加工后符合凸凹模配合的技术要求[图2－28(c)]。

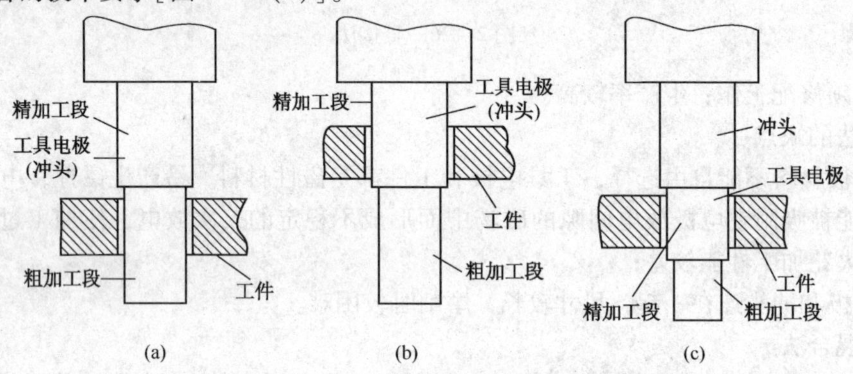

图2－28　阶梯工具电极加工冲模

除此以外，可根据模具或工件不同的尺寸特点和尺寸，要求采用双阶梯或多阶梯工具电极。阶梯形的工具电极可以由直柄形的工具电极用“王水”酸洗、腐蚀而成。机床操作人员应根据模具工件的技术要求和电火花加工的工艺常识，灵活运用阶梯工具电极的技术，充分发挥穿孔电火花加工工艺的潜力，完善其工艺技术。

由于凹模的精度主要取决于工具电极的精度，因而对它有较为严格的要求，要求工具电极的尺寸精度和表面粗糙度比凹模高，一般精度不低于IT7，表面粗糙度值 $R_a < 1.25\mu m$，直线度、平面度和平行度在100mm长度上不大于0.01mm。

电极长度的确定，对于冷冲模，为了保证型孔精度，电极的有效长度(即总长度减去夹持部分后剩余的长度)通常取型孔工作高度的2～3倍，当需要一个电极加工多个型孔时，则应考虑电极损耗，尤其是长度单位的损耗，应适当加大电极的有效长度。若加工硬质合金时，由于电极损耗大，电极还应适当加长。

2. 工具电极

(1) 电极材料选择

从理论上讲，任何导电材料都可以做电极。不同的材料做电极对于电火花加工速度、加工质量、电极损耗、加工稳定性有重要的影响。因此，在实际加工中，应综合考虑各个方面的因素，选择最合适的材料做电极。

1) 电极材料的选择原则

① 电极材料的选择应根据加工对象来确定，加工直壁深孔时，应选择电极损耗小的材料；加工一般型腔可采用石墨电极，若型腔有文字图案则采用电铸的纯铜电极；

② 电极材料的成本应尽可能地低廉；

③ 电极材料容易成型且变形小，并具备一定的强度；

④ 电极材料的电加工性能，如加工稳定性、电极损耗必须良好；

⑤ 电极材料还应根据工件材料来选择，不同的工件材料，加工性能肯定有所不同，即使相同材料的工件也会因为材料成分的不同而影响加工性能。

目前常用的电极材料有紫铜(纯铜)、黄铜、钢、石墨、铸铁、银钨合金、铜钨合金等，如表2－4所示。

表2－4 电火花加工常用电极材料的性能

电极材料	电加工性能		机加工性能	说明
	稳定性	电极损耗		
钢	较差	中等	好	在选择电规准时注意加工稳定性
铸铁	一般	中等	好	为加工冷冲模时常用的电极材料
黄铜	好	大	尚好	电极损耗太大
紫铜	好	较大	较差	磨削困难，难与凸模连接后同时加工
石墨	尚好	小	尚好	机械强度较差，易崩角
铜钨合金	好	小	尚好	价格贵，在深孔、直壁孔、硬质合金模具加工中使用
银钨合金	好	小	尚好	价格贵，一般少用

2）常用电极材料特点

铸铁电极的特点：

① 来源充足，价格低廉，机械加工性能好，便于采用成型磨削，因此电极的尺寸精度、几何形状精度及表面粗糙度等都容易保证；

② 电极损耗和加工稳定性均较一般，容易起弧，生产率也不及铜电极；

③ 是一种较常用的电极材料，多用于穿孔加工。

钢电极的特点：

① 来源丰富，价格便宜，具有良好的机械加工性能；

② 加工稳定性较差，电极损耗较大，生产率也较低。

③ 多用于一般的穿孔加工。

紫铜电极的特点：

① 加工过程中稳定性好，生产率高；

② 精加工时比石墨电极损耗小；

③ 易于加工成精密、微细的花纹，采用精密加工时能达到优于1.25μm的表面粗糙度；

④ 因其韧性大，故机械加工性能差，磨削加工困难；

⑤ 适宜于做电火花成型加工的精加工电极材料。

黄铜电极的特点：

① 在加工过程中稳定性好，生产率高；

② 机械加工性能尚好，它可用仿形刨加工，也可用成型磨削加工，但其磨削性能不如钢和铸铁；

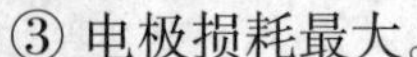

③ 电极损耗最大。

石墨电极的特点：

① 机加工成型容易，容易修正；

② 加工稳定性能较好，生产率高，在长脉宽、大电流加工时电极损耗小；

③ 机械强度差，尖角处易崩裂；

④ 适用于做电火花成型加工的粗加工电极材料。因为石墨的热胀系数小，也可作为穿孔加工的大电极材料；

3）其他电极材料

电极材料除以上材料外，还有铜钨合金、银钨合金等，从理论上来讲，钨是金属中最好的电极材料，它的强度和硬度高，密度大，熔点将近3400℃，可以有效地抵御电火花加工时的损耗。铜钨合金、银钨合金由于含钨量高，所以在加工中电极损耗小，机械加工成型也较容易，特别适用于工具钢、硬质合金等模具加工及特殊异孔、槽的加工。缺点是价格较贵，尤其是银钨合金电极，因此应用相对较少。

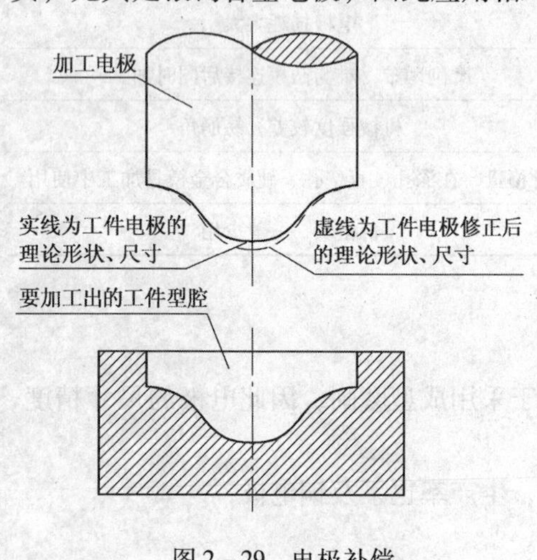

图2－29　电极补偿

（2）电极的设计

电极设计是电火花加工中的关键点之一。在设计中，首先是详细分析产品图纸，确定电火花加工位置；第二是根据现有设备、材料拟采用的加工工艺等具体情况确定电极的结构形式；第三是根据不同的电极损耗、放电间隙等工艺要求对照型腔尺寸进行缩放，同时要考虑工具电极各部位投入放电加工的先后顺序不同，工具电极上各点的总加工时间和损耗不同，同一电极上端角、边和面上的损耗值不同等因素来适当补偿电极。例如，图2－29是经过损耗预测后对电极尺寸和形状进行补偿修正的示意图。

（3）工具电极的制造

在进行电极制造时，尽可能将要加工的电极坯料装夹在即将进行电火花加工的装夹系统上，避免因装卸而产生定位误差。冲模加工电极的制造一般先经过普通的机械加工然后磨削成形，也可以采用线切割加工凸模。注意要预留电火花加工余量。一般情况下，单边的加工余量为0.3～1.5mm为宜，这样有利于电极平动。

3. 电规准的选择与转换

所谓电规准，就是脉冲电源参数，是电火花加工过程中选择的一组电参数，如电压、电流、脉宽、脉间等。电规准选择的正确与否，直接影响工件加工工艺的效果。因此，应根据工件的设计要求，工具电极和工件材料，加工工艺指标与经济效益等因素综合考虑。并在加工过程中进行必要的转换。

（1）电规准对加工的影响

一般情况下，其他参数不变，增大脉宽将减少电极损耗，表面粗糙度变差，加工间隙增大，表面变质层增厚，斜度变大，生产率提高，稳定性变好。

脉冲间隔对加工稳定性影响最大，脉冲间隔越大，稳定性越好。一般情况下对其他工艺指标影响不明显，但当脉冲间隔减小到某一数值时，它对电极损耗会有一定影响。

增大峰值电流，将提高生产效率，改善加工稳定性，但表面粗糙度变差，间隙增大，电极损耗增加，表面变质层增厚。

(2) 加工参数的调整

影响工艺指标的主要因素可以分为离线参数(加工前设定后加工中基本不再调节的参数，如极性、峰值电压等)和在线参数(加工中常需调节的参数，如脉冲间隔、进给速度等)。

1) 离线控制参数

虽然这类参数在安排加工时要预先选定，但在一些特定的场合下，它们还是需要在加工中改变的。

① 加工起始阶段　实际放电面积由小变大，这时的过程扰动较大，采用比预定规准小的放电电流可使过渡过程比较平稳，等稳定加工几秒钟后再把放电电流调到设定值。

② 补救过程扰动　加工中一旦发生严重干扰，往往很难摆脱。例如拉弧引起电极上的结炭沉积后，所有以后的放电就容易集中在积炭点上，从而加剧了拉弧状态。为摆脱这种状态，需要把放电电流减少一段时间，有时还要改变极性(暂时人为地高损耗)来消除积炭层，直到拉弧倾向消失，才能恢复原规准加工。

③ 加工变截面的三维型腔　通常开始时加工面积较小，放电电流必须选小，然后随着加工深度(加工面积)的增加而逐渐增大电流，直至达到表面粗糙度、侧面间隙或电极损耗所要求的电流值。对于这类加工控制，可预先编好加工电流与加工深度的关系表。同样，在加工带锥度的冲模时，可编好面间隙与电极穿透深度的关系表，再由侧面间隙要求调整离线参数。

2) 在线控制参数

在线控制参数在加工中的调整没有规律可循，主要依靠经验。下面介绍一些参考性方法：

① 平均端面间隙　它对加工速度和电极相对损耗影响很大。一般说来，其最佳值并不正好对应于加工速度的最佳值，而应当使间隙稍微偏大些，这时的电极损耗较小。小间隙不但引起电极损耗加大，还容易造成短路和拉弧，因而稍微偏大的间隙在加工中比较安全，在加工起始阶段更为必要；

② 脉冲间隔　过小的脉冲间隔会引起拉弧，只要能保证进给稳定和不拉弧，原则上可选取尽量小的脉冲间隔值，但在加工的起始阶段时应取较大的值；

③ 冲液流量　由于电极损耗随冲液流量(压力)的增加而增大，因而只要能使加工稳定，保证必要的排屑条件，应使冲液流量尽量小；

④ 伺服抬刀运动　抬刀意味着时间损失，只有在正常冲液不够时才采用，而且要尽量缩小电极上抬和加工的时间比；

⑤ 出现拉弧时的补救措施　增大脉冲间隔；调大伺服参考电压(加工间隙)；引入周期抬刀运动，加大电极上抬和加工的时间比；减小放电电流(峰值电流)；暂停加工，清理电极和工件(例如用细砂纸轻轻研磨)后再重新加工；试用反极性加工一段时间，使积炭表面加速损耗掉等。

(3) 正确选择加工规准

为了能正确选择电火花加工参数规准，人们根据工具电极、工件材料、加工极性、脉冲宽度、脉冲间隔、峰值电流等主要参数对主要工艺指标的影响，预先制订工艺曲线图表，以此来选择电火花加工的规准。

由于各种电火花机床、脉冲电源、伺服进给系统等基本上是大同小异，因此工艺实验室制订的各种工艺曲线图表具有一定的通用性，能在一定程度上指导电火花穿孔成形加工。正规厂家提供的电火花加工机床以及说明书中也有类似的工艺参数图表，可直接参考应用。

如图2－30、图2－31、图2－32、图2－33 所示，工具电极为铜，加工材料为钢，且负极性加工(工件接负极)时，工件表面粗糙度、单边侧面放电间隙、工件蚀除速度、电极损耗率与脉冲宽度和峰值电流的关系曲线图。

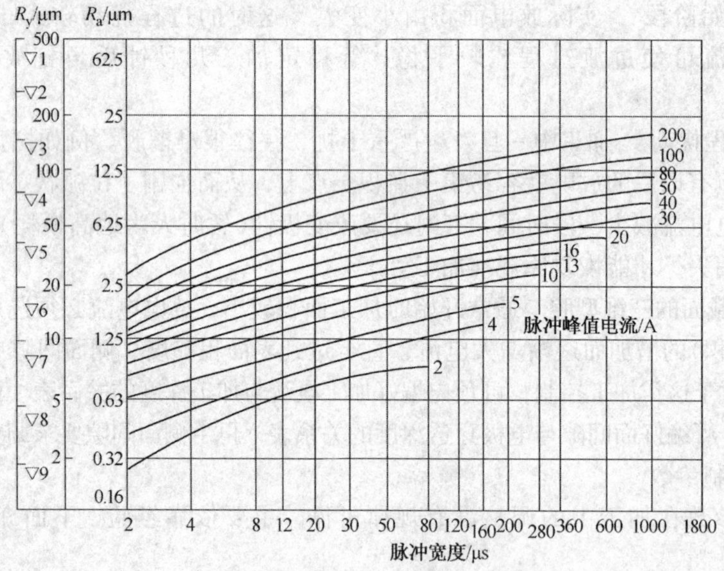

图2－30　铜打钢工件表面粗糙度与脉冲宽度和峰值电流的关系曲线图

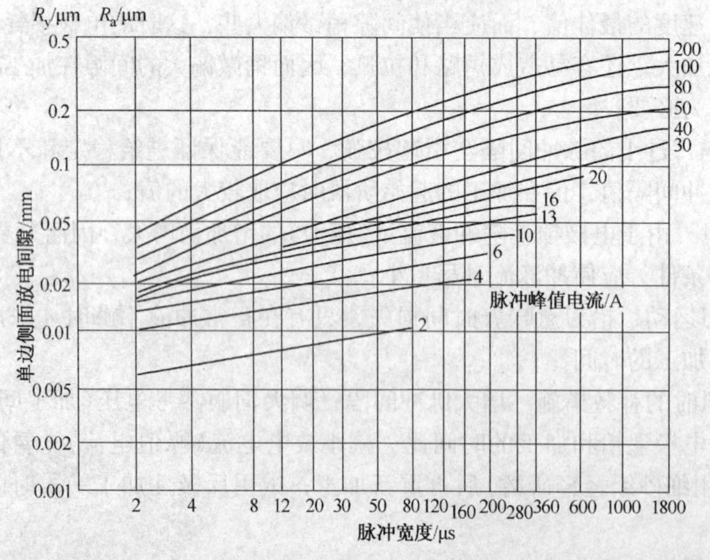

图2－31　铜打钢工件单边侧面放电间隙与脉冲宽度和峰值电流的关系曲线图

由于脉冲间隔只要保证能消除电离、能稳定加工、不引起电弧放电,，它对工件表面粗糙度、单边侧面放电间隙、工件蚀除速度、电极损耗率等没有太大的影响，因此在图中未注明脉冲间隔。另外，电极的抬刀高度、抬刀频率、冲油压力和流量等参数，主要是为了促进放电间隙中的排屑，保证电火花加工的稳定性，除对加工速度有所影响外，对工艺指标影响不大，因此这部分的参数在图中也未注明。

图 2－30 所示为工具电极为铜、加工材料为钢且负极性加工(工件接负极)时，工件表面粗糙度与脉冲宽度和峰值电流的关系曲线图。由图可得如下结论：

① 要获得较好的表面粗糙度，必须选用较窄的脉冲宽度和较小的峰值电流；

② 脉冲宽度对表面粗糙度的影响比峰值电流稍微大一些；

③ 要达到某一表面粗糙度，可以选择不同的脉冲宽度和峰值电流。例如，欲达到表面粗糙度 $R_a = 1.25\mu m$，可选择脉宽为 4 μs，峰值电流为 10A 的参数组合；也可选择脉宽为 120μs，峰值电流为 4A 的参数组合；也可选择脉宽为 25μs，峰值电流为 6A 的参数组合；

④ 不同参数组合的蚀除速度和电极损耗率不同，甚至差别很大，因此选择电规准的时候，必须进行分析比较，抓住工艺中的主要矛盾做出选择，必要时分成粗、中、精加工。

图 2－31 为工具电极为铜、加工材料为钢且负极性加工时，单边侧面放电间隙与脉冲宽度和峰值电流的关系曲线图。由图可知，它的规律类似于表面粗糙度。当脉冲宽度较窄，峰值电流较小时可获得较小的侧面放电间隙；反之侧面放电间隙就大。由于在通常情况下，侧面间隙是电火花加工时底面间隙产生的电蚀产物二次放电所形成的，因此侧面间隙会稍大于底面间隙的平均值。

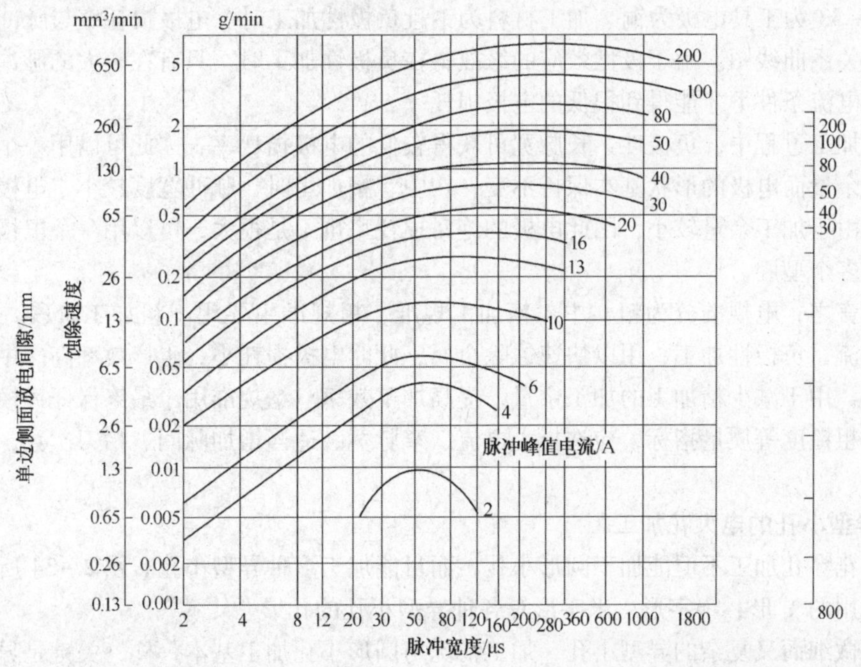

图 2－32　铜打钢工件蚀除速度与脉冲宽度和峰值电流的关系曲线图

图 2－32 为工具电极为铜、加工材料为钢且负极性加工时，工件蚀除速度与脉冲宽度和峰值电流的关系曲线图。由图可得，随着脉冲间隔和峰值电流的增加，工件的蚀除速度也随

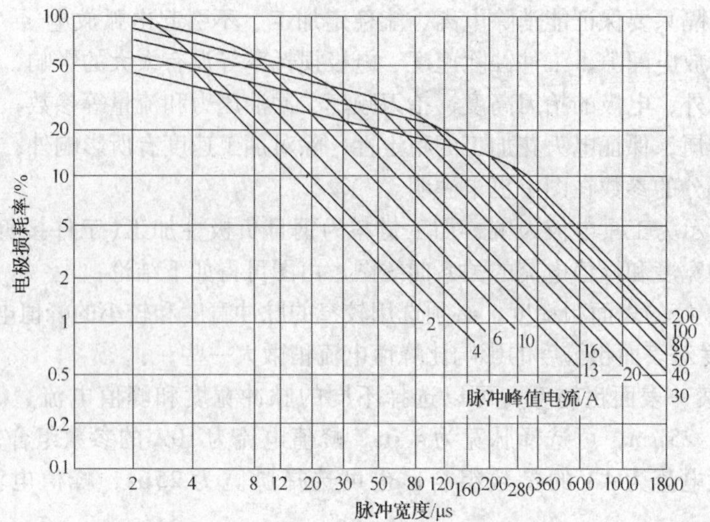

图2－33　铜打钢工件电极损耗率与脉冲宽度和峰值电流的关系曲线图

之增大，但当脉冲宽度增大到一定程度时，蚀除速度达到最大值并趋于稳定。

在选择加工规准时，脉冲间隔必须适中。过大的脉冲间隔将使蚀除速度成比例地减少，过小的脉冲间隔会引起排屑不畅而产生电弧放电。在加工过程中，尤其是中、精加工，当加工到一定深度应抬刀排屑，这将降低单位时间内的工件蚀除速度。此曲线图是在合理的脉冲间隔、较浅的加工深度、无抬刀运动、中等加工面积和微冲油条件下绘制的，因此实际使用中，蚀除速度将低于图中的数值。

图2－33为工具电极为铜、加工材料为钢且负极性加工时，电极损耗率与脉冲宽度和峰值电流的关系曲线图。由于极性效应的缘故，在负极性加工时，只有在较大的脉冲宽度和较小的峰值电流条件下才能得到很低的电极损耗率。

在粗加工过程中，负极性、长脉宽可获得较低的电极损耗率，因此可以用一个电极加工掉很大的余量而电极的形状基本保持不变；在中、精加工时，脉冲宽度较小，电极损耗率比较大，但由于加工余量较小，因此电极的绝对损耗率也不是很大，可以用一个电极加工出一个、甚至多个型腔。

总而言之，电规准分为粗、中、精加工规准，粗规准主要用于粗加工阶段，采用长脉宽、大电流、负极性加工，用以快速蚀除金属，此时电极损耗小，生产效率高。中规准是过渡性加工，用于减少精加工的加工余量，提高加工效率。精规准用于最终保证冲模的配合间隙、表面粗糙度等质量指标，应选择小电流、窄脉宽、适当增加脉间、抬刀次数，并选用正极性加工。

4. 异型小孔的电火花加工

电火花穿孔加工不但能加工圆形小孔，而目能加工多种异型小孔。图2－34所示为化纤喷丝板常用的Y形、十字形、米字形等各种异型小孔的孔形。

加工微细而又复杂的异型小孔，加工情况与圆形小孔加工基本一样，关键是异型电极的制造，其次是异型电极的装夹，另外要求机床自动控制系统更加灵敏。

制造异型小孔电极，主要有下面几种方法。

（1）冷拔整体电极法

采用电火花线切割加工工艺并配合钳工修磨制成异型电极的硬质合金拉丝模，然后用该模具拉制成 Y 形、十字形等异型截面的电极。这种方法效率高，用于较大批量生产。

（2）电火花线切割加工整体电极法

利用精密电火花线切割加工制成整体异型电极。这种方法的制造周期短、精度和刚度较好，适用于单件、小批量试制。

（3）电火花反拷加工整体电极法

用这种方法制造的电极，定位、装夹均方便且误差小，但生产效率较低。图 2－35 为电火花反拷加工制造异型电极的示意图。

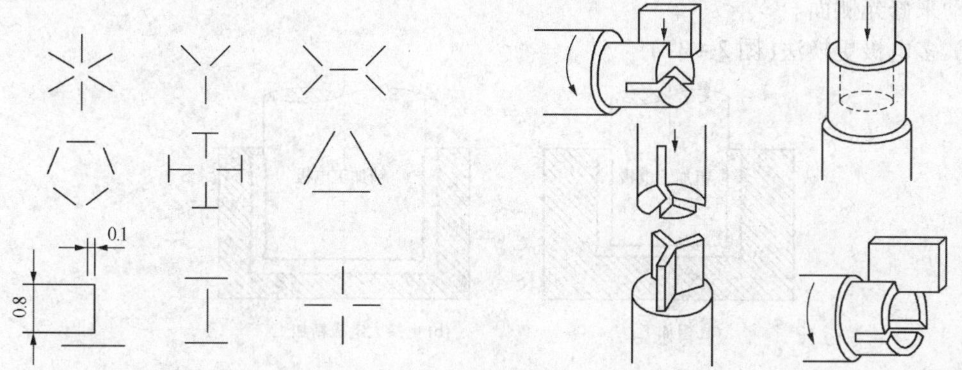

图 2－34　各种异型小孔的孔形　　　　图 2－35　电火花反拷加工制造异型电极示意图

（三）电火花成型加工工艺

电火花成型加工和穿孔加工相比，有下列特点：

（1）电火花成型加工为盲孔加工，工作液循环困难，电蚀产物排除条件差；

（2）型腔多由球面、锥面、曲面组成，且在一个型腔内常有各种圆角，凸台或凹槽有深有浅，还有各种形状的曲面相接，轮廓形状不同，结构复杂。这就使得加工中电极的长度和型面损耗不一，故损耗规律复杂，且电极的损耗不可能由进给实现补偿，因此型腔加工的电极损耗较难进行补偿；

（3）材料去除量大，表面粗糙度要求严格；

（4）加工面积变化大，要求电规准的调节范围相应也大。

1. 电火花成型加工工艺方法

根据电火花成型加工的特点，在实际生产中通常采用如下方法：

（1）单工具电极直接成型法(图 2－36)

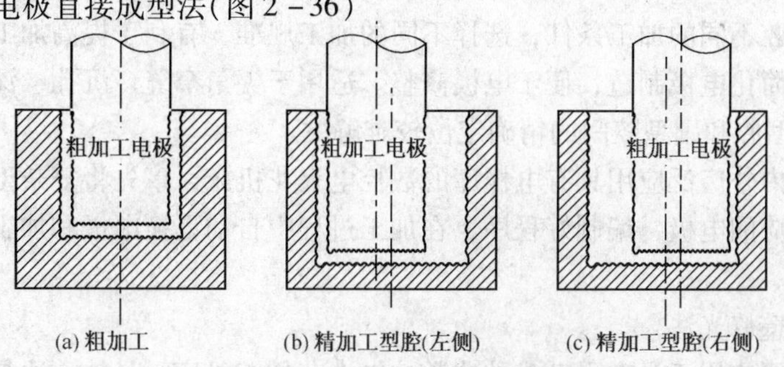

图 2－36　单工具电极直接成形法

单工具电极直接成型法是指采用同一个工具电极完成模具型腔的粗、中及精加工。

对普通的电火花机床，在加工过程中先用无损耗或低损耗电规准进行粗加工，然后采用平动头使工具电极做圆周平移运动，按照粗、中、精的顺序逐级改变电规准，进行侧面平动修整加工。在加工过程中，借助平动头逐渐加大工具电极的偏心量，可以补偿前后两个加工电规准之间放电间隙的差值，这样就可完成整个型腔的加工。

单电极平动法加工时，工具电极只需一次装夹定位，避免了因反复装夹带来的定位误差。但对于棱角要求高的型腔，加工精度就难以保证。

如果加工中使用的是数控电火花机床，则不需要平动头，可利用工作台按照一定轨迹作微量移动来修光侧面。

(2) 多电极更换法(图 2-37)

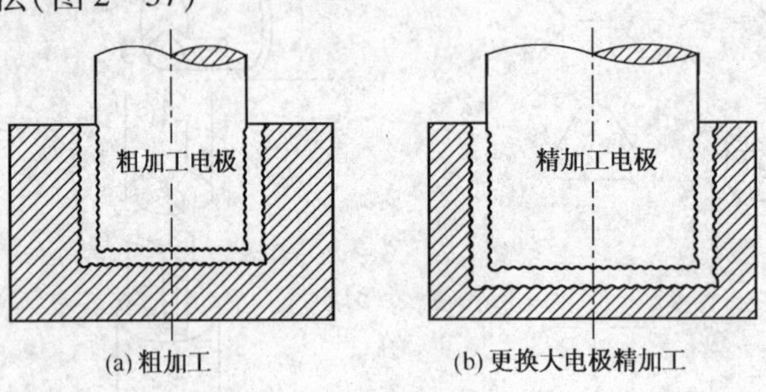

图 2-37　多电极更换法

对早期的非数控电火花机床，为了加工出高质量的工件，多采用多电极更换法。

多电极更换法是指根据一个型腔在粗、中、精加工中放电间隙各不相同的特点，采用几个不同尺寸的工具电极完成一个型腔的粗、中、精加工。在加工时首先用粗加工电极蚀除大量金属，然后更换电极进行中、精加工；对于加工精度高的型腔，往往需要较多的电极来精修型腔。

多电极更换加工法的优点是仿型精度高，尤其适用于尖角、窄缝多的型腔模加工。它的缺点是需要制造多个电极，并且对电极的重复制造精度要求很高。另外，在加工过程中，电极的依次更换需要有一定的重复定位精度。

(3) 分解电极加工法

分解电极加工法是单电极平动加工法和多电极更换加工法的综合应用，它根据型腔的几何形状，把电极分解成主型腔电极和副型腔电极，分别制造，先用主型腔电极加工出主型腔，后用副型腔电极加工尖角、窄缝等部位的副型腔。此方法工艺灵活性强，仿形精度高，可根据主、副型腔不同的加工条件，选择不同的加工规准，有利于提高加工速度和改善加工表面质量，还可简化电极制造，便于电极修整。适用于尖角窄缝、沉孔、深槽多的复杂型腔模具加工。但主型腔和副型腔间的精确定位较难解决。

近年来，国内外广泛应用具有电极库的数控电火花机床，事先将复杂型腔面分解为若干个简单型腔和相应的电极，编制好程序，在加工过程中自动更换电极和加工规准，实现复杂型腔的加工。

(4) 手动侧壁修光法

这种方法主要应用于没有平动头的非数控电火花加工机床。具体方法是利用移动工作台

的 X 和 Y 坐标，配合转换加工规准，轮流修光各方向的侧壁。如图 2－38 所示，在某型腔粗加工完毕后，采用中加工规准先将底面修出；然后将工作台沿 X 坐标方向右移一个尺寸 d，修光型腔左侧壁［图 2－38(a)］；然后将电极上移，修光型腔后壁［图 2－38(b)］；再将电极右移，修光型腔右壁［图 2－38(c)］；然后将电极下移，修光型腔前壁［图 2－38(d)］；最后将电极左移，修去缺角［图 2－38(e)］。完成这样一个周期后，型腔的面积扩大。若尺寸达不到规定的要求，则如上所述再进行一个周期。这样经过多个周期，型腔可完全修光。

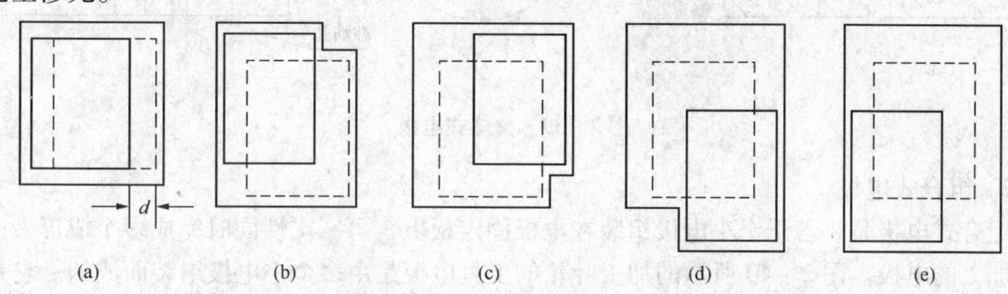

图 2－38　侧壁轮流修光法示意图

在使用手动侧壁修光法时必须注意：

① 各方向侧壁的修整必须同时依次进行，不可先将一个侧壁完全修光后，再修光另一个侧壁，避免二次放电将已修好的侧壁损伤；

② 在修光一个周期后，应仔细测量型腔尺寸，观察型腔表面粗糙度，然后决定是否更换电加工规准，进行下一周期的修光。

这种加工方法的优点是可以采用单电极完成一个型腔的全部加工过程；缺点是操作烦琐，尤其在单面修光侧壁时，加工很难稳定，不易采取冲油措施，延长了中、精加工的周期，而且无法修整圆形轮廓的型腔。

2. 工具电极

(1) 电极材料的选用

电极一般选耐腐蚀性能较好的材料，如纯铜、石墨等。纯铜和石墨的特点是在粗加工时实现低损耗，机加工容易成形，放电加工时稳定性好。常用电极材料性能参考表 2－5。

(2) 工具电极的设计

工具电极的尺寸设计，一方面与模具大小、形状、复杂程度有关；另一方面与电极材料、加工电流、加工余量、单面放电间隙有关。若采用电极平动方法加工，还要考虑平动量大小。

工具电极的结构形式可根据型孔或型腔的尺寸大小、复杂程度及电极的加工工艺性等来确定。常用的电极形式主要有整体式、组合式、镶拼式三种基本类型。

1) 整体式电极

整体式电极由一整块材料制成［图 2－39(a)］，若电极尺寸较大，则在内部设置减轻孔及多个冲油孔［图 2－39(b)］。即由一整块材料制成，对于较大体积的电极，可在其上端(非工作面)钻一些盲孔，以减轻重量，提高加工的稳定性，但孔不能开通，且孔口朝上。

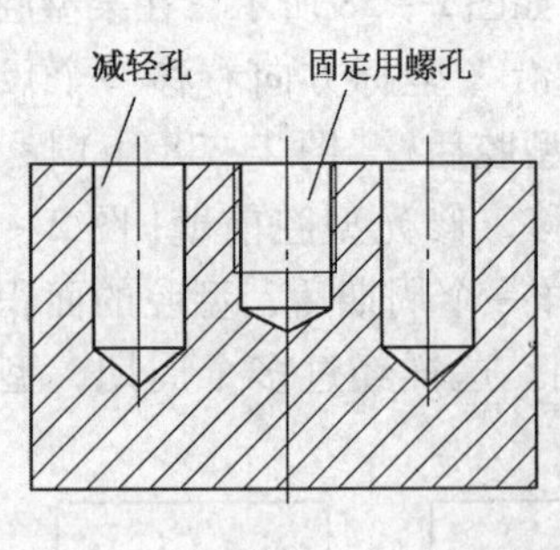

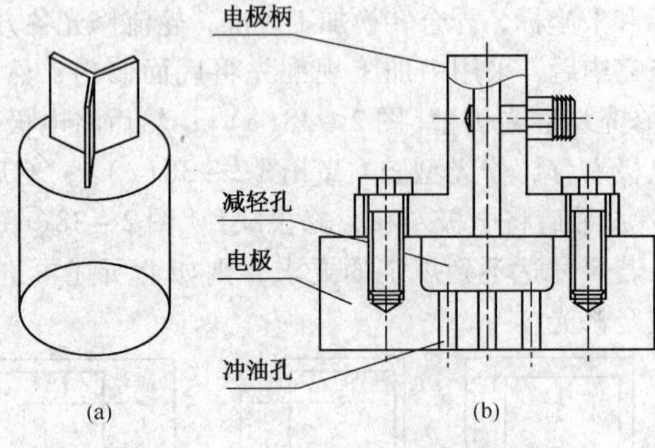

图 2－39　整体式电极

2）组合式电极

组合式电极是将若干个小电极组装在电极固定板上，可一次性同时完成多个成形表面电火花加工的电极。图 2－40 所示的加工叶轮的工具电极是由多个小电极组装而成的。它是将若干个小电极组装在电极固定板上，可一次性同时完成多个成形表面的电火花加工。优点是生产率高，各型孔间位置精度高；但对电极间的定位精度要求也高。

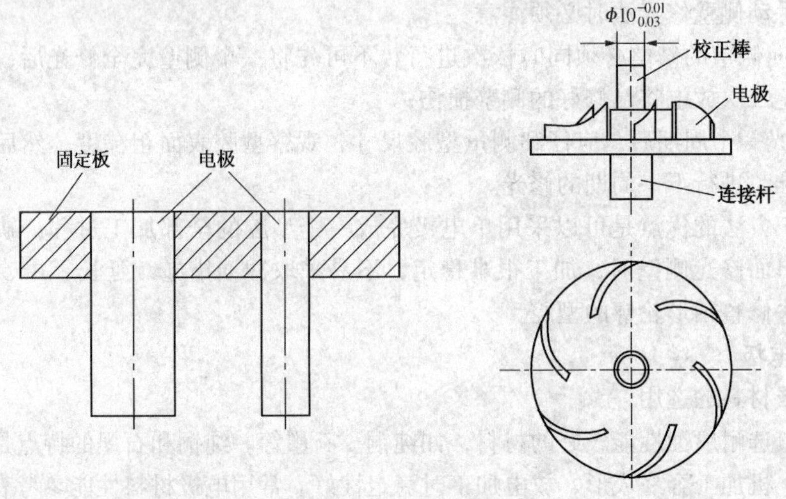

图 2－40　组合式电极

3）镶拼式电极

镶拼式电极是将形状复杂而制造困难的电极分成几块来加工，然后在镶拼成整体的电极（图 2－41）。既可保证电极的制造精度，简化了电极的加工；但制造中要保证电极分块之间的位置要准确，配合要紧密牢固。

（3）电极尺寸的设计

加工型腔模时的工具电极尺寸，一方面与模具的大小、形状、复杂程度有关；另一方面与电极材料、加工电流、深度、余量及间隙等因素有关。当采用平动法加工时，还应考虑所选用的平动量。

（4）排气孔和冲油孔设计

型腔加工一般均为盲孔加工，排气、排屑状况的恶化将直接影响加工速度、稳定性和表

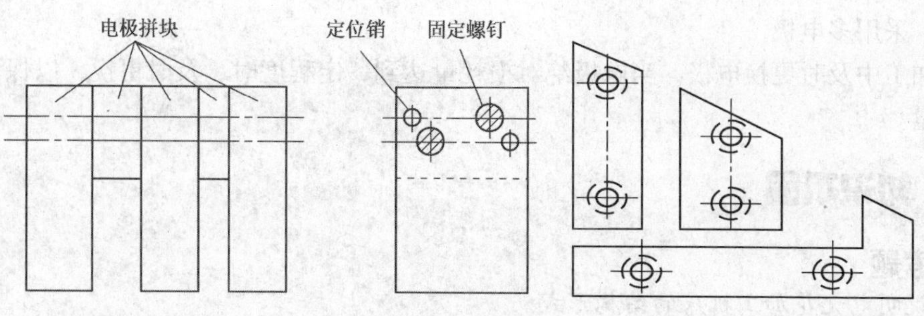

图 2-41 镶拼式电极

面质量。一般情况下，在不易排屑的拐角、窄缝处应开有冲油孔；而在蚀除面积较大以及电极端部有凹入的部位开排气孔。冲油孔和排气孔的直径应小于工具的平动量，一般为 $\phi1$ ~ $\phi2$mm。若孔径过大，则加工后残留物凸起太大，不易清除。孔的数目应以不产生蚀除物堆积为宜。孔距在 20 ~40mm 之间，孔要适当错开。

（5）工具电极的制造

工具电极的制造一般经过普通机械加工然后再进行成形磨削。

3. 电规准的选择、转换与平动量的分配

一般来说，电规准分为粗、中、精加工规准。成形加工电规准转换可按照穿孔加工电规准转换的原则进行选择。其中，单电极法要注意平动量的选择。平动量的分配主要取决于被加工表面由粗到精的修光量，此外还和电极损耗、平动头原始偏心量、主轴进给运动的精度有关。一般，粗、中规准加工的平动量为总平动量的 75% ~80%。中规准加工后，型腔基本形成，只留下少量的加工余量用于精规准修光。具体电规准的选择可参考相应的电火花加工工艺曲线图标。

4. 合理选择电火花加工工艺

在电火花加工中，如何合理地制定电火花加工工艺呢？如何用最快的速度加工出最佳质量的产品呢？一般来说，主要采用两种方法来处理：第一，先主后次，如在用电火花加工去除断在工件中的钻头、丝锥时，应优先保证速度，因为此时工件的表面粗糙度、电极损耗已经不重要了；第二，采用各种手段，兼顾各方面。其中主要常见的方法有：

（1）粗、中、精逐挡过渡式加工方法

粗加工用以蚀除大部分加工余量，使型腔按预留量接近尺寸要求；中加工用以提高工件表面粗糙度等级，并使型腔基本达到要求，一般加工量不大；精加工主要保证最后加工出的工件达到要求的尺寸精度与表面粗糙度。

加工时，首先通过粗加工，高速去除大量金属，这是通过大功率、低损耗的粗加工规准解决的；其次，通过中、精加工保证加工的精度和表面质量。中、精加工虽然工具电极相对损耗大，但在一般情况下，中、精加工余量仅占全部加工量的极小部分，故工具电极的绝对损耗极小。在粗、中、精加工中，注意转换加工规准。

（2）先常规加工后电火花加工

电火花成型加工的材料去除率还不能与机械加工相比，因此，在工件型腔电火花加工中，有必要先用机械加工方法去除大部分加工量，再用电火花加工保证加工精度和加工质量，使各部分余量均匀，从而大幅度提高工件的加工效率。

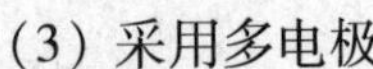

(3) 采用多电极

在加工中及时更换电极，当电极绝对损耗量达到一定程度时，及时更换，以保证良好的加工质量。

知识巩固

思考题

1. 说明电火花加工机床的结构形式。
2. 说明电火花加工机床的组成和作用。
3. 什么是平动头？作用是什么？
4. 工作液系统的原理是什么？如何过滤？
5. 影响电蚀的主要因素是什么？
6. 何谓电火花加工中的极性效应？产生极性效应的原因是什么？
7. 极性效应如何选择？加工中如何利用极性效应来提高加工效率降低工具损耗？
8. 影响电火花加工的生产率因素有哪些？如何提高？
9. 常用工作液有哪些？作用如何？怎样选择？
10. 影响电火花加工精度与表面质量的因素有哪些？如何控制？
11. 电蚀产物有哪些危害？如何消除？
12. 何谓二次放电？后果怎样？消除措施有哪些？
13. 如何控制电火花加工的工艺参数？
14. 什么是吸附效应？如何运用？
15. 何谓电规准？试举例说明如何控制与转换电规准，以实现良好的加工效果。
16. 以冲裁模具的凹模为例说明电火花穿孔加工的方法。
17. 试比较常用电极材料的优缺点及应用场合。
18. 举例说明电火花成型加工有哪些方法？各有什么不同？

知识链接

实践单元

一、电火花穿孔成型加工机床的操作

(一) CTE320ZK 数控电火花穿孔成型加工机床操作

1. CTE 系列数控电火花成型机床介绍

CTE 电火花成型机床主要为了适应当前工业发展，尤其是模具工业的飞速发展而创新设计的机床。该机床应用广泛，可以用在电机、仪器、仪表、汽车、拖拉机、宇航、航空、家用电器、轻工、军工等行业的模具加工，还可以加工各种中小型冲裁模、型腔模以及各种零件的坐标孔和成型零件，而且该机床具有生产效率高，加工精度好，工作稳定可靠、操作简便等特点。

CTE320ZK 是 CTE 系列的一个型号(图 2－42、图 2－43)，从侧面的规格牌上可以看到：型号 CTE320ZK，工作台尺寸(长×宽)，工作台的最大行程量(纵×横)，油槽尺寸、最大电极重量、最大工件重量等参数。

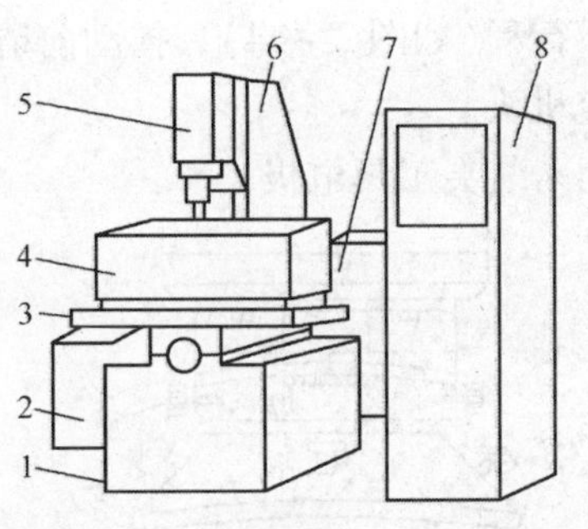

图 2-42　电火花加工机床的基本结构

1—床身；2—液压油箱；3—工作台；4—工作液槽；5—主轴头；6—立柱；7—工作液箱；8—电源箱

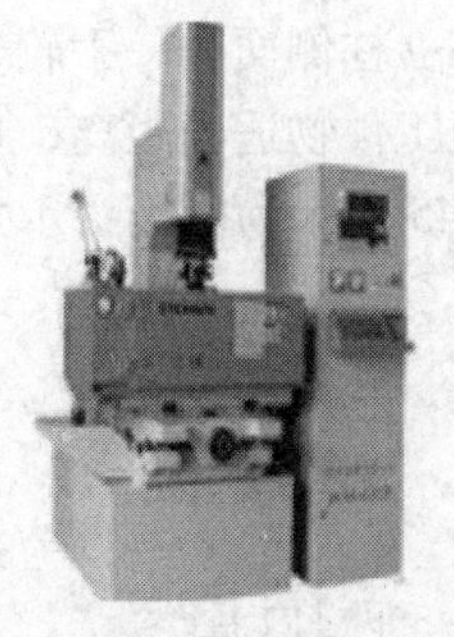

图 2-43　CTE320ZK 数控电火花成形加工机床

(1) 性能特点

① CTE 系列电火花成型机主要用于模具加工及窄槽窄缝等难以加工的地方。机械结构坚固结实，放电加工过程稳定可靠；

② 主轴采用高刚度、高精度、高灵敏度、抗扭性好的矩形主轴结构。伺服驱动采用进口宽调速直流伺服电机，PWM 脉宽调速，使机床加工精度高、速度快、稳定性好；

③ 机床配备 50A 或 100A 脉冲电源(特殊要求可达到 200A)，该电源具有自适应放电加工控制、定时抬刀、抬刀高度控制、正反向伺服、油路、温升控制、自动报警安全装置和防圾炭等多种功能，具有加工效率高、功耗低、电极损耗小、可靠性好、操作简便等特点；

④ 具有 Z 轴单轴数控功能，X/Y 轴采用精密光栅数显进行坐标显示，高脉冲电源采用全数字化电路。具有输出波形稳定、峰值电流大、控制适应能力强等特点。采用触摸键盘进行参数输入、设置。内部存储 70 组加工参数，并提供给用户存储 30 组加工参数的存储空间，功率级采用 IGBT 大功率三级管。

(2) 机床组成

机床由主机、工作油箱、脉冲电源等部分组成。主机包括床身、立柱、工作台、主轴、工作液油槽和油箱等部分组成，控制电源部分布置在电柜中。

1) 主机部分

① 床身和立柱　床身为刚性高的箱型结构，稳定可靠并在床身下采用垫铁支撑，使导轨精度不受地基变形的影响。它是整个床身的基础，工作台坐落在床身上，支撑着工作台纵横向运动；立柱固定在床身上，与床身的结合面有很强的结触刚度。

② 工作台　工作台是由一组刚性很强的十字滑板组成，通过精密丝杠副(丝杠螺距为 4mm)实现工作台纵横方向的移动，即手摇纵横方向的手轮，从而带动丝杠转动，丝杠又拖动台面运动。转动前面手轮，即可实现工作台的前后移动行程，定位后锁紧行程固定手柄，防止松动；转动左侧手轮，即可实现工作台左右移动行程，定位紧固行程固定手柄，防止松动。

③ 主轴　主轴伺服系统采用 PWM 脉宽调速系统，配用直流伺服电机。可通过改变平均电压的大小和极性改变电机的转速和方向，同时带动测速机发出反馈信号，从而达到稳定的

加工过程。在立柱侧面有一手轮，可控制机头上下行程（如图 2－44），摇动前请先松开锁紧手柄，调整至工件物适当距离，再旋紧手柄，固定机头。

如图 2－45 所示为电极头示意图。电极头上用来装夹工具电极。

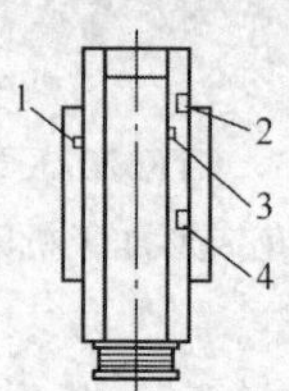

图 2－44　机头上下机械结构

1—机头锁固手柄；2—Z 轴限位开关（上）；3—Z 轴限位块；4—Z 轴限位开关（下）

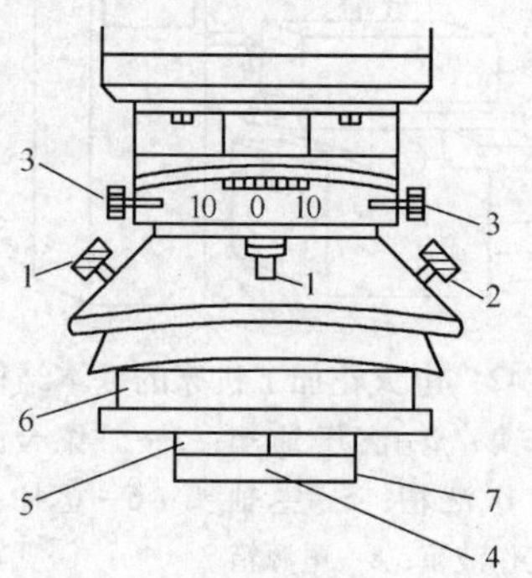

图 2－45　电极头示意图

1—前后水平调整螺钉及锁紧螺母；2—左右水平调整螺钉及锁紧螺母；3—电极旋转角度调整螺钉；4—活动式电极夹头固定螺钉；5—电极夹头；6—电极夹头与机体之绝缘界面；7—电源进电正极

④ 工作液槽　工作液槽装在工作台上（图 2－46），为了保证加工过程安全进行，加工时，工作液面必须比工件上表面高出 50mm 左右，并随着加工电流的加大要高出的更多，保证放电气体的充分冷却，尤其是在大电流加工时要杜绝放电气体内带火星飞出油面。

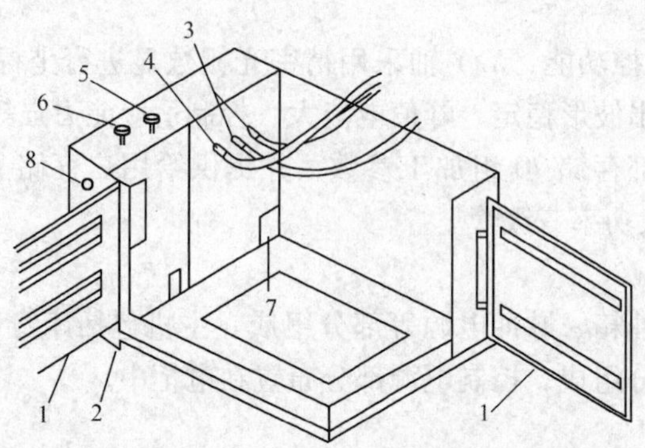

图 2－46　工作液槽

1—防漏胶条；2—加工液溢出回油量；3—净油管；4—插油管；5—出油控制闸；6—液面高度控制闸；7—透油孔；8—压力表，指示喷油压力

工作液槽操作时，当机器停止使用，要放松油槽门，以免油槽门胶条变形失效，加工时加工液应高于被加工物 5～10cm，防止放电火花与空气接触着火。

⑤ 工作液循环过滤系统　此过滤系统采用纸芯过滤器，该系统具有如下优点：过滤精度高；过滤面积大，流量大，压力损失小纸芯过滤器更换简单，操作方便。一般喷油压力以不超过 $0.5kgf/cm^2$，以免损坏油泵或产生放电异常现象。

2）控制电柜部分

① 电柜面板　电柜面板各部分名称如图 2－47 所示，主要包括：

CRT 显示器　它是操作者与控制系统交流的窗口。通过 CRT 的显示，操作者可以很方便地了解系统的工作状况。

电压表　指示放电加工的间隙电压值。

电流表　指示放电加工的平均电流值。

伺服调速旋钮　只用于调节放电加工时的伺服速度。

蜂鸣器　用于系统故障报警或警告提示。

起动按钮　用于总电源的起动。

紧急停止按钮　用于总电源的关闭。

键盘　完成各种数据输入，控制机床的各种操作等。

② 手控盒面板　手控盒面板如图 2－48 所示，主要有：

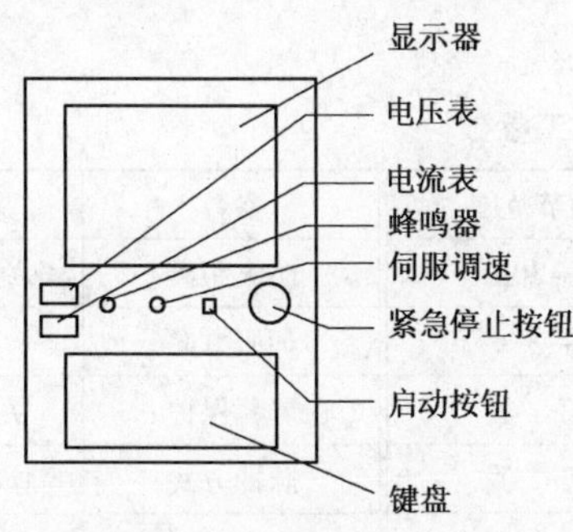

图 2－47　电柜面板示意图

图 2－48　手控盒面板示意图

【速度设置】按键　用于设置“高速点动”和“低速点动”。按【速度设置】按键，点升、点降的速度变为“高速点动”，再按一次【速度设置】按键，点升、点降的速度变为“慢速点动”。开机时缺省设置为“低速点动”。

【点升】、【点降】按键　按下【点升】键时，主轴向正方向移动，按下工【点降】键时，主轴向负方向移动。点动速度由【速度设置】指定。

【加工】按键　此键与键盘上【加工】键等同，用于启动放电加工。

【停止】按键　此键与键盘上【停止】键等同，用于停止放电加工。

【接触感知】按键　此键用于“伺服找正”，和“火花找正”。第一次按为“伺服找正”，主轴下降，当电极和工件接触时主轴会自动上升，手轮移动工作台时，主轴会随电极和工件接触的情况自动伺服；再按一次为“火花找正”，高频电源启动，主轴下降，当电极和工件接触时主轴会自动上升，手轮移动工作台时，主轴会随电极和工件接触的情况自动伺服。

注意：手轮移动工作台时不能太快，以免撞坏电极。

（3）开关机操作

1）开机

① 合上电柜右侧空气开关，拔出面板红色蘑菇头按钮。

② 按下面板上绿色按钮，总电源启动；稍候片刻 CRT 上出现计算机自检信息，之后进入系统操作主画面。

③ 进入主画面之后，即可往下进行您所需要的操作。

2）关机

按下面板上红色蘑菇头按钮，关闭总电源。

注意：两次开机间隔时间不得小于30s。

3）开机画面区域

① 屏幕上区，指示 *X*、*Y*、*Z* 三轴坐标显示区。

② 屏幕中央显示加工参数等。

③ 屏幕中央下部为状态设置区。

④ 屏幕右边是加工状态显示区。

⑤ 屏幕最下边为功能菜单，按对应的功能键进入各功能模块。如 F1 对应读取档案，F2 保存档案，F8 系统参数，F9 加工，F10 油泵。

（4）加工工艺参数的选择

脉冲电源的加工参数如表 2－5 所示。

表 2－5　脉冲电源的加工参数

参数	调节范围	参数	调节范围	参数	调节范围
电流	00～100A	放电时间	0～30μs	防火距离	关、1～20
脉冲宽度	1～2000μs	极性	+、－	伺服方向	正、负
脉冲间隔	10～2000μs	损耗	开、关	屏幕保护	关、1～30
高压	关、1～7	防积炭	开、关	脉冲方式	等脉冲、等频率
间隙电压	0～9	二级抬刀	0～9	安全距离	关、1～20
抬刀	关、1～30	抬刀方式	标准、脉动	自动关泵	开、关

① 脉冲宽度（Ton）和脉冲间隔（Toff）　选择范围：1～2000μs Ton 为 1～20μs 为窄脉冲；31～2000μs 为宽脉冲，用方向键将光标移至“脉冲宽度”或“脉冲间隔”处，用数字键输入参数，再按“确认”键，即可完成对数字的修改。

Ton，Toff 对加工的影响：Ton 增加，加工效率提高，电极损耗降低，但光洁度降低；Toff 增加，效率降低，电极损耗增大，对光洁度影响不明显。但是，在加工中要注意 Ton 和 Toff 的匹配，如果加工不稳定或拉弧，则应增加 Toff 或减小 Ton。

② 峰值电流 IP　表 2－6 显示了脉冲峰值电流与放电面积的加工参数关系。

表 2－6　脉冲峰值电流与放电面积的加工参数关系

放电面积	IP 选择参数值	
	铜、铜钨（电极）	石墨（电极）
1～10cm^2	3～6A	3～6A
10～25 cm^2	6～12A	6～12A
25～100 cm^2	12～21A	12～30A
100～400 cm^2	21～60A	30～140A
400～1600 cm^2	30～100A	30～140A
1600～6000 cm^2	30～100A	30～140A
6000 cm^2	30～100A	30～140A

峰值电流IP选择范围：60A为00～60A，100A为00～100A。用方向键将光标移至“电流”处，用数字键输入数值，再按“确认(回车)”键，即可完成。要注意，“电流”的投入选择范围大于100后，控制系统自动调用“放电参数”库里“序号”的参数。

脉冲宽度、峰值电流可以决定单个脉冲能量，是影响加工表面粗糙度、电极损耗等加工结果最重要的参数，放电能量与峰值电流成正比，放电能量越大，打出来的坑越深；脉冲宽度越长，放电作用的时间越长，熔化工件的面积越大，在工件表面形成的每个坑就大，则加工工件的表面粗糙度就差。

③ 高压电流(HP)　高压电流(HP)选择范围：关、1～7。用方向键将光标移至“高压”处，用“+”、“-”键修改参数，即可完成对数字键的修改。在低压回路的基础上，用高压辅助回路，无损耗回路组合的种种变化形式构成的，它设定高压辅助回路的峰值电流，每增加1峰值电流增加0.5A，最高为7，峰值电流增至3.5A。加入高压后，加工速度变快，电极损耗略有增加。

④ 间隙电压(SV)　间隙电压选择范围：0～9。对应15～250V用方向键将光标移至“间隙电压”处，用“+”、“-”键修改参数，即可完成对数字键的修改，SV为加工电极与工件间隙电压基准值设定。设定了基准电压SV，当极间平均电压VA高于SV，电极就前进，低于SV电极就后退。当加工出现不稳定或拉弧时，增大SV将得以改善。SV的设定与极间加工液的处理、加工形状、抬刀动作以及平动有关，SV是关系放电持续稳定的重要调整因素。

⑤ 抬刀(UP)　抬刀高度的选择范围：关、1～30。数值越大，抬刀高度越高。用方向键将光标移至“抬刀”处，用“+”、“-”键修改参数，即可完成对数字键的修改。

⑥ 放电时间(DOWN)　放电时间选择范围：1～30。数值越大，放电时间越长。用方向键将光标移至“放电时间”处，用“+”、“-”键修改参数，即可完成对数字键的修改。

UP和DOWN是定时抬刀周期设定，UP数值设定越大，其对应的抬刀高度越高；DOWN数值设定越大，其对应的放电时间越长。使用抬刀有利于加工废屑的排除，保持稳定加工状态。

⑦ 放电极性(PL)　放电极性选择范围：+、-。用方向键将光标移至“极性”处，用“+”、“-”键修改参数，即可完成对数字键的修改。一般超精加工，最后一组加工参数采用正极性加工，以获得较高的加工精度。

⑧ 低损耗控制(EW)　低损耗控制选择范围：开、关。用方向键将光标移至“损耗”处，用“+”、“-”键修改参数，即可完成对数字键的修改。损耗为“开”时，加工电流呈阶梯状，可适当减小电极损耗，尤其是用紫铜电极加工钢，在加工时效果明显，但加工电流略有减小。要注意：如加工电流设定为0，则不能使用低损耗加工波形。

⑨ 加工过程自适应控制　加工过程自适应控制选择范围：开、关。用方向键将光标移至“防积炭”处，用“+”、“-”键修改参数，即可完成对数字键的修改。“开”表示自适应控制功能开启，系统将监视每一个放电过程，如发现放电不良，则自动增加脉冲间隔等，以避免电弧放电。等加工稳定后会自动恢复脉冲间隔等。“关”表示自适应控制功能关闭。

注意：系统只能在一定范围内避免电弧现象的产生，不能因为使用了自适应控制功能而放松人工调节。

⑩ 二级抬刀　二级抬刀选择范围：0～9，每个单位0.1mm。用方向键将光标移至“二级抬刀”处，用“+”、“-”键修改参数，即可完成对数字键的修改。

系统根据设定的抬刀高度和加工时间，周期性地提升 Z 轴排渣，Z 轴提升期间脉冲电源自动关闭，以免二次放电。Z 轴提升和下降过程各分成两段速度：先以慢速提升，超过设定高度后快速提升；下降时先快速下降，离放电位置一定距离时改为慢速下降。这种方法能避免因电极快速上下所产生的吸力使电极脱落或工件移位，改善排渣效果。慢速段范围：0.10 ~ 0.90mm，出厂设定为：0.10mm

⑪ 抬刀方式　抬刀方式选择范围：标准、脉动。用方向键将光标移至“抬刀方式”处，用“+”、“-”键修改参数，即可完成对数字键的修改。抬刀方式为“标准”时，抬刀周期按照“抬刀”和“放电时间”所设置的参数工作；抬刀方式为“脉动”时，抬刀周期按两次“标准”一次长抬刀方式工作。

⑫ 防火距离　防火距离选择范围：关、1 ~ 20。每一个单位 1mm，用方向键将光标移至“防火距离”处，用“+”、“-”键修改参数，即可完成对数字键的修改。

用于设置最大短路回退值。当由于短路引起的回退距离超过设定值时，系统将停止加工，同时报警提示“加工时严重短路!”，请按【确认】键的信息。回退距离的另一个重要的作用时防止拉弧放电造成的火灾。众所周知，主轴很容易随炭点的积累而一边放电一边回退，回退超过液面就会发生火灾。

⑬ 伺服方向　伺服方向选择范围：正、负。用方向键将光标移至“伺服方向”处，用“+”、“-”键修改参数，即可完成对数字键的修改。

⑭ 屏幕保护　屏幕保护选择范围：关、1 ~ 30，每一个单位 1min。用方向键将光标移至“屏幕保护”处，用“+”、“-”键修改参数，即可完成对数字键的修改。设置的时间内，无按键操作，屏幕进入保护状态，按任意键退出屏幕保护状态。

⑮ 脉冲方式　脉冲方式选择范围：等脉冲、等频率。用方向键将光标移至“脉冲方式”处，用“+”、“-”键修改参数，即可完成对数字键的修改。等脉冲即等能量脉冲，主要用于铜 - 铜，石墨 - 钢的加工中、粗加工，以保证高效、低损耗、放电间隙均匀；等频率主要用于钢 - 钢和硬质合金的加工，以保证能够正常的高效加工。

⑯ 安全距离　安全距离选择范围：关、1 ~ 20，每一个单位 10mm。用方向键将光标移至“安全距离”处，用“+”、“-”键修改参数，即可完成对数字键的修改。此功能用于设定加工完成后主轴从完成点回退的距离。该功能的目的是防止电极停在结束点时，操作人员误摇动机床而撞坏电极。

⑰ 自动关泵　自动关泵选择范围：开、关。用方向键将光标移至“自动关泵”处，用“+”、“-”键修改参数，即可完成对数字键的修改。此功能键用于确定加工完成后是否自动关泵。

⑱ 使用专家数据库加工　如对选择加工规准还很生疏，可使用专家数据库。只需按“电流”的投入选择大于 100 后，即调用“放电参数”库里“序号”里的参数，系统将自行设定合适的规准。

实际加工工件时，由于加工形状、放电面积、工作液的状态各不相同，而且随加工的进行在不断地变化，所以对于设定好的加工条件，在观察加工状态的基础上，有必要对部分参数进行变更与调整。通常，需要调整的参数是：UP、DOWN、SV 等。

(5) 放电加工操作顺序

① 合上总电源开关；

② 按面板上的电源"启动按钮";

③ 固定电极与工件，调整好加工位置；

④ 关好油槽门，定好液面位置；

⑤ 启动油泵上油，调节冲、抽油压力；

⑥ 设置起始加工位置，输入各段加工规准及加工深度；

⑦ 设定正确的加工方向；

⑧ 按面板上的【F9】按键，输出加工脉冲开始加工；

⑨ 加工过程中，视加工情况随时调整加工电压、伺服速度、提升时间、加工时间和加工规准使主轴百分表抖动最小(如果有百分表的话)，电压表，电流表指针大致稳定；

⑩ 随时监视加工的进度，等到过预定尺寸时开启平动头加工(如果选配平动头的话)。

(二) 电火花工具电极的装夹、校正和定位

1. 电极装夹

电火花加工中，电极装夹的目的是将电极安装在机床的主轴头上，电极校正的目的是使电极的轴线平行于主轴头的轴线，即保证电极与工作台台面垂直，必要时还应保证电极的横截面基准与机床的 X、Y 轴平行。

电极装夹是指将电极安装于机床主轴头上，电极轴线平行于主轴头轴线，必要时使电极的横剖面基准与机床纵横拖板平行。电火花加工中，工具电极的装夹特别重要，可采用钻夹头装夹，也可采用专用夹具装夹，或者采用瑞典 3R 夹具装夹。

电极装夹时应注意：

① 电极与夹具的接触面应保持清洁，并保证滑动部位灵活；

② 将电极紧固时要注意电极的变形，尤其对于小型电极，应防止弯曲；螺钉的松紧应以牢固为准，用力不能过大或过小；

③ 电极装夹前，还应该根据被加工零件的图样检查电极的位置、角度以及电极柄与电极是否影响加工；

④ 若电极体积较大，应考虑电极夹具的强度和位置，防止在加工过程中，由于安装不牢固或冲油反作用力造成电极移动，从而影响加工精度。

(1) 常用电极夹具 (图 2-49)

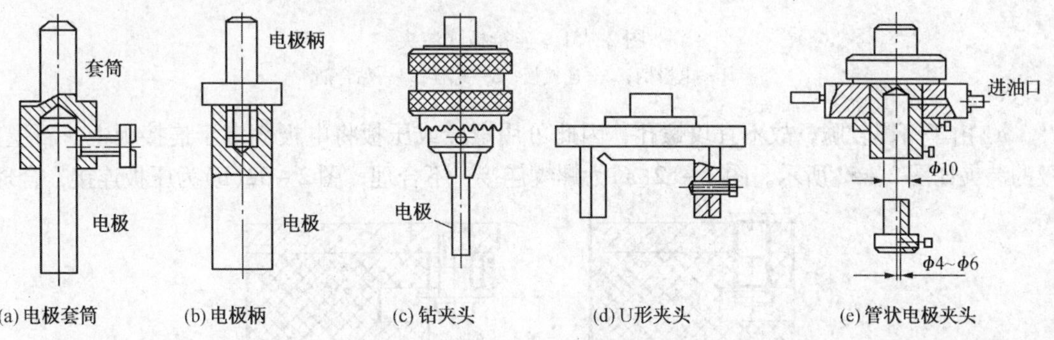

图 2-49　常用的电极夹头

其中：

① 图 2-49(a)所示为电极套筒，适用于一般圆电极的装夹。

② 图 2－49(b)所示为电极柄结构，适用于直径较大的圆电极、方电极、长方形电极以及几何形状复杂而在电极一端可以钻孔套丝固定的电极。

③ 图 2－49(c)所示为钻夹头结构，适用于直径范围 1～13mm 之间的圆柄电极。

④ 图 2－49(d)所示为 U 形夹头，适用于方电极和片状电极。

⑤ 图 2－49(e)所示为可内冲油的管状电极夹头。

另外，目前瑞士 EROWA 公司生产出一种高精度电极夹具(3R 夹具)，可以有效地实现电极快速装夹与校正。这种高精度电极夹具不仅在电火花加工机床上使用，还可以在车床、铣床、磨床、线切割等机床上使用，因而可以实现电极制造和电极使用一体化，使电极在不同机床之间转换时不必再费时去找正。

(2) 电极常用装夹方法

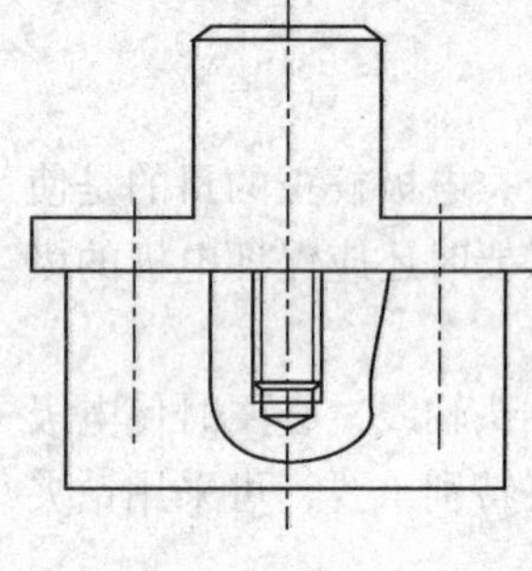

图 2－50　螺纹夹头夹具

① 整体式电极的装夹　小型的整体式电极多数采用通用夹具直接装夹在机床主轴下端，采用标准套筒、钻夹头装夹[图 2－49(a)、(c)]；对于尺寸较大的电极，常将电极通过螺纹连接直接装夹在夹具上(图 2－50)。

② 镶拼式电极的装夹　镶拼式电极的装夹比较复杂，一般先用连接板将几块电极拼接成所需的整体，然后再用机械方法固定[图 2－51(a)]；也可用聚氯乙烯醋酸溶液或环氧树脂粘合[图 2－51(b)]。在拼接时各结合面需平整密合，然后再将连接板连同电极一起装夹在电极柄上。

当电极采用石墨材料时，应注意以下几点：

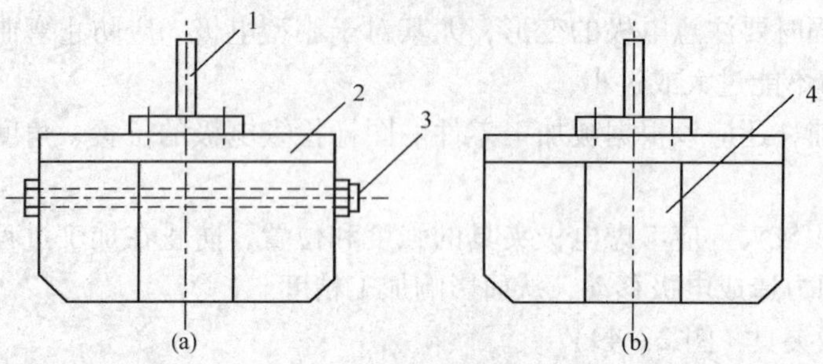

图 2－51　连接板式装夹

1—电极柄；2—连接板；3—螺栓；4—黏合剂

a. 由于石墨较脆，故不宜攻螺孔，因此可用螺栓或压板将电极固定于连接板上。石墨电极的装夹如图 2－52 所示。图 2－52(a)为螺纹连接，不合理；图 2－52(b)为压板连接，合理。

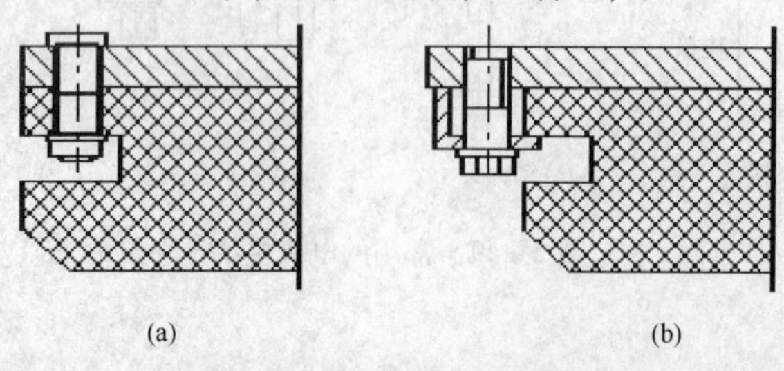

图 2－52　石墨电极的装夹

b. 不论是整体的或拼合的电极，都应使石墨压制时的施压方向与电火花加工时的进给方向垂直。如图 2－53 所示，图(a)箭头所示为石墨压制时的施压方向，图(b)为不合理的拼合，图(c)为合理的拼合。

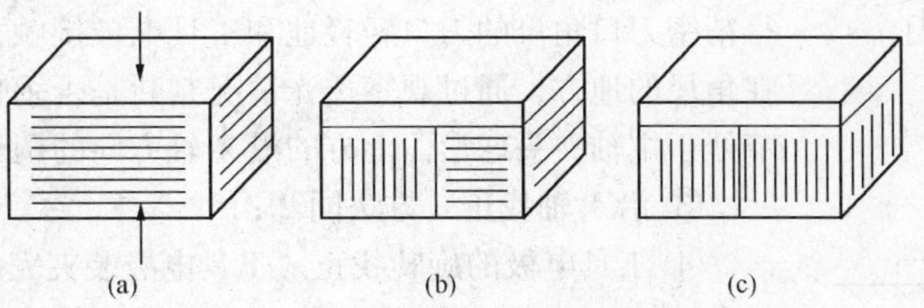

图 2－53　石墨电极的方向性与拼合法

2. 电极的校正

工具电极的找正就是确保工具电极和工件的垂直关系，找正时主要利用精密刀口角尺、百分表等。

(1) 电极卡头调节原理

电极装夹好后，必须进行校正才能加工，即不仅要调节电极与工件基准面垂直，而且需在水平面内调节、转动一个角度，使工具电极的截面形状与将要加工的工件型孔或型腔定位的位置一致。电极与工件基准面垂直常用球面铰链来实现，工具电极的截面形状与型孔或型腔的定位靠主轴与工具电极安装面相对转动机构来调节，垂直度与水平转角调节正确后，都应用螺钉夹紧，电极夹头外观如图 2－54 所示，调节原理如图 2－55 所示。

图 2－54　垂直和水平转角调节装置的夹头

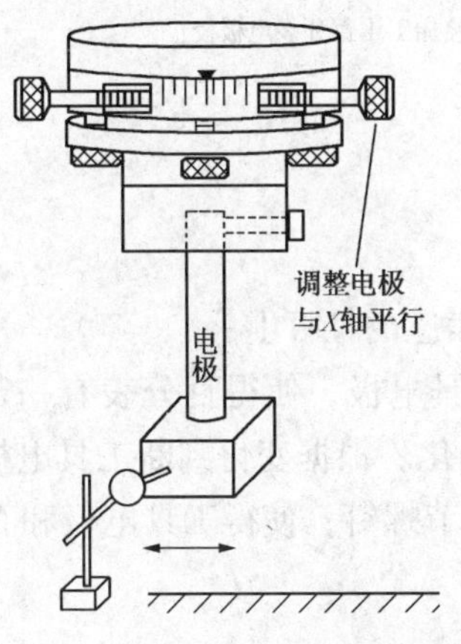

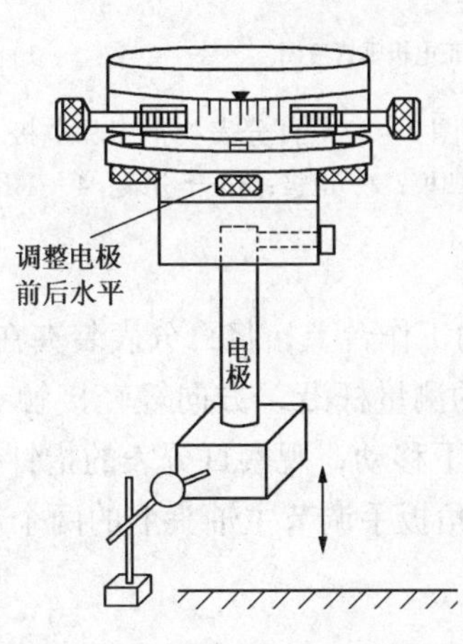

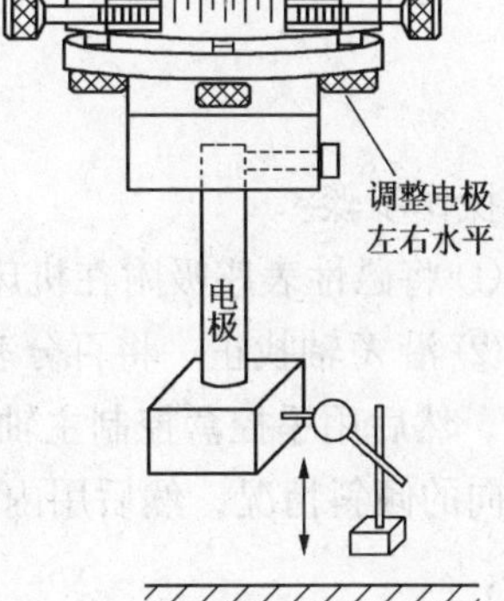

图 2－55　电极卡头调节原理

(2) 电极装夹校正方法

1) 用精密刀口角尺校正。(图 2－56)

具体校正方法：

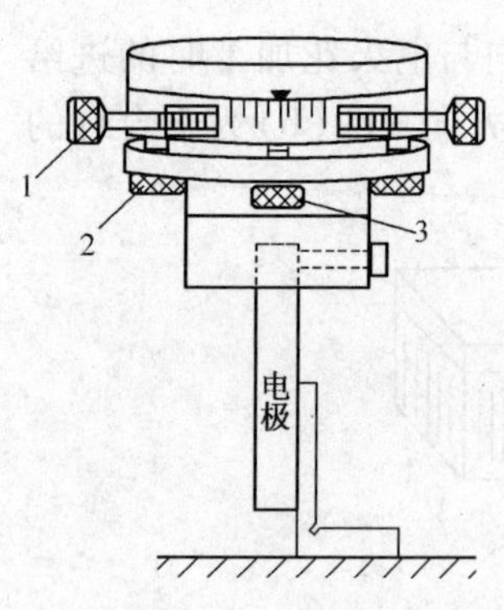

图 2－56 工具电极的找正

1—Z 方向调节螺钉；2—X 方向调节螺钉；3—Y 方向调节螺钉

① 按下手控盒的“下降”按钮，将工具电极缓缓下降，使其慢慢靠近工件，并和工件保持一点间隙后，停止下降工具电极；

② 沿 X 轴找正　沿 X 轴将精密刀口角尺放置在工件上，使得精密刀口角尺的刀口轻轻地和工具电极接触，移动照明灯放置在角尺的地方，通过观察透光情况判断是否垂直，如不垂直，调节处于主轴夹头球形面上方的沿 X 轴方向的调节螺钉；

③ 沿 Y 轴找正　方法同②；

④ 工具电极的旋转找正　工具电极装夹完成后，工具电极形状和工件的型腔之间常常存在不完全对准的情况，此时需要对工具电极进行旋转找正。轻轻旋动主轴夹头的调节电极旋转的螺钉，确保工具电极和工件型腔对准。

2）百分表找正

精密刀口角尺找正精度不高，一般还要采用百分表找正，如图 2－57 所示。图(a)为根据电极的侧基准面，采用千分表找正电极的垂直度；图(b)为型腔加工的电极上无侧面基准时，将电极上端面作辅助基准找正电极的垂直度。

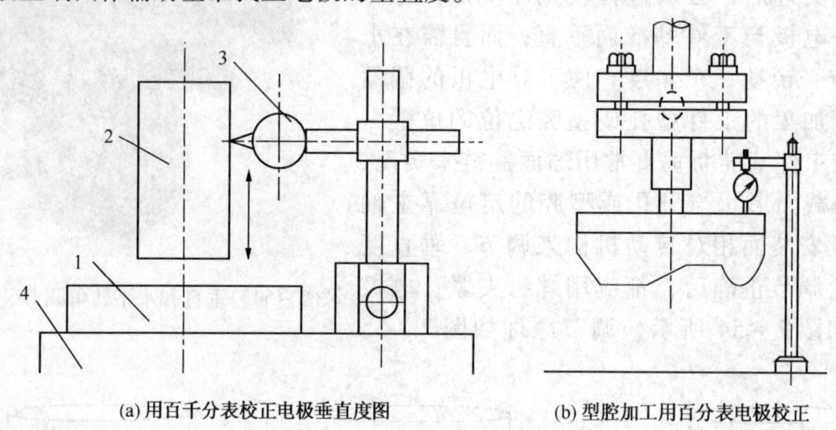

(a) 用百千分表校正电极垂直度图　　(b) 型腔加工用百分表电极校正

图 2－57 百分表找正工具电极

1—凹模；2—电极；3—千分表；4—工作台

操作步骤：

① 将磁性表座吸附在机床的工作台上，将百分表装夹在表座的杠杆上；

② 沿 X 轴找正　将百分表的测量杆沿 X 方向轻轻接触工具电极，使得百分表有一定的读数，然后用手控盒控制主轴上下移动，观察百分表的指针变化。根据变化判断工具电极沿 X 方向的倾斜情况，然后用内六角扳手调节主轴头上的两个调节螺钉，使得工具电极和 X 轴垂直；

③ 沿 Y 轴找正　方法同②；

3）电火花放电加工

操作时，首先按下手控盒的“下降”按钮，使主轴缓缓下降，当主轴快要接触工件时，松开手控盒的“下降”按钮，按下电气控制柜的“自动对刀”按钮，主轴继续下降，直至和工件接触，机床蜂鸣器响，按下电气控制柜的“Z 轴清零”按钮，将 Z 清零。设定加工深度为 999，加工电流为1A，然后按下手控盒的“加工”按钮，工具电极和工件产生电火花，通过观察电火花，调整主轴头上的 X 和 Y 轴方向的垂直调节螺钉，使得放电火花均匀。同时观察工件表面的放电痕迹，判断工具电极的放电情况，以便找正工具电极。

3. 电极的定位

目前生产的大多数电火花机床都有接触感知功能，通过接触感知功能能较精确地实现电极相对工件的定位，定位过程如图2－58所示。

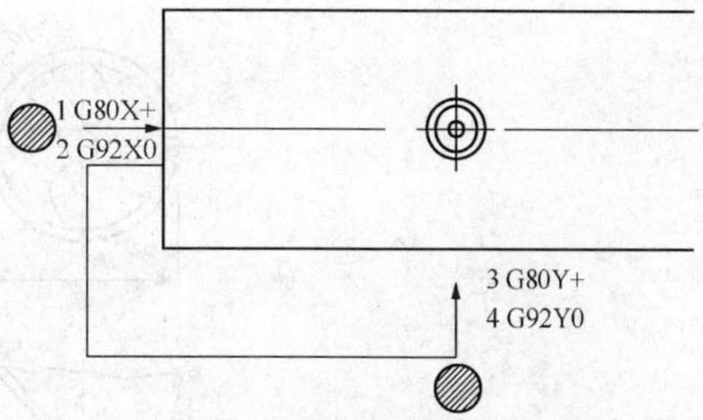

1 G80X+
2 G92X0
3 G80Y+
4 G92Y0

图2－58 电极精确定位示意图

二、电火花穿孔成型加工实例任务

(一) 断入工件的丝锥、钻头的电火花加工

任务导入

生产实践中，钻小孔或用丝锥攻丝时，由于刀具硬度高而脆，刀具抗弯、抗扭强度低，往往容易折断在孔中(图2－59)。为了避免工件报废，可考虑采用电火花加工方法去除。

图2－59 断入工件的钻头或丝锥

任务分析与准备

(1) 电极材料选择

传统加工中，钻小孔或用丝锥攻丝时，刀具材料往往采用低合金工具钢制造，硬度高，刀具抗弯、抗扭强度低，而电火花加工方法可以实现“以柔克刚”，故选择低于工件硬度的材料制作电极，通常选用紫铜杆或黄铜杆，这两种电极材料来源方便，机械加工也不困难。紫铜电极的损耗小，黄铜电极加工时损耗较大，但加工过程比较稳定。

(2) 电极的设计

电极的尺寸应根据钻头、丝锥的尺寸确定。对于钻头，工具电极的直径 d' 应大于钻心直径 d_0，小于钻头外径 d，如图2－60(a)所示。一般 d_0 约为 $1/5d$，故可取电极直径 $d'=(2/5\sim4/5)d$，以取 $3/5d$ 为最佳；对于丝锥，如图2－60(b)所示，电极的直径 d' 应大于丝锥的心部直径 d_0，小于攻螺纹前的预孔直径。通常，电极的直径 $d'=\dfrac{d_0+d_1}{2}$ 为最佳值。

如果钻头或丝锥很小，则对应的电极直径小，不容易装夹，将其改为阶梯电极。下端为

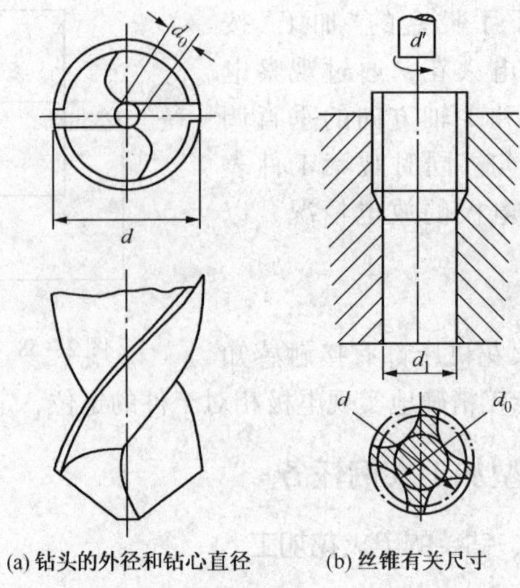

(a) 钻头的外径和钻心直径　(b) 丝锥有关尺寸

图 2－60　钻头和丝锥的有关尺寸

加工部分，直径为 0.5～0.8 倍钻头直径，长度应比钻头残留高些，上端部分装夹用。加工前，可以根据丝锥规格和钻头的直径按表 2－7 来选择电极的直径。

表 2－7　根据丝锥和钻头直径选取工具电极直径

工具电极直径/mm	1～1.5	1.5～2	2～3	3～4	3.5～4.5	4～6	6～8
丝锥规格	M2	M3	M4	M5	M6	M8	M10
钻头直径/mm	$\phi2$	$\phi3$	$\phi4$	$\phi5$	$\phi6$	$\phi8$	$\phi10$

（3）电极的制造

工具电极为圆柱形或阶梯轴形状，可在车床上一次车削成形。

（4）加工规准的确定

由于对加工精度和表面粗糙度的要求不高，因此，应选用加工速度快、电极损耗小的粗规准。但加工电流受电极加工面积的限制，电流过大容易造成拉弧；另一方面，为了达到电极低损耗的目的，要注意峰值电流和脉冲宽度之间的匹配关系，电流过大，会增加电极的损耗。所以，脉冲宽度可以适当取大些，并采用负极性加工；停歇时间要和脉冲宽度匹配合理。对晶体管电源，可参考表 2－8 的规准。

表 2－8　低损耗粗规准

脉冲宽度/μs	脉冲间隔/μs	峰值电流/A
150～300	30～60	5～10

任务实施

（1）工具电极的装夹和找正

工具电极可采用钻夹头装夹。首先应用精密刀口角尺（直角尺）找正，使电极与机床工作台面垂直，在采用百分表进一步找正工具电极垂直于工件。必要时，利用圆柱形台阶找正。

（2）工件的装夹和找正

如图 2－61 所示，工件常用压板、磁性吸盘虎钳等来固定在机床工作台上，本例中采用磁性吸盘固定。用百分表来校正使工件的基准面分别与机床的 X、Y 轴平行(图 2－62)，使折断的钻头或丝锥的中心线与机床工作台面保持垂直。

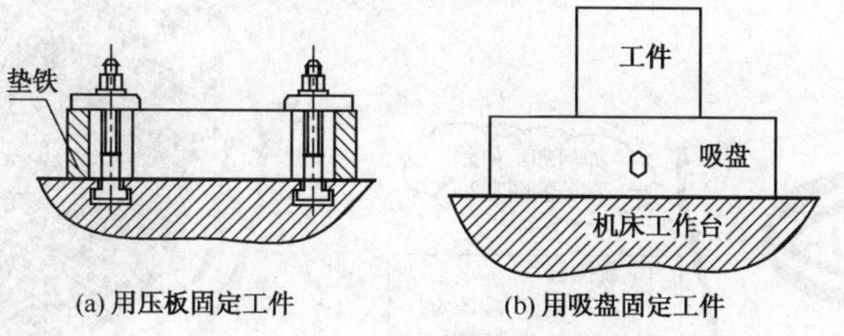

图 2－61　工件的装夹固定

(3) 电极的定位

移动工作台，使电极中心与断入工件中的钻头或丝锥的中心一致。该任务的主要要求为加工速度，对于加工精度要求不高的工件，可采用目测定位。

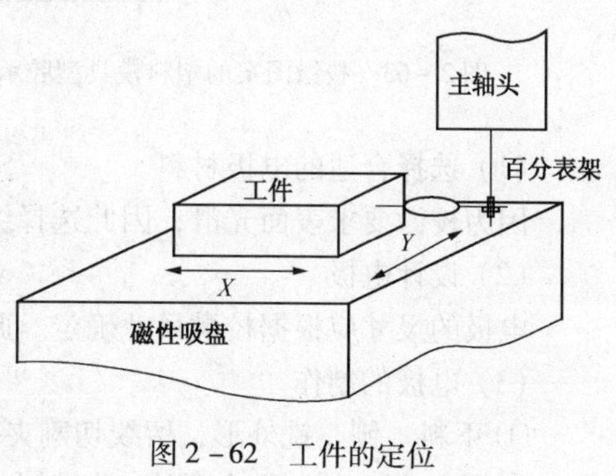

图 2－62　工件的定位

(4) 选择加工条件

此处加工精度、表面粗糙度要求低，可采用粗规准一次加工完成。但加工小孔时电极的电流密度大，所以加工电流受到加工面积的限制，可选择小电流和长脉宽的加工。

(5) 工作液箱的操作

先扣上门扣，关上液槽，再扣上放油手柄，然后打开液泵，最后调节液面高度手柄高出工件上表面 40mm 以上。

(6) 放电加工

设定加工深度(由断在工件内的钻头或丝锥的长度决定)后，开启工作液泵，加注工作液高出工件 40mm 以上，保证工作液循环流动；按下“放电加工”按钮，实现加工。

如果所攻螺纹孔是通孔，可采用下冲油；如果是盲孔，则可采用侧冲油或不冲油，必要时可采用铜管作工具电极，使工作液从铜管中导入加工区，即采用上部冲油进行加工。

任务检测

根据加工成品通过目测，百分表检测加工位置、加工深度是否符合要求。

(二) 校徽图案的电火花加工

任务导入

在生产实践中，浮雕、硬币、校徽、纪念章等工艺美术品的图案的塑料模具的型腔加工，都有着诸如材料较硬、图案清晰、形状较复杂、尺寸精度要求不高等的共同特点，采用传统加工方法均不适宜，如图 2－63 是校徽图案的塑料模具型腔示意图，往往采用电火花加工校徽图案的型腔可收到事半功倍的效果。

任务分析与准备

如图 2－64 所示，校徽的加工特征为深度浅，材料硬，图案清晰，形状复杂，尺寸精度要求低，表面粗糙度要求高。采用单电极直接成型法加工。

图 2－63　校徽图案的塑料模具型腔示意图

图 2－64　校徽外形

（1）选择合适的电极材料

因为校徽要求表面光滑，因此选择综合性能较好的紫铜电极。

（2）设计电极

电极的尺寸应根据校徽尺寸确定。此外应增加一段高度的电极用于装夹。

（3）电极的制作

① 下料　刨、铣外形，留线切割夹持余量。

② 线切割　编制数孔程序，切割出圆形或椭圆外形。

③ 钳　雕刻花纹图案，并用焊锡在电极背面焊装电极柄。

④ 选择工件材料　可采用综合性能好、硬度高的硬质合金，如批量小，可采用 45 钢。

⑤ 工件的准备工作

a. 下料：刨、铣外形，上下面留磨量；

b. 磨：上、下面磨削(1000 目以上的细砂纸进行打磨)；

c. 防磁去锈。

⑥ 确定电规准　校徽要求表面光滑，图案清晰，因此可根据表 2－9 铜打钢－最小损耗型参数选择加工条件。

表 2－9　铜打钢－最小损耗型参数表

条件号	面积/ cm^2	安全间隙/mm	放电间隙/mm	加工速度/(mm^3/min)	损耗/%	侧面 R_a/μm	底面 R_a/μm	极性	电容	高压管数	管数	脉冲间隔/μs	脉冲宽度/μs	模式	损耗类型	伺服基准	伺服速度/(r/min)	极限值 脉冲间隔/μs	极限值 伺服基准
100		0.009	0.009			0.86	0.86	+	0	0	3	2	2	8	0	85	8	2	85
101		0.035	0.025			0.90	1.0	+	0	0	2	6	9	8	0	80	8	2	65
103		0.050	0.040			1.0	1.2	+	0	0	3	7	11	8	0	80	8	2	65
104		0.060	0.048			1.1	1.7	+	0	0	4	8	12	8	0	80	8	2	64
105		0.105	0.068			1.5	1.9	+	0	0	5	9	13	8	0	75	8	2	60

续表

条件号	面积/cm²	安全间隙/mm	放电间隙/mm	加工速度/(mm³/min)	损耗/%	侧面 R_a/μm	底面 R_a/μm	极性	电容	高压管数	管数	脉冲间隔/μs	脉冲宽度/μs	模式	损耗类型	伺服基准	伺服速度/(r/min)	极限值 脉冲间隔/μs	极限值 伺服基准
106		0. 130	0. 091			1. 8	2. 3	+	0	0	6	10	14	8	0	75	10	2	58
107		0. 200	0. 160	2. 7		2. 8	3. 6	+	0	0	7	12	16	8	0	75	10	3	60
108	1	0. 350	0. 220	11. 0	0. 10	5. 2	6. 4	+	0	0	8	13	17	8	0	75	10	4	55
109	2	0. 419	0. 240	15. 7	0. 05	5. 8	6. 3	+	0	0	9	14	19	8	0	75	12	6	52
110	3	0. 530	0. 295	26. 2	0. 05	6. 3	7. 9	+	0	0	10	15	20	8	0	70	12	7	52
111	4	0. 670	0. 355	47. 6	0. 05	6. 8	8. 5	+	0	0	11	16	20	8	0	70	12	7	55
112	6	0. 748	0. 420	80. 0	0. 05	9. 68	12. 1	+	0	0	12	16	21	8	0	65	15	8	52
113	8	1. 330	0. 660	94. 0	0. 05	11. 2	14. 0	+	0	0	13	16	24	8	0	65	15	11	55
114	12	1. 614	0. 860	110. 0	0. 05	12. 4	15. 5	+	0	0	14	16	25	8	0	58	15	12	52
115	20	1. 778	0. 959	214. 5	0. 05	13. 4	16. 7	+	0	0	15	17	26	8	0	58	15	13	52

也可采用电脑控制的脉冲电源加工，这是电火花加工领域中较为先进的技术。电脑部分拥有典型工艺参数的数据库，脉冲参数可以调出使用。调用的方法是借助脉冲电源装置配备的显示器进行人机对话，由操作者将加工工艺美术花纹的典型数据和加工程序调出，然后根据典型参数数据进行加工。NHP－NC－50A 脉冲电源输出的加工规准和加工程序如表 2－10 所示。

表 2－10　工艺美术花纹典型加工规准

脉宽/μs	间隔/μs	功能管数		平均加工电流/A	总进给深度/mm	表面粗糙度 R_a/μm	吸性
		高压	氯压				
250	100	2	6	8	0. 9	8	负
150	80	2	4	3	1. 1	6	负
50	50	2	4	1. 2	1. 2	3. 5～4	负
16	40	2	4	0. 8	1. 23	2～2. 5	负
2	30	2	2	0. 5	1. 26	1. 6	负

任务实施

（1）工具电极的装夹和找正

工具电极可采用钻夹头装夹，在老师的指导下，通过目测找正。

（2）工件的装夹和找正

工件采用磁性吸盘固定，本任务对工件位置要求不高，可用目测找正，确保工件固定好。

（3）电极的定位

移动工作台，使电极中心与工件的中心一致。该任务对工件位置度要求不高，可采用目

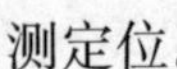

测定位。

(4) 选择加工条件

① 根据电极待加工部分的投影面积的大小选择第一个加工条件　经过计算，知道投影面积为 2.8cm²。因此，第一个加工条件选择 C110，选用条件能获得 R_a1.9 的表面粗糙度。

② 确定最后一个加工条件　可以根据表面粗糙度来确定，为了保证加工出来的校徽图案清晰，表面光滑，表面粗糙度不宜低于 R_a2.0。因此选用 C105 加工条件。

③ 确定中间加工条件 全加工过程为：C110 – C109 – C108 – C107 – C106 – C105。

(5) 放电加工

开启工作液泵，加注工作液高出工件 40mm 以上，保证工作液箱循环流动；按下"放电加工"按钮，实现加工。值得注意的是，特别是在 C110 条件加工完成后，暂停加工，观察电极表面是否粗糙，如果有必要，用 1000 目以上的砂纸打磨后，继续加工。

任务检测

加工成品通过目测检测外观是否美观。

(三) 手机模具型腔的电火花加工

任务导入

生活中常用的手机外壳经常采用注塑模进行注塑成型，其注塑模型腔外形如图 2 – 65、图 2 – 66 所示，要求达到相关的主要技术数据，并且加工质量好，表面粗糙度小。

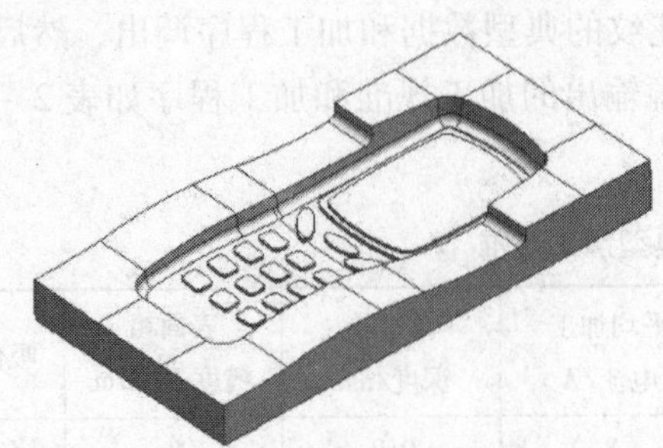

图 2 – 65　手机外壳定模

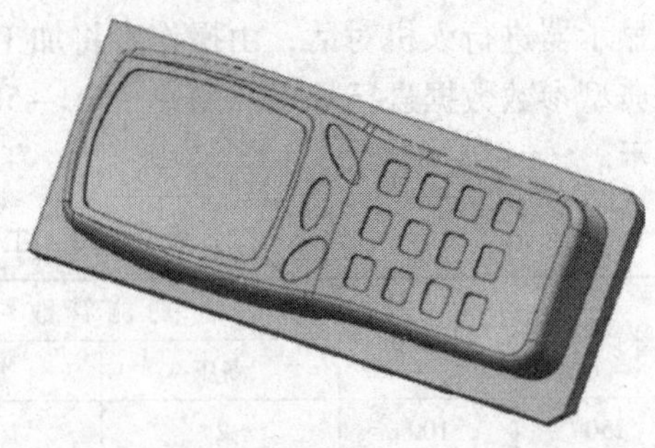

图 2 – 66　手机工具电极结构

图 2 – 67　加工中心粗加工型腔

任务分析准备

如图 2 – 65、图 2 – 66 所示为手机外壳定模仁和手机工具电极结构，要求表面光滑，实际生产加工状况如图 2 – 67 所示。首先通过加工中心对模具型腔进行粗加工，然后用电火花对型腔进行精加工。该任务的优点是：可以加工复杂模具型腔，如很多细小圆角，实现镜面加工。

大致步骤：

(1) 选择合适的电极材料

选择综合性能较好的紫铜电极。

(2) 设计电极

考虑到电极能够方便地装夹、找正，且型腔可采用加工中心粗加工，因此电火花加工的加工余量较小，可采用一个电极完成加工。电极的单边缩放量为0.15mm，采用高速加工中心制造电极。电极表面粗糙度要求高，因此采用抛光处理。在电极对应模仁碰穿位置的部位其深度方向应该避空，同时在这些部位可以加工出几个孔，用于电火花加工过程的排气、排屑等(即为利用电火花加工过程电蚀产物尽快消除干净，而开设的辅助用孔。

电极装夹后必须校正，具体做法如图2-68所示，原理为使用相同基准的同一夹具，分别装在铣床工作台和电火花机床的主轴上，完成电极的铣削加工后，就可以直接将电极装夹在电火花加工机床的主轴上，不需要重新校正。

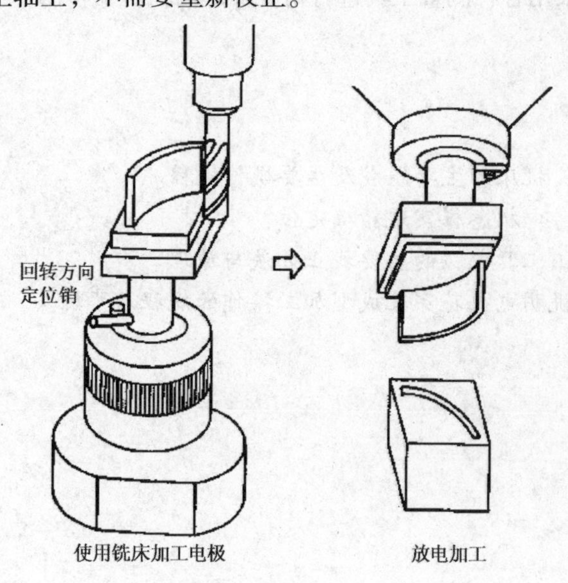

图2-68 同一基准

(3) 加工条件

根据机床的检索功能选用。如表2-11所示。

表2-11 检索条件显示表

M指令编号	材料组合	精加工模式	表面粗糙度/μm	损耗	工作液处理	底面积/μm^2	加工内容	深度/μm	电极缩放量/μm	锥度/(°)	摇动/μm	优先权
8001	Cu-St	镜面	6	低损耗	无喷流	3000	型腔	-13	150	0	240	均等考虑

(4) 混粉加工

为了实现镜面加工，应该在工作液中加入一定的粉末添加剂，如铬粉、硅粉等，这样可以获得光洁的加工面。

任务实施

(1) 工具电极的装夹、找正

电极可采用高精度的定位夹具系统装夹，该任务可采用百分表找正。

(2) 工件的装夹、找正

工件装夹可采用磁性吸盘固定在机床工作台上，用百分表来找正。

(3) 电极的精确定位

电极的定位要求高精度，目前生产的大多数电火花机床都有接触感知功能，通过接触感知功能能较精确地实现电极相对工件的定位。

(4) 加油

添加油并将冲油管、吸油管对准加工部位。

(5) 选用加工条件，完成加工

记录每个加工条件结束后电极位置和耗费的时间。

任务检测

分析加工结果，采用各种测量工具进行精度及表面粗糙度检测。

知识巩固

思考题

1. 说明 CTE320ZK 机床的主要组成及主要操作规程。
2. 电火花加工中，电极怎样实现精确定位？
3. 说明电火花加工工具电极的主要找正方法与原理。
4. 通过实例任务说明电火花穿孔成型加工操作的规程与步骤。

模块三　电火花线切割加工

知识要点

- 电火花线切割加工原理、机床组成与构造
- 电火花线切割程序编程
- 电火花线切割加工工艺规律及参数选择

技能要点

- 掌握电火花线切割加工机床结构
- 熟练掌握典型零件的线切割程序编程
- 熟练进行工件装夹、找正、走丝机构与电极丝相关操作
- 合理选用工作液系统及工作液配制
- 熟练掌握电火花线切割加工操作规程，实现安全文明生产

学习要求

- 掌握电火花线切割加工概念、原理、特点、分类和应用
- 掌握电火花线切割加工数控编程
- 掌握电火花线切割加工操作

知识链接

理论单元

一、线切割加工的原理、特点及分类

电火花线切割加工(Wire Cut Electrical Discharge Machining，简称 WEDM)是在电火花加工基础上于20世纪50年代末最早在前苏联发展起来的一种新的工艺形式。它利用移动的金属丝(钼丝、铜丝或者合金丝)作工具电极，靠电极丝和工件之间脉冲性火花放电，产生高温使金属熔化或气化，形成切缝，从而切割出需要的零件的加工方法。其应用广泛，目前国内外的线切割机床已占电加工机床的60%以上。线切割加工情景，如图3－1所示。

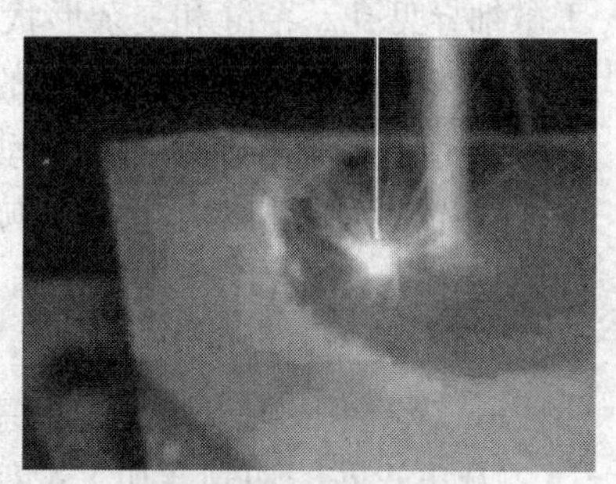

图3－1　线切割加工

(一) 电火花线切割的原理

电火花线切割加工的基本原理是利用移动的细金属丝(铜丝或钼丝、钨丝)作为工具电极(接高频脉冲电源的负极)，对工件(接高频脉冲电源的正极)进行脉冲火花放电，切割成型。

当来一个电脉冲时，在电极丝和工件之间可能产生一

次火花放电，在放电通道的中心温度瞬时可高达5000℃以上，高温使得工件局部金属熔化，甚至有少量气化，高温也使电极丝和工件之间的工作液部分产生气化，这些气化的工作液和金属蒸汽瞬间迅速膨胀，并具有爆炸的特性。靠这种热膨胀和局部微爆炸，抛出熔化和气化了的金属材料而实现对工件材料进行电蚀线切割。

根据电极丝的运行方向和速度，电火花线切割机床通常分为两大类：

一类是往复高速走丝(或称快走丝)电火花线切割机床(WEDM－HS)，一般走丝速度为8～10m/s，这是我国生产和使用的主要机种，也是我国独创的电火花线切割加工模式。

另一类是单向低速走丝(或称慢走丝)电火花线切割机床(WEDM－LS)，一般走丝速度低于0.2m/s，这是国外生产和使用的主要机种。

图3－2为往复高速走丝电火花线切割工艺及机床的示意图。利用钼丝作工具电极进行切割，贮丝筒使钼丝作正反向交替移动，加工能源由脉冲电源供给。在电极丝和工件之间浇注工作液介质，工作台在水平面两个坐标方向各自按预定的控制程序，根据火花间隙状态作伺服进给移动，从而合成各种曲线轨迹，把工件切割成形。

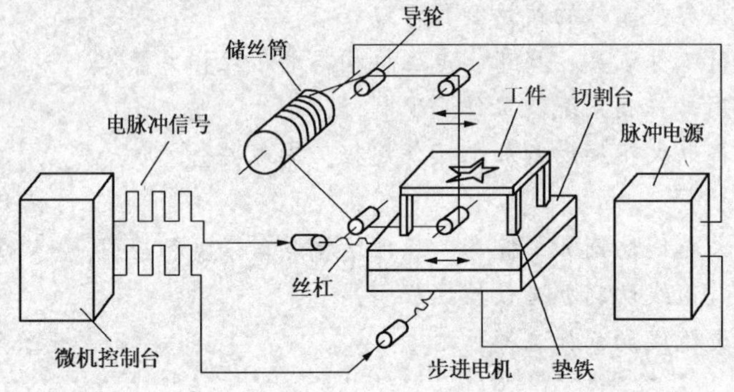

图3－2　线切割加工原理示意图

(二) 线切割加工的特点

(1) 线切割加工与传统的车、铣、钻加工方式相比：

① 采用直径不等的细金属丝(铜丝或钼丝等)作为工具电极，因此切割用的刀具简单，大大降低了生产准备工时；主要切割各种高硬度、高强度、高韧性和高脆性的导电材料，如淬火钢、硬质合金等。

② 电极丝直径较细(ϕ0.025～ϕ0.3mm)，切缝很窄，这样不仅有利于材料的利用(切割时只对工件材料进行“套料”加工，余料还可以利用，电极丝的损耗也比较低)，而且适合加工微细异型孔、窄缝和复杂形状的工件。

③ 电极丝在加工中是移动的，可以完全或短时间不考虑电极丝损耗对加工精度的影响。

④ 利用计算机辅助制图自动编程软件，可方便地加工形状复杂的直纹表面。

⑤ 依靠计算机对电极丝轨迹的控制和偏移轨迹的计算，可方便地调整凹凸模具的配合间隙，依靠锥度切割功能，有可能实现凹凸模一次加工成型。尺寸精度可达0.02～0.01mm，表面粗糙度R_a值可达1.6μm。

⑥ 对于粗、中、精加工，只需调整电参数即可，操作方便、自动化程度高。

⑦ 电火花线切割在加工过程中的工作液一般为水基液或去离子水，因此不必担心发生火灾，可以实现安全无人加工。

⑧ 加工对象主要是平面形状，台阶盲孔型零件还无法进行加工，但是当机床加上能使电极丝作相应倾斜运动的功能后，就可实现锥面加工。

⑨ 当零件无法从周边切入时，工件上需钻穿丝孔。

(2) 线切割加工与电火花穿孔成型加工相比

其电压、电流波形等基本相似；加工机理、生产率、表面粗糙度等也大同小异，但线切割加工亦有自己的特色：

① 电极工具是直径较小的细丝，故加工工艺参数如：脉冲宽度、平均电流等较小，一般为中、精正极性电火花加工，工件常接脉冲电源正极。

② 采用水或水基工作液，不会引燃起火，容易实现安全无人运转，且价格低廉。

③ 电极与工件之间存在着“疏松接触”式轻压放电现象。加工时，电极丝和工件之间存在着某种电化学产生的绝缘薄膜介质，只有电极丝被顶弯所造成的压力和电极丝相对工件的移动摩擦使这种介质减薄到可被击穿的程度，才发生火花放电。放电发生之后产生的爆炸力可能使电极丝局部振动而脱离接触，但宏观上仍是轻压放电。

④ 省掉了成形的工具电极，大大降低了成形工具电极的设计和制造费用，实现了大批量生产的快速性和柔性。

⑤ 电极丝比较细，可以实现“套料”加工，对微细异形孔、窄缝和复杂形状的工件有利。同时，金属去除量少，材料利用率高。

⑥ 电极丝单位长度内损耗少，对加工精度的影响比较小，特别在低速走丝线切割加工时，电极丝一次性使用，电极丝损耗对加工精度的影响更小。

综上所述，线切割加工有着自己独特的优势，由此在国内外发展较快，已获得了广泛的应用。

(三) 线切割的分类

(1) 按控制方式分

有靠模仿形控制、光电跟踪控制、数字程序控制及微机控制等，前两种方法现已很少采用。

(2) 按脉冲电源形式分

有 RC 电源、晶体管电源、分组脉冲电源及自适应控制电源等，RC 电源现已不用。

(3) 按加工特点分

有大、中、小型，以及普通直壁切割型与锥度切割型等。

(4) 按走丝速度分

有低速走丝方式和高速走丝方式，我国广泛采用高速走丝线切割机床，国外则采用低速走丝线切割机床，低速走丝线切割机床价格贵但切割精度较高。

(四) 电火花线切割加工的应用范围

(1) 加工模具

适用于各种形状的冲模。调整不同的间隙补偿量，只需一次编程就可以切割凸模、凸模固定板、凹模及卸料板等。还可以用于加工挤压模、粉末冶金模、弯曲模和塑料模等通常带锥度的模具。

(2) 加工电火花加工用的电极

一般穿孔加工用的电极和带锥度型腔加工用的电极，以及铜钨、银钨合金之类的电极材

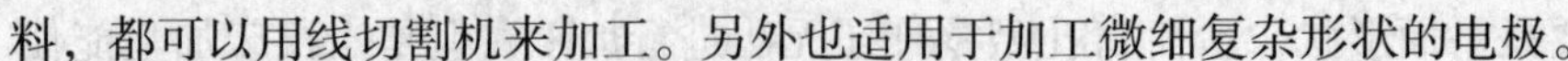

料，都可以用线切割机来加工。另外也适用于加工微细复杂形状的电极。

(3) 加工零件

试制新产品时，直接用线切割在坯料上切割零件，不需要另行制造模具，大大缩短了生产周期，降低了成本。另外，修改设计、变更加工程序比较方便，多片薄件零件可叠加在一起加工。可用于加工品种多、数量少的零件，特殊难加工材料的零件，材料试验样件，各种型孔、特殊齿轮凸轮、样板和成型刀具。同时还可进行微细加工，异形槽和标准缺陷的加工等。见图 3－3。

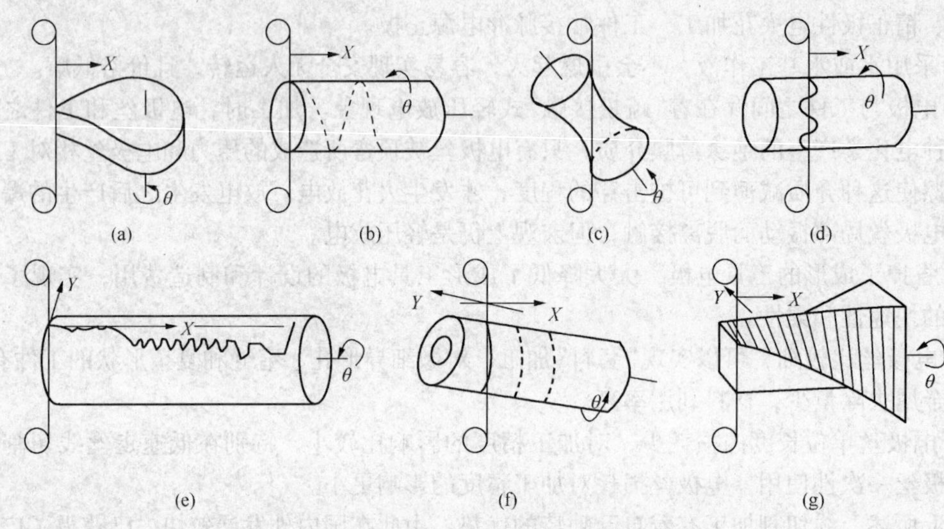

图 3－3　二、三维及零件示例

二、线切割加工工艺

(一) 线切割加工的主要工艺指标

1. 切割速度

线切割加工中的切割速度是指在保证一定的表面粗糙度的切割过程中，单位时间内电极丝中心线在工件上切过的面积的总和，单位为 mm^2/min。

最高切割速度是指在不计切割方向和表面粗糙度等条件下，所能达到的最大切割速度。通常快走丝线切割加工的切割速度为 40～80mm^2/min，它与加工电流大小有关，为了在不同脉冲电源、不同加工电流下比较切割效果，将每安培电流的切割速度称为切割效率，一般切割效率为 20$mm^2/(min \cdot A)$。

2. 表面粗糙度

在我国和欧洲表面粗糙度常用轮廓算术平均偏差 R_a(μm)来表示，在日本常用 R_{max} 来表示。

高速走丝线切割的表面粗糙度可达 R_a5.0～2.5μm。最佳可达 R_a1.0μm 左右；低速走丝线切割一般可达 R_a1.25μm，最佳可达 R_a0.2μm。

采用线切割加工时，工件表面粗糙度的要求可以较机械加工法减低半级到一级。此外，如果线切割加工的表面粗糙度等级提高一级，则切割速度将大幅度地下降。所以，图纸中要合理地给定表面粗糙度。线切割加工所能达到的最好粗糙度是有限的。若无特殊需要，对表面粗糙度的要求不能太高。同样，加工精度的给定也要合理，目前，绝大多数数控线切割机床的脉冲当量一般为每步 0.001mm，由于工作台传动精度所限，加上走丝系统和其他方面的影响，切割加工精度一般为 6 级左右，如果加工精度要求很高，是难以实现的。

3. 加工精度

加工精度是指所加工工件的尺寸精度、形状精度和位置精度的总称。它包括切割轨迹的控制精度、机械传动精度、工件装夹定位精度以及脉冲电源参数的波动、电极丝的直径误差、损耗与抖动、工作液脏污程度的变化、加工操作者的熟练程度等对加工精度的影响，是一项综合指标。高速走丝线切割加工精度可达到 0.02 ~ 0.01mm 左右，低速走丝线切割可达 0.005 ~ 0.002mm 左右。

（二）电参数对加工的影响

脉冲电源的波形和参数对材料的电腐蚀过程影响极大，它们决定着加工效率、表面粗糙度、切缝宽度和钼丝的损耗率，进而影响加工的工艺指标。

1. 放电峰值电流对工艺指标的影响

放电峰值电流增大，单个脉冲能量增多，工件放电痕迹增大，故切割速度迅速提高，表面粗糙度数值增大，电极丝损耗增大，加工精度有所下降。因此第一次切割加工及加工较厚工件时取较大的放电峰值电流。

放电峰值电流不能无限制增大，当其达到一定临界值后，若再继续增大峰值电流，则加工的稳定性变差，加工速度明显下降，甚至断丝。

2. 脉冲宽度 t_j 对工艺指标的影响

在其他条件不变的情况下，增大脉冲宽度，线切割加工的速度提高，表面粗糙度变差。这是因为当脉冲宽度增加时，单个脉冲放电能量增大，放电痕迹会变大。同时，随着脉冲宽度的增加，电极丝损耗也变大。因为脉冲宽度增加，正离子对电极丝的轰击加强，结果使得接负极的电极丝损耗变大。

当脉冲宽度增大到临界值后，线切割加工速度将随脉冲宽度的增大而明显减小。因为当脉冲宽度 t_j 达到临界值后，加工稳定性变差，从而影响了加工速度。

线切割加工中脉冲宽度一般选择 $t_j = 2 \sim 60\mu s$，光整加工时，$t_j \leqslant 0.5\mu s$。

3. 脉冲间隔 t_o 对工艺指标的影响

在其他条件不变的情况下，减小脉冲间隔 t_o，脉冲频率将提高，所以单位时间内放电次数增多，平均电流增大，从而提高了切割速度。

脉冲间隔 t_o 在电火花加工中的主要作用是消电离和恢复液体介质的绝缘。脉冲间隔 t_o 不能过小，否则会影响电蚀产物的排出和火花通道的消电离，导致加工稳定性变差和加工速度降低，甚至断丝。当然，也不是说脉冲间隔越大，加工就越稳定。脉冲间隔过大会使加工速度明显降低，严重时不能连续进给，加工变得不稳定。

在电火花成型加工中，脉冲间隔的变化对加工表面粗糙度影响不大。在线切割加工中，其余参数不变的情况下，脉冲间隔减小，线切割工件的表面粗糙度数值稍有增大。这是因为一般电火花线切割加工用的电极丝直径都在 $\phi 0.25$mm 以下，放电面积很小，脉冲间隔的减小导致平均加工电流增大，由于面积效应的作用，致使加工表面粗糙度值增大。

脉冲间隔的合理选取，与电参数、走丝速度、电极丝直径、工件材料及厚度有很大关系。因此，在选取脉冲间隔时必须根据具体情况而定。当走丝速度较快、电极丝直径较大、工件较薄时，因排屑条件好，可以适当缩短脉冲间隔时间。反之，则可适当增大脉冲间隔。

综上所述，电参数对线切割电火花加工的工艺指标的影响有如下规律：

① 加工速度随着加工峰值电流、脉冲宽度的增大和脉冲间隔的减小而提高，即加工速度随着加工平均电流的增加而提高。实验证明，增大峰值电流对切割速度的影响比用增大脉宽的办法显著。

② 加工表面粗糙度数值随着加工峰值电流、脉冲宽度的增大及脉冲间隔的减小而增大，不过脉冲间隔对表面粗糙度影响较小。

在实际加工中，必须根据具体的加工对象和要求，综合考虑各因素及其相互影响关系，选取合适的电参数，既优先满足主要加工要求，又同时注意提高各项加工指标。例如，加工精密小零件时，精度和表面粗糙度是主要指标，加工速度是次要指标，这时选择电参数主要满足尺寸精度高、表面粗糙度好的要求。又如加工中、大型零件时，对尺寸的精度和表面粗糙度要求低一些，故可选较大的加工峰值电流、脉冲宽度，尽量获得较高的加工速度。此外，不管加工对象和要求如何，还需选择适当的脉冲间隔，以保证加工稳定进行，提高脉冲利用率。

慢走丝线切割机床及部分快走丝线切割机床的生产厂家(如北京阿奇公司)在操作说明书中给出了较为科学的加工参数表。在操作这类机床中，一般只需要按照说明书正确地选用参数表即可。而对绝大部分快走丝机床而言，初学者可以根据操作说明书中的经验值大致选取，然后根据电参数对加工工艺指标的影响具体调整。

4. 极性

实验表明：60 ~ 100μs 以下采用正极性接法(即工件接脉冲电源的输出正极)，电极丝损耗较小，而加工速度高，电火花线切割脉冲宽度一般小于 100μs，所以一般选择正极性接法。

线切割加工因脉宽较窄，所以都用正极性加工，否则切割速度变低且电极丝损耗增大。

(三) 电极丝对加工的影响

1. 常用的电极丝

(1) 电极丝的材料

目前电火花线切割加工使用的电极丝材料有钼丝、钨丝、钨钼合金丝、黄铜丝、铜钨丝等。

采用钨丝加工时，可获得较高的加工速度，但放电后丝质易变脆，容易断丝，故应用较少，只在慢走丝弱规准加工中尚有使用。

钼丝比钨丝熔点低，抗拉强度低，但韧性好，在频繁的急热急冷变化过程中，丝质不易变脆、不易断丝。

钨钼丝(钨、钼各占 50% 的合金)加工效果比前两种都好，它具有钨、钼两者的特性，使用寿命和加工速度都比钼丝高。

铜钨丝有较好的加工效果，但抗拉强度差些，价格比较昂贵，来源较少，故应用较少。

采用黄铜丝做电极丝时，加工速度较高，加工稳定性好，但抗拉强度差，损耗大。

高速走丝机床的电极丝，主要有钼丝、钨丝和钨钼丝。常用的钼丝直径为 0.10 ~ 0.18mm，当需要切割较小的圆弧或缝槽时也用更小直径的钼丝。钨丝的优点是耐腐蚀，抗拉强张度高；缺点是脆而不耐弯曲，且价格昂贵，仅在特殊情况下使用。

(2) 电极丝的直径

电极丝直径对切割速度影响较大。若电极丝直径过小，则承受电流小，切缝也窄，不利于排屑和稳定加工，切割速度低。加大电极丝的直径，有利于提高切割速度，但也不能太大，电极丝的直径增大，会造成切缝增大，切缝增大电蚀量就增大，切割效率降低，又影响了切割速度的提高。

电极丝的直径是根据加工要求和工艺条件选取的。在加工要求允许的情况下，可选用直径大些的电极丝。直径大，抗拉强度大，承受电流大，可采用较强的电规准进行加工，能够提高输出的脉冲能量，提高加工速度。同时，电极丝粗，切缝宽，放电产物排除条件好，加工过程稳定，能提高脉冲利用率和加工速度。若电极丝过粗，则难加工出内尖角工件，降低了加工精度，同时切缝过宽使材料的蚀除量变大，加工速度也有所降低；若电极丝直径过小，则抗拉强度低，易断丝，而且切缝较窄，放电产物排除条件差，加工经常出现不稳定现象，导致加工速度降低。

细电极丝的优点是可以得到较小半径的内尖角，加工精度能相应提高。快走丝一般采用 $\phi0.10 \sim \phi0.25$mm 的钼丝。

2. 电极丝的张力对切割过程的影响

如果上丝过紧，电极丝超过弹性变形的范围，由于频繁地往复弯曲、摩擦，加上放电时遭受急热、急冷变化的影响，容易发生疲劳而造成断丝。高速走丝时，上丝过紧所造成的断丝，往往发生在换向的瞬间，严重时即使空走也会断丝

但若上丝过松，会使电极丝在切割过程中，振动幅度增大，同时会产生弯曲变形，结果电极丝切割轨迹落后并偏离工件轮廓，出现加工滞后现象(图 3 - 4)，从而造成形状与尺寸误差，影响了工件的加工精度。如切割较厚的圆柱体，会出现腰鼓形状，严重时电极丝快速运转，容易跳出导轮槽或限位槽，电极丝被卡断或拉断。所以电极丝的张力，对运行时电极丝的振幅和加工稳定性有很大影响，故而在上电极丝时，应采取张紧电极丝的措施。

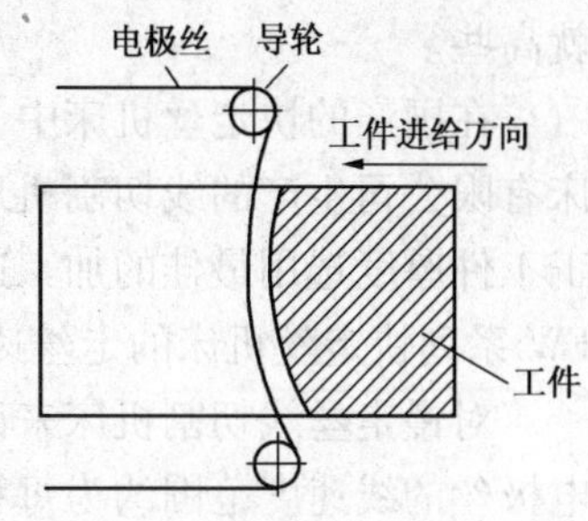

图 3 - 4　电极丝加工滞后现象

在慢走丝加工中，设备操作说明书一般都有详细的张紧力设置说明，初学者可以按照说明书去设置，有经验者可以自行设定。如对多次切割，可以在第一次切割时稍微减小张紧力，以避免断丝。在快走丝加工中，部分机床有自动紧丝装置，操作者完全可以按相关说明书进行操作；另一部分需要手动紧丝，这种操作需要实践经验，一般在开始上丝时紧三次，在随后的加工中根据具体情况具体分析。

3. 电极丝垂直度对工艺指标的影响

电极丝运动的位置要由导轮决定，若导轮有径向跳动和轴向窜动，电极丝就会发生振动，振动幅度决定于导轮跳动或窜动值。假定下导轮是精确的，上导轮在水平方向上有径向跳动，这时切割出的圆柱体工件必然出现圆柱度偏差，如果上下导轮都不精确，两导轮的跳动方向不可能相同，因此，在工件加工部位，各空间位置上的精度均可能降低。

导轮 V 形槽的圆角半径，超过电极丝半径时，将不能保持电极丝的精确位置。两只导轮的轴线不平行，或者两导轮轴线虽平行，但 V 形槽不在同一平面内，导轮的圆角半径会较快地磨损，使电极丝正反向运动时不靠在同一个侧面上，加工表面产生正反向条纹。这就

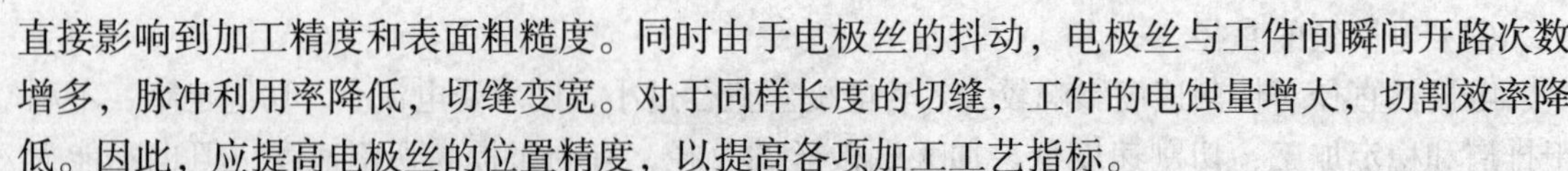

直接影响到加工精度和表面粗糙度。同时由于电极丝的抖动，电极丝与工件间瞬间开路次数增多，脉冲利用率降低，切缝变宽。对于同样长度的切缝，工件的电蚀量增大，切割效率降低。因此，应提高电极丝的位置精度，以提高各项加工工艺指标。

4. 走丝速度对工艺指标的影响

电极丝的走丝速度影响到电极丝在加工区的逗留时间和承受的放电次数。一般应使走丝速度尽量快些，以便有利于冷却、排屑和减小电极损耗，提高加工精度(尤其对厚的工件)。走丝速度应根据工件厚度和切割速度选择，慢走丝线切割机床的走丝速度常在 3 ~ 12m/min 之间选取。

对于快走丝线切割机床，在一定的范围内，随着走丝速度(简称丝速)的提高，有利于脉冲结束时放电通道迅速消电离。同时，高速运动的电极丝能把工作液带入厚度较大工件的放电间隙中，有利于排屑和放电加工稳定进行。故在一定加工条件下，随着丝速的增大，加工速度提高。

实验证明，走丝速度对切割速度的影响非常明显。若再继续增大走丝速度，切割速度不仅不增大，反而开始下降，这是因为丝速再增大，排屑条件虽然仍在改善，蚀除作用基本不变，但是储丝筒一次排丝的运转时间减少，使其在一定时间内的正反向换向次数增多，非加工时间增多，从而使加工速度降低。

对应最大加工速度的最佳走丝速度与工艺条件、加工对象有关，特别是与工件材料的厚度有很大关系。当其他工艺条件相同时，工件材料厚一些，对应于最大加工速度的走丝速度就高些。

在国产的快走丝机床中，有相当一部分机床的走丝速度可调节，比如深圳福斯特数控机床有限公司生产的线切割机床的走丝速度有 3m/s、6m/s、9m/s、12m/s，可根据不同的加工工件厚度选用最佳的加工速度；还有另外一些机床只有一种走丝速度，如北京阿奇公司的 FW 系列快走丝机床的走丝速度为 8.7m/s。

对慢走丝线切割机床来说，同样也是走丝速度越快，加工速度越快。因为慢走丝机床的电极丝的线速度范围约为每秒零点几毫米到几百毫米。这种走丝方式是比较平稳均匀的，电极丝抖动小，故加工出的零件表面粗糙度好、加工精度高；但丝速慢导致放电产物不能及时被带出放电间隙，易造成短路及不稳定放电现象。提高电极丝走丝速度，工作液容易被带入放电间隙，放电产物也容易排出间隙之外，故改善了间隙状态，进而可提高加工速度。但在一定的工艺条件下，当丝速达到某一值后，加工速度就趋向稳定。

慢走丝线切割机床的最佳走丝速度与加工对象、电极丝材料、直径等有关。现在慢走丝机床的操作说明书中都会推荐相应的走丝速度值。

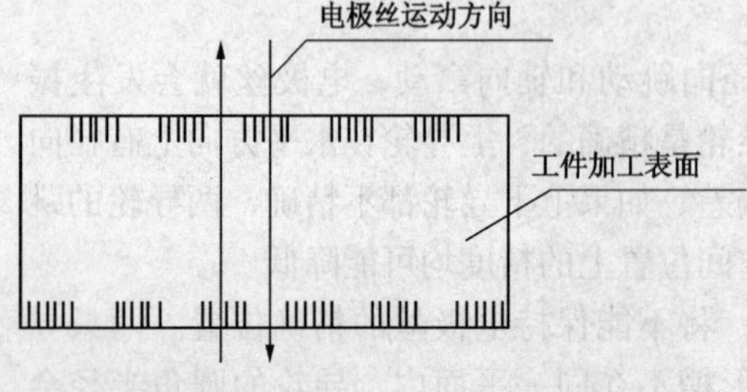

图 3－5　与电极丝运动方向有关的条纹

5. 电极丝往复运动对工艺指标的影响

快走丝线切割加工时，加工工件表面往往会出现黑白交错相间的条纹(图 3－5)，电极丝进口处呈黑色，出口处呈白色。条纹的出现与电极丝的运动有关，这是排屑和冷却条件不同造成的。电极丝从上向下运动时，工作液由电极丝从上部带入工件内，放电产物由电极丝从下部带出。这时，上部工作液充分，冷却条件好，下部工作液少，冷却条件差，但排屑条件比上部好。工作液在放电间隙里受高温热裂分解，形成高压气体，急剧向外扩散，对上部蚀除物的排除造成困难。

这时，放电产生的炭黑等物质将凝聚附着在上部加工表面上，使之呈黑色；在下部，排屑条件好，工作液少，放电产物中炭黑较少，而且放电常常是在气体中发生的，因此加工表面呈白色。同理，当电极丝从下向上运动时，下部呈黑色，上部呈白色。这样，经过电火花线切割加工的表面，就形成黑白交错相间的条纹。这是往复走丝工艺的特性之一。

由于加工表面两端出现黑白交错相间的条纹，使工件加工表面两端的粗糙度比中部稍有下降。当电极丝较短、储丝筒换向周期较短或者切割较厚工件时，如果进给速度和脉冲间隔调整不当，尽管加工结果看上去似乎没有条纹，实际上条纹很密而互相重叠。

电极丝往复运动还会造成斜度。电极丝上下运动时，电极丝进口处与出口处的切缝宽窄不同(图3－6)。宽口是电极丝的入口处，窄口是电极丝的出口处。故当电极丝往复运动时，在同一切割表面中电极丝进口与出口的高低不同。这对加工精度和表面粗糙度是有影响的。图3－7是切缝剖面示意图。由图可知，电极丝的切缝不是直壁缝，而是两端小、中间大的鼓形缝。这也是往复走丝工艺的特性之一。

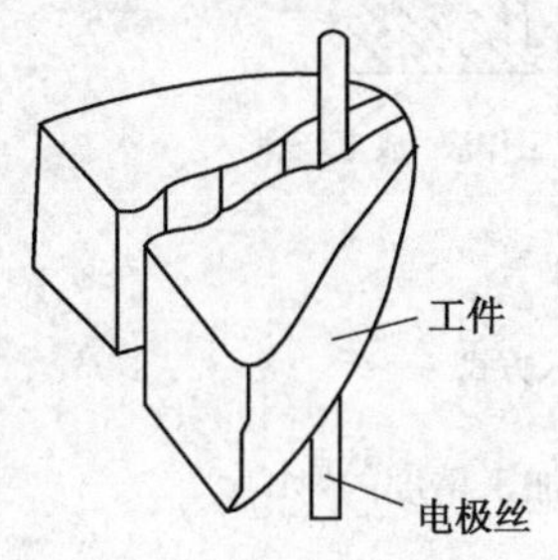

图3－6　电极丝运动引起的斜度

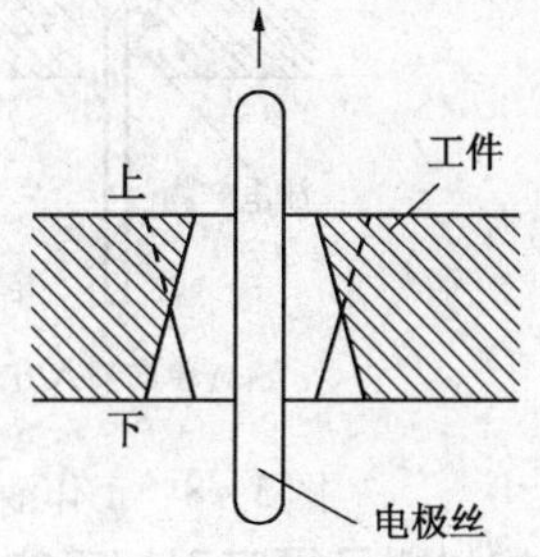

图3－7　切缝剖面示意图

对慢走丝线切割加工，上述不利于加工表面粗糙度的因素可以克服。一般慢速走丝线切割加工无须换向，加之便于维持放电间隙中的工作液和蚀除产物的大致均匀，所以可以避免黑白相间的条纹。同时，由于慢走丝系统电极丝运动速度低、走丝运动稳定，因此不易产生较大的机械振动，从而避免了加工面的波纹。

（四）工作液对加工的影响

在相同的工作条件下，采用不同的工作液可以得到不同的加工速度、表面粗糙度。电火花线切割加工的切割速度与工作液的介电系数、流动性、洗涤性等有关。快走丝线切割机床的工作液有煤油、去离子水、乳化液、洗涤剂液、酒精溶液等。但由于煤油、酒精溶液加工时加工速度低、易燃烧，现已很少采用。目前，快走丝线切割工作液广泛采用的是乳化液，其加工速度快。慢走丝线切割机床采用的工作液是去离子水和煤油。

工作液的注入方式和注入方向对线切割加工精度有较大影响。工作液的注入方式有浸泡式、喷入式和浸泡喷入复合式。

浸泡式注入方法：线切割加工区域流动性差，加工不稳定，放电间隙大小不均匀，很难获得理想的加工精度。

喷入式注入方式：目前是国产快走丝线切割机床应用最广的一种，因为工作液以喷入这种方式强迫注入工作区域，其间隙的工作液流动更快，加工较稳定。但是，由于工作液喷入时难免带进一些空气，故不时发生气体介质放电，其蚀除特性与液体介质放电不同，从而影响了加工精度。浸泡式和喷入式比较，喷入式的优点明显，所以大多数快走丝线切割机床采用这种方式。

浸泡喷入复合式：在精密电火花线切割加工中，慢走丝线切割加工普遍采用浸泡喷入复合式的工作液注入方式，它既体现了喷入式的优点，同时又避免了喷入时带入空气的隐患工作液的喷入方向分单向和双向两种。无论采用哪种喷入方向，在电火花线切割加工中，因切缝狭小、放电区域介质液体的介电系数不均匀，所以放电间隙也不均匀，并且导致加工面不平、加工精度不高。

若采用单向喷入工作液，入口部分工作液纯净，出口处工作液杂质较多，这样会造成加工斜度[图 3 -8(a)]；若采用双向喷入工作液，则上下入口较为纯净，中间部位杂质较多，介电系数低，这样造成鼓形切割面[图 3 -8(b)]。工件越厚，这种现象越明显。

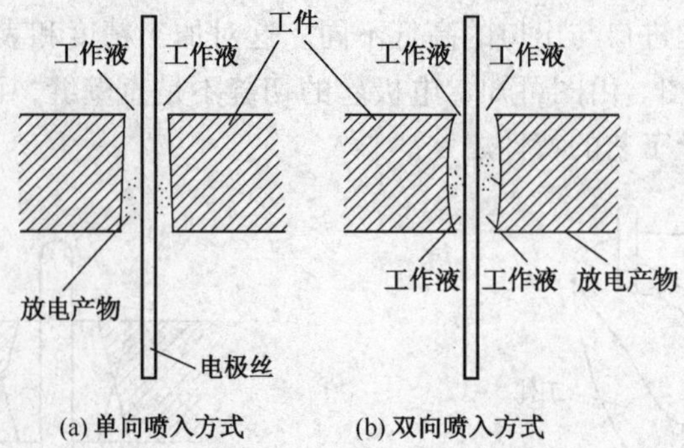

图 3 -8　工作液喷入方式对线切割加工精度的影响

（五）工件的材料及厚度对加工的影响

1. 工件材料对工艺指标的影响

工艺条件大体相同的情况下，工件材料的化学、物理性能不同，加工效果也将会有较大差异。

在慢走丝方式、煤油介质情况下，加工铜件过程稳定，加工速度较快。加工硬质合金等高熔点、高硬度、高脆性材料时，加工稳定性及加工速度都比加工铜件低。加工钢件，特别是不锈钢、磁钢和未淬火或淬火硬度低的钢等材料时，加工稳定性差，加工速度低，表面粗糙度也差。

在快走丝方式、乳化液介质的情况下，加工铜件、铝件时，加工过程稳定，加工速度快。加工不锈钢、磁钢、未淬火或淬火硬度低的高碳钢时，加工稳定性差些，加工速度也低，表面粗糙度也差。加工硬质合金钢时，加工比较稳定，加工速度低，但表面粗糙度好。

材料不同，加工效果不同，这是因为工件材料不同，脉冲放电能量在两极上的分配、传导和转换都不同。从热学观点来看，材料的电火花加工性与其熔点、沸点有很大关系。表 3 -1 为常用工件材料的有关元素或物质的熔点和沸点。

表 3 -1　常用工件材料的有关元素或物质的熔点和沸点

	碳（石墨）C	钨 W	碳化钛 TiC	碳化钨 WC	钼 Mo	铬 Cr	钛 Ti	铁 Fe	钴 Co	硅 Si	锰 Mn	铜 Cu	铝 Al
溶点/℃	3700	3410	3150	2720	2625	1890	1820	1540	1495	1430	1250	1083	660
沸点/℃	4830	5930	—	6000	4800	2500	3000	2740	2900	2300	2130	2600	2060

由表3-1可知，常用的电极丝材料钼的熔点为2625℃，沸点为4800℃，比铁、硅、锰、铬、铜、铝的熔点和沸点都高，而比碳化钨、碳化钛等硬质合金基体材料的熔点和沸点要低。在单个脉冲放电能量相同的情况下，用铜丝加工硬质合金比加工钢产生的放电痕迹小，加工速度低，表面粗糙度好，同时电极丝损耗大，间隙状态恶化时则易引起断丝。

2. 工件厚度对工艺指标的影响

工件厚度对工作液进入和流出加工区域以及电蚀产物的排除、通道的消电离等都有较大的影响。同时，电火花通道压力对电极丝抖动的抑制作用也与工件厚度有关。这样，工件厚度对电火花加工稳定性和加工速度必然产生相应的影响。工件材料薄，工作液容易进入和充满放电间隙，对排屑和消电离有利，加工稳定性好。但是工件若太薄，对固定丝架来说，电极丝从工件两端面到导轮的距离大，易发生抖动，对加工精度和表面粗糙度带来不良影响，且脉冲利用率低，切割速度下降；若工件材料太厚，工作液难进入和充满放电间隙，这样对排屑和消电离不利，加工稳定性差。

工件材料的厚度大小对加工速度有较大影响。在一定的工艺条件下，加工速度将随工件厚度的变化而变化，一般都有一个对应最大加工速度的工件厚度。图3-9为慢速走丝时工件厚度对加工速度的影响。图3-10为快速走丝时工件厚度对加工速度的影响。

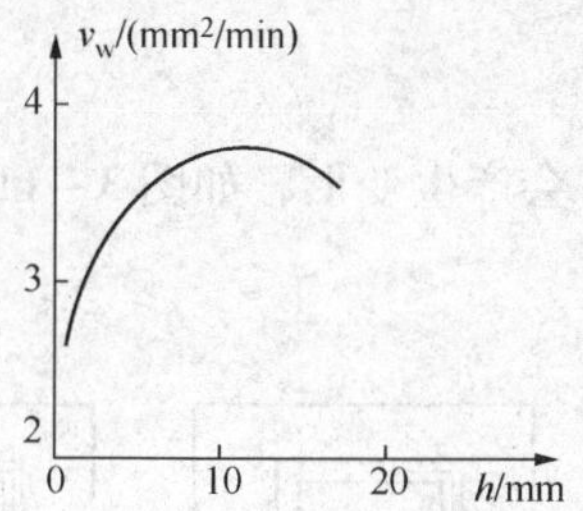

图3-9 慢速走丝时工件厚度对加工速度的影响

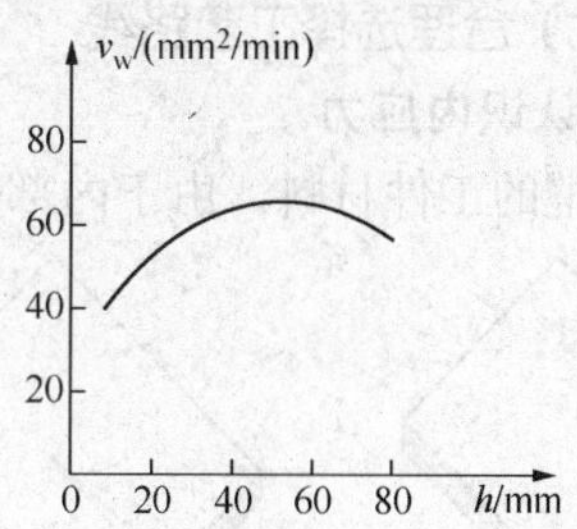

图3-10 快速走丝时工件厚度对加工速度的影响

（六）进给速度对加工的影响

1. 进给速度对加工速度的影响

在线切割加工时，工件不断被蚀除，即有一个蚀除速度；另一方面，为了电火花放电正常进行，电极丝必须向前进给，即有一个进给速度。在正常加工中，蚀除速度大致等于进给速度，从而使放电间隙维持在一个正常的范围内，使线切割加工能连续进行下去。

蚀除速度与机器的性能、工件的材料、电参数、非电参数等有关，但一旦对某一工件进行加工时，它就可以看成是一个常量；在国产的快走丝机床中，有很多机床的进给速度需要人工调节，它又是一个随时可变的可调节参数。

正常的电火花线切割加工就要保证进给速度与蚀除速度大致相等，使进给均匀平稳。若进给速度过高(过跟踪)，即电极丝的进给速度明显超过蚀除速度，则放电间隙会越来越小，以致产生短路。当出现短路时，电极丝马上会产生短路而快速回退。当回退到一定的距离时，电极丝又以大于蚀除速度的速度向前进给，又开始产生短路、回退。这样频繁的短路现象，一方面造成加工的不稳定，另一方面造成断丝；若进给速度太慢(欠跟踪)，即电极丝的进给速度明显落后于工件的蚀除速度，则电极丝与工件之间的距离越来越大，造成开路。这样出现工件蚀除过程暂时停顿，整个加工速度自然会大大降低。由此可见，在线切割加工中调节进给速度虽然本身并不具有提高加工速度的能力，但它能保证加工的稳定性。

2. 进给速度对工件表面质量的影响

进给速度调节不当，不但会造成频繁的短路、开路，而且还影响加工工件的表面粗糙度，致使出现不稳定条纹，或者出现表面烧蚀现象。分下列几种情况讨论：

（1）进给速度过高

这时工件蚀除的线速度低于进给速度，会频繁出现短路，造成加工不稳定，平均加工速度降低，加工表面发焦，呈褐色，工件的上下端面均有过烧现象。

（2）进给速度过低

这时工件蚀除的线速度大于进给速度，经常出现开路现象，导致加工不能连续进行，加工表面亦发焦，呈淡褐色，工件的上下端面也有过烧现象。

（3）进给速度稍低

这时工件蚀除的线速度略高于进给速度，加工表面较粗、较白，两端面有黑白相间的条纹。

（4）进给速度适宜

这时工件蚀除的线速度与进给速度相匹配，加工表面细而亮，丝纹均匀。因此，在这种情况下，能得到表面粗糙度好、精度高的加工效果。

（七）合理选择工艺路线

1. 认识内应力

平整的工件材料，由于内部应力的作用，被切割开后会产生变形，如图 3－11 所示。

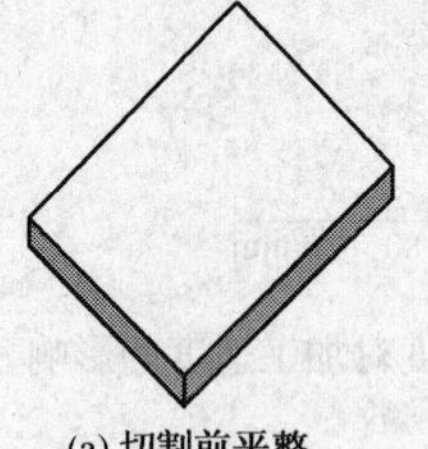

(a) 切割前平整

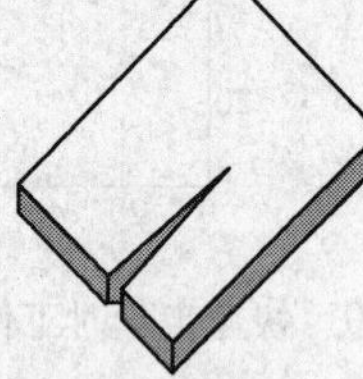

(b) 切割后翘曲

图 3－11　内应力释放变形

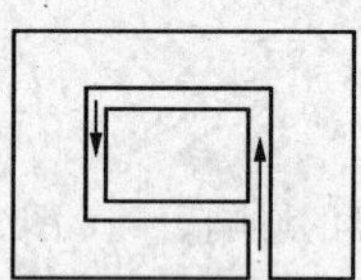

不正确

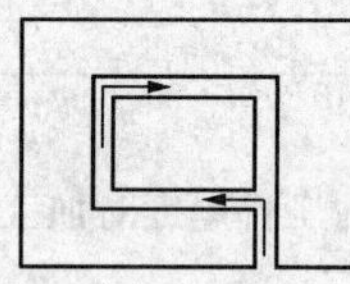

可选

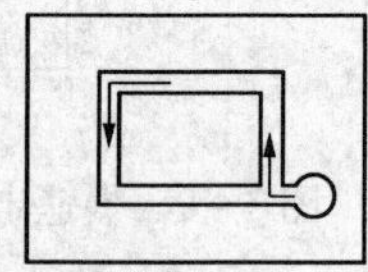

最好

图 3－12　切割线路

2. 合理选择切割线路

为了防止内应力变形影响加工质量，必须注意以下几点：

① 选择合理的加工线路，如图 3－12 所示，避免从工件端面开始加工，要预钻工艺孔（穿丝孔），从穿丝孔开始加工。

② 加工的路线距离端面应留充足余量，以保证强度，如图 3－13 所示。

③ 为了防止切割缝引起支撑强度的降低，加工路线应先从离开工件夹具的方向走，再转向工件夹具的方向，如图 3－14 所示。

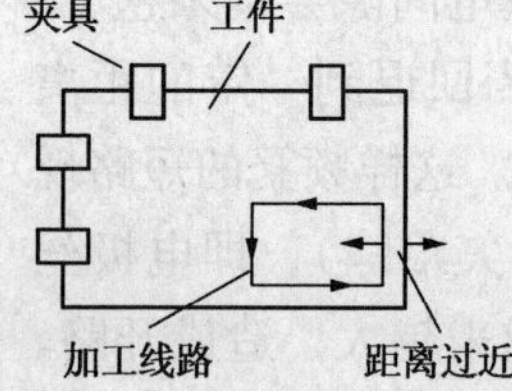

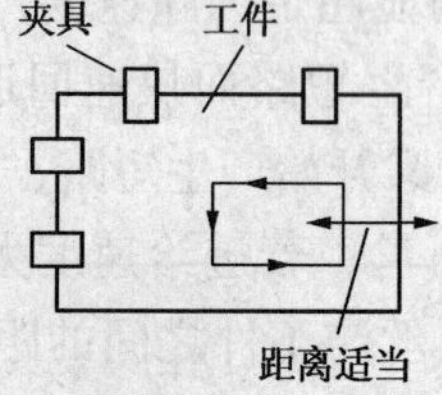

图 3－13　切割线路与端面距离

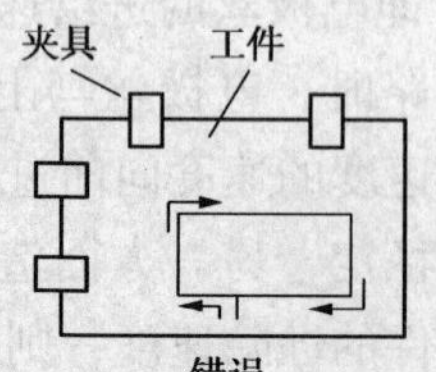

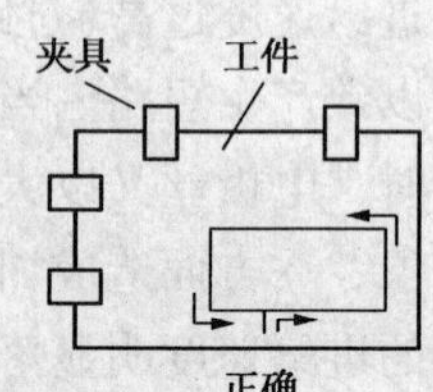

图 3－14　切割方向

④ 在一块毛坯上要切出 2 个以上零件时，不应连续一次切割出来，而应从不同预钻孔开始加工，如图 3－15 所示。

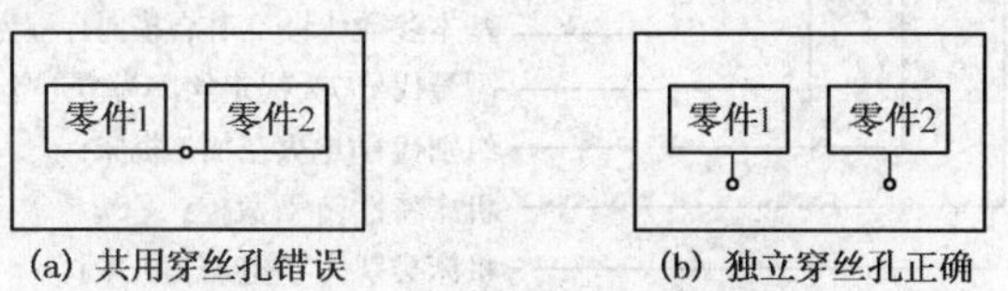

(a) 共用穿丝孔错误　(b) 独立穿丝孔正确

图 3－15　一块毛坯切多个零件

思考题

1. 说明线切割的原理与分类。
2. 试比较线切割加工与电火花穿孔成型加工的异同。
3. 说明线切割加工主要工艺指标如何影响加工过程？
4. 工件的各种状况如何影响线切割加工？
5. 线切割加工的工作液种类及供液方式是怎样的？
6. 简述线切割加工的主要应用范畴。
7. 常用电极丝有哪些？如何选择？
8. “线切割加工时，电极丝不与工件接触”对吗？为什么？

实践单元

一、线切割加工机床的操作

（一）线切割机床的设备

1. 线切割机床的型号

根据 JB/T 7445. 2—2012《特种加工机床　第 2 部分：型号编制方法》的规定，火花线切割机床型号编制方法如表 3－2。

表 3－2　电火花线切割机床的编制方法

第一部分(字母)	第二部分(字母)	第三部分(数字)	第四部分(数字)	第五部分(两位数字)
D　电火花加工机床	K　数控 F　仿形 M　精密 QT　其他	7　电火花成形穿孔线切割类	7　快速往复走丝 6　慢速单向走丝	横向行程，如 DK7725 为横向行程 250mm 的数控电火花线切割机床
			1　电火花成形 0　电火花穿孔	
标准行程： 160×200　200×250　250×320　320×400　400×500　500×630　630×800　800×1000				

机床型号由汉语拼音字母和阿拉伯数字组成，它表示机床的类别，特性和基本参数。现以型号为 DK7732 的数控电火花机床为例，对其型号中各字母与数字的含义解释如下：

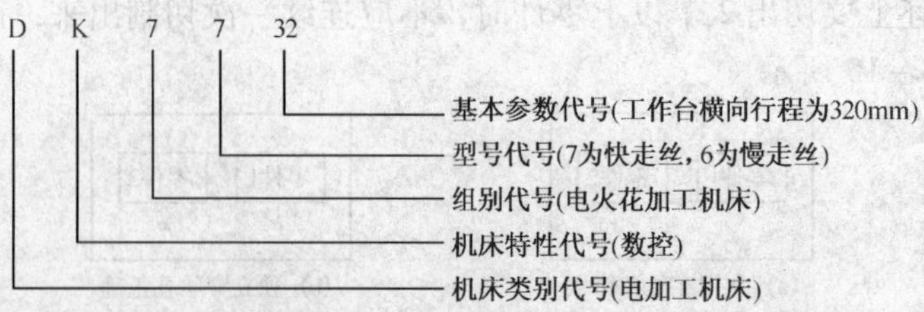

2. 数控电火花线切割机床的分类

(1) 快走丝线切割机床

高速走丝切割机床，也就是快速走丝切割加工，是我国独创的数控机床，在模具制造业中发挥着重要的作用，由于高速走丝有利于改善排屑条件，适合大厚度和大电流高速切割，加工性能价格比优异。高速走丝线切割机的电极丝通常采用 ϕ0. 10 ~ ϕ0. 28mm 的钼丝，其他电极丝还有钨钼丝等，其走丝速度一般为 7 ~ 13m/s，运丝电动机的额定转速通常不变的。其工作液采用乳化液或水基工作液等。

而随着技术的发展和加工的需要，快走丝数控线切割机床的工艺水平日趋提升，锥度切削范围超过 60°，最大切割速度达到 100 ~ 150mm^2/min，加工精度控制在 0. 01 ~ 0. 02mm 范围内，加工零件的表面粗糙度 R_a1. 25 ~ 2. 5μm。

(2) 慢走丝线切割机床

一般把走丝速度低于 15m/min(0. 25m/s)的线切割加工称为低走丝线切割加工，也叫慢走丝线切割加工。实现这种加工的机床就是低走丝线切割机床，低速走丝线切割机床的电极丝作单向运动，走丝平稳，常用的电极丝有 ϕ0. 10 ~ 0. 36mm 的黄铜或渗锌铜丝、合金丝等，有多种规格的电极丝以备灵活选用。慢速走丝的工作液常选用去离子水，有的场合也用煤油。

国内的慢走丝线切割机床 99% 以上是进口设备，大多数为瑞士和日本公司的产品，价格昂贵。这些慢走丝线切割机床在生产中承担着精密模具凹凸模具及一些精密零件的加工任务。其最佳加工精度可稳定达到 ±2μm，在特定的条件下甚至可以加工出 ±1μm 精度的模具。

3. 数控快走丝电火花线切割机床的组成

数控快丝电火花线切割加工机床由机床本体、脉冲电源、工作液循环系统和数字程序控制系统四大部分组成。也可以说由机械和电气两大部分组成，机械部分是基础，其精度直接影响到机床的工作精度，也影响到电气性能的充分发挥。

(1) 机床本体

机床本体主要由床身、工作台、运丝机构和丝架等组成。

1) 床身

床身是支撑和固定工作台、运丝机构等的基体。因此，要求床身应有一定的刚度和强度，一般采用箱体式结构。床身里面安装有机床电气系统、脉冲电源、工作液循环过滤系统等元器件。

2) 工作台

目前在电火花线切割机床上采用的坐标工作台，大多为 X、Y 方向线性运动。不论是哪种控制方式，电火花线切割机床最终都是通过坐标工作台与丝架的相对运动来完成零件加工的，坐标工作台应具有很高的坐标精度和运动精度，而且要求运动灵敏、轻巧，一般都采用“十”字滑板、滚珠导轨，传动丝杠和螺母之间必须消除间隙，以保证滑板的运动精度和灵敏度。

3）运丝机构

在快走丝线切割加工时，电极丝需要不断地往复运动，并保持一定的张力和运丝速度，这个任务是由运丝机构来完成的，最常见的运丝机构是单滚筒式，电极丝绕在储丝筒上，并由丝筒作周期性的正反旋转使电极丝高速往返运动。储丝筒轴向往复运动的换向及行程长短由无触点接近开关及其撞杆控制，调整撞杆的位置即可调节行程的长短。这种形式的运丝机构的优点是结构简单、维护方便，因而应用广泛。其缺点是绕丝长度小，电动机正反转动频繁，电极丝张力不可调。

4）丝架

运丝机构除上面所叙述的内容外，还包括丝架。丝架的主要主用是在电极丝快速移动时，对电极丝起支撑作用，并使电极丝工作不分与工作台平面垂直。为获得良好的工艺效果，上、下丝架之间的距离应尽可能小。

为了实现锥度加工，最常见的方法是在上丝架的上导轮上加两个小步进电动机，使上丝架上的导轮做微量坐标移动(又称 U、V 轴移动)，其运动轨迹由计算机控制。

(2) 脉冲电源

电火花线切割加工的脉冲电源与电火花成型加工作用的脉冲电源在原理上相同，不过受加工表面粗糙度和电极丝允许承载电流的限制，线切割加工脉冲电源的脉宽较窄(2 ~ 60μs)，单个脉冲能量、平均电流(1 ~ 5A)一般较小，所以，线切割总是采用正极性加工。

(3) 数控系统

数控系统在电火花线切割加工中起着重要作用，具体表现在两方面：

1）轨迹控制作用

它精确地控制电极丝相对于工件的运动轨迹，使零件获得所需的形状和尺寸。

2）加工控制

它能根据放电间隙大小与放电状态控制进给速度，使之与工件材料的蚀除速度相平衡，保持正常的稳定切割加工。

目前绝大部分机床采用数字程序控制，并且普遍采用绘图式编程技术，操作者首先在计算机屏幕上画出要加工的零件图形，线切割专用软件(如 TCAD、北航海尔的 CAXA)会自动将图形转化为 ISO 代码或 3B 代码等线切割程序。

(4) 工作液循环过滤系统

工作液循环与过滤装置是电火花线切割机床不可缺少的一部分，主要包括工作液箱、工作液泵、流量控制阀、进液管、回液管和过滤网罩等。工作液的作用是及时地从加工区域中排除电蚀产物，并连续充分供给清洁的工作液，以保证脉冲放电过程稳定而顺利地进行。

目前，绝大部分快走丝机床的工作液是专用乳化液。乳化液的种类繁多，大家可根据相关资料来正确选用。

(二) CTW320TA 数控电火花线切割机床的结构认识及操作

1. CTW320TA 数控电火花线切割机床的结构认识

CTW 系列数控快走丝线切割机床是一种加工尺寸规格较大、加工性能较强、可加工不同锥度范围的线切割机床，具有生产效率高，加工精度高，工作稳定可靠等特点。其主要适用于切割较大尺寸的淬火钢，硬质合金或其他特殊金属材料制作的通孔模具(如冲模)，也可用于切割样板，量规以及形状复杂的精密零件或一般机械加工无法完成的特殊形状的零件，如带窄缝加工的零件等，以及对在0°到60°范围内进行不同锥度加工的各种工件。用户可根据需要加工锥度大小的不同，选用不同锥度范围的机床。

CTW320TA是CTW系列的一个型号，从机床侧面的规格牌上可以看到：型号CTW320TA，工作台尺寸(长×宽)630mm×440mm，工作台的最大行程量(纵×横)400mm×320mm，最大切割锥度20°，最大切割厚度300mm。外观示意图为图3-16和图3-17。

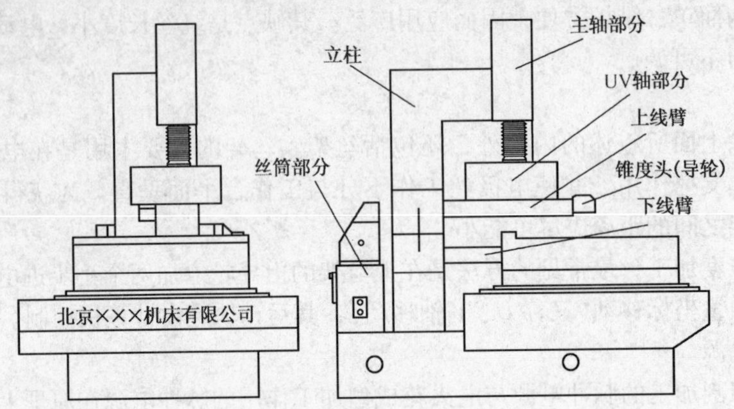

图3-16　有锥度机床外观示意图

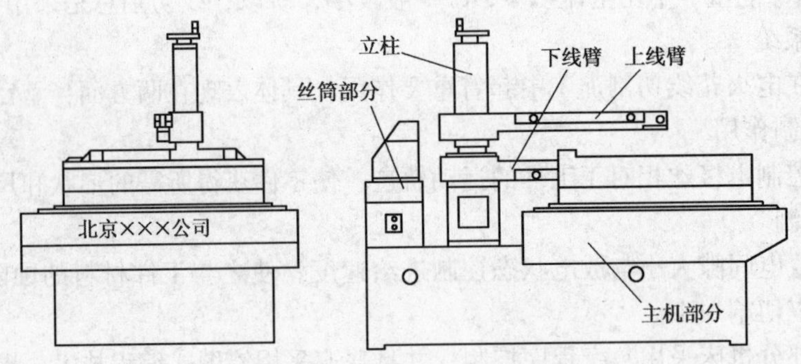

图3-17　无锥度机床外观示意图

(1) 机械部分组成及特性

1) 床身

床身采用T型床身，长轴在下，短轴在上，从而使机床更稳定可靠，承重更大。床身四周由板金全包，外型美观，整体效果突出，又防止工作液外溅，使机床更好的保证清洁，延长使用寿命。

2) 工作台

工作台纵横向移动采用滚动直线导轨副，用混合式步进电机带动精密滚珠丝杠转动，滚珠采用内循环双螺母，内预紧间隙型，既有利于提高数控系统的响应速度和灵敏度，又能实现高定位精度和重复定位精度，有效地保证了工件的加工精度。

3) 立柱

立柱固定在床身上，与床身的结合面有很强的结触刚度，在立柱的前端面固定主轴箱。立柱中间有钼丝穿过和上下丝架相连。

线架上下臂都装有高频电源进电块和断丝保护装置，靠近主导轮的是前者，远离主导轮的是后者。如有烧丝现象应仔细观察钼丝是否与进电块和断丝保护块相接触，使用太久硬质合金出现深沟槽时，应该更换新的导电块。线架上下臂应经常保持清洁，以免切下来的金属碎屑与架臂接触而发生短路现象，以致影响切割效率。

对于锥度机床，其与非锥度机床的区别在于它的丝架部分不同。锥度机床，在立柱的升降装置部位有一同于工作台部分的十字滑板即 U 轴(与 X 轴平行，$+U$ 与 $+X$ 同向)，V 轴(与 Y 轴平行，$+V$ 与 $+Y$ 同向)，它根据锥度的不同，行程也不同。U、V 轴由上中下拖板组成，三相六拍步进电机与丝杠通过电极齿轮和消除齿轮连接，消除了可能产生的间隙，保证良好的重复定位精度。

下拖板直接带上丝架，上丝架与下丝架之间通过四连杆机构完成上下导轮的同步偏转，既可保证切割锥度时的精度和光洁度，又减少了锥度切割时的短丝现象。立柱上的定轮过轮装置及上下线架和连杆上的过轮装置，很好地保证了切锥度时钼丝规则地排列在卷丝筒上，保证不叠丝，起到良好的导丝作用。连杆上的过轮，随着上下导轮的偏转一起偏转，始终保证与导轮在一个平面内，克服了锥度加工时钼丝跳槽的问题。

导轮是线架部分的关键精密零件，要精心维护和保养，导轮安装在导轮套中，可以通过调整上下导轮套保证钼丝与工作台完全垂直。导轮套是用有机玻璃绝缘材料加工而成，保证导轮与线架绝缘。导轮平时的维护很重要，一般每天下班前需用黄油枪从轴承压盖注油孔打入 $4^{\#}$精密机床主轴油，把原有润滑油挤干净，这能大大提高导轮寿命。另外锥度切割完毕，在切割下一工件前要重新调整导轮和运丝机构，看过轮和连杆是否回零，用方尺靠上下锥度头，看其侧面是否在同一平面上，如果不在同一平面上，要移动 UV 轴拖板调整。(＊注意：当锥度头两个方向均在同一平面内时，这说明 UV 拖板已居中即回到了零点，在钼丝找正时，前后微动 U 轴，左右动导轮，V 轴不能再动，否则锥度切割行程会变化，可能达不到机床原定的切割度数，而且会影响切割精度。

UV 轴调整完毕，再用找正块打火找钼丝垂直，这时在 X 方向上如需要调整，由于手控盒微调 U 轴，在 Y 方向只能靠移动导轮来调整钼丝垂直，松开导轮套锁螺母，松开顶丝，轻轻移动导轮使上下导轮在一条线上，且垂直于工作台(即钼丝垂直)，上好顶丝，轻轻移动导轮后看丝的运行是否平稳、无抖动，否则重新调整导轮套。如果导轮因使用时间过长而出现抖动精度不够时，应及时更换导轮或导轮轴承。

4）卷丝筒

卷丝筒的往复运动是利用电动机正反转来达到的。直流电机经联轴器带动丝筒，再经同步带带动丝杠转动，拖板便作往复运动，拖板移动的行程可由调整换向左右撞块的距离来达到。

卷丝筒是采用铝合金材料制作的，卷丝筒装在绝缘法兰盘上，并紧固于丝筒轴上，装配时已测好动平衡，因此请勿随意将卷丝筒拆下，以免失去动平衡，影响加工精度。

动机正、反向旋转变换，由走丝行程控制器来检测控制，如图 3－18

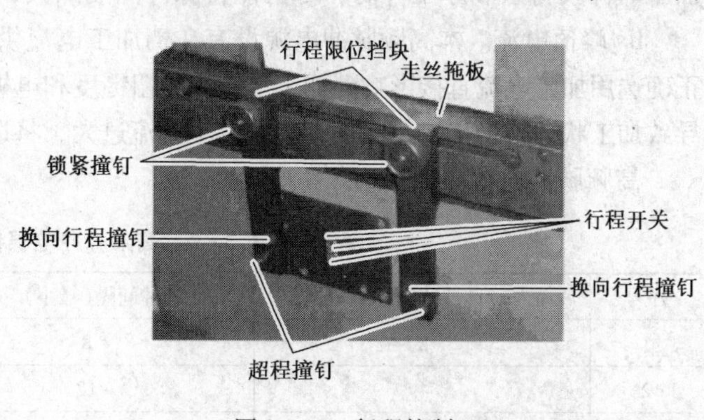

图 3－18　行程控制

所示。在走丝拖板上装有一对行程限位挡块，在基座上装有行程开关。当走丝拖板向右移动时，换向行程撞钉逐渐靠拢行程开关，压下行程开关，电动机反转，丝筒也反转，走丝拖板开始往左移动；换向行程撞钉又向行程开关靠拢，行程开关被压下时，电动机再次改变旋转方向，储丝筒跟着换向，走丝拖板又往右移动，如此循环往复。

两个行程限位挡块的位置和距离是根据储丝筒上的电极丝的位置和多少来调节的。调节时先松开锁紧螺钉，移动行程限位挡块到适当位置，再旋紧螺钉。

5）工作液系统

加工时的工作液采用线切割专用乳化液，乳化液与水按 1∶10 调配均匀。工作液箱放置手机床右后侧，工作液箱由水泵通过管道传达到线架上下臂，用过的乳化液经回水管流回工作液箱。为了保证工作稳定可靠，工作液应经常换新，一般 7 个工作日更换一次，更换时要把工作液箱清洗干净。另：为确保加工稳定，工作液推荐采用线切割专用乳化液。

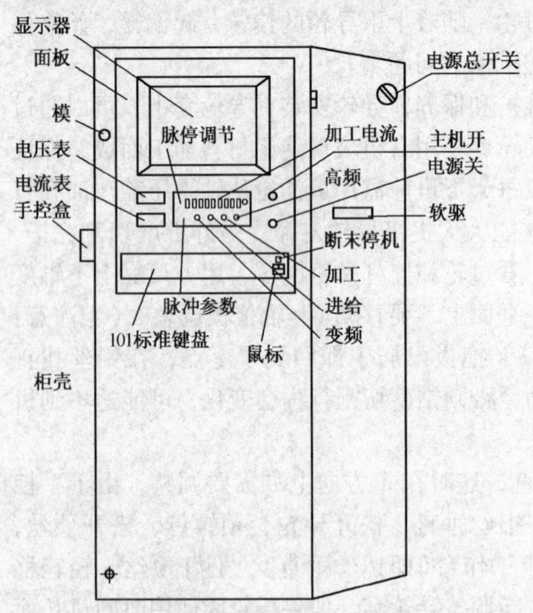

图 3－19　电源柜部分

（2）控制柜部分

数控电火花线切割机床的控制电柜结构如图 3－19 所示。

1）控制面板介绍

① 主机开　（绿色）。

② 电源关　（红色蘑菇头）。

③ 脉冲电源　加工脉冲参数的选取正确与否，直接影响着工件的加工质量和加工状态的稳定。矩形脉冲主要由脉冲幅值、脉冲宽度、脉冲间隔和脉冲频率等参数组成，当脉冲幅值确定后，工件质量和加工效率主要取决于脉冲宽度和峰值电流，简述如下：

a. 脉冲宽度及间隔。本高频脉冲电源共有 11 种脉冲宽度供用户选择调节。调节面板 S1 旋钮可改变脉冲宽度，顺时针转，脉冲宽度加大，同时脉冲间隔也成一定比例加大。为了使加工过程稳定，可调节面板 S3 旋钮，改变脉冲间隔。顺时针转，脉冲间隔加大。在加工非淬火材料和厚工件时，尽可能将脉冲间隔加大，这样有利于加工状态稳定。

b. 峰值电流。本高频脉冲电源设有 9 档加工电流供用户选择。各档电流大小相等。如何正确选用加工电流直接影响到加工工件表面粗糙度和电极丝的损耗。若加工电流选择过小，将导致加工状态不稳定或无法加工。若加工电流过大，将造成电极丝损耗过大增大断丝频率。

高频脉冲电源参数见表 3－3 所示。

表 3－3　高频脉冲电源参数

序号	脉冲宽度/μs	脉冲间隔（最小）/μs	脉冲间隔（最大）/μs
1	2	8	18
2	4	12	24
3	4	16	24

续表

序号	脉冲宽度/μs	脉冲间隔(最小)/μs	脉冲间隔(最大)/μs
4	8	24	32
5	8	32	42
6	16	48	64
7	38	220	420
8	40	360	600
9	50	400	600
10	60	440	620
11	80	680	800

c. 脉冲参数选取。根据加工工件厚度选择脉宽，当加工工件较薄时，可选择小脉宽，工件厚度较厚时选择大脉宽。由于加工的工件薄厚不同，材质不同，以及粗糙度要求，脉冲参数应根据实际情况灵活选取。

注意：在加工工件的过程中，应尽可能将 S3 旋钮向顺时针方向旋转。

④ 进给调节　用于切割时调节进给速度。

⑤ 脉停调节　用于调节加工电流大小。

⑥ 变频键　按下此键，压频转换电路向计算机输出脉冲信号，加工中必须将此键按下。

⑦ 进给键　按下此键，驱动机床拖板的步进电机处于工作状态。切割时必须将此键按下。

⑧ 加工键　按下此键，压频转换电路以高频取样信号作为输入信号，跟踪频率受放电间隙影响；此键不按，压频转换电路自激振荡产生变频信号。切割时必须将此键按下。

⑨ 高频键　按下此键，高频电源处于工作状态。

⑩ 加工电流键　此键用于调节加工峰值电流，六挡电流大小相等。

2）键盘操作区

键盘用来把数值输入到系统中。

3）手控盒

手控盒主要用于移动机床，另外还可开丝开水，

4）屏幕显示区

15 寸彩色显示器显示加工菜单及加工中的各种信息。

2. CTW320TA 数控电火花线切割机床的操作

（1）数控电火花线切割机床开机前准备

① 将工作台移动到中间位置。

② 摇动卷丝筒，检验托板往复运动是否灵活，调整左右撞块，控制托板行程。

③ 开启总电源，启动走丝电机，检验运转是否正常，检验托板换向动作是否可靠。换向时“高频电源”是否自行切断，并检查限位开关是否起到停止走丝电机的作用。

④ 工作台作纵横向移动，检查输入信号与移动动作是否一致。

（2）开机及操作练习

先将控制柜右侧面的电源总开关至于“1”位置，然后旋出控制柜正面的红色开关，再按

下绿色开关，控制系统被启动。手控盒也被启动。

系统提示："C：\ >"，此时由键盘输入"cnc2"；后回车(即"Enter"键)，系统立刻显示画面。要求操作者在"加工状态"、"进入自动编程"、"从断点处开始加工"、"自动对中心"、"靠边定位"、"磁盘文件拷贝"、"磁盘文件格式化"、"磁盘文件列目录"中进行选择。后面的三个用的已经不多，前面的几个选项操作者可通过"↑"、"↓"光标键选择其中一项。当选中某一项后，按回车键即可。

1）选中第一项"进入加工状态"

系统即刻显示画面，要求操作者选择"有锥度加工"或"无锥度加工"。

若选中"无锥度加工"，此时，操作者可进行无锥度工件切割前的准备工作，即通过键盘上方的 Fl－F8 功能键进行必要的参数输入和操作。

① F1－XY 移动　按下 F1 键，按手控盒上的＋X、－X、＋Y、－Y 键即可实现工作台快速移动。如操作完按 Esc 键退出。

② F2－加工方式　对加工顺序、旋转角度、缩放比例进行选择。加工方式中正走表示钼丝运动轨迹与源程序加工方向一致。倒走表示钼丝运行轨迹和源程序加工方向相反。旋转只是对编制好的程序，进行绕加工原点旋转。

③ F3－文件名　控制系统将每一个完整的加工程序视为一个文件，要求操作者在编制加工程序前，先给加工程序起一个文件名。文件名的格式控制系统所要求的文件名是由字母和数字所表示的，不许出现其他符号。当按下 F3 后，操作者可以可为要编写的文件命名，也可调出已有的 nc 格式文件。

④ F4－编程　此键主要用于校验已输入的加工程序，按下 F4 后，屏幕显示程序编辑窗口。屏幕的中央显示所编制好的程序清单。操作者可以帮助键进行修改。另外增加了块操作，按 F3 键系统将光标所在行定义为块，连续按 F3 键，系统则将多行定义为块，然后按 F4 键将已定义的块整体复制。

⑤ F5－图形显示　用于对已编制完毕的加工程序进行校验，以检查加工的图形是否与图纸相符。按 Esc 键图形消失。

⑥ F6－间隙补偿　用于输入间隙补偿量。当钼丝的运动轨迹大于编程尺寸时，补偿值为正，反之补偿值为负。

该控制系统不是任意图形都能加间隙补偿，需要注意：

a. 在使用此键输入补偿值时，所编制的加工程序各拐角处，必须加过渡圆弧，否则将会出错。

b. 入切段应垂直切入加工图形。

⑦ F7－加工预演　对已编制好的加工程序进行模拟加工，系统不输出任何控制信号。

⑧ F8－开始加工　配合其他键一起使用。

若选择锥度加工，操作者可进行锥度工件切割前的准备工作，即通过键盘上方的 Fl－F8 功能键进行必要的参数输入和操作，许多定义和无锥度加工时相同，见机床说明书，此不赘述。

2）选择第二项"进入自动编程"

EI 系列控制系统配备自动编程语言，APT 语言式和 CAD/CAM 绘图式，可根据机床配备的自动编程系统，进行必要的操作。

3)选择第三项“从断点处开始加工”

EI系列控制系统具有掉电记忆功能。当加工过程中某时刻掉电，待上电开机后，选中从断点处加工，这时将存有该加工文件的磁盘插入驱动器中，然后按任意键，即在断点处继续进行切割加工。所以，使用这个功能，所编制的加工程序事前必须存入磁盘，否则该功能不起作用。而且断电后，待上电开机，若使用从断点处加工功能，直接选择该功能，请勿进行其他事项操作，否则出错使加工的程序不从断点处执行。

4）选择第四项“自动对中心”

用于有切割孔时，钼丝找到孔的中心的操作。

5）选择第五项“靠边定位”

用于钼丝找到起切点的操作。

6）选择第六项“文件拷贝”

在主菜单中选择文件拷贝后，再在其子菜单中选择是单文件还是整盘文件拷贝。单文件拷贝需要输入被拷贝文件的文件名，然后根据屏幕提示将目的盘插入软盘驱动器中，这样就可以实现将被拷贝文件拷贝到目的盘中以备份。整盘拷贝的目的盘必须是空盘或没有格式化的磁盘，否则目的盘的文件将会丢失。

7）选择第七项“磁盘格式化”

此功能用于将新买的磁盘进行格式化。对于一张新买的磁盘，程序是不能存储上去的，事先必须将它格式化。

8）选择第八项“列磁盘文件”

此功能是将已存有多个文件的磁盘进行文件名搜索，如只知加工程序的文件名，不知存在哪张磁盘上，这时将磁盘插入驱动器中，选中该功能按回车键，屏幕就显示出磁盘存入的所有文件名，以供查询。

注意：在进行切割之前，先开走丝电极，待导轮转动后，再打开工作液开关，切忌在导轮转动前，打开工作液开关，否则工作液因为没有导轮转动离心力作用而进入轴承内，损伤轴承，同样原因，停止时先关工作液开关或按工作液停止按钮，稍候片刻再关掉走丝电机，关丝筒电机时最好在换向位置，可以减少断丝造成的钼丝浪费。

开动走丝电机及工作液开关后，再接通高频电源，如需中途关机或工作完毕时，应先切断高频电源，关掉变频，再关掉工作液泵及走丝电机。

（三）线切割机床的上丝

1. 上丝注意事项

上丝的过程是将电极丝从丝盘绕到快走丝线切割机床储丝筒上的过程。不同的机床操作可能略有不同，安装电极丝，这是电火花线切割加工最基础的操作，必须熟练掌握。需要注意：

① 上丝以前，要先移开左、右行程开关，再启动丝筒，将其移到行程左端或右端极限位置(目的是将电极丝上满，如果不需要上满，则需与极限位置有一段距离)。

② 上丝过程中要打开上丝电机起停开关，并旋转上丝电机电压调节按钮以调节上丝电机的反向力矩(目的是保证上丝过程中电极丝有均匀的张力，避免电极丝打折)。

③ 按照机床的操作说明书中上丝示意图的提示将电极丝从丝盘上到储丝筒上。

2. CTW320TA 线切割机床上丝步骤

CTW320TA 线切割机床上丝步骤如图 3－20～图 3－24 所示。

① 将钼丝盘套在绕丝轴上，并用螺母锁紧。

② 松开丝筒拖板行程撞块，开动走丝电机，将丝筒移至左一端后停止，把钼丝一端紧固在丝筒右边固定螺钉上。

③ 利用绕丝轴上弹簧使钼丝张紧，张力大小可调整绕丝轴上螺母。

④ 先用手盘动丝筒，使钼丝卷到丝筒上，再开动走丝电机(低速)，使钼丝均匀的卷在丝筒表面，待卷到另一端时，停走丝电机，折断钼丝(或钼丝终了时)，将钼丝端头暂时紧固在卷丝筒上。

⑤ 开动走丝电机，调整拖板行程撞块，使拖板在往复运动走丝电机时两端钼丝存留余量(5mm 左右)，停止走丝电机，使拖板停在钼丝端头处于丝架中心的位置。

图 3－20　线切割上丝步骤一——装上丝盘

图 3－21　线切割上丝步骤二——储丝筒摇向一端

图 3－22　线切割上丝步骤三——上好丝头

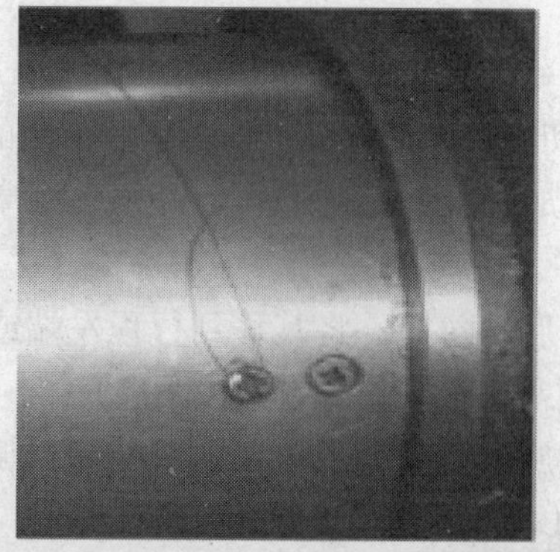

图 3－23　线切割上丝步骤四——将丝头固定在储丝筒上

图 3－24　上好丝的储丝筒

（四）线切割机床的穿丝与找正

1. 穿丝操作

穿丝就是把电极丝依次穿过丝架上的各个导轮、导电块、工件穿丝孔，做好走丝准备，路径如图 3－25 所示。操作步骤如下：

① 用摇把转动储丝筒，使储丝筒上电极丝的一端与导轮对齐。

② 取下储丝筒相应端的丝头，进行穿丝。

穿丝顺序：

① 如果取下的是靠近摇把一端的丝头，则从下丝臂穿到上丝臂，如图 3－25 所示。

② 如果取下的是靠近储丝电动机一端的丝头，则从上丝臂穿到下丝臂，即穿丝方向与上面相反。

③ 将电极丝从丝架各导轮及导电块穿过后，仍然把丝头固定在储丝筒紧固螺钉处。剪掉多余丝头，用摇把将储丝筒反摇几圈。

注意事项：

① 要将电极丝装入导轮的槽内，并与导电块接触良好。同时防止电极丝滑入导轮或导电块旁边的缝隙里。

② 操作过程中，要沿绕丝方向拉紧电极丝，避免电极丝松脱造成乱丝。

③ 摇把使用后必须立即取下，以免误操作使摇把甩出，造成人身伤害或设备损坏。

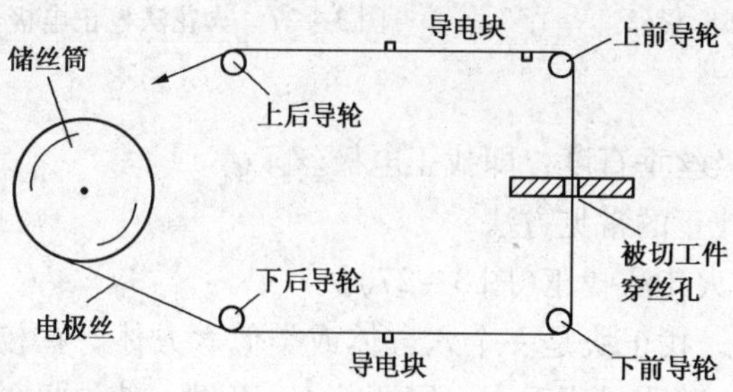

图 3－25 穿丝路径示意图

2. 走丝行程调节及紧丝

上丝和穿丝完毕后，就要根据储丝筒上电极丝的长度和位置来确定储丝筒的行程，并调整电极丝的松紧。

（1）调整储丝筒行程

① 用摇把将储丝筒摇向一端，至电极丝在该端缠绕宽度剩下 8mm 左右的位置停止。

② 松开相应的限位块上的紧固螺钉，移动限位块，当限位块上的换向行程撞块移至接近行程开关的中心位置后固定限位块。

③ 用同样方法调整另一端。两行程挡块之间的距离，就是储丝筒的行程，储丝筒拖板将在这个范围来回移动。

④ 经过以上调整后，可以开启自动走丝，观察走丝行程，再作进一步细调。为防止机械性断丝，储丝筒在换向时，两端还应留有一定的储丝余量。

（2）紧丝

新装上去的电极丝，往往要经过几次紧丝操作，才能投入工作。

① 开启自动走丝，储丝筒自动往返运行。

② 待储丝筒上的丝走到左边，刚好反转时，手持紧丝轮靠在电极丝上，加适当张力，如图 3－26 所示。

注意：储丝筒旋转时，电极丝必须是“放出”的方向，才能把紧丝轮靠在电极丝上。

③ 在自动走丝的过程中，如果电极丝不紧，丝就会被拉长。待储丝筒上的丝从一端走到另一端，刚好转向时，立即按下停止钮，停止走丝。手动旋转储丝筒，把剩余的部分电极丝走到尽头，取下丝头，收紧后装回储丝筒螺钉上，剪掉多余的丝，再反转几圈。

④ 反复几次，直到电极丝运行平稳，松紧适度。

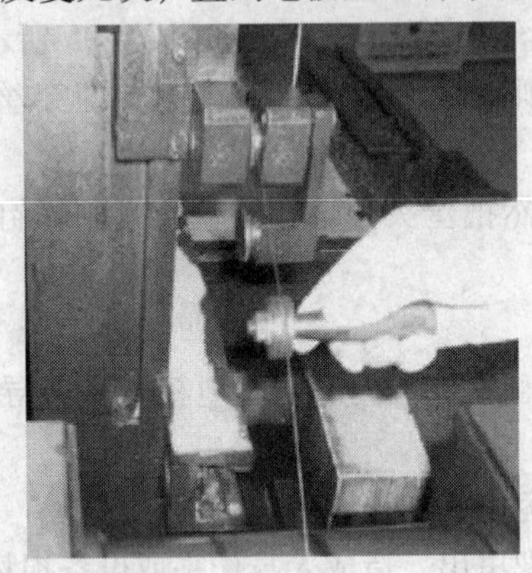

图 3－26　紧丝

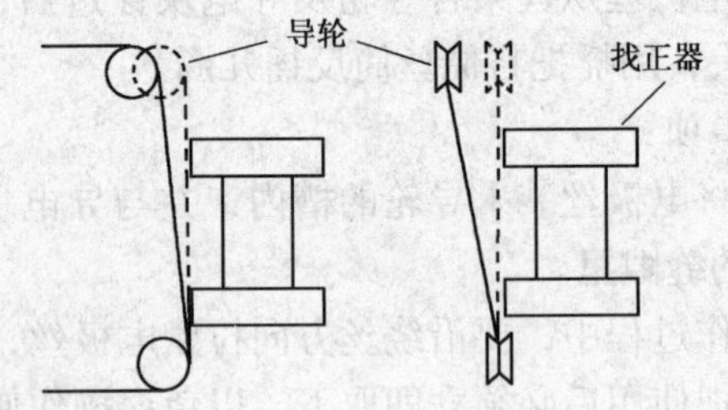

图 3－27　火花法校正电极丝垂直度示意图

3. 电极丝的找正

加工前必须校正电极丝垂直度，即找正电极丝。

（1）电极丝垂直度找正的常见方法

1）利用找正块进行火花法找正(图 3－27)。

如图 3－27(a)所示，找正块是一个六方体或类似六方体。在校正电极丝垂直度时，首先目测电极丝的垂直度，若明显不垂直，则调节 *U*、*V* 轴，使电极丝大致垂直工作台；然后将找正块放在工作台上，在弱加工条件下，将电极丝沿 *X* 方向缓缓移向找正块。

当电极丝快碰到找正块时，电极丝与找正块之间产生火花放电，然后肉眼观察产生的火花：若火花上下均匀[图 3－28(b)]，则表明在该方向上电极丝垂直度良好；若下面火花多[图 3－28(c)]，则说明电极丝右倾，故将 *U* 轴的值调小，直至火花上下均匀；若上面火花多[图 3－28(d)]，则说明电极丝左倾，故将 *U* 轴的值调大，直至火花上下均匀。同理，调节 *V* 轴的值，使电极丝在 *V* 轴垂直度良好。

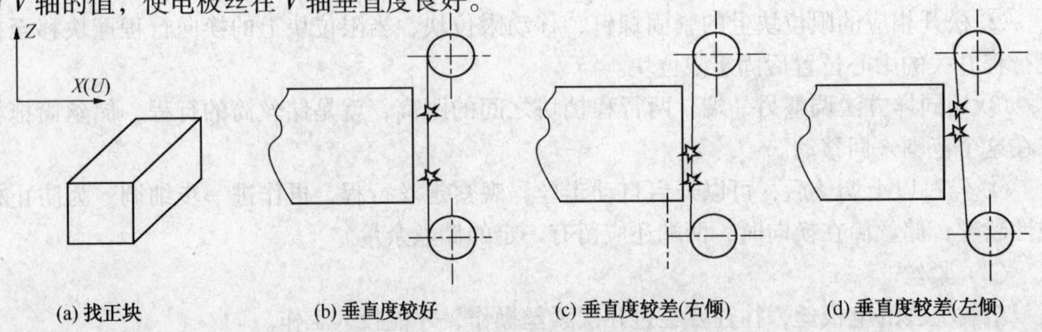

图 3－28　火花法校正电极丝垂直度

注意：

① 保证工作台面和找正器各面干净无损坏。

② 将找正器底面靠实工作台面。

③ 调小脉冲电源的电压和电流，可使后面步骤中电极丝与工件接近时只产生微弱的放电，启动走丝，打开高频。

④ 在手动方式下，移动 X 轴和 Y 轴拖板，使电极丝接近找正器。当它们之间的间隙足够小时，会产生放电火花。

⑤ 手动调节上丝臂小拖板上的调节钮，移动小拖板，当找正器上下放电火花均匀一致时，电极丝即找正。上丝臂手动调节钮如图 3－29 所示。

⑥ 校正应分别在 X、Y 两个方向进行，如图 3－29 所示，重复 2～3 次，以减少垂直误差。

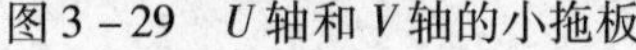
图 3－29　U 轴和 V 轴的小拖板

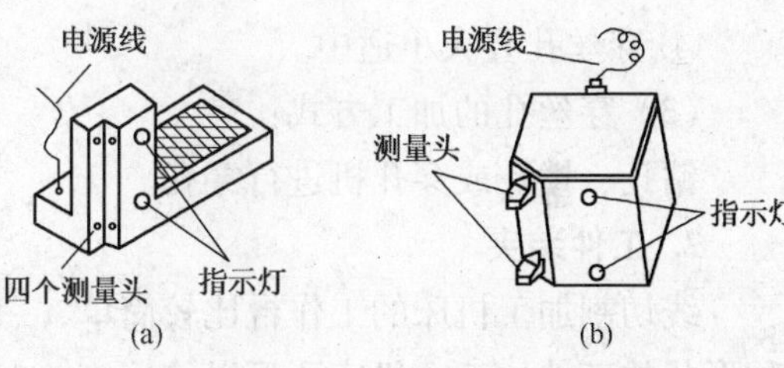

图 3－30　电子找正器示意图

2）采用找正器或电子找正器进行火花法找正

使用电子找正器，操作方法相似，但不能开高频，不需要放电。把电子找正器固定在基准水平面，手动移动工作台，配合调节上丝臂小拖板调节钮，使电极丝能同时接触电子找正器的上、下测量头，电子找正器的上下指示灯同时点亮。再换一个方向操作，并重复几次。如果在两个方向都能使上下指示灯同时点亮，就说明电极丝已垂直。图 3－30 所示为电子找正器的示意图。

（五）线切割机床的工件准备与装夹、找正

1. 工件的准备

为保证工件的加工质量，使线切割加工顺利进行，必须进行工件准备。工件准备包括工件材料的选择、工件基准的选择、穿丝孔的确定及切割路线的确定等。下面主要谈谈穿丝孔。

(1) 加工穿丝孔的目的

穿丝孔作为工件加工的工艺孔，是电极丝相对于工件运动的起点，同时也是程序执行的起点位置，应选在容易找正和便于编程计算的位置。

① 凹类零件　为保证零件的完整性，在切削前必须加工穿丝孔；

② 凸类零件　一般情况下不需加工穿丝孔，但若零件的厚度较大或切割的边数较多时，为减小零件在切割中的变形，在切割前必须加工穿丝孔。

通过比较图 3－31，切割凸形零件有无穿丝孔加工是不一样的。

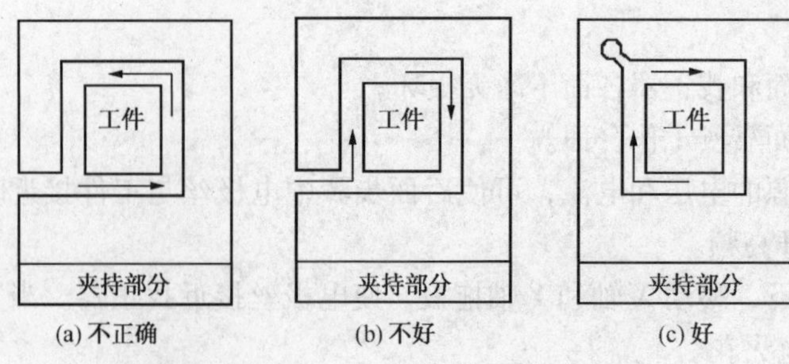

图 3－31　切割零件有无穿丝孔比较

（2）穿丝孔的大小与位置的选择

① 切割尺寸较小的凹形零件时，穿丝孔设在凹型的中心；

② 切割凸形零件或大尺寸凹形零件时，一般将穿丝孔设在切割的起点附近；

③ 大尺寸零件在切割前应沿加工轨迹设置多个穿丝孔，以便发生断丝时能就近重新穿丝，切入断丝点。

④ 穿丝孔要大小适中。

（3）穿丝孔的加工方式：

钻孔、镗孔或穿孔机进行穿孔。

2. 工件装夹

线切割加工机床的工作台比较简单，一般在通用夹具上采用压板固定工件。为了适应各种形状的工件加工，机床还可以使用旋转夹具和专用夹具。工件装夹的形式与精度对机床的加工质量及加工范围有着明显的影响。

（1）工件装夹的一般要求

① 待装夹的工件其基准部位应清洁无毛刺，符合图样要求。对经淬火的模件在穿丝孔或凹模类工件扩孔的台阶处，要清除淬火时的渣物及工件淬火时产生的氧化膜表面，否则会影响其与电极丝之间的正常放电，甚至卡断电极丝。

② 夹具精度要高，装夹前先将夹具固定在工作台面上，并找正。

③ 保证装夹位置在加工中能满足加工行程需要，工作台移动时不得和丝架臂相碰，否则无法进行加工。

④ 装夹位置应有利于工件的找正。

⑤ 夹具对固定工件的作用力应均匀，不得使工件变形或翘起，以免影响加工精度。

⑥ 成批零件加工时，最好采用专用夹具，以提高工作效率。

⑦ 细小、精密、壁薄的工件应先固定在不易变形的辅助小夹具上才能进行装夹，否则无法加工。

（2）工件的装夹方式

1）悬臂支撑方式

悬臂支撑通用性强，装夹方便，如图 3－32 所示。但由于工件单端固定，另一端呈悬梁状，因而工件平面易平行于工作台面易出现上仰或下斜，致使切割表面与其上下平面不垂直或不能达到预定的精度。另外，加工中工件受力时，位置容易变化。因此只有在工件的技术要求不高或悬臂部分较少的情况下才能使用。

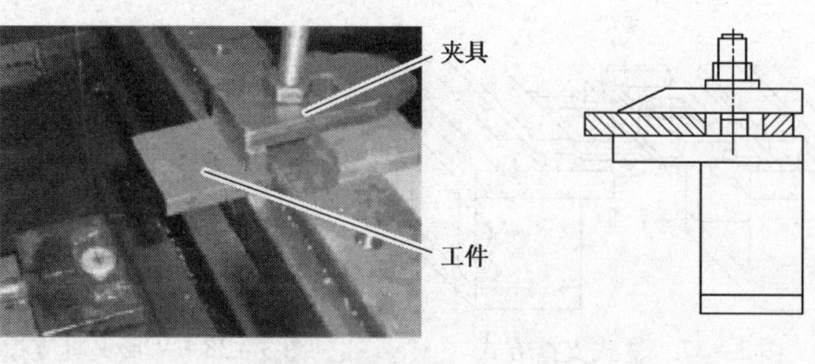

图 3－32　悬臂支撑方式

2）垂直刃口支撑方式

如图 3－33 所示，工件装在具有垂直口的夹具上，此种方法装夹后工件能悬伸出一角便于加工，装夹精度和稳定性较悬臂式支撑为好，便于找正。

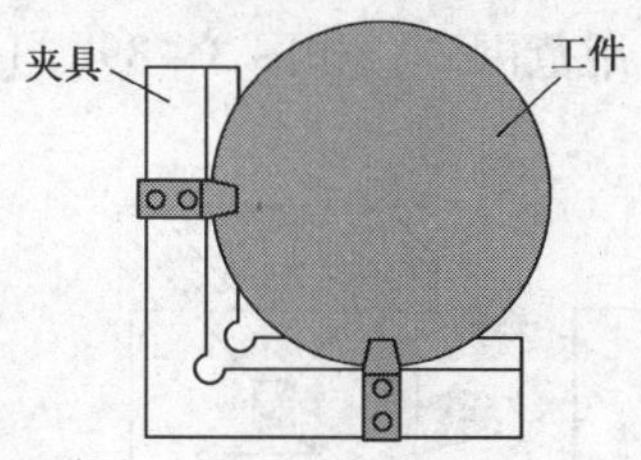

图 3－33　垂直刃口支撑方式

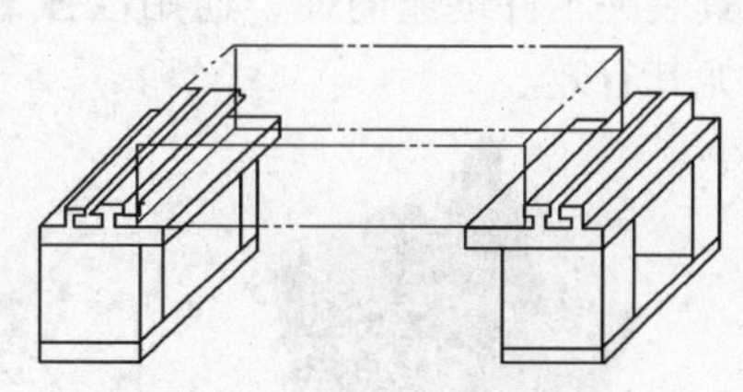

图 3－34　双端支撑方式

3）双端支撑方式

工件两端固定在夹具上，其装夹方便，支撑稳定，平面定位精度高，如图 3－34 所示，但不利于小零件的装夹。

4）桥式支撑方式

采用两支撑垫铁架在双端支撑夹具上，如图 3－35 所示。其特点是通用性强，装夹方便，对大、中、小工件都可方便地装夹。

5）板式支撑方式

板式支撑夹具可以根据工件的常规加工尺寸而制造，呈矩形或圆形孔，并增加 X、Y 方向的定位基准。装夹精度易于保证，适于常规生产中使用，如图 3－36 所示。

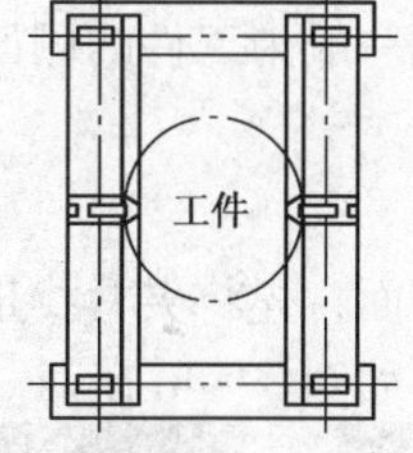

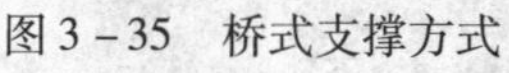

图 3－35　桥式支撑方式

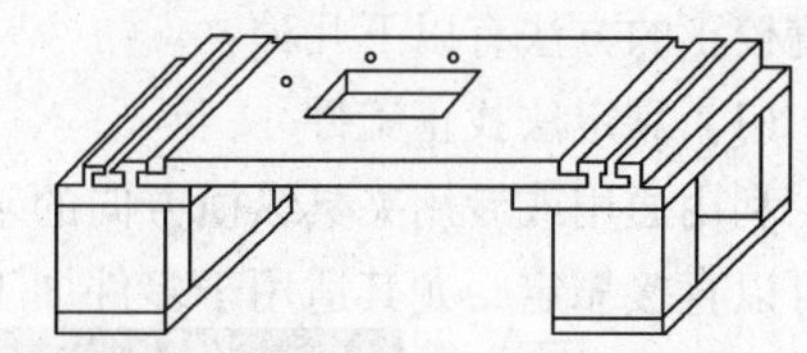

图 3－36　板式支撑方式

6）复式支撑方式

复式支撑夹具是在桥式夹具上再固定专用夹具而成。这种夹具可以很方便地实现工件的成批加工，并且能快速装夹工件，可以节省装夹工件过程中的辅助时间，特别是节省工件找正及对丝所耗费的时间，既提高了生产效率，又保证了工件加工的一致性，其结构如图 3－37 所示。

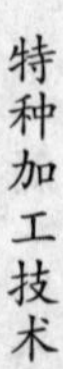

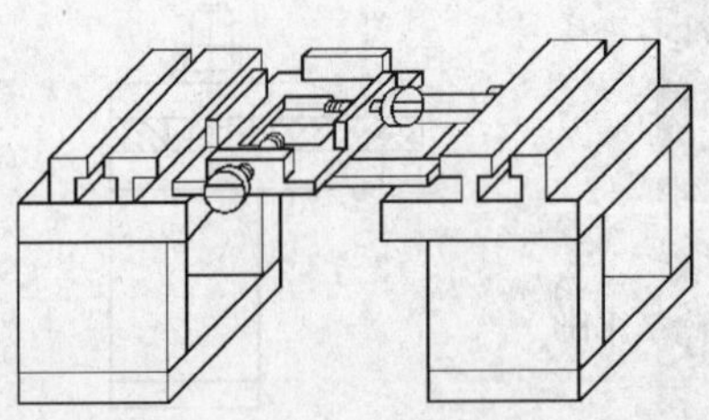

图 3－37　复式支撑方式

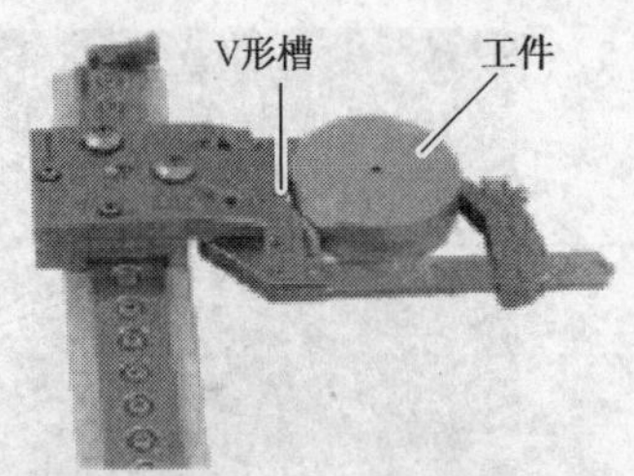

图 3－38　V 形夹具支撑方式

7）V 形夹具支撑

如图 3－38 所示，此种装夹方式适合于圆形工件的装夹。装夹时，工件母线要求与端面垂直。在切割薄壁零件时，要注意装夹力要小，以免工件变形。

8）弱磁力夹具

弱磁力夹具装夹工件迅速简便，通用性强，应用范围广，如图 3－39(a)所示，对于加工成批的工件尤其有效。

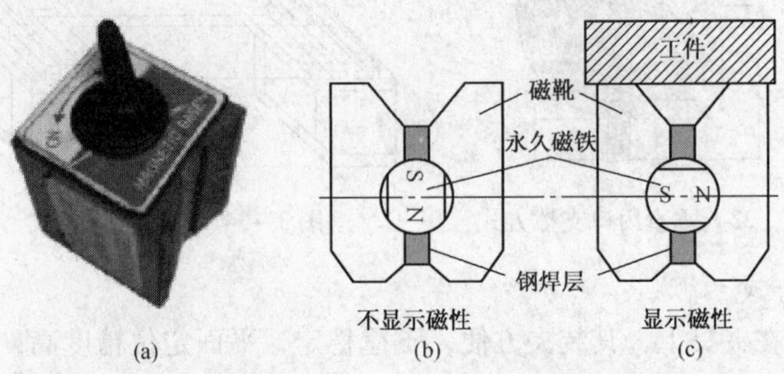

图 3－39　弱磁力夹具原理图

当永久磁铁的位置如图 3－39(b)所示时，磁力线经过磁靴左右两部分闭合，对外不显示磁性。再把永久磁铁旋转 90°，如图 3－39(c)所示，此时，磁力线被磁靴的铜焊层隔开，没有闭合的通道，对外显示磁性。工件被固定在夹具上，工件和磁靴组成闭合回路，于是工件被夹紧。

加工完毕后，将永久磁铁再旋转 90°，夹具对外不显示磁性，可将工件取下。

3. 工件的找正

在工件安装到机床工作台上后，还应对工件进行平行度校正。根据实际需要，平行度校正可在水平、左右、前后三个方向进行。一般为工件的侧面与机床运动的坐标轴平行。工件位置校正的方法有以下几种：

（1）靠定法找正工件

利用通用或专用夹具纵横方向的基准面，先将夹具找正。于是具有相同加工基准面的工件可以直接靠定，尤其适用于多件加工，如图 3－40 所示。

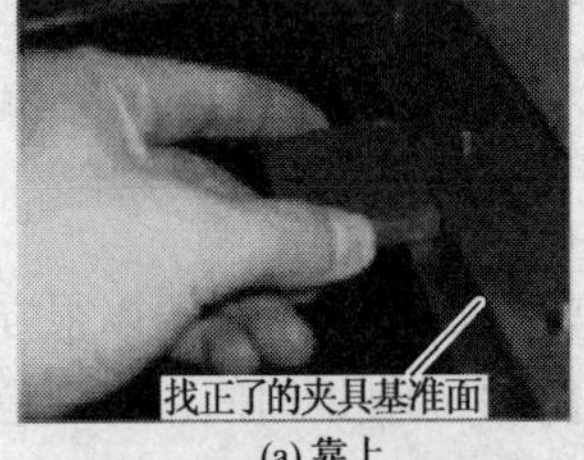

(a) 靠上　(b) 固定

图 3－40　靠定法找正工件

(2) 电极丝法找正工件

在要求不高时，可利用电极丝进行工件找正(图 3－41)。将电极丝靠近工件，然后移动一个拖板，使电极丝沿着工件某侧边移动，观察电极丝与工件侧边的距离，如果距离发生了变化，说明工件不正，需要调整，如果距离保持不变，说明这个侧边与移动的轴向已平行。

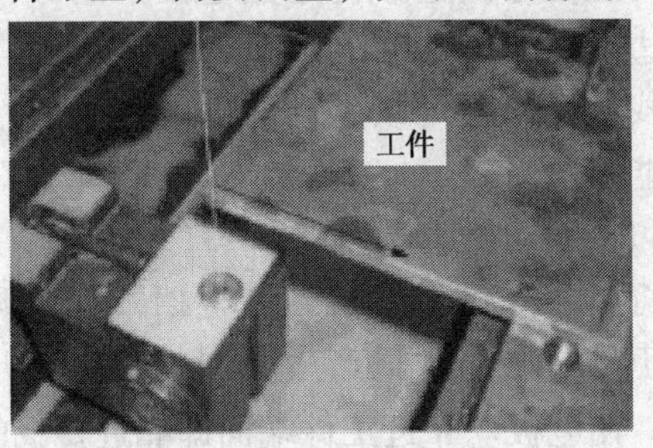

图 3－41 电极丝法

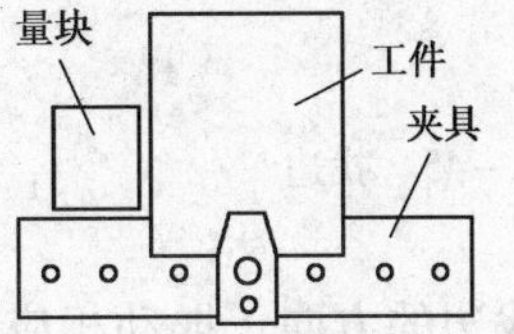

图 3－42 量块法找正工件

(3) 量块法找正工件

用一个具有确定角度的测量块，靠在工件和夹具上，观察量块跟工件和夹具的接触缝，这种检测工件是否找正的方法，称量块法(图 3－42)。根据实际需要，量块的测量角可以是直角(90°)，也可以是其他角度。使用这种方法前，必须保证夹具是找正的。

(4) 划线法找正工件

工件的切割图形与定位基准相互位置精度要求不高时，可采用划线法。把划针固定在丝架上，划针尖指向工件图形的基准线或基准面往复移动工作台，目测划针、基准间的偏离情况，将工件调整到正确位置，如图 3－43 所示。

(5) 百分表法(拉表法)找正工件

百分表是机械加土中应用非常广泛的一种计量仪表。百分表法是利用磁力表座，将百分表固定在丝架或者其他固定位置上，百分表头与工件基面进行接触，往复移动 X 或 Y 坐标工作台，按百分表指示数值调整工件。必要时校正可在三个方向进行，如图 3－44 所示。

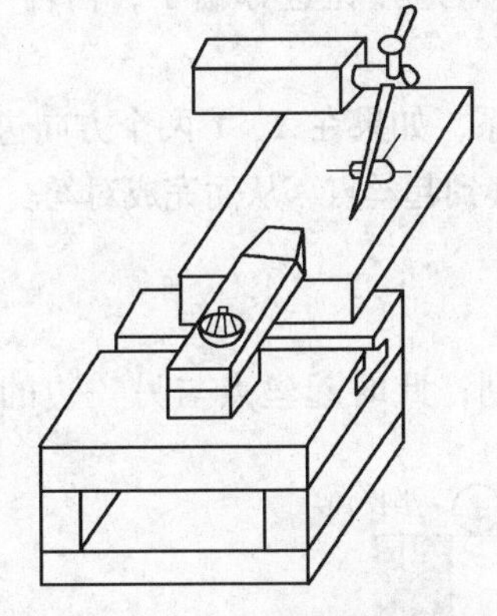

图 3－43 划线法找正工件

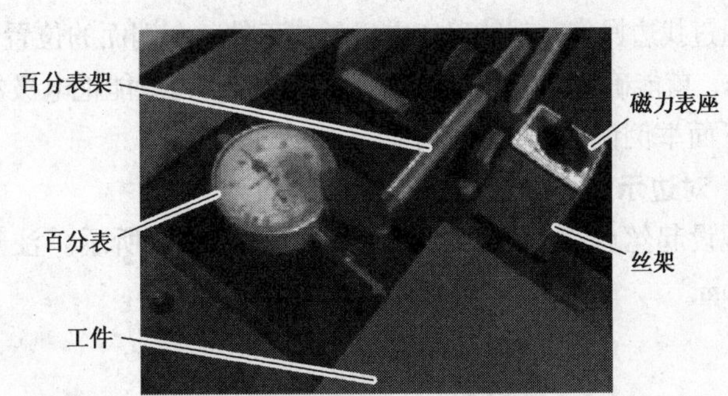

图 3－44 百分表法

(六) 线切割机床的对丝

装夹好了工件，穿好了电极丝，在加工零件前，像数控车床要对刀一样，线切割还必须进行对丝。对丝的目的，就是确定电极丝与工件的相对位置，最终把电极工放到加工起点

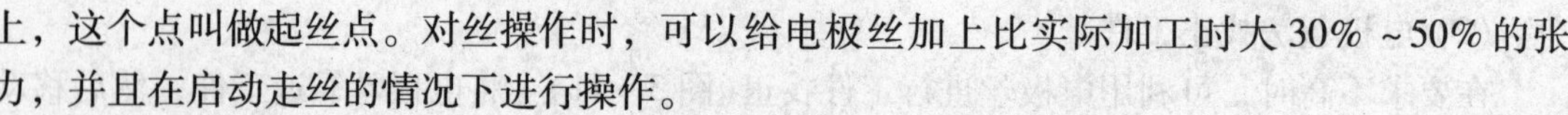

上，这个点叫做起丝点。对丝操作时，可以给电极丝加上比实际加工时大30%～50%的张力，并且在启动走丝的情况下进行操作。

1. 对边

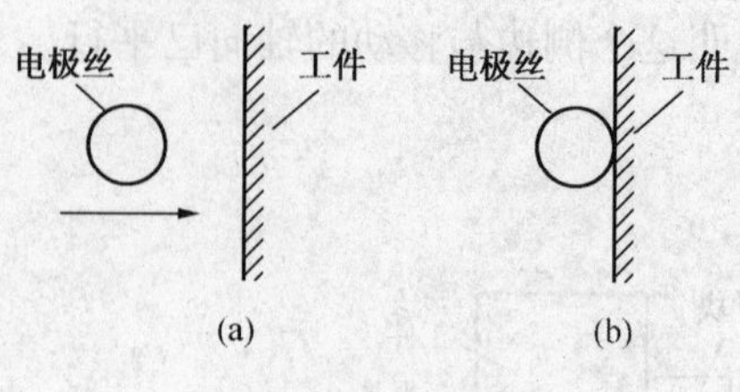

图3－45　找边

对边也称找边，就是让电极丝刚好停靠在工件的一个边上，如图3－45所示。

找边操作既可以手动，也可以利用控制器自动找边功能找边。

（1）手动找边操作

将脉冲电源电压调到最小挡，电流调小，使电极丝与工件接触时，只产生微弱的放电。开启走丝，打开高频。根据找边的方向，摇动相应手轮，使电极丝靠近工件端面即靠近要找的边。电极丝离工件远时，可摇快一些，快接近时一要减速慢慢靠拢，直到刚好产生电火花，停止摇动手轮，找边结束。注意这时候电极丝的"中心"与工件的"边线"差一个电极丝半径的距离。

手动找边是利用电极丝接触工件产生电火花来进行判断的。这种方法存在两个弱点，一是手工操作存在许多人为因素，误差较大，二是电火花会烧伤工件端面。克服这些缺点的办法就是采用自动找边。

（2）自动找边操作

自动找边是利用电极丝与工件接触短路的检测功能进行判断。

第一步，开启走丝，但保持高频为关闭状态。

第二步，摇动手轮，使电极丝接近工件，留2～3mm的距离。

第三步，操作数控系统，进入自动对边对中菜单，其中上、下、左、右指控制电极丝的移动方向，操作中应根据实际情况来选择。

点击相应的对边按钮，拖板自动移动，电极丝向工件端面慢慢靠拢。电极丝接触工件后，自动回退，减速，再靠拢；再次接触工件后，自动回退一个放电间隙的距离，然后停下，完成找边。如果发现电极丝离工件端面越来越远，说明对边按钮选择错了，需停下来，重新操作相反方向的按钮即可。

通过找边操作，就能确定电极丝与工件一个端面的位置关系，如果在 X、Y 两个方向进行找边操作，就能确定电极丝与工件的位置关系，也就能把电极丝移到起丝点，从而完成对丝。

下面举例说明对丝的操作。

2. 对边示例——起丝点在端面的对丝

假设起丝点在工件的端面，如图3－46(a)所示。注意到，此时起丝点与另一边的距离为15mm。

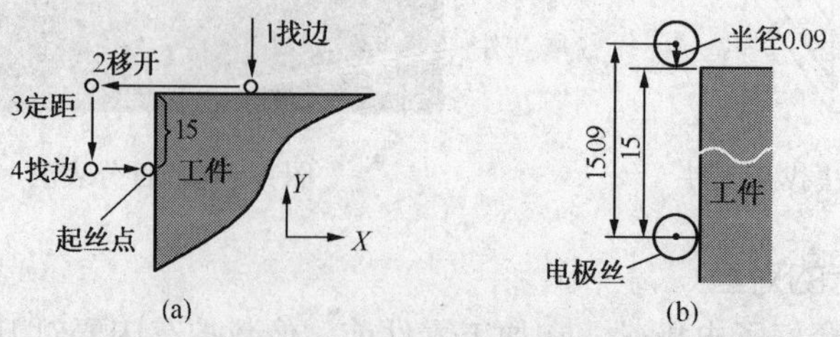

图3－46　起丝点在工件端面的对丝

下面重点就是看这个“15mm”是如何保证的？

第一步，在上方找边，找到边后，松开 Y 轴手轮上的锁紧螺钉，保持手轮手柄不动，转动刻度盘，使刻线 0 对准基线，锁紧刻度盘，这时刻度盘就从 0 刻度值开始计数。这步操作叫做对零。这与普通车床对刀时的对零类似。

第二步，摇动 X 轴手轮使电极丝离开工件。

第三步，摇动 Y 轴手轮。这一步要使电极丝位置满足“15mm”的距离要求。这里必须考虑电极丝的半径补偿。电极丝半径，可用千分尺测量其直径得到。假设电极丝半径为 0.09mm，那么实际要摇 15.09mm，即多摇一个电极丝半径的距离，如图 3－46(b)所示。

提示： 手轮摇一小格是 1 丝，一圈是 4mm(400 丝)。可以算出，Y 轴手轮应往起丝点方向摇 3 圈(12mm)加 309(3.09mm)小格，就达到距离要求。

第四步，用 X 轴拖板，向起丝点找边定位，就到达起丝点，完成对丝操作。

提示： 数控线切割机床，也可以通过电脑显示屏的坐标来控制移动的距离。

3. 对中(定中心)

对于有穿丝孔的工件，常把起丝点设在圆孔的圆心，穿丝加工时，必须把丝移到圆心处，这就是定中心。

定中心是通过四次找边操作来完成的，如图 3－47 所示。

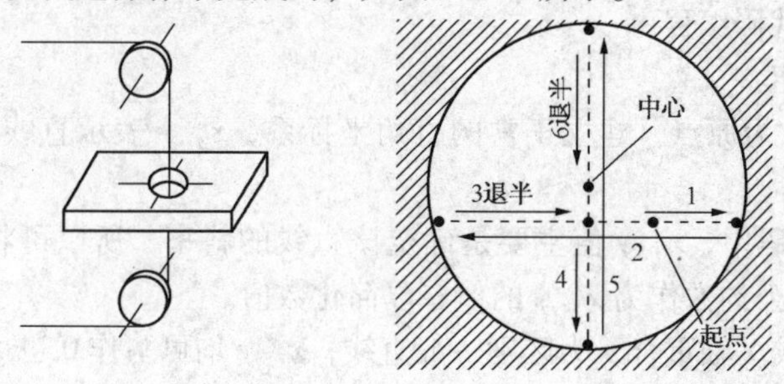

图 3－47　定中心

手动操作时，首先让电极丝在 X 轴(或 Y 轴)方向与孔壁接触，找第一个边，记下手轮刻度值，然后返回，向相反的对面孔壁接触，找到第二个边，观察手轮刻度值，计算距离，再返回到两壁距离一半的位置，接着在另一轴的方向进行上述过程，电极丝就到达孔的中心。可以把上述过程总结为“左右碰壁回一半，前后碰壁退一半”。

定中心通常使用数控系统“自动定中心”功能来完成。与自动找边类似，关闭高频，启动走丝，把“加工/定中心”开关置于“定中心”位置，点击菜单的“中心”按钮，开始自动找中心。拖板的运动过程与手动操作是一样的，只不过找边后，它自动反向，自动计算，自动回退一半的距离。找到中心后自动结束。

完成了对丝，电极丝也就位于起丝点上，如果其他工作也准备就绪，调好加工参数，打开走丝和工作液，就可以启动加工了。

4. 分析断丝原因

线切割加工过程中，会不可避免地出现乱丝，甚至断丝，这会严重影响加工进度和加工质量，究其原因，一般若在刚开始加工阶段就断丝，则可能因为：加工电流过大；钼丝抖动厉害；工件表面有毛刺或氧化皮。

若在加工中间阶段断丝，则有可能因为电参数选择不当，电流过大；或者进给调节不当，开路短路频繁等；工作液过脏、长时间不更换也会造成断丝，要予以重视。另外，导电块未与钼丝接触或被拉出凹痕；切割厚件时，脉冲过小；丝筒转速太慢等也会造成断丝。

若在加工最后阶段出现断丝，则可能的原因有：工件材料变形，夹断钼丝和工件跌落，撞落钼丝。

（七）线切割加工的手工编程

线切割加工的手工编程通常是根据图样把图形分解成直线段和圆弧段，并一一确定出每段的起点、终点、中心线的交点、切点坐标等，且按照这些坐标进行编程。下面介绍两种编程方法。

1. 3B 代码编码

线切割加工轨迹图形是由直线和圆弧组成的，它们的3B 程序指令格式如表 3－4 所示。

表 3－4　3B 程序格式

B	*X*	*B*	*Y*	*B*	*J*	*G*	*Z*
分隔符	*X* 坐标值	分隔符	*Y* 坐标值	分隔符	计数长度	计数方向	加工指令

注：*B* 为分隔符，它的作用是将 *X*、*Y*、*J* 数码区分开来；*X*、*Y* 为增量（相对）坐标值；*J* 为加工线段的计数长度；*G* 为加工线段计数方向；*Z* 为加工指令。

（1）直线的3B 代码编程

1）x，y 值的确定

① 以直线的起点为原点，建立正常的直角坐标系，x，y 表示直线终点的坐标绝对值，单位为 μm。

② 在直线 3B 代码中，x，y 值主要是确定该直线的斜率，所以可将直线终点坐标的绝对值除以它们的最大公约数作为 x，y 的值，以简化数值。

③ 若直线与 *X* 或 *Y* 轴重合，为区别一般直线，x，y 均可写作 0 也可以不写。

如图 3－48(a)所示的轨迹形状，请读者试着写出其 x，y 值，具体答案可参考表 3－5。（注：在本章图形所标注的尺寸中若无说明，单位都为 mm。）

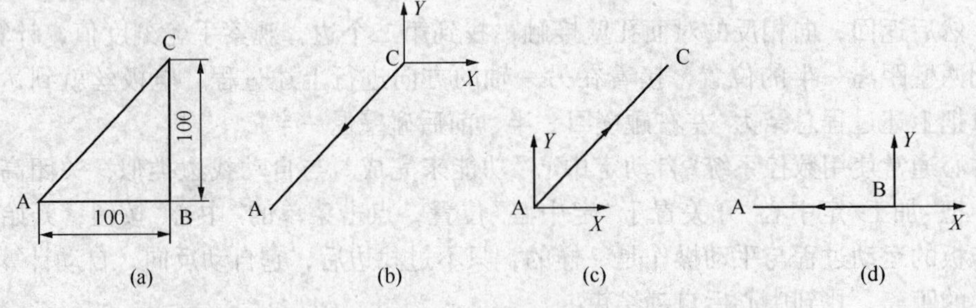

图 3－48　直线轨迹

2）*G* 的确定

G 用来确定加工时的计数方向，分 G_x 和 G_y。直线编程的计数方向的选取方法是：以要加工的直线的起点为原点，建立直角坐标系，取该直线终点坐标绝对值大的坐标轴为计数方向。具体确定方法为：若终点坐标为(x_e，y_e)，令 $x = |x_e|$，$y = |y_e|$，若 $y < x$，则 $G = G_x$［图 3－45(a)］；若 $y > x$，则 $G = G_y$［图 3－45(b)］；若 $y = x$，则在一、三象限取 $G = G_y$，在二、四象限取 $G = G_x$。

由上可见，计数方向的确定以45°线为界，取与终点处走向较平行的轴作为计数方向，具体可参见图3－49(c)。

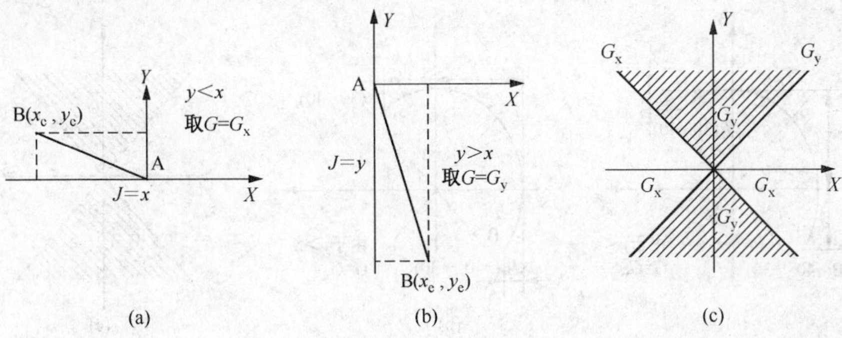

图3－49　*G*的确定

3）*J*的确定

*J*为计数长度，以μm为单位。以前编程应写满六位数，不足六位前面补零，现在的机床基本上可以不用补零。

*J*的取值方法为：由计数方向*G*确定投影方向，若$G=G_x$，则将直线向X轴投影得到长度的绝对值即为*J*的值；若$G=G_y$，则将直线向*Y*轴投影得到长度的绝对值即为*J*的值。

4）*Z*的确定

加工指令*Z*按照直线走向和终点的坐标不同可分为L_1、L_2、L_3、L_4，其中与＋*X*轴重合的直线算作L_1，与－*X*轴重合的直线算作L_3，与＋*Y*轴重合的直线算作L_2，与－*Y*轴重合的直线算作L_4，具体可参考图3－50。

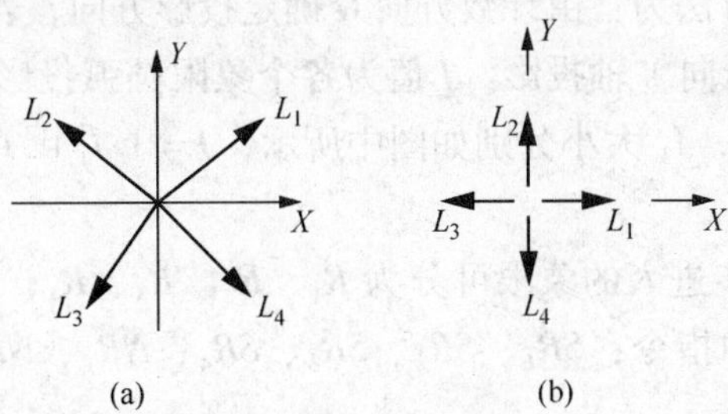

图3－50　*Z*的确定

综上所述，图3－48(b)、(c)、(d)中线段的3B代码如表3－5所示。

表3－5　3B代码

直线	*B*	*X*	*B*	*Y*	*B*	*J*	*G*	*Z*
CA	*B*	1	*B*	1	*B*	100000	G_y	L_3
AC	*B*	1	*B*	1	*B*	100000	G_y	L_1
BA	*B*	0	*B*	0	*B*	100000	G_x	L_3

（2）圆弧的3B代码编程

1）*x*，*y*值的确定

以圆弧的圆心为原点，建立正常的直角坐标系，*x*，*y*表示圆弧起点坐标的绝对值，单

位为 μm。如在图 3－51（a）中，$x=30000$，$y=40000$；在图 3－51（b）中，$x=40000$，$y=30000$。

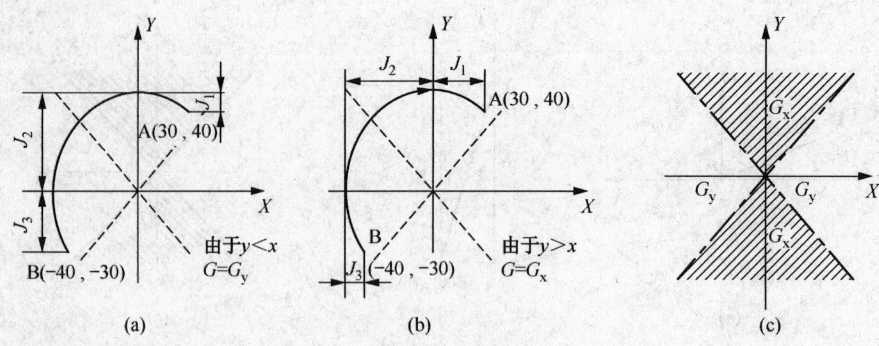

图 3－51　圆弧轨迹

2）G 的确定

G 用来确定加工时的计数方向，分 G_x 和 G_y。圆弧编程的计数方向的选取方法是：以某圆心为原点建立直角坐标系，取终点坐标绝对值小的轴为计数方向。具体确定方法为：若圆弧终点坐标为(x_e, y_e)，令 $x=|x_e|$，$y=|y_e|$，若 $y<x$，则 $G=G_y$［图 3－51(a)］；若 $y>x$，则 $G=G_x$［图 3－51(b)］；若 $y=x$，则 G_x、G_y 均可。

由上可见，圆弧计数方向由圆弧终点的坐标绝对值大小决定，其确定方法与直线刚好相反，即取与圆弧终点处走向较平行的轴作为计数方向，具体可参见图 3－51(c)。

3）J 的确定

圆弧编程中 J 的取值方法为：由计数方向 G 确定投影方向，若 $G=G_x$，则将圆弧向 X 轴投影；若 $G=G_y$，则将圆弧向 Y 轴投影。J 值为各个象限圆弧投影长度绝对值的和。如在图 3－51(a)、(b)中，J_1、J_2、J_3 大小分别如图中所示，$J=|J_1|+|J_2|+|J_3|$。

4）Z 的确定

加工指令 Z 按照第一步进入的象限可分为 R_1、R_2、R_3、R_4；按切割的走向可分为顺圆 S 和逆圆 N，于是共有 8 种指令：SR_1、SR_2、SR_3、SR_4、NR_1、NR_2、NR_3、NR_4，具体可参考图 3－52。

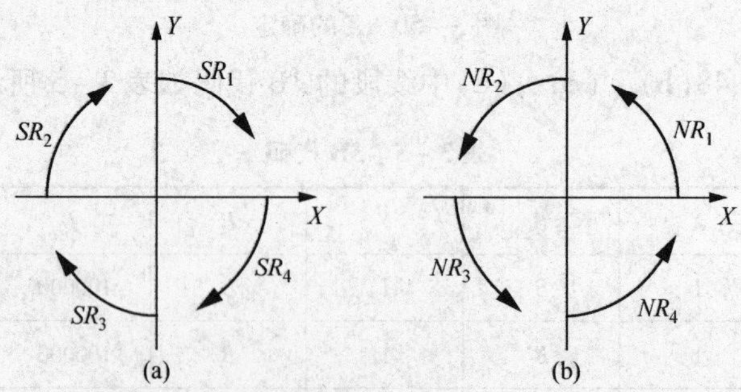

图 3－52　Z 的确定

例 1：请写出图 3－53 所示轨迹的 3B 程序。

解　对图 3－53(a)，起点为 A，终点为 B，

$$J=J_1+J_2+J_3+J_4=10000+50000+50000+20000=130000$$

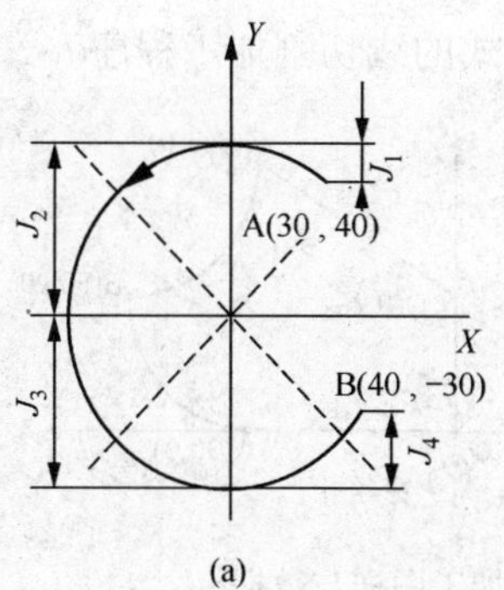

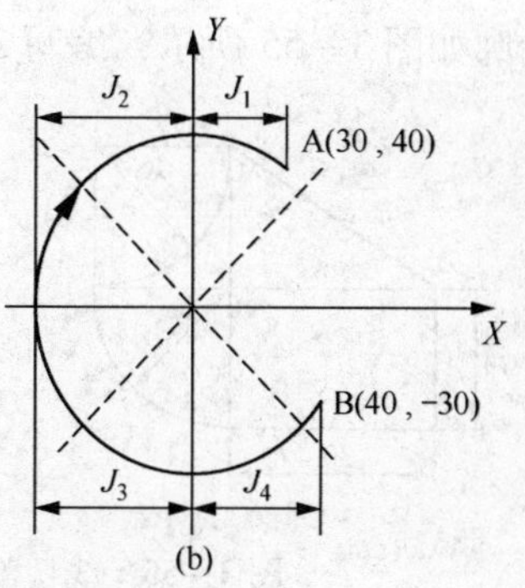

图 3－53 编程图形

故其 3B 程序为：

B30000 B40000 B130000 GY NR_1

对图 3－49(b)，起点为 B，终点为 A，

$J = J_1 + J_2 + J_3 + J_4 = 40000 + 50000 + 50000 + 30000 = 170000$

故其 3B 程序为：

B40000 B30000 B170000 GX SR_4

例 2：用 3B 代码编制加工如图 3－54 所示零件的线切割加工程序。图中 A 点为穿丝孔，加工方向沿 A—B—C—D—……—G—B—A 进行。

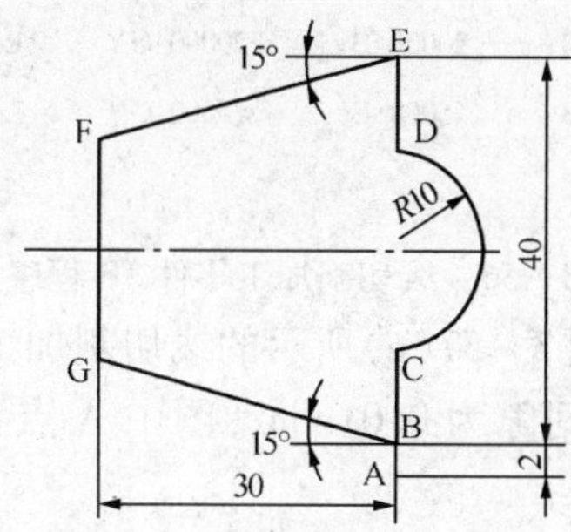

图 3－54 线切割加工零件图形

解 ①分别计算各段曲线的坐标值。

②按 3B 格式编写程序清单。

序号	加工段	B	X	B	Y	B	J	G	Z	注释
1	A－B	B	0	B	2000	B	2000	G_y	L_2	加工程序
2	B－C	B	0	B	10000	B	10000	G_y	L_2	可与上句合并
3	C－D	B	0	B	10000	B	20000	G_x	NR_4	
4	D－E	B	0	B	10000	B	10000	G_y	L_2	
5	E－F	B	30000	B	8040	B	30000	G_x	L_3	
6	F－G	B	0	B	23920	B	23920	G_y	L_4	
7	G－B	B	30000	B	8040	B	30000	G_x	L_4	
8	B－A	B	0	B	2000	B	2000	G_y	L_4	
9		MJ								结束语句

例 3：加工轮廓如图 3－55 所示，编写 3B 格式的线切割加工程序。

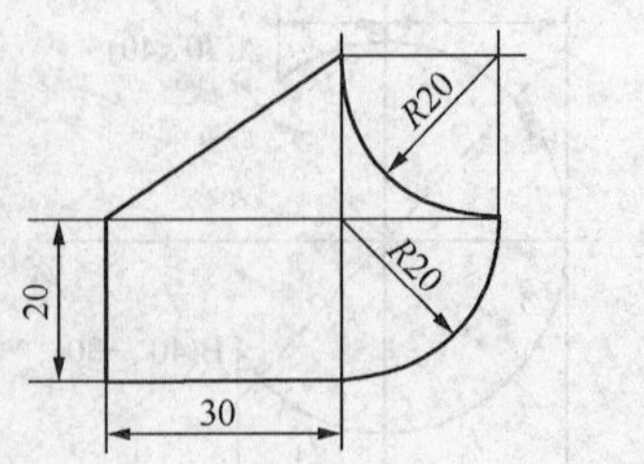

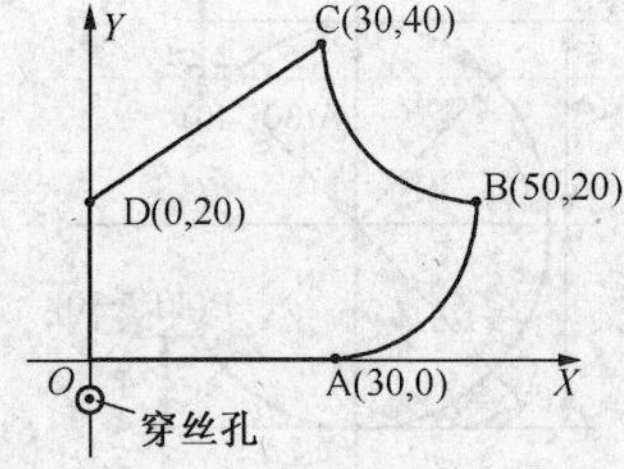

图 3－55　线切割零件加工图样与数据

解　① 计算相关数据。

② 加工方向，按轮廓线逆时针方向切割。

③ 设左下角为原点，穿丝孔在原点下 5mm。

④ 不考虑电极丝补偿，编写程序如图 3－56 所示：

```
N0001 B       0 B    5000 B    5000 GY    L2: 穿丝孔到原点
N0002 B   30000 B       0 B   30000 GX    L1: 加工OA线段
N0003 B       0 B   20000 B   20000 GY    NR4: 加工AB逆圆弧
N0004 B       0 B   20000 B   20000 GY    SR3: 加工BC顺圆弧
N0005 B   30000 B   20000 B   30000 GX    L3: 加工CD线段
N0006 B       0 B   20000 B   20000 GY    L4: 加工DO线段
N0007 B       0 B    5000 B    5000 GY    L4: 由原点回到穿丝孔
N0008 DD                                  : 停止
```

图 3－56　线切割加工零件 3B 程序单

例 4：用 3B 代码编制加工图 3－57(a) 所示的线切割加工程序。已知线切割加工用的电极丝直径为 0.18mm，单边放电间隙为 0.01mm，图中 A 点为穿丝孔，加工方向沿 A—B—C—D—E—F—G—H—A 进行。

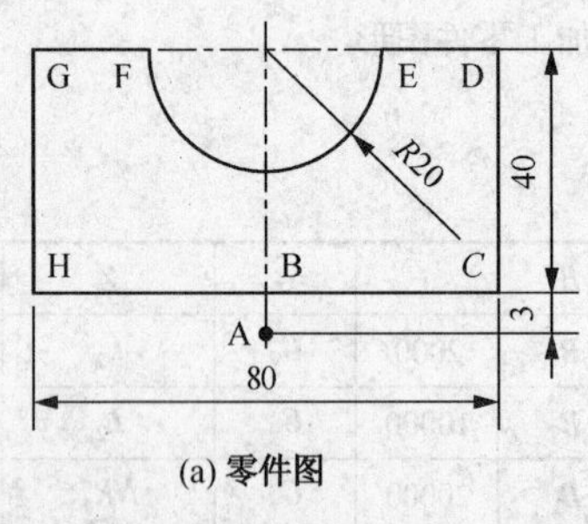

(a) 零件图

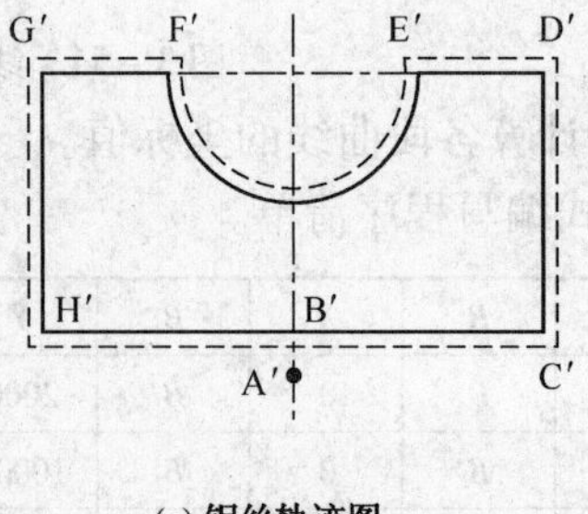

(a) 钼丝轨迹图

图 3－57　线切割切割图形

解　① 分析：

现用线切割加工凸模状的零件图，实际加工中由于钼丝半径和放电间隙的影响，钼丝中心运行的轨迹形状如图 3－56(b) 中虚线所示，即加工轨迹与零件图相差一个补偿量，补偿量的大小为在加工中需要注意的是 E′F′圆弧的编程，圆弧 EF[图 3－56(a)] 与圆弧 E′F′有较多不同点，它们的特点比较如表 3－6 所示。

表 3-6 圆弧 EF 和 E′F′特点比较表

	起点	起点所在象限	圆弧首先进入象限	圆弧经历象限
圆弧 EF	E	X 轴上	第四象限	第二、三象限
圆弧 E′F′	E′	第一象限	第一象限	第一、二、三、四象限

② 计算并编制圆弧 E′F′的 3B 代码

在图 3-56(b)中，最难编制的是圆弧 E′F′，其具体计算过程如下：

以圆弧 E′F′的圆心为坐标原点，建立直角坐标系，则 E 点的坐标为 $YE'=0.1\text{mm}$：

$XE'=\sqrt{(20-0.1)^2-0.1^2}=19.900$

根据对称原理可得 F′的坐标为(-19.900，0.1)

根据上述计算可知圆弧 E′F′的终点坐标 Y 的绝对值小，所以计数方向为 Y。

圆弧 E′F′在第一、二、三、四象限分别向 Y 轴投影得到长度的绝对值分别为 0.1mm、19.9mm、19.9mm、0.1mm，故 $J=40000$。

圆弧 E′F′首先在第一象限顺时针切割，故加工指令为 SR_1。

由上可知，圆弧 E′F′的 3B 代码为：

E′F′	*B*	19900	*B*	100	*B*	40000	*G*	*Y*	*SR*	1

③ 经过上述分析计算，可得轨迹形状的 3B 程序，如表 3-7 所示。

表 3-7 切割轨迹 3B 程序

OE	*B*	3900	*B*	0	*B*	3900	*G*	*X*	*L*	1
ED	*B*	10100	*B*	0	*B*	14100	*G*	*Y*	*NR*	3
DC	*B*	16950	*B*	0	*B*	16950	*G*	*X*	*L*	1
CB	*B*	0	*B*	6100	*B*	12200	*G*	*X*	*NR*	4
BA	*B*	16950	*B*	0	*B*	16950	*G*	*X*	*L*	3
AE	*B*	8050	*B*	6100	*B*	14100	*G*	*Y*	*NR*	1
EO	*B*	3900	*B*	0	*B*	3900	*G*	*X*	*L*	3

例 5： 用 3B 代码编制加工图 3-58 所示的凸模线切割加工程序，已知电极丝直径为 0.18mm，单边放电间隙为 0.01mm，图中 O 为穿丝孔，拟采用的加工路线 O—E—D—C—B—A—E—O。

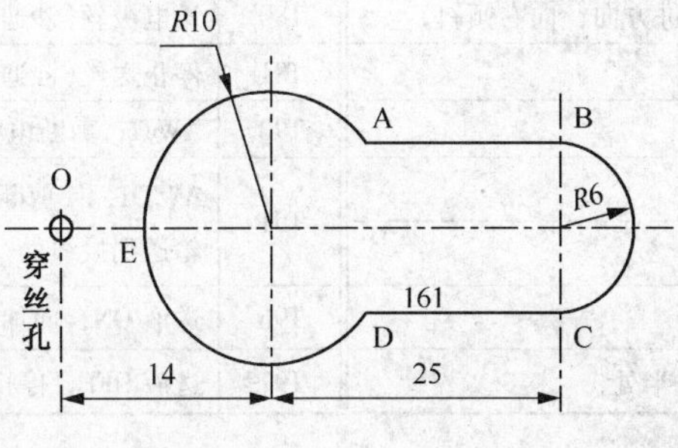

图 3-58 加工零件图

解 经过分析，得到具体程序，如表 3-8 所示。

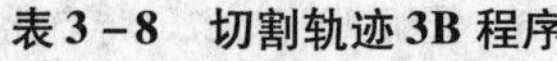

表 3-8　切割轨迹 3B 程序

A′B′	B	0	B	0	B	2900	G	Y	L	2
B′C′	B	40100	B	0	B	40100	G	X	L	1
C′D′	B	0	B	40200	B	40200	G	Y	L	2
D′E′	B	0	B	0	B	20200	G	X	L	3
E′F′	B	19900	B	100	B	40000	G	Y	SR	1
F′G′	B	20200	B	0	B	20200	G	X	L	3
G′H′	B	0	B	40200	B	40200	G	Y	L	4
H′B′	B	40100	B	0	B	40100	G	X	L	1
B′A′	B	0	B	2900	B	2900	G	Y	L	4

2. 线切割 ISO 代码程序编制

(1) ISO 代码简介

同前面介绍过的电火花加工用的 ISO 代码一样，线切割代码主要有 G 指令(即准备功能指令)、M 指令和 T 指令(即辅助功能指令)，具体见表 3-9。

表 3-9　线切割 ISO 主要代码

代　码	功　能	代　码	功　能
G00	快速移动，定位指令	G84	自动取电极垂直
G01	直线插补　、	G90	绝对坐标指令
G02	顺时针圆弧插补指令	G91	增量坐标指令
G03	逆时针圆弧插补指令	G92	制定坐标原点
G04	暂停指令	M00	暂停指令
G17	XOY 平面选择	M02	程序结束指令
G18	XOZ 平面选择	M05	忽略接触感知
G19	YOZ 平面选择	M98	子程序调用
G20	英制	M99	子程序结束
G21	公制	T82	加工液保持 OFF
G40	取消电极丝补偿	T83	加工液保持 ON
G41	电极丝半径左补	T84	打开喷液指令
G42	电极丝半径右补	T85	关闭喷液指令
G50	取消锥度补偿	T86	送电极丝(阿奇公司)
G51	锥度左倾斜(沿电极丝行进方向，向左倾斜)	T87	停止送丝(阿奇公司)
G52	锥度右倾斜(沿电极丝行进方向，向右倾斜)	T80	送电极丝(沙迪克公司)
G54	选择工作坐标系 1	T81	停止送丝(沙迪克公司)
G55	选择工作坐标系 2	T90	AWTI，剪断电极丝
G56	选择工作坐标系 3	T91	AWTII，使剪断后的电极丝用管子通过下部的导轮送到接线处
G80	移动轴直到接触感知		
G81	移动到机床的极限	T96	送液 ON，向加工槽中加液体
G82	回到当前位置与零点的一半处	T97	送液 OFF，停止向加工槽中加液体

对于以上代码，部分与数控铣床、车床的代码相同，下面通过实例来学习线切割加工中常用的 ISO 代码。

以例 3 为例说明程序的编制，如表 3 - 10 所示。

表 3 - 10　例 3 题绝对编程与相对编程的比较

绝对编程示例	相对编程示例
%0001：	%0001：
N10 T84 T86 G90 G92 X0 Y -5.0：	N10 T84 T86 G91 G92 X0 Y - 5.0：
N20 G01 Y0：	N20 G01 Y5.0：
N30 X30.0：	N30 X30.0：
N40 G03 X50.0 Y20.0 R20.0	N40 G03 X20.0 Y20.0 I0 J20.0：
N50 G02 X30.0 Y40.0 R20.0	N50 G02 X - 20.0 Y20.0 I0 J20.0
N60 G01 X0.0 Y20.0	N60 G01 X - 30.0 Y - 20.0
N70 Y - 50	N70 Y - 25.0
N80 M02	N80 M02

（2）电极丝半径补偿 G40，G41，G42

电极丝是有粗细的，如果不进行补偿，让电极丝“骑”在工件轮廓线上加工，加工出的零件尺寸就不符合要求，如图 3 - 59 所示。为了使加工出的零件符合要求，就要让电极丝向工件轮廓线外偏移一个电极丝半径的距离(实际还要加放电间隙)，这就要用到电极丝半径补偿指令。

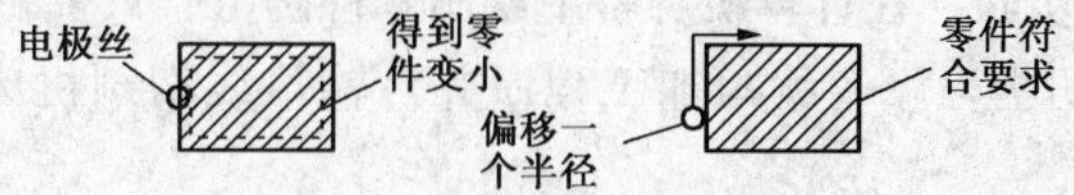

图 3 - 59　电极丝半径补偿

格式：

G40：取消电极丝补偿

G41 D ___：电极丝左补偿

G42 D ___：电极丝右补偿

编程参数说明：

G41(左补偿)　以工件轮廓加工前进方向看，加工轨迹向左侧偏移一个电极丝半径的距离进行加工，如图 3 - 60 所示。

G42(右补偿)　以工件轮廓加工前进方向看，加工轨迹向右侧偏移一个电极丝半径的距离进行加工，如图 3 - 60 所示。

G40(取消补偿)　指关闭左右补偿方式。

D 表示偏移量　例如，D100 表示偏移量为 0.1mm。

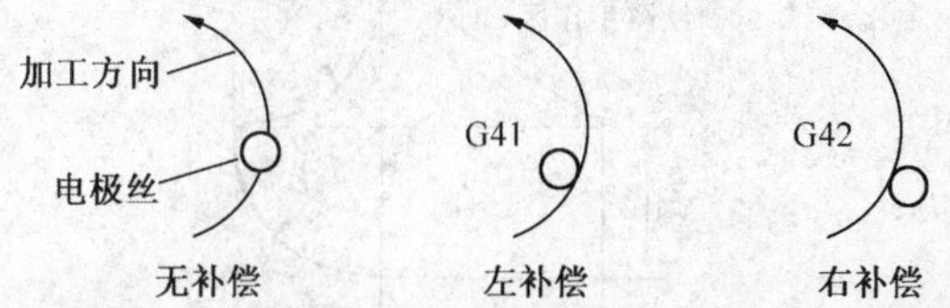

图 3 - 60　电极丝半径补偿

注意：电极丝半径是在数控系统相关参数中设置，不包含在指令中。编程时，要根据运丝方向和补偿方向来选择指令，如图 3 - 61 所示。

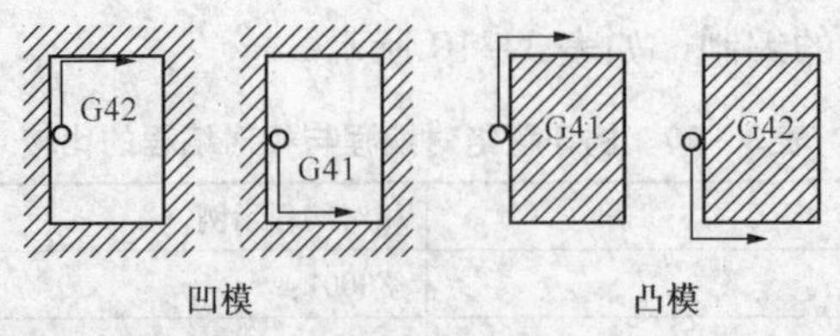

图 3－61　电极丝补偿方向的选择

(八) 线切割相关图形绘制及自动编程软件简介

数控编程分为手工编程与自动编程，当加工的零件形状过于复杂或者具有非圆曲线时，手工编程工作量大，较易出错，为简化编程，利用计算机进行自动编程已成必然。

目前我国高速走丝线切割加工的自动编程系统有三类：

① 语言式自动编程　根据编程语言进行编程，程序简练，但事先需记忆大量的编程语言、语句，适合于专业编程人员。

② 人机对话式自动编程　根据菜单采用人机对话来编程，简单易学、繁琐。

③ 图形交互式自动编程

图形交互式自动编程是使用专用的数控语言，采取各种输入手段，向计算机传输零件的形状和尺寸数据，利用专用软件求出各类数据。具体地说，技术人员只需根据待加工的零件图形，按照机械作图的步骤，在计算机屏幕上绘出零件图形，计算机内部的软件即可自动转换成 3B 或 ISO 代码线切割程序，编写加工程序并传输给线切割机床进行加工，简单快捷。得到了广泛的应用。

目前，线切割的图形绘制软件很多，如 CAXA、TurboCAD、YH 等，下面简单介绍一下 CAXA 软件、TurboCAD 的图形绘制界面与自动编程。

1. CAXA 软件

(1) CAXA 软件的图形绘制

CAXA 是国产的优秀 CADCAM 软件，除了可以进行绘图外，还可以自动生成 3B 格式程序、4B 格式程序以及 ISO 标准 G 代码程序，全中文界面，符合人们的操作习惯。CAXA XP 线切割软件界面如图 3－62 所示。

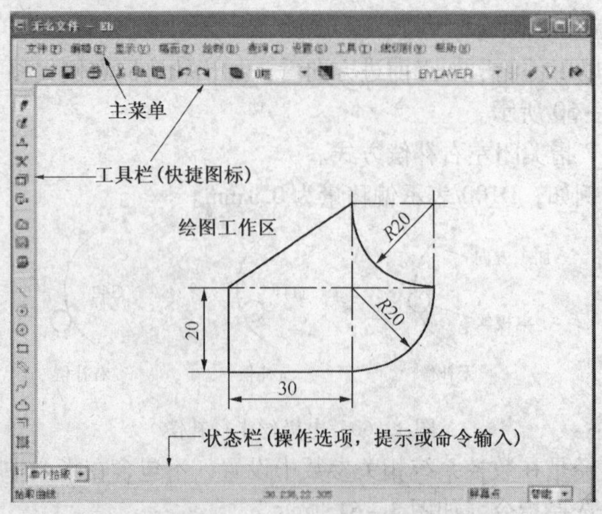

图 3－62　CAXA XP 线切割软件

CAXA XP 线切割软件菜单主要如下：

①“文件”菜单　进行文件的建立、打开、保存等操作，其中数据接口包括各种格式图形读入和输出，方便在不同绘图软件间进行数据共享，如图 3－63 所示。

②“编辑”菜单　进行常规的复制、粘贴、删除、修改等操作，如图 3－63 所示。

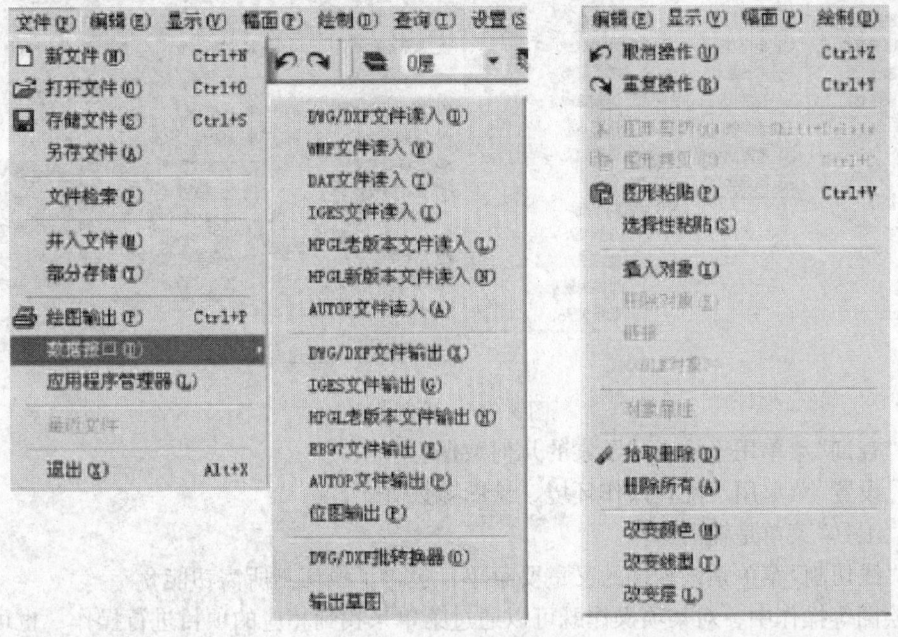

图 3－63　文件与编辑菜单

③“显示”菜单　用于对窗口进行缩放、移动等操作，以使图形显示便于观察或操作，如图 3－64 所示。

④“幅面”菜单　用于设置图纸的大小、方向、图框、标题栏等。该菜单中多数都还有子菜单，如图 3－64 所示。

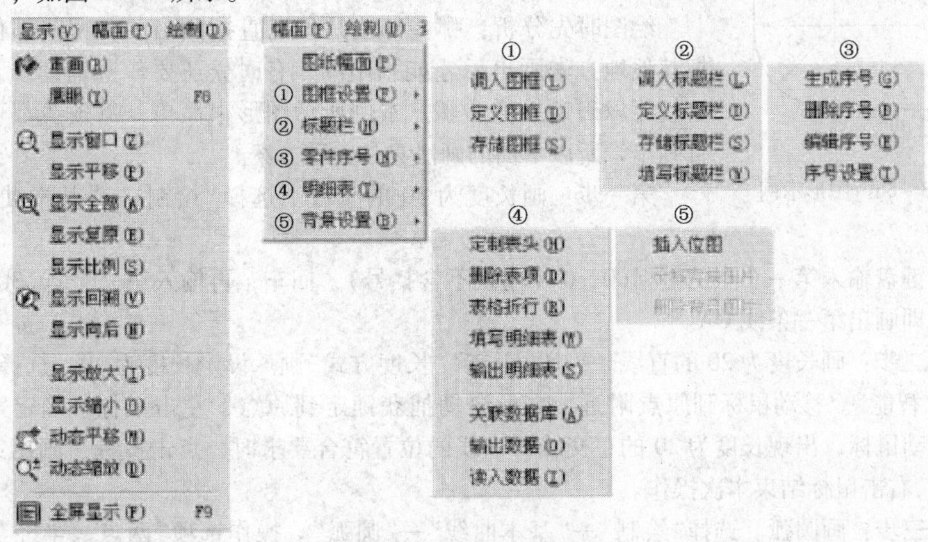

图 3－64　显示与幅面菜单

⑤“绘制”是绘图最重要的菜单，各种形状绘制和编辑都在里面，图 3－65 是其下拉菜单和子菜单。

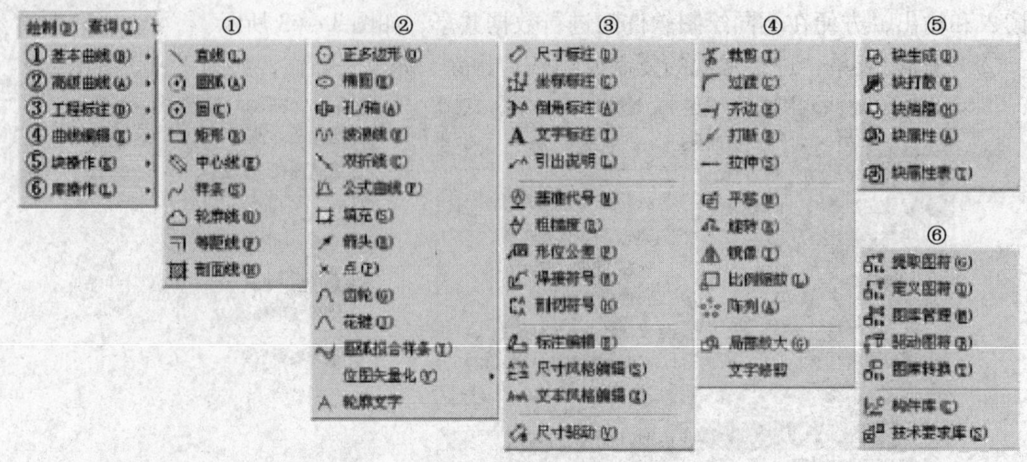

图 3－65　绘制菜单

⑥“查询”菜单用于检查某图素的几何数据。

⑦“设置”菜单用于配置操作环境、绘图参数等。

⑧“工具”菜单是辅助操作。

⑨“线切割”菜单是该软件的又重要菜单，包含了线切割所需功能 8。

在绘图等操作中，对某项操作既可以通过菜单来找到相应的项目进行操作，也可以直接使用工具栏上的快捷图标，图标操作是大多数人的操作方法，它直观方便。还可以用快捷键，这是专业人员常用的操作方法，它需要记忆快捷键，但操作更方便快速。

（2）CAXA 绘图实践

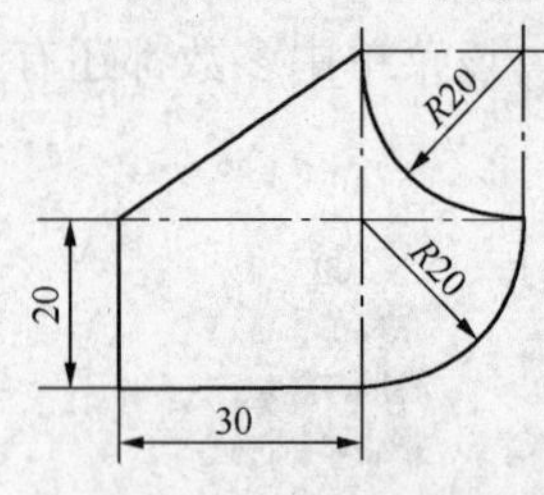

图 3－66　图形示例

绘图前先确定原点，以便计算其他点位坐标。确定原点位置要便于计算，图 3－66 示例设原点为零件图左下角。

绘图时先分析，哪些部位是可以直接画出的，哪些部位是要把其他地方先画出后才能画出的，有时候还要作些辅助线。分析后就可以确定绘图步骤。本例所示图形很简单，每条线都可以直接画出，所以下面的画法只是一种方案。

第一步：画长度为 30 的直线。选择“绘制”—“基本曲线”—“直线”。

用键盘输入第一个点的坐标(0，0)(输入不含括号)，回车，再输入第二个点(30，0)，回车，即画出第一条线 OA。

第二步：画长度为 20 的直线。采用“正交”“长度方式”画。设定长度为 20。选择“屏幕点”为“智能”。移动鼠标到原点附近，鼠标自动捕获锁定到原点，左击鼠标，确定第一个点，移动鼠标，出现长度为 20 的正交线，当线的位置符合要求时，点击鼠标，画出第二条线 CD。右击鼠标结束本次操作。

第三步：画圆弧。选择“绘制”—“基本曲线”—“圆弧”。操作选项“两点一半径”方式。选择“屏幕点”为“智能”。鼠标捕捉第一条线右端点，左击确定，当然也可以用键盘输入坐标(30, 0)。再用键盘输入圆弧第二点(50, 20), 回车, 移动鼠标, 使绘图窗口中出现的圆弧方向符合要求, 然后用键盘输入半径 20, 回车, 即画出圆弧 AB。

第四步: 以类似的方法画出第二条圆弧 BC。

第五步: 画最后一条线。选择“绘制”—“基本曲线”—“直线”, 选择“屏幕点”为“智能”。

直接用鼠标捕捉直线 OD 的端点 D 和圆弧 BC 的端点 C, 画出直线 CD。

接下来还可以进行标注、设置图框、设置打印等等。这里我们主要是为了利用计算机 CAM 功能进行编程, 所以零件图绘制到此结束。

(3) CAXA 加工轨迹生成与仿真

1) 生成加工轨迹

① 绘制或导入零件图。

② 选择“线切割”—“生成轨迹”。

弹出参数对话框, 设置切割参数和偏移补偿值, 如图 3-67 所示。

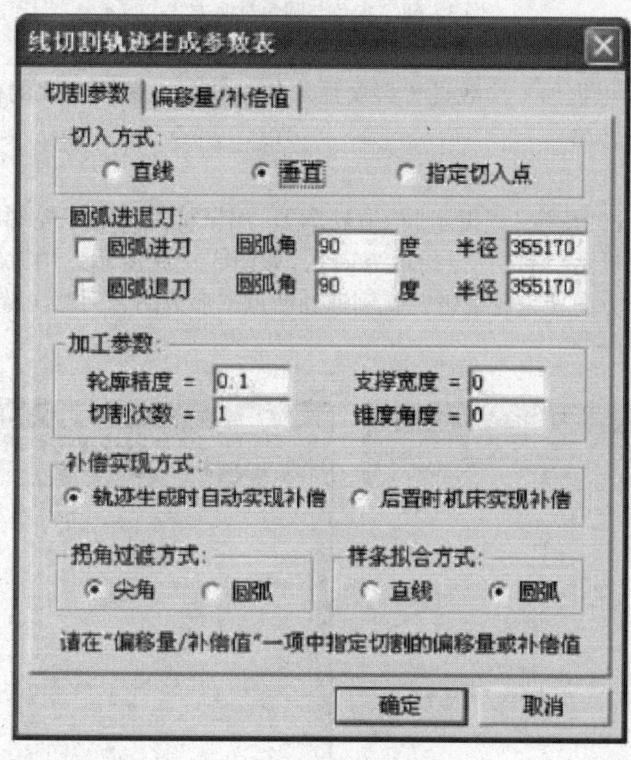

图 3-67　切割参数

a. 切入方式:

直线　电极丝直接从穿丝点切割加工到起始段的起始点;

垂直　电极丝垂直切入到起始段上, 若起始段上找不到垂足点, 就自动用“直线”切入;

指定切入点　操作者在起始段上选一点, 电极丝从穿丝点直线切割到所选点。

b. 圆弧进退刀。电极切入或退出零件加工起始点的方式采用圆弧过渡。

c. 加工参数:

轮廓精度　用样条拟合曲线时的精度, 数值越小精度越高。

切割次数　对需要粗加工、半精加工、精加工时，设定切割次数。快走丝线切割一般多采用一次成型。

d. 补偿实现方式。选“轨迹生成时自动实现补偿”时，计算机计算加入偏移量后的加工轨迹，由此生成加工程序，通常选这种方式；选“后置时机床实现补偿”时，电脑按零件轮廓轨迹编程，在程序中加入 G41、G42 等补偿指令，程序运行时，由机床进行补偿。

e. 拐角过渡方式。尖角与圆角过渡方式如图 3 – 68 所示。

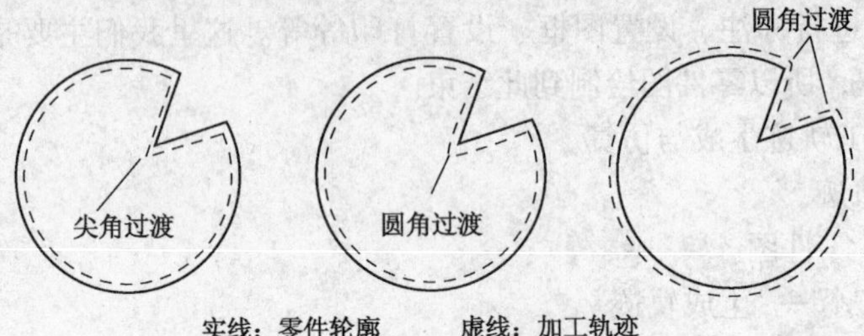

图 3 – 68　尖角与圆角过渡方式

f. 样条拟合方式。加工曲线时，用直线或圆弧来拟合曲线。

g. 偏移量设置。根据加工次数设置每次加工的偏移量，最后一次的偏移量为电极丝半径和放电间隙补偿量之和。

③ 拾取轮廓。

设置好参数，点击“确定”，提示“拾取轮廓”。用鼠标选择加工轮廓的第一段线，轮廓线上出现两个箭头，提示“请选择链拾取方向”，如图 3 – 69 所示。用鼠标点选其中一个箭头，电脑自动从这个方向搜索轮廓链，直到遇到断点或形成闭合回路。链拾取方向也是切割方向。

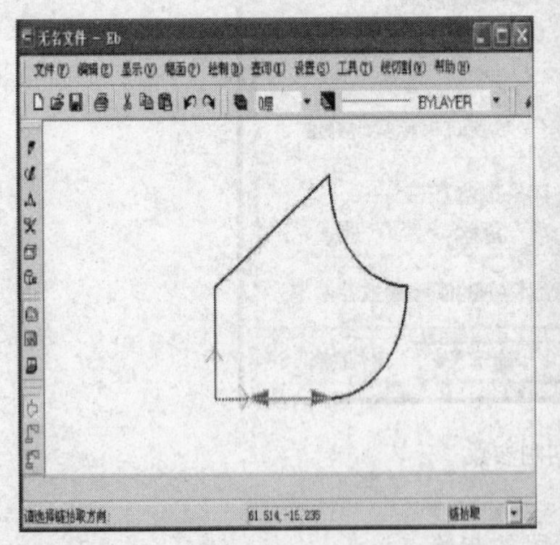

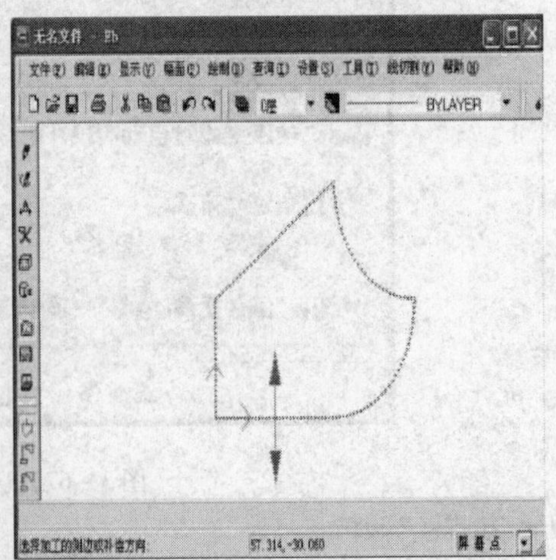

图 3 – 69　轮廓拾取与补偿

④ 选择补偿方向。

选择链拾取方向后，又出现图 3 – 69 所示的箭头，提示“选择加工的侧边或补偿方向”，同样用鼠标点选补偿方向。

⑤ 选择穿丝点(起丝点)与结束点。

穿丝点可以用鼠标指定，也可以用键盘输入，选择穿丝点后，系统提示选择退出点，这时直接回车退出点与穿丝点重合。做完这步后，加工轨迹自动生成，如图3－70所示。

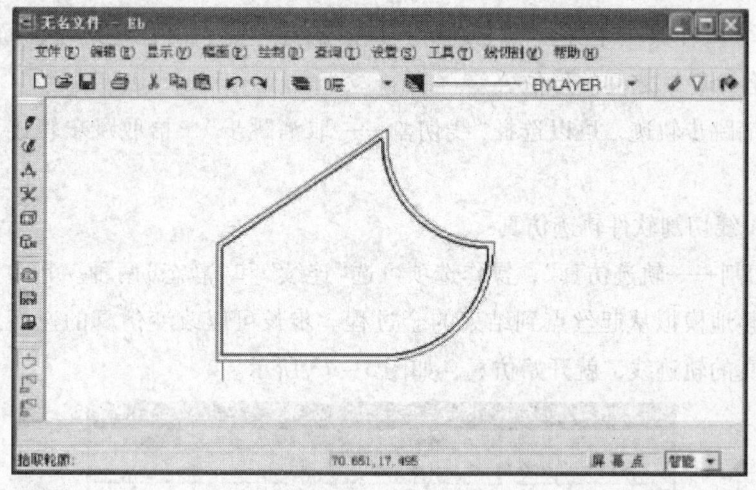

图3－70　加工轨迹

2）生成跳步轨迹

当工件由多个不连续轮廓线组成时，通常不能一次切割完成，每当加工完一个轮廓后，就要停下来，重新穿丝，再加工下一个轮廓。也就是说多个轮廓是分多步完成的，这就要跳步。

生成跳步轨迹，就是把多个轮廓的加工轨迹连接成一个跳步轨迹，进而生成一个加工程序。跳步轨迹在自动生成加工程序时，会在两个轮廓交接处生成暂停指令和跳步指令。

生成跳步轨迹的方法：

① 生成加工轨迹　分别生成各个加工轮廓的加工轨迹，如图3－71所示。

② 生成跳步轨迹　选择“线切割—轨迹跳步”，提示“拾取加工轨迹”。根据工艺要求的顺序，依次选取加工轨迹，拾取完后再回车，即生成跳步轨迹，如图3－72所示。

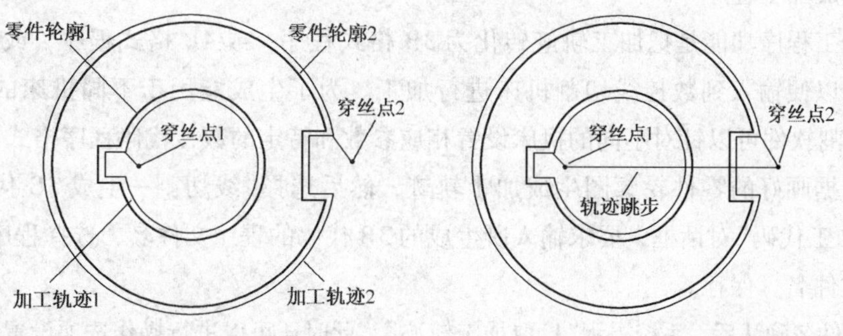

图3－71　生成加工轨迹　　图3－72　生成跳步轨迹

3）跳步轨迹加工过程

为了进一步理解“跳步轨迹”，我们来看一下跳步轨迹加工过程。以图3－68为例，加工时，先把电极丝穿入“穿丝点1，并“对中心”，然后启动加工，当轨迹1加工完后，电极丝回到“穿丝点1”处自动暂停；这时需要手工取下电极丝，再运行程序“空走”，执行跳步，电极丝自动移动到下一个穿丝点停下，即“穿丝点2”；然后重新穿丝，再次运行程序，接着沿下一个轨迹加工。如果有更多的跳步，重复上述过程，直到加工完成。跳步加工中，电极丝的定位(对丝)只在第一个穿丝点上进行，以后的穿丝点，由程序定位，简化对丝操作，又能保证零件各个轮廓之间的形位公差。

如果要取消跳步轨迹，可以选择“线切割——取消跳步”，拾取跳步轨迹，回车，即可取消跳步。

(4) CAXA线切割软件轨迹仿真

选择“线切割——轨迹仿真”，操作选项可选“连续”和“静态”两种。其中，在连续方式下，系统将完整地模拟从起丝点到结束的全过程。步长可以改变仿真的速度。设置好选项后，点击要仿真的轨迹线，就开始仿真，如图3－73所示。

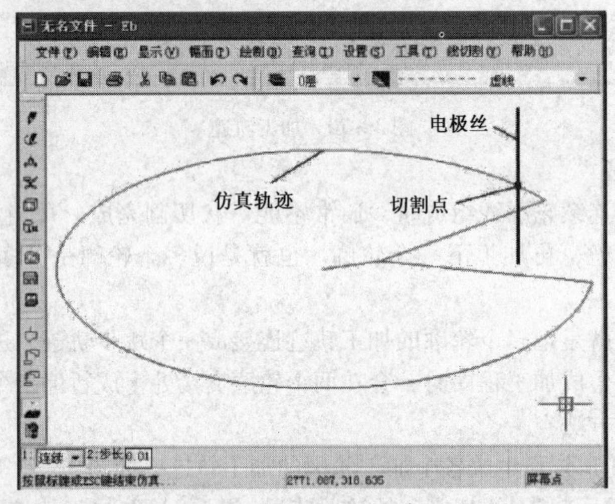

图3－73　线切割轨迹仿真

(5) 生成加工程序

生成加工程序功能是把加工轨迹转化为3B格式程序，或4B格式程序，或ISO格式G代码程序，以便输入到数控线切割机床进行加工。为了生成能用于不同机床的加工程序，CAXA线切割软件可以针对不同的机床设置相应参数和特定的数控代码程序格式。

首先根据画好的零件轮廓图生成加Ｉ轨迹，然后选择“线切割—生成3B代码”，弹出“生成3B加工代码”对话框，要求输入所生成的3B代码的程序文件名，选择程序保存路径，输入程序文件名，保存。

输入文件名确认后，系统提示“拾取加工轨迹”。此时还可以进行操作选项设置，如图3－74所示。当拾取到加工轨迹后，该轨迹变为红色虚线。拾取完成后回车，系统即生成数控程序。如果选择了“显示代码”，生成数控程序后系统会自动调用记事本打开程序，如图3－75所示。

可以一次拾取多个加工轨迹。当拾取多个加工轨迹同时生成加工代码时，各轨迹之间按拾取的先后顺序自动实现跳步。这与先生成跳步轨迹再生成加Ｉ代码相比，该种方法各轨迹保持相互独立，生成跳步轨迹后，各轨迹连成一个轨迹，当然最后加工代码是一样的。

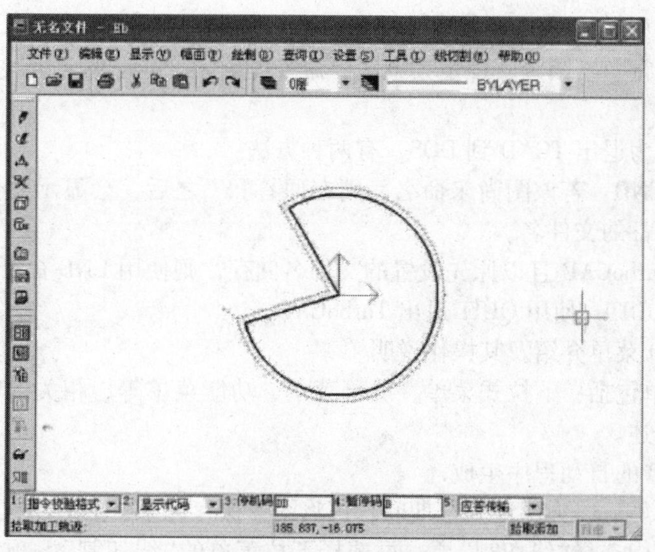

图 3－74　拾取加工轨迹

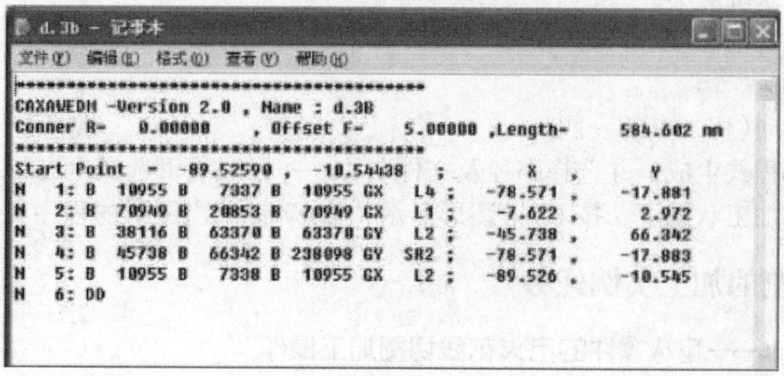

```
****************************************
CAXAWEDM -Version 2.0 , Name : d.3B
Conner R=    0.00000     , Offset F=    5.00000 ,Length=     584.602 mm
****************************************
Start Point  =   -89.52590 ,  -10.54438  ;       X   ,      Y
N   1: B  10955 B   7337 B  10955 GX   L4 ;   -78.571 ,   -17.881
N   2: B  70949 B  20853 B  70949 GX   L1 ;    -7.622 ,     2.972
N   3: B  38116 B  63370 B  63370 GY   L2 ;   -45.738 ,    66.342
N   4: B  45738 B  66342 B 238098 GY  SR2 ;   -78.571 ,   -17.883
N   5: B  10955 B   7338 B  10955 GX   L2 ;   -89.526 ,   -10.545
N   6: DD
```

图 3－75　加工程序生成

2. TurboCAD 的图形绘制及自动编程简介

（1）TurboCAD 的启动、进入和退出

1）启动 TurboCAD

要执行 TurboCAD(简称 TCAD)，必须至少有 1MB 的磁盘空间，这些空间作为虚拟内存用于存放大量图形数据和过程记录。TCAD 的图形驱动系统也将利用此磁盘切换图形显示。假设所有相关的系统环境变量都已装设妥当，那么可利用以下两种方法启动 TurboCAD。

① 执行批处理文件 TCAD. BAT　为了便于使用，可以在 C：\ 跟目录下建立一个批处理文件，使其具有：驱动鼠标(鼠标驱动程序在 C：\ MOUSE 内)、执行 TurboCAD(执行存在于 C：\ TCAD 内的 TCAD. BAT)。

如果鼠标驱动程序就是 MOUSE. COM，而且已将其复制到 C：\ TCAD 子目录下。这样，直接执行建立的 TCAD. BAT 来启动 TurboCAD。

② TCAD <工作文件>　进入 TCAD 之后，装入编辑的旧文件或建立新工作文件。方法如下首先进入 C：\ TCAD 子目录(C：\ >CD_ TCAD). 然后以下述方式启动 TCAD(C：\ TCAD >TCAD)

2）进入 TCAD

启动过程中，TCAD 首先汇报系统状态。接着 TurboCAD 会载入初始文件所指定的 TCAD 图形驱动系统，然后进入绘图模式。屏幕的版面也是按照系统初始文件设置的。最后载入菜单有文件(TCAD. MUN)以及原始图形文件(TCAD. WRK)即可进入 TCAD。屏幕共分为五个区域：状态行、绘图区、锁定菜单区、命令提示区、屏幕单元区。

3）退出 TCAD

绘图结束后，为退出 TCAD 到 DOS，有两种方法：

① 结束作图 END　若该图尚未命名，则在回答“Y”之后，会显示文件操作窗口，并且要求您输入新图文件的文件名。

若决定退出 TurboCAD 且以原先设置的文件名储存，则使用 END 命令。

② 放弃作图 QUIT　使用 QUIT 退出 TurboCAD。

(2) TurboCAD 菜单介绍及其操作说明

TurboCAD 菜单包括：下拉式菜单、屏幕菜单、功能菜单等，相关内容细节及操作说明见说明书，此不赘述。

(3) TurboCAD 的自动程序生成

将加工图形制好后，为保证安全期间，可将图形保存起来，然后将鼠标向上移直到出现主菜单，在主菜单中选择“线切割”项，再选择下拉菜单的“线切割”一项，这样就进入了线切割代码生成子系统。

线切割——M“手动方式”——选择一点作为钼丝运动的起点——选择切入点。选择各个图元(封闭轮廓)。

选择加工方向(切入点的一侧)。

线切割——程式生成，并选择路径及文件名称——程序编辑选择生成的文件即可。

最后，回到加工状态下，按 F5 键图形显示，按 F7 键调出图形的程序文件进行预加工。

二、线切割的加工实例任务

(一) 实例一——趣味零件的电火花线切割加工操作

任务导入

图 3－76、图 3－77 是年轻学生喜爱的爱情钥匙、爱情锁的趣味图形，可以用来进行快走丝线切割加工的练习，既有趣味，又于不知不觉中巩固与掌握了快走丝线切割加工的基本知识。

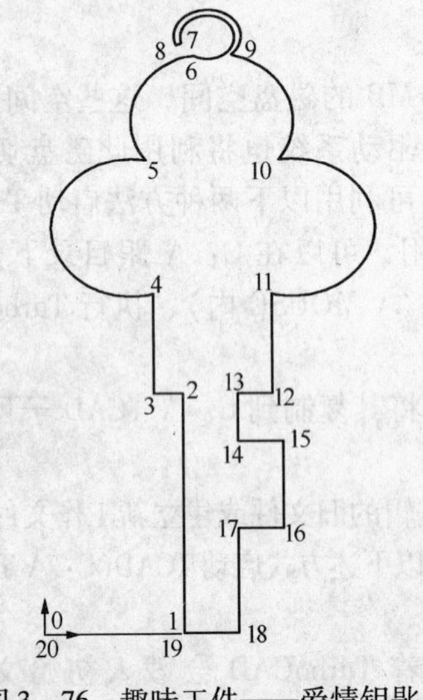

图 3－76　趣味工件——爱情钥匙

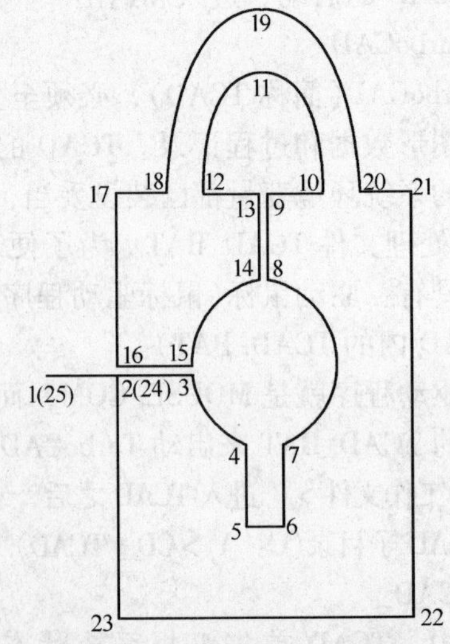

图 3－77　趣味工件——爱情锁

任务分析与准备

（1）工件分析

起割点如图3－75、图3－76所示，两个趣味件起割点分别在“0”和“1”处，是否选择穿丝孔要根据坯料确定，以便确定正确的起割点。

（2）编程准备

1）间隙补偿

实际编程时，通常不是编工件轮廓线的程序，应该编切割时电极丝中心所走的轨迹的程序，即还应该考虑电极丝的半径和电极丝至工件间的放电间隙。一般切割凹模或样板零件向内偏，切割凸模时由凹模尺寸向外偏。

间隙偏移量：f＝电极丝半径 r＋放电间隙 δ

2）趣味零件的程序编制

爱情钥匙件：

① 计算 f（单位：mm）

$$f=\frac{1}{2}(d+2\Delta)=\frac{1}{2}(0.3+2\times0.01)=0.16$$

② 坐标点（单位：mm）

第0个点坐标：　$X=0.000$　　$Y=0.000$

第1个点坐标：　$X=10.000$　　$Y=0.000$

第2个点坐标：　$X=10.000$　　$Y=20.770$

第3个点坐标：　$X=8.014$　　$Y=20.770$

第4个点坐标：　$X=8.014$　　$Y=29.594$

第5个点坐标：　$X=7.589$　　$Y=40.936$

第6个点坐标：　$X=10.890$　　$Y=50.217$

第7个点坐标：　$X=10.072$　　$Y=51.148$

第8个点坐标：　$X=9.712$　　$Y=50.935$

第9个点坐标：　$X=13.504$　　$Y=50.185$

第10个点坐标：　$X=16.582$　　$Y=40.834$

第11个点坐标：　$X=16.276$　　$Y=29.101$

第12个点坐标：　$X=16.276$　　$Y=20.770$

第13个点坐标：　$X=13.994$　　$Y=20.770$

第14个点坐标：　$X=13.994$　　$Y=16.575$

第15个点坐标：　$X=17.121$　　$Y=16.575$

第16个点坐标：　$X=17.121$　　$Y=9.054$

第17个点坐标：　$X=13.994$　　$Y=9.054$

第18个点坐标：　$X=13.994$　　$Y=0.000$

第19个点坐标：　$X=10.000$　　$Y=0.000$

第20个点坐标：　$X=0.000$　　$Y=0.000$

③ 确定走丝路径（图3－75），走丝线路0～20。

④ 程序表格（单位：μm）　如表3－11所示。

表 3－11　爱情钥匙 3B 程序单

B	X	B	Y	B	J	G	Z
B	10000	B	160	B	10000	GX	L4
B	0	B	20770	B	20770	GY	L2
B	1986	B	0	B	1986	GX	L3
B	0	B	8782	B	8782	GY	L2
B	1255	B	5827	B	13811	GX	SR4
B	4895	B	3403	B	5819	GX	SR3
B	956	B	1522	B	6489	GY	NR3
B	632	B	377	B	632	GX	L3
B	2230	B	1199	B	7902	GY	SR3
B	1678	B	5720	B	9218	GY	SR1
B	720	B	6117	B	14276	GX	SR2
B	0	B	8291	B	8291	GY	L4
B	2281	B	0	B	2281	GX	L3
B	0	B	3875	B	3875	GY	L4
B	3126	B	0	B	3126	GX	L1
B	0	B	7841	B	7841	GY	L4
B	3126	B	0	B	3126	GX	L3
B	0	B	9054	B	9054	GY	L4
B	4315	B	0	B	4315	GX	L3
B	10000	B	160	B	1000	GX	L2
			DD				

同理，爱情锁件：

① 计算 f(单位：mm)

$$f=\frac{1}{2}(d+2\Delta)=\frac{1}{2}(0.3+2\times 0.01)=0.16$$

② 坐标点(单位：mm)

第 1 个点坐标：　$X=0.000$　　$Y=0.000$

第 2 个点坐标：　$X=10.000$　　$Y=0.000$

第 3 个点坐标：　$X=20.083$　　$Y=0.000$

第 4 个点坐标：　$X=27.354$　　$Y=-8.358$

第 5 个点坐标：　$X=27.354$　　$Y=-18.206$

第 6 个点坐标：　$X=32.354$　　$Y=-18.206$

第 7 个点坐标：　$X=32.354$　　$Y=-8.434$

第 8 个点坐标：　$X=30.500$　　$Y=11.273$

第 9 个点坐标：　$X=30.500$　　$Y=21.285$

第 10 个点坐标：　$X=38.175$　　$Y=21.285$

第 11 个点坐标：　$X=29.690$　　$Y=35.986$
第 12 个点坐标：　$X=21.713$　　$Y=21.285$
第 13 个点坐标：　$X=29.500$　　$Y=21.285$
第 14 个点坐标：　$X=29.500$　　$Y=11.273$
第 15 个点坐标：　$X=20.004$　　$Y=1.000$
第 16 个点坐标：　$X=10.019$　　$Y=1.000$
第 17 个点坐标：　$X=10.019$　　$Y=21.285$
第 18 个点坐标：　$X=16.640$　　$Y=21.285$
第 19 个点坐标：　$X=29.534$　　$Y=43.394$
第 20 个点坐标：　$X=43.069$　　$Y=21.285$
第 21 个点坐标：　$X=50.000$　　$Y=21.285$
第 22 个点坐标：　$X=50.000$　　$Y=-28.715$
第 23 个点坐标：　$X=10.000$　　$Y=-28.715$
第 24 个点坐标：　$X=10.000$　　$Y=0.000$
第 25 个点坐标：　$X=0.000$　　$Y=0.000$

③ 确定走丝路径(图 3－73)，走丝线路 0～25。

④ 程序表格(单位：μm)　如表 3－12 所示。

表 3－12　爱情锁 3B 程序单

B	X	B	Y	B	J	G	Z
B	10000	B	160	B	10000	GX	L1
B	10385	B	0	B	10385	GX	L1
B	9775	B	1125	B	7289	GX	NR3
B	0	B	9811	B	9811	GY	L4
B	4680	B	0	B	4680	GX	L1
B	0	B	9739	B	9739	GY	L2
B	2194	B	9592	B	17146	GX	NR4
B	1	B	10327	B	10327	GY	L1
B	7692	B	0	B	7692	GX	L1
B	17747	B	2006	B	5891	GY	NR4
B	13883	B	2961	B	5053	GY	NR1
B	6967	B	4660	B	3482	GX	NR1
B	2292	B	5305	B	2377	GX	NR1
B	222	B	6205	B	3822	GX	NR2
B	6876	B	8008	B	4026	GY	NR2
B	15002	B	6300	B	5624	GY	NR2
B	17949	B	865	B	3237	GY	NR2
B	7807	B	0	B	7807	GX	L1
B	0	B	10326	B	10326	GY	L4

续表

B	X	B	Y	B	J	G	Z
B	340	B	9834	B	10279	GY	NR2
B	10311	B	0	B	10311	GX	L3
B	0	B	20605	B	20605	GY	L2
B	6639	B	0	B	6639	GX	L1
B	795	B	6805	B	6805	GY	L1
B	23780	B	2624	B	7337	GY	SR2
B	14744	B	6623	B	3943	GX	SR2
B	6633	B	7264	B	6267	GX	SR2
B	60	B	9561	B	5557	GX	SR2
B	8690	B	12306	B	5051	GY	SR1
B	20832	B	11574	B	8989	GY	SR1
B	752	B	6331	B	6331	GY	L4
B	6948	B	0	B	6948	GX	L1
B	0	B	50320	B	50320	GY	L4
B	40320	B	0	B	40320	GX	L3
B	0	B	29034	B	29034	GY	L2
B	10000	B	160	B	10000	GX	L3
DD							

任务实施

按照前面已述线切割操作内容，按下列步骤进行线切割加工，见图 3－78。

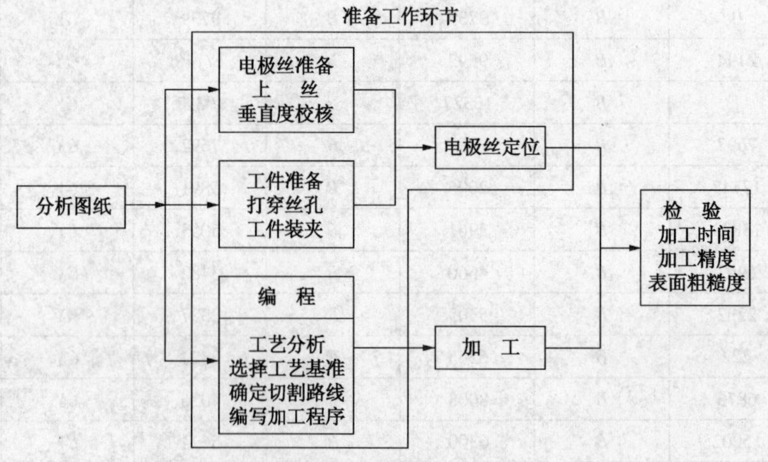

图 3－78　线切割加工的步骤

任务检测

采用相关测量工具，大致检测做好的工件，以美观、无毛刺为好。

（二）实例二——简单零件的电火花线切割加工

任务导入

生产实践中简单零件处处可见，现以图 3 – 79 展现的简单件，进行电火花线切割加工有关内容的巩固。

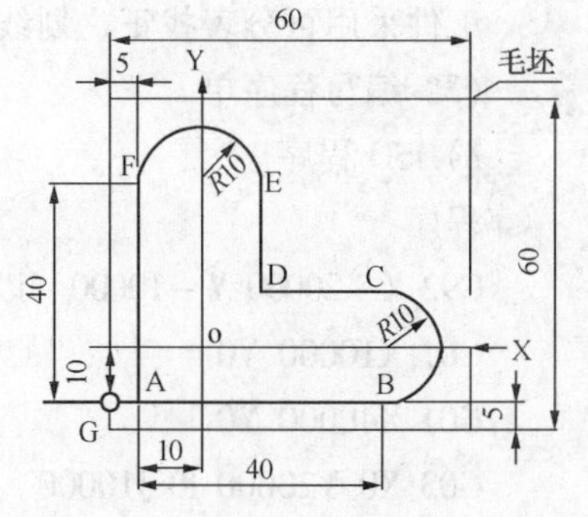

图 3 – 79　简单零件的外形尺寸

任务分析与准备

（1）工艺分析

加工如图 3 – 79 所示零件外形，毛坯尺寸为 60mm × 60mm，对刀位置必须设在毛坯之外，以图中 G 点坐标（ –20，–10）作为起刀点即穿丝孔，A 点坐标（ –10，–10）作为起割点。为了便于计算，编程时不考虑钼丝半径补偿值。逆时针方向走刀。

（2）工艺准备

工艺准备主要包括电极准备、工件准备和工作液配制等。

1）电极准备

电极准备主要包括电极材料和电极直径的选择。

电极丝应具有良好的抗电蚀性，抗拉强度，材质均匀。此工件使用快走丝线切割加工机床进行加工，故采用钼丝，直径在 0. 08 ~0. 22mm 范围内，抗拉强度高，应用广泛。

2）工件准备

工件准备包括工件材料的选择、工件基准的选择、穿丝孔的确定及切割路线的确定等。

此例坯料可以按下列步骤进行：

下料→锻造→退火→刨平面→磨平面→划线→铣漏料孔→孔加工→淬火→磨平面→线切割。

下面谈谈有关穿丝孔的知识：

① 穿丝孔的作用　对于切割凹模或带孔的工件，必须先有一个孔用来将电极丝穿进去，然后才能进行加工；另外，穿丝孔可以减小凹模或工件在线切割加工中的变形。

② 穿丝孔的选择　是电极丝加工的起点，也是程序的原点，一般选工件的基准点附近，此例 G 点为穿丝孔。穿丝孔到工件之间有一条引入线段，如 GA 段，称为引入程序段。在手工编程时，应减去一个间隙补偿量，从而保证图形位置的准确性，防止过切（此例不考虑间隙补偿）。

③ 穿丝孔的加工　穿丝孔通过钻孔、镗孔或穿孔机进行穿孔，应在淬火前加工好。加工完成后，一定要注意清理里面的毛刺，以避免加工中产生短路而导致加工不能正常进行。

3）工作液配制

根据线切割机床的类型和加工对象，选择工作液的种类、浓度及导电率等。线切割常用工作液有去离子水和乳化液。此例选择乳化液。

4）工艺参数的选择

一般尺寸厚的工件，选择较大加工电流另外可以按照表面按粗糙度来选择脉冲宽度。脉宽愈大，单个脉冲能量大，切割效率高，粗糙度大。工件厚度大，切割加工排屑时间长，脉冲间隔时间长。

5）电极丝、工件的装夹与调整

工件采用百分表找正、划线找正；电极丝采用目测法、火花法、自动找正中心等调整。

（3）编写程序单

1）ISO 程序

程序	注解
G92 X－20000 Y－10000	以 O 点为原点建立工件坐标系，起刀点坐标为(－20，－10)；
G01 X10000 Y0	从 G 点走到 A 点，A 点为起割点；
G01 X40000 Y0	从 A 点到 B 点；
G03 X0 Y20000 I0 J10000	从 B 点到 C 点；
G01 X－20000 Y0	从 C 点到 D 点；
G01 X0 Y20000	从 D 点到 E 点；
G03 X－20000 Y0 I－10000 J0	从 E 点到 F 点；
G01 X0 Y－40000	从 F 点到 A 点；
G01 X－10000 Y0	从 A 点回到起刀点 G；
M00	程序结束。

2）3B 格式程序

程序	注解
B10000 B0 B10000 GX L1	从 G 点走到 A 点，A 点为起割点；
B40000 B0 B40000 GX L1	从 A 点到 B 点；
B0 B10000 B20000 GX NR4	从 B 点到 C 点；
B20000 B0 B20000 GX L3	从 C 点到 D 点；
B0 B20000 B20000 GY L2	从 D 点到 E 点；
B10000 B0 B20000 GY NR4	从 E 点到 F 点；
B0 B40000 B40000 GY L4	从 F 点到 A 点；
B10000 B0 B10000 GX L3	从 A 点回到起刀点 G
D	程序结束。

任务实施

可以参照图 3－80 的步骤及前面所述的机床操作步骤进行加工。

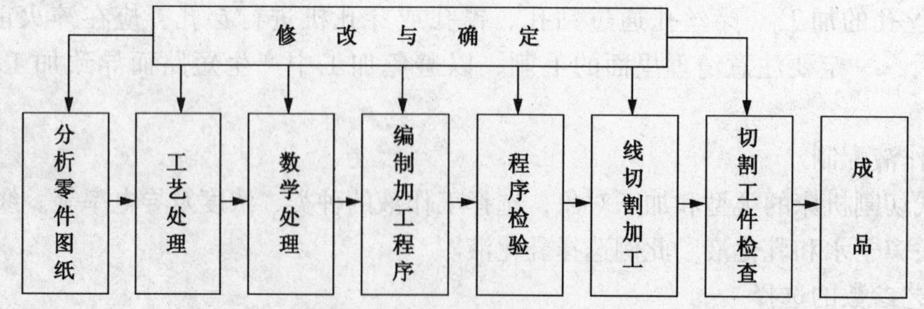

图 3－80　线切割加工基本步骤

任务检测

同本模块实例一。

（三）实例三——五角星零件的线切割自动编程操作

任务导入

如图 3－81 所示为一五角星零件，尺寸标注如图。

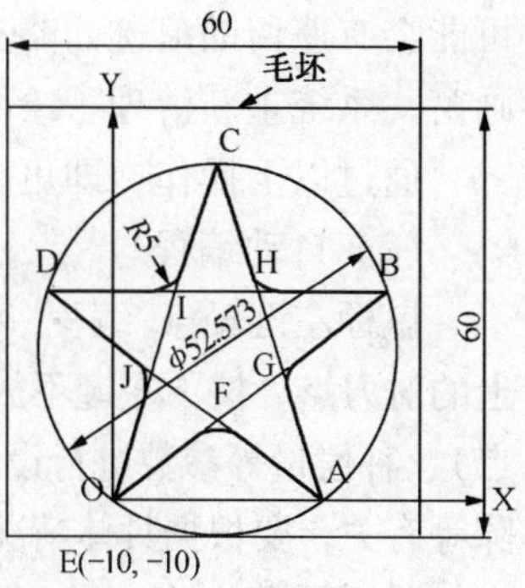

任务分析与准备

工如图 3－81 所示五角星零件外形，毛坯尺寸为 60mm × 60mm，对刀位置必须设在毛坯之外，以图中 E 点坐标（－10，－10）作为对刀点，O 点为起割点，逆时针方向走刀。

图 3－81　五角星零件

任务实施

（1）绘图

首先绘出直线“OC”：

在图形绘制界面上，鼠标左键轻点直线图标，该图标呈深色，然后将光标移至绘图窗内。此时，屏幕下方提示行内的“光标”位置显示光标当前坐标值。将光标移至坐标原点，按下左键不放，移动光标，即可在屏幕上绘出一条直线，在弹出的参数窗中可对直线参数作进一步修正，如图 3－82 所示，确认无误后按“Yes”退出，完成“OC”直线的输入。

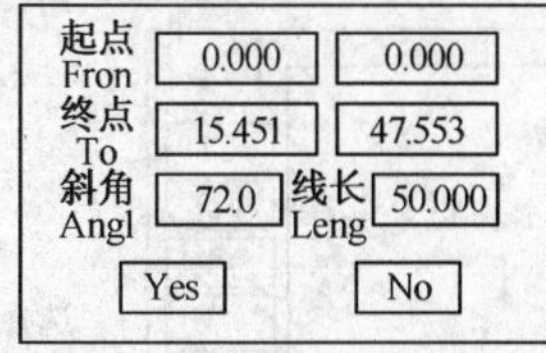

图 3－82　“OC”直线参数窗

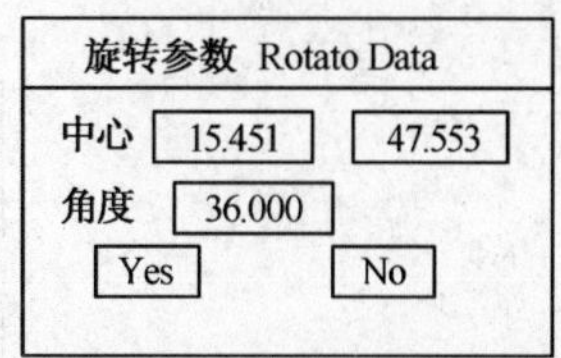

图 3－83　“CA”直线参数窗

绘制“CA”直线：

光标依次点取屏幕上“编辑”→“旋转”→“线段复制旋转”。屏幕右上角将显示“中心”（提示选取旋转中心），左下角出现工具包，光标从工具包中移出至绘画窗，则马上变成“田”形，将光标移至“C”点上（呈“×”形）轻点左键，选定旋转中心，此时屏幕右上角又出现提示“转体”，将“田”型光标移到“OC”线段上（光标呈“手指”形），轻点左键，在弹出的参数设置窗中进行参数设置，如图 3－83 所示，确认无误后按“Yes”键退出，将光标放回工具包，完成“CA”直线输入。

绘制“DA”直线：

其方法与“CA”直线绘制基本相同，旋转中心点为“A”点，旋转体为“CA”直线，参数设置如图 3－84 所示。

绘制“DB”直线：方法同上。

绘制“OB”直线：光标点取直线图标，将光标移至 B 点，光标呈“×”形，拖动光标至 O 点（呈‘×’形），在弹出的直线参数窗中对参数进行修正，如图 3－85 所示，按“Yes”键完成直线“OB”的输入。

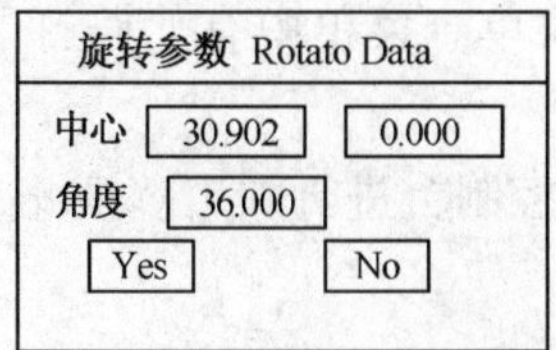

图 3－84　“DA”直线参数窗

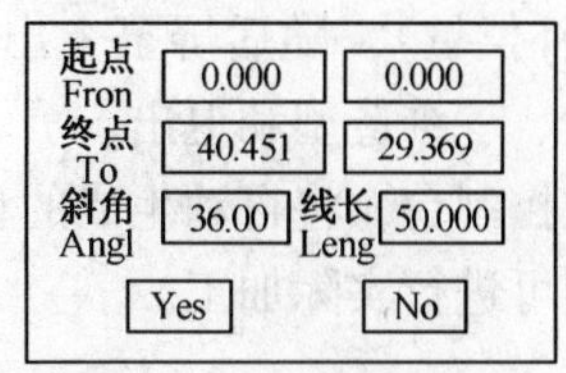

图 3－85　“OB”直线参数窗

然后分别进行图形编辑、倒 $R5$ 圆角、图形清理等操作，由于屏幕显示的误差，图形上可能会有遗留的痕迹而略有模糊。此时，可用光标选择重画图标(图标变深色)，并移入绘画窗，系统重新清理、绘制屏幕。

通过以上操作，即可完成完整图形的输入。然后进行图形存盘。

(2) 自动编程

鼠标左键轻点“编程”→“切割编程”，在屏幕左下角出现一丝架形光标，将光标移至屏幕上的对刀点，按下左键不放，拖动光标至起割点，在弹出的参数窗中可对起割点、孔位(对刀点)、补偿量等参数进行设置。其中补偿量与钼丝半径大小、走丝方向、切割方式以及放电间隙等有关，要根据具体情况合理选择，如图 3 – 86 所示。参数设置好后，按“Yes”确认。

随后屏幕上将出现一路径选择放大窗，如图 3 – 87 所示。在“路径选择窗”中可进行路径起点、方向等的选择(步骤略)，路径选定后光标轻点“认可”，“路径选择窗”即消失，同时火花沿着所选择的路径方向进行模拟切割，至“OK”结束。如工件图形上有交叉路径，火花自动停在交叉处，屏幕上再次弹出“路径选择窗”。同前所述，再选择正确的路径直至“OK”。系统自动把没切割到的线段删除，呈一完整的闭合图形。

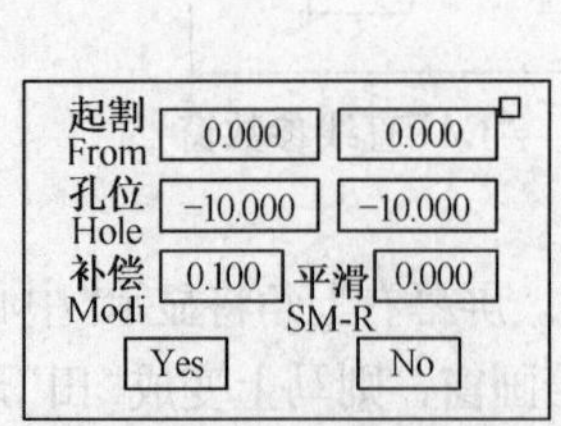

图 3 – 86　编程参数窗

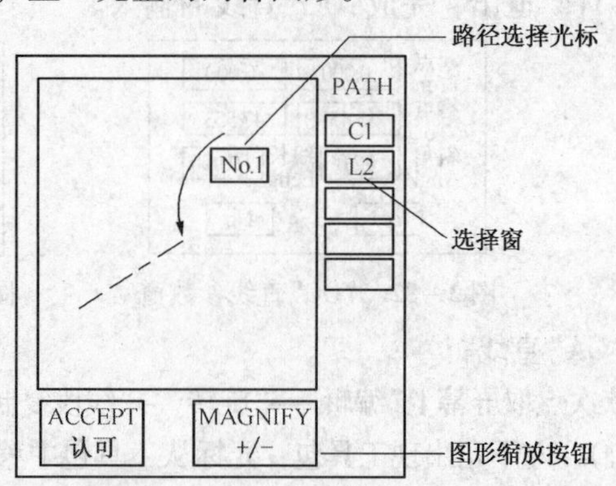

图 3 – 87　路径选择放大窗

加工方向：有左右向两个三角形，分别代表逆/顺时针方向，红底黄色三角为系统自动判断方向。因本例无锥度、跳步和特殊补偿，故不需设置。用光标轻点加工参数设定窗右上角的小方块“口”按钮，退出参数窗。屏幕右上角显示红色“丝孔”提示，提示用户可对屏幕中的其他图形再次进行穿孔、切割编程。系统将以跳步模的形式对两个以上的图形进行编程。因本例无此要求，可将丝架形光标直接放回屏幕左下角的工具包(用光标轻点工具包图符)，完成线切割自动编程。

退出切割编程阶段，系统即把生成的输出图形信息通过软件编译成 ISO 数控代码(必要时也可编译成 3B 程序)，并在屏幕上用亮白色绘出对应线段。若编码无误，两种绘图的线段应重合(或错开补偿量)。随后屏幕上出现输出菜单。菜单中有代码打印、代码显示、代码转换、代码存盘、三维造型和退出。

在此，选择送控制台，将自动生成的程序送到控制台进行加工。至此，一个完整的工件编程过程结束，即可进行实际加工。

(3) 加工

按前所述机床操作步骤进行操作。

三、安全操作规程

学习数控电火花机床操作安全规范，从两方面考虑：一方面是人身安全；另一方面是设备安全，要点如下：

① 操作者必须熟悉电火花机床的操作技术，熟悉设备的加工工艺，能恰当地选取加工参数，按规定操作顺序操作，禁止未经培训的人员操作机床。

② 操作数控电火花机床前应仔细阅读机床使用说明书，充分了解所介绍的各部分的工作原理、结构性能、操作程序及总停开关部位。

③ 实训时，衣着要符合安全要求。要穿绝缘的工作鞋，女生戴安全帽时，长辫要盘起。

④ 加工中严禁用手或手持导电工具同时接触加工电源的两端(电极与工件)，防止触电。

⑤ 机床使用的工作液为可燃性的油质液体，电火花加工过程中，应打开自动灭火开关，绝对禁止在机床存放的房间内吸烟及燃放明火。机床周围存放足够的灭火器材，防止意外引起火灾事故。操作者应知道如何使用灭火器材。

⑥ 机床电气设备的外壳应采用保护措施，防止漏电，使用触电保护器来防范触电的发生。

⑦ 重量大的工件，在搬移、安放的过程中要注意安全，在工作台上要轻移、轻放。

⑧ 编写好加工程序后，要进行程序的试运行(如有模拟功能，先进行模拟加工)，确保程序准确无误，工艺系统各环节无相互干涉(如碰撞)现象，方可正式加工。

⑨ 采用大电流放电加工时，工作液应高于工件 50cm，防止发生火灾。

⑩ 机床在加工过陈中会产生烟雾，应备有通风排烟设施，保障操作人员的健康。

⑪ 机床运行时，不要把身体靠在机床上，不要把工具和量具放在移动的工件或部件上。

⑫ 在加工过程中，操作者不能离岗或远离机床，要随时监控加工状态，对加工过程中的异常现象及时采取相应的处理措施。

⑬ 加工中发生紧急问题时，可按紧急停止按钮来停止机床的运行。

⑭ 停机时，应先停脉冲电源，后停工作液。所有加工完成后，应关掉机床总电源，擦拭工作台及夹具。

⑮ 定期做好机床的维护和保养工作，使机床处于良好的工作状态。

知识巩固

思考题

1. 说明线切割机床的设备组成及功用。
2. 简述电极丝的上丝、穿丝、找正、对丝方法及原理。
3. 说明工件的装夹、找正方法及原理。
4. 说明 3B 编程规则。
5. 如图 3－88 所示工件(a)、(b)、(c)、(d)、(e)尺寸，试编写相应的 3B 程序。

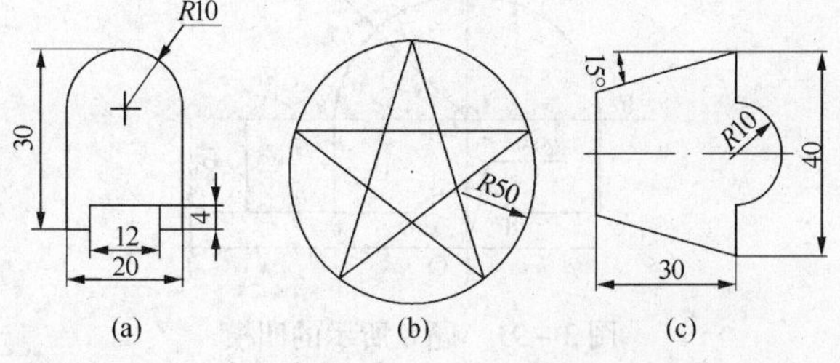

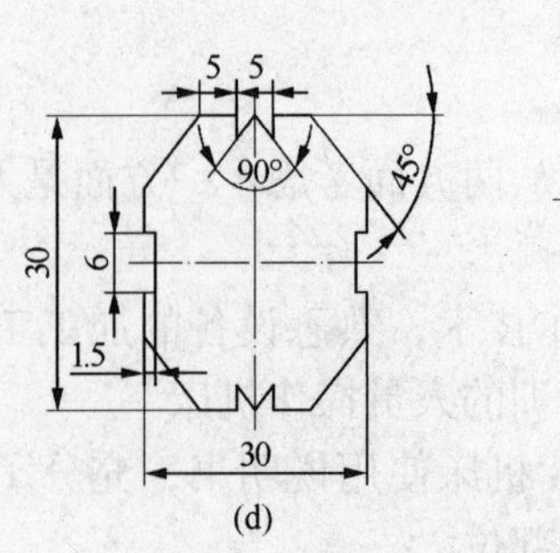

图 3－88　题 5 的工件图形

6. 已知：图 3－89 所示凸模的穿丝孔中心为 O_1，且 O_1a 位于水平方向，其长度为 5mm，钼丝起割位置在 O_1 处，钼丝直径为 0.12mm，单边放电间隙为 0.01mm。切割顺序为 O_1—a—b—c—d—e—f—g—a—O_1，试用 3B 格式编写此凸模加工程序。

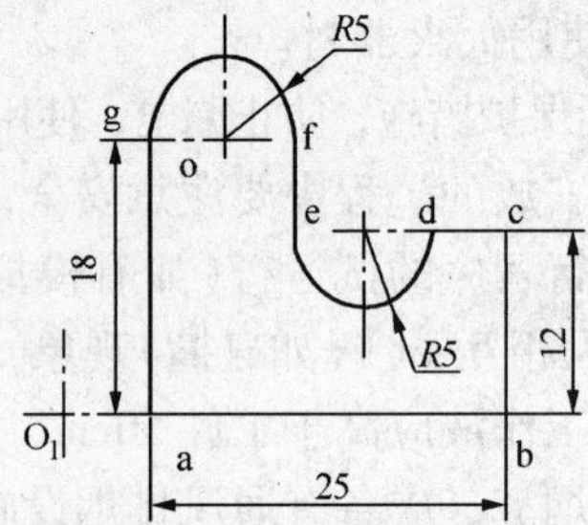

图 3－89　题 6 的凸模图形

7. 已知：图 3－90 所示的凹模穿丝孔中心为 O，钼丝直径为 0.12mm，单边放电间隙为 0.01mm。钼丝起割位置在 O 处，切割顺序为 O—a—b—c—d—e—f—a—O，试用 3B 格式编写此凹模的加工程序。

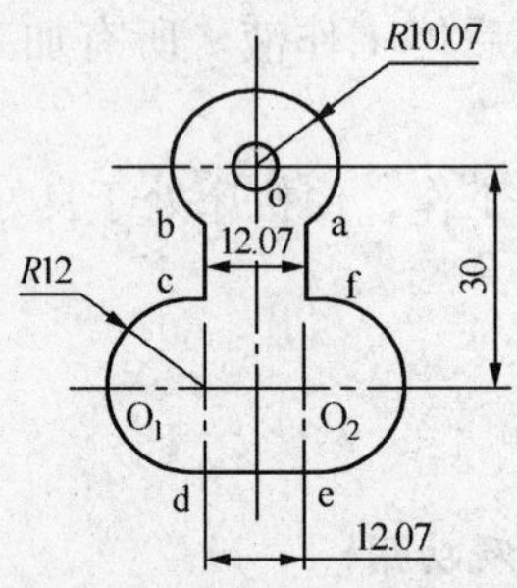

图 3－90　题 7 所示的凹模图形

8. 编制如图 3－91 所示的凹模线切割 3B 程序单(按 O—a—b—c—d—e—f—a—O 进行)。已知：穿丝孔中心为 O，电极丝直径为 0.10mm，单边放电间隙为 0.01mm。

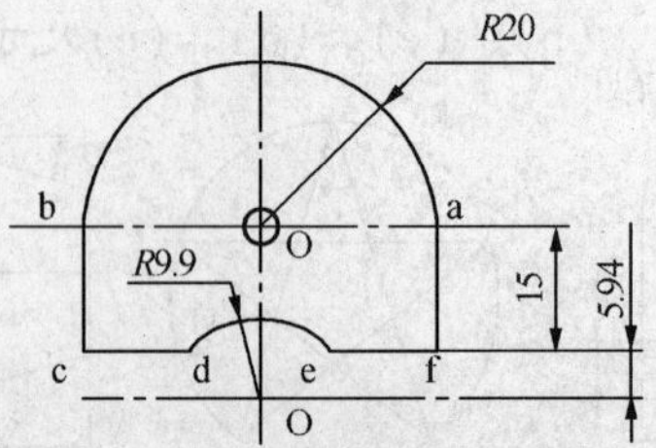

图 3－91　题 8 所示的凹模

9. 请分别编制项目加工图 3－92 所示的线切割加工 3B 代码和 ISO 代码，已知线切割加工用的电极丝直径为 0.18mm，单边放电间隙为 0.01mm，O 点为穿丝孔，加工方向为 O—A—B—…。

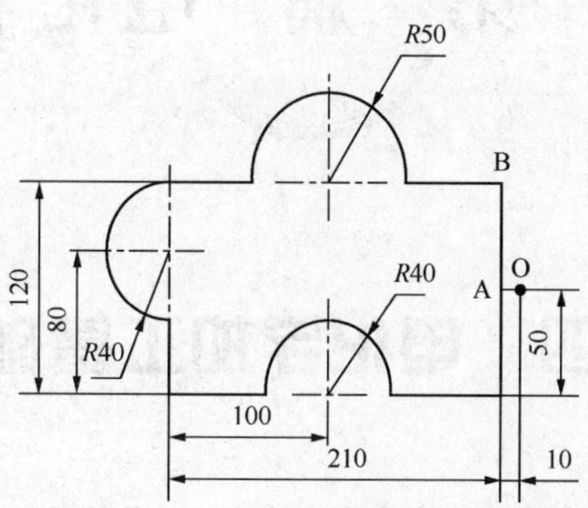

图 3－92　题 9 所示线切割工件图

10. 如图 3－93 所示，用 CAXA 线切割绘制零件图并实现自动编程，且列出程序单。

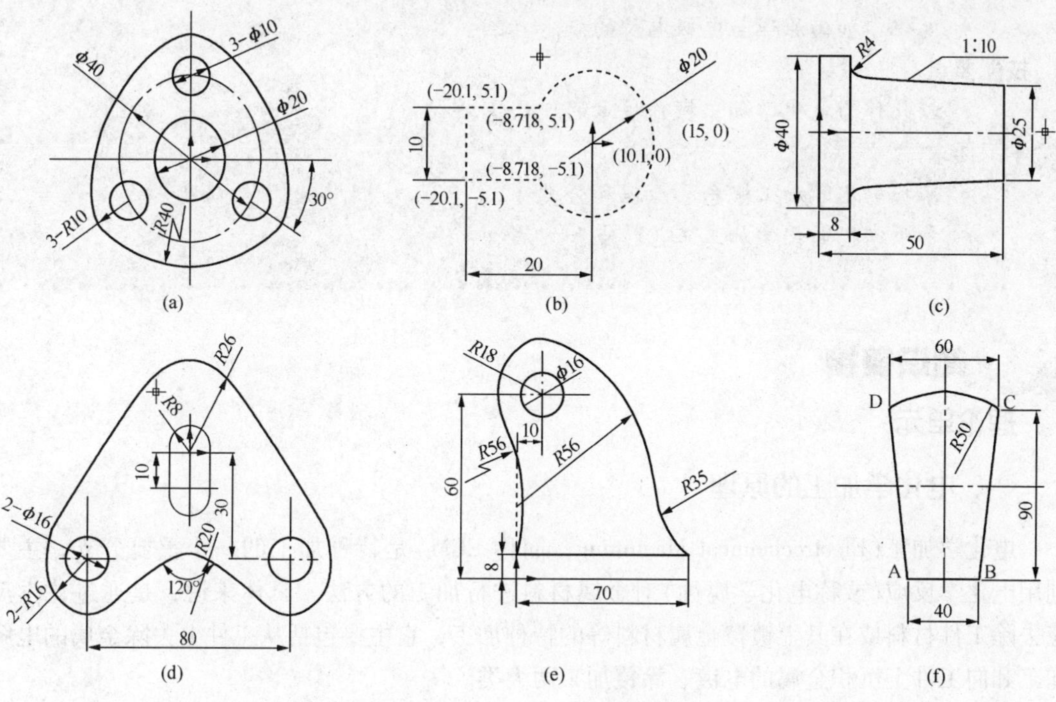

图 3－93　题 10 的自动编程零件图

第二篇 电化学加工

模块四 电化学加工基础知识

知识要点

- 电化学反应基本知识
- 电化学加工原理与电极电位的概念

技能要点

- 以此作为电化学加工操作技术的理论基础

学习要求

- 掌握电化学加工概念、原理和分类
- 初步掌握电化学加工工艺特点和方法

知识链接

理论单元

一、电化学加工的原理

电化学加工(Electrochemical Machining，简称 ECM)是特种加工的一个重要分支，主要利用电化学反应(或称电化学腐蚀)对金属材料进行加工的方法。具体来说，是通过化学反应去除工件材料或在其上镀覆金属材料等的特种加工，它主要包括从工件上去除金属的电解加工和向工件上沉积金属的电镀、涂覆加工两大类。

与机械加工相比，电化学加工不受材料硬度、韧性的限制。虽然电化学加工的有关理论在 19 世纪末已经建立，但真正在工业上得到大规模应用，还始于 20 世纪 30 ~ 50 年代以后。近几十年来，借助高新科学技术，在精密电铸、复合电解加工、电化学微细加工等发展较快，目前电化学加工已成为一种不可缺少的微细加工方法，已经成为我国民用、国防工业中的一种不可缺少的加工手段。

(一) 电化学加工的基本原理

1. 电化学加工过程

如图 4 - 1 所示，两片金属铜板浸在氯化铜的水溶液中，此时水离解为 OH^- 和 H^+，

$CuCl_2$ 离解为 $2Cl^-$ 和 Cu^{2+}。

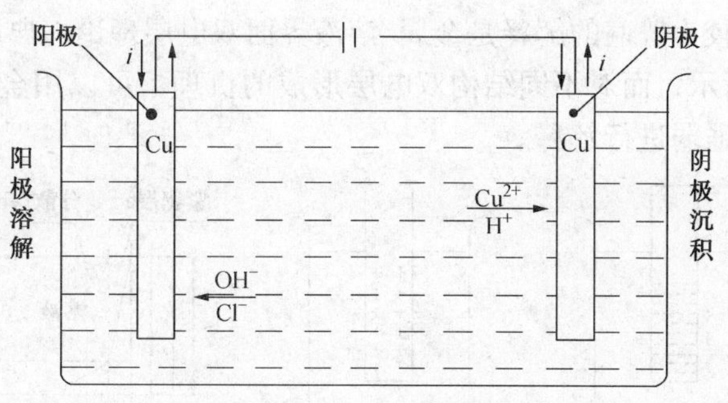

图 4－1　电化学反应

当两铜片上接上约 10V 的直流电源的正、负极时，即形成导电通路，导线和溶液中均有电流流过，在金属片(电极)和溶液的界面上，就会有交换电子的反应，即电化学反应。溶液中的离子作定向移动，Cu^{2+} 正离子移向阴极，在阴极上得到电子而进行还原反应，沉积出铜。在阳极表面 Cu 原子失掉电子而成为 Cu^{2+} 进入溶液。溶液中正、负离子的定向移动成为电荷迁移。在阴、阳极表面发生得失电子的化学反应称之为电化学反应。利用这种电化学反应原理对金属进行加工(阳极上为电解蚀除，阴极上为电镀沉积，常用于提炼纯铜)的方法即电化学加工，其实任何两种不同的金属放入任何导电的水溶液中，在电场的作用下都会有类似的情况发生。阳极表面失去电子(氧化反应)产生阳极溶解、蚀除，俗称电解；阴极得到电子(还原反应)，金属离子还原为原子，沉积到阴极表面，常称电镀、电铸。

与这一反应过程密切相关的概念有电解质溶液，电极电位，电极的极化、钝化、活化等。

2. 电解质溶液

凡溶于水后能导电的物质叫做电解质。如盐酸(HCl)、硫酸(H_2SO_4)、氢氧化钠(NaOH)、氢氧化铵(NH_4OH)食盐(NaCl)、硝酸钠($NaNO_3$)、次氯酸钠($NaClO_3$)等酸、碱、盐都是电解质。电解质与水形成的溶液为电解质溶液，简称为电解液。电解液中所含的电解质的多少即为电解液的质量分数。

由于水分子是极性分子，可以和其他带电的粒子发生微观静电作用。例如 NaCl，这种电解质是离子型晶体，它是由相互排列的 Na^+ 和 Cl^- 构成，把它放到水里，就会产生电离作用。这种作用使 Na^+ 和 Cl^- 之间的静电作用减弱，大约只有原来静电作用的1/80。因此，Na^+ 和 Cl^- 被水分子一个个、一层层地拉入溶液中，每个钠离子和每个氯离子周围均被吸引着一些水分子，成为水化离子，此过程称为电解质的电离，根据高中所学化学知识，其电离方程式简写为

$$NaCl \longrightarrow Na^+ + Cl^-$$

电解质有强、弱之分。在水中能完全电离的，称为强电解质，如 NaCl；水中仅部分电离的，称为弱电解质。强酸、强碱和大多数盐类都是强电解质；弱电解质如氨、醋酸等在水中仅小部分电离成离子，大部分仍以分子状态存在；水也是弱电解质，它本身能微弱地电离为正的氢离子和负的氢氧根离子，导电能力都很弱。同时，由于溶液中正负离子的电荷相等，所以整个溶液仍保持电的中性。

3. 电极电位

(1) 电极电位的形成

任何一种金属插入含该金属离子的水溶液中，在金属/溶液界面上都会形成一定的电荷

分布，从而形成一定的电位差，这种电位差就称之为该金属的电极电位。

电极电位的形成较为普遍的解释是金属/溶液界面双电层理论。典型的金属/溶液界面双电层结构如图 4-2 所示，而对不同结构双电层形成的机理，可以用金属的活泼性以及对金属离子的水化作用的强弱进行解释。

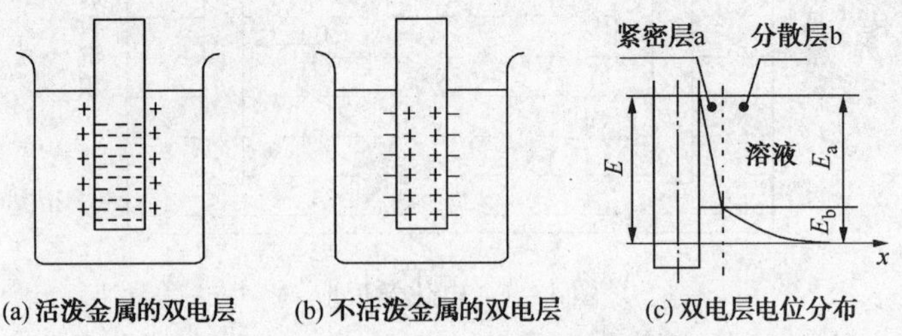

(a) 活泼金属的双电层　(b) 不活泼金属的双电层　(c) 双电层电位分布

图 4-2　典型的金属/溶液界面双电层结构

E—金属/溶液界面双电层电位差；E_a—双电层中紧密层的电位差；

E_b—双电层中紧密层的电位差

在图 4-2 所示的金属/溶液界面上，金属离子和自由电子间的金属键力既有阻碍金属表面离子脱离晶格而溶解到溶液中去的作用，又具有吸引界面附近溶液中的金属离子脱离溶液而沉积到金属表面的作用；而溶液中具有极性的水分子对于金属离子又具有“水化作用”，即：一方面使金属表面上部分金属离子进入溶液而把电子留在金属表面上(金属溶解)；另一方面，溶液中的金属离子从金属表面上得到电子，还原为金属原子沉积在金属表面上(金属离子的沉积)。对于金属键力小即活泼性强的金属，其金属/溶液界面上“水化作用”占优先，则界面溶液一侧被极性水分子吸引到更多的金属离子，而在金属界面上一侧则有自由电子规则排列，如此形成了图 4-2(a)所示的双电层电位分布。与此相反，对于金属键力强即活泼性差的金属，则金属/溶液界面上金属表面一侧排列更多金属离子，对应溶液一侧排列着带负电的离子，如此而形成了图 4-2(b)所示的双电层。

由于双电层的形成，就在界面上产生了一定的电位差，将这一金属/溶液界面双电层中的电位差称为金属的电极电位 E，其在界面上的分布如图 4-2(c)所示。

总之，金属的电极电位就是金属与其盐溶液界面上的电位差，因为它是金属在本身盐溶液中的溶解和沉积相平衡时的电位差，所以又称为平衡电极电位。化学性能较活泼的金属，金属失去电子的溶解速度大于金属离子得到电子的沉积速度，达到平衡时，金属带负电，溶液带正电。化学性能不活泼金属，金属离子的沉积速度大于金属的溶解速度，达到平衡时，金属带正电，溶液带负电。金属和溶液的界面上也形成双电层，产生电位差。金属与溶液间电位差的大小，取决于金属的性质，溶液中离子的浓度和温度。金属越活泼，电位越低；越不活泼，电位越高。在同一种金属电极中，金属离子浓度越大，电位越高，浓度越小，电位越低。温度越高，电位越高，温度越低，电位越低。

(2) 标准电极电位

为了能科学地比较不同金属的电极电位值的大小，在电化学理论实践中，统一地给定了标准电极电位与标准氢电极电位这样两个重要的、具有度量标准意义的规定。

标准电极电位，电极电位的绝对值是无法测定的，通常选定一个电极作为标准，将各种待测电极与它相比较，就可得到各种电极的电极电位相对值。国际应用化学协会(IUPAC)选定“标准氢电极”作为比较标准。在理论电化学中，上述统一的标准环境约定为将金属放在金属离子活度(有效浓度)为1mol/L溶液中，在25℃和气体分压为一个标准大气压的条件下。而上述统一的电位参考基准则约定为标准氢电极电位。所谓标准氢电极电位，是指溶液中氢离子活度为1mol/L，在25℃和气体分压为一个标准大气压的条件下，在一个专门氢电极装置所产生的氢电极电位。

在电化学理论中，统一规定25℃时，标准氢电极电位为零电位，其他金属的标准电极电位都是相对标准氢电极电位的代数值(表4－1)。

表4－1　部分元素的标准电极电位(25℃)

元素氧化态/还原态	电极反应	电极电位/V
Mg^{2+}/Mg	$Mg^{2+}+2e\longrightarrow Mg$	－2.38
Fe^{2+}/Fe	$Fe^{2+}+2e\longrightarrow Fe$	－0.44
Fe^{3+}/Fe	$Fe^{3+}+3e\longrightarrow Fe$	－0.036
H^{+}/H	$2H^{+}+2e\longrightarrow H_2$	0
Cu^{2+}/Cu	$Cu^{2+}+2e\longrightarrow Cu$	0.34

(3) 平衡电极电位

如前所述，将金属浸在含该金属离子的溶液中，则在金属/溶液界面上将发生电极反应且某种条件下建立了双电层。如果电极反应又可以逆向进行，以Me表示金属原子，则反应式为

$$Me \underset{\text{还原}}{\overset{\text{氧化}}{\rightleftharpoons}} Me^{n+} + ne$$

若上述可逆反应速度即氧化反应与还原反应的速度相等，金属/溶液界面上没有电流通过，也没有物质溶解或析出，即建立一个稳定的双电层。此种情况下的电极则称为可逆电极，相应电极电位则称为可逆电极电位或平衡电极电位。还应当指出，不仅金属和该金属的离子(包括氢和氢离子)可以构成可逆电极，非金属及其离子也可以构成可逆电极。标准电极电位是在标准状态条件下的可逆电极和可逆电极电位，或者标准状态下的平衡电极电位。而实际工程条件并不一定处于标准状态，那么对应该工程条件下的平衡电极电位不仅与金属性质和电极反应形式有关，而且与离子浓度和反应温度有关。温度提高或金属正离子的活度增大，均使该金属电极的平衡电位朝正向增大；温度的提高或非金属负离子活度的增加，均使非金属的平衡电位朝负向变化(代数值减小)。

综观表4－1所列的常见电极标准电极电位值，可以发现：电极电位的高低即电极电位代数值的大小，与金属的活泼性或与非金属的惰性密切相关。标准电极电位按代数值由低到高的顺序排列，反应了对应金属的活泼性由大到小的顺序排列；在一定的条件下，标准电极电位越低的金属，越容易失去电子被氧化，而标准电极电位越高的金属，越容易得到电子被还原。也就是说，标准电极电位的高低，将会决定在一定条件下对应金属离子参与电极反应的顺序。

4. 电极的极化

平衡电极电位是没有电流通过电极时的情况，当有电流通过时，电极的平衡状态遭到破坏，使阳极的电极电位向正移(代数值增大)、阴极的电极电位向负移(代数值减小)，即电极在有限电流通过时所表现的可逆电极电位与不可逆电极电位产生偏差的现象，称为电极的极化，如图4－3所示。

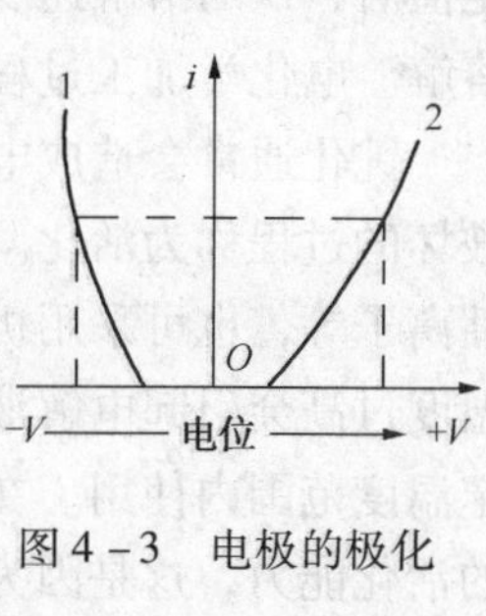

图4－3　电极的极化

极化后的电极电位与平衡电位的差值称为超电位，随着电流密度的增加，超电位也会增加，这就使得许多比氢电极电势低的金属能从水溶液中析出，易于加工，但同时也会增加槽电压，增大电能消耗。电化学加工时，这种由于在阳极和阴极都存在着离子的扩散、迁移和电化学反应过程，一定伴随一些现象，如浓差极化和电化学极化。

（1）浓差极化

在电化学反应过程中，由于离子的扩散、迁移步骤缓慢而引起电极极化称为浓差极化，即当电流通过电极时，如果在电极与溶液界面处化学反应的速度较快，而离子在溶液中的扩散速率相对较慢，则在电极表面附近处有关离子的浓度将会与远离电极的本体溶液有差别。这种差别造成了浓差极化，如图4－4所示。金属不断溶解的条件之一是生成的金属离子需要越过双电层，再回外迁移并扩散。然而扩散与迁移的速度是有一定限度的，在外电场的作用下，如果阳极表面液层中金属离子的扩散与迁移速度较慢，来不及扩散到溶液中去，使阳极表面造成金属离子堆积，引起电位值增大(即阳极电位向正移)，这就是浓差极化。但在阴极上，由于水化氢离子的移动速度很快，一般情况下，氢的浓差极化很小。

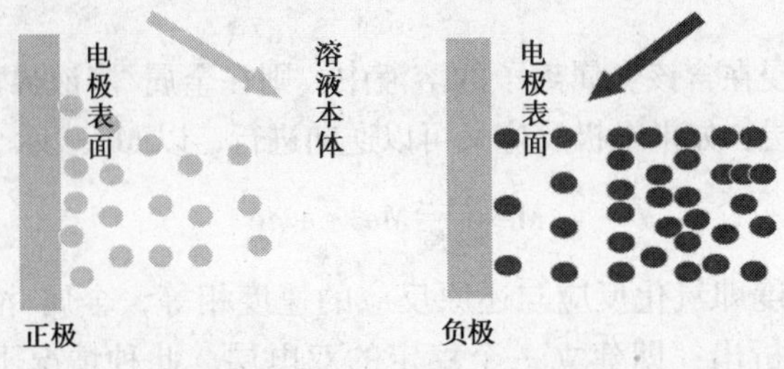

图4－4 浓差极化示意图

凡能加速电极表面离子的扩散与迁移速度的措施，都能使浓差极化减小，如：提高电解液流速以增强其搅拌作用，升高电解液温度等。

（2）电化学极化

电极极化过程中，由于电化学反应缓慢而引起的电极极化称为电化学极化，它主要发生在阴极上，从电源流入的电子来不及转移给电解液中的 H^+，因而在阴极上积累过多的电子，使阴极电位向负移，造成电化学反应缓慢，从而形成电化学极化。而在阳极上，金属溶解过程的电化学极化一般很小。

5. 金属的钝化和活化

在电化学加工过程中还会出现一种现象，它能使金属阳极溶解过程的超电位升高，电极溶解速度减慢，从而降低生产率。如铁基合金在硝酸钠电解液中电解时，电流密度增加到一定值后，铁的溶解速度在大电流密度下维持一段时间后反而急剧下降，使铁成稳定状态不再溶解。电化学加工过程中的这种现象称为阳极钝化，简称钝化。

钝化通常会造成电极溶解速度减慢，降低生产率，因此出现了活化工艺。使金属钝化膜破坏的过程称为活化。可采取的措施很多，如：把溶液加热，通入还原性气体或加入某些活性离子等，也可采用机械复合的，如电解磨削破坏钝化膜非常有效；但是，将电解液加热，温度过高会引起电解液的过快蒸发，绝缘材料的膨胀、软化和损坏等，因此，加热只能在一定温度范围内使用。在使金属活化的多种手段中，以氯离子的作用最醒目。氯离子具有很强的活化能力，这是因为氯离子对大多数金属亲和力比氧大，吸附在电极上使钝化膜中的氧排出，从而使金属表面活化。电解加工中采用 NaCl 电解液时生产率高就是这个道理。

二、电化学加工的分类与特点

1. 电化学加工的分类

电化学加工大致分三类(表 4 –2)：按照电化学反应中的阳极溶解原理进行加工，属于第一类，主要有电解加工和电化学抛光等；按照电化学反应中的阴极沉积原理进行加工，属于第二类，主要有电镀、电铸等。另外，利用电化学加工与其他加工方法相结合的电化学复合加工，归为第三类，主要有电化学加工与机械加工相结合的，如电解磨削等。

表 4 –2 电化学加工分类

类别	加工方法(及原理)	加工类型
1	电解加工(阳极溶解) 电解抛光(阳极溶解)	用于形状、尺寸加工 用于表面加工，去毛刺
2	电镀加工(阴极沉积) 局部涂镀(阴极沉积) 复合电镀(阴极沉积) 电铸(阴极沉积)	用于表面加工，装饰 用于表面加工，尺寸修复 用于表面加工，磨具制造 用于制造复杂形状的电极，复制精密、复杂的花纹模具
3	电解磨削，包括电解珩磨，电解研磨(阳极溶解，机械刮除) 电解电火花复合加工(阳极溶解，电火花蚀除) 电化学阳极机械加工(阳极溶解，电火花蚀除、机械刮除)	用于形状、尺寸加工　超精、光整加工、镜面加工 用于形状　尺寸加工 用于形状、尺寸加工、高速切断、下料

2. 电化学加工的特点

电化学加工属于不接触加工，工具电极和工件之间存在着工作液(电解液或电镀液)；电化学加工过程无宏观切削力，为无应力加工。

电解加工原理虽与切削加工类似，为“减材”加工，从工件表面去除多余的材料，但与之不同的是电解加工是不接触，无切削力、无应力加工，可以用软的工具材料加工硬韧工件，“以柔克刚”，因此可以加工复杂的立体成型表面。由于电化学、电解作用是按原子、分子一层层进行的，因此可以控制极薄的去除层，进行微薄层加工，同时可以获得较好的表面粗糙度。

电镀、电铸为“增材”加工，向工件表面增加、堆积一层层的金属材料，也是按原子、分子逐层进行的，因此可以精密复制精细的花纹表面，而且电镀、电铸、刷镀上去的材料，可以比原工件表面有更好的硬度、强度、耐磨性及抗腐蚀性能等。

三、电化学加工的适用范围

电化学加工的适用范围，因电解和电铸两大类工艺的不同而不同。电解加工可以加工复杂成型模具和零件，例如汽车、拖拉机连杆等各种型腔锻模，航空、航天发动机的扭曲叶片，汽轮机定子、转子的扭曲叶片、炮筒内管的螺旋“膛线”(复线)，齿轮、液压件内孔的电解去毛刺及扩孔、抛光等。

电铸、电镀可以复制复杂、精细的表面，刷镀可以修复磨损的零件，改变圆表面的物理性能，有很大的经济效益和社会效益。见模块五、模块六详述。

知识链接

思考题

1. 什么是电化学加工？如何分类？有什么特点？
2. 何谓阳极溶解？阴极沉积？主要应用在哪些行业？
3. 说明电化学加工常见术语——电解液、电极电位、极化、钝化、活化等。
4. 简述极化的产生、种类、后果及防范措施。

模块五　电解加工

知识要点

- 电解加工原理、设备组成
- 电解加工工艺规律及参数选择

技能要点

- 掌握电解加工机床结构
- 掌握电解加工基本操作
- 合理选用电解液系统及电解液配制
- 掌握电解加工操作规程，实现安全文明生产

学习要求

- 掌握电解加工原理、特点和应用
- 掌握电解加工操作规程

知识链接

理论单元

一、电解加工原理、特点

电解加工是继电火花加工之后发展较快、应用较广泛的一项新工艺。我国早在 20 世纪 50 年代就开始应用电解加工方法对炮膛进行加工，现已广泛应用于航空发动机的叶片、筒形零件、花键孔、内齿轮、模具、阀片等异形零件的加工。近年来出现的重复加工精度较高的一些电解液以及混气电解加工工艺，大大提高了电解加工的成型精度，简化了工具阴极的设计，促进了电解加工工艺的进一步发展。

在我国科技人员的长期努力下，电解加工在许多方面获得突破性的进展。例如，用锻造毛坯叶片直接电解加工出复杂的叶片型面，当时达到世界先进水平。今天，无论是我国还是工业发达国家，电解加工已成为国防航空和机械制造业中不可缺少的重要工艺手段。

（一）电解加工机理

1. 电解加工机理

电解加工是利用金属在电解液中发生电化学阳极溶解的原理将工件加工成形的一种特种加工方法。

电解加工机理如图 5 -1(a)所示。加工时，工件接直流电源的正极，工具接负极，两极之间保持较小的间隙。电解液从极间间隙中流过，使两极之间形成导电通路，并在电源电压下产生电流，从而形成电化学阳极溶解。随着工具相对工件不断进给，工件金属不断被电

解，电解产物不断被电解液冲走，最终两极间各处的间隙趋于一致，工件表面形成与工具工作面基本相似的形状，成形过程如图 5－1(b)所示。

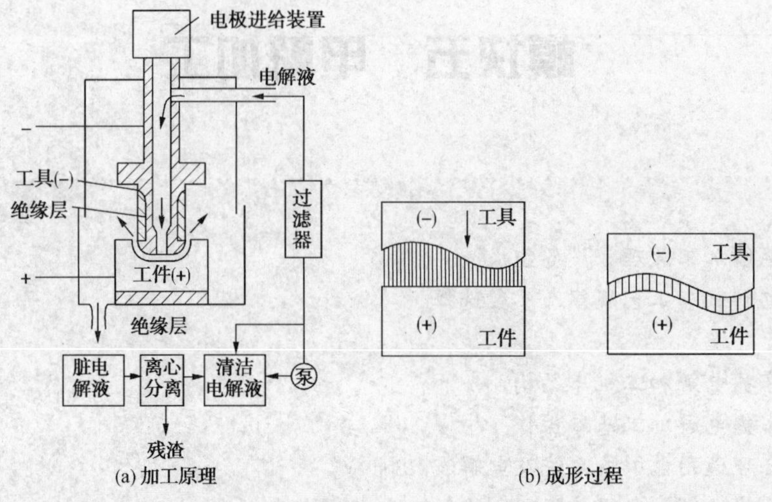

图 5－1　电解加工示意图

2. 电解加工条件

由上述分析可得出，电解加工需要具备三个条件：

① 工具与工件之间接上直流电源；

② 工具与工件之间保持较小的间隙；

③ 工具与工件之间注入高速流动的电解液。

为了能实现尺寸、形状加工，电解加工过程中还必须具备下列特定工艺条件：

① 工件阳极和工具阴极间保持很小的间隙(称作加工间隙)，一般在 0.1～1mm 范围内。

② 0.5～2.5MPa 的强电解质溶液从加工间隙中连续高速(5～50m/s)流过，以保证带走阳极溶解产物、气体和电解电流通过电解液时所产生的热量，并去除极化。

③ 工件阳极与工具阴极分别和直流电源(一般为 6～24V)的正负极连接。

④ 通过两极加工间隙的电流密度高达 10～200A/cm^2。

加工起始时，工件毛坯的形状与工具阴极很不一致，两极间的距离相差较大。阴极与阳极距离较近处通过的电流密度较大，电解液的流速也较高，阳极金属溶解速度也较快。随着工具阴极相对工件不断进给，最终两极间各处的间隙趋向于相等，工件表面的形状与工具阴极表面完全吻合[图 5－1(b)]，直至得到合格工件。

(二) 电解加工的特点

与其他加工方法相比，电解加工具有如下特点：

① 加工范围广　电解加工几乎可以加工所有的导电材料，并且不受材料的强度、硬度、韧性等机械、物理性能的限制，可加工高强度、高硬度和高韧性等难切削的金属材料，如淬火钢、钛合金、硬质合金、不锈钢、耐热合金，可加工叶片、花键孔、炮管膛线、锻模等各种复杂的三维型面，以及薄壁、异形零件等，加工后材料的金相组织基本上不发生变化。

② 生产率高　且加工生产率不直接受加工精度和表面粗糙度的限制。电解加工能以简单的直线进给运动一次加工出复杂的型腔、型面和型孔，而且加工速度可以和电流密度成比例地增加。据统计，电解加工的生产率约为电火花加工的 5～10 倍，在某些情况下，甚至可

以超过机械切削加工。

③ 表面质量好　电解加工不产生残余应力和变质层，没有飞边、刀痕和毛刺。加工精度：型面和型腔加工精度误差为 ±（0.05 ~ 0.20）mm；型孔和套料加工精度误差为 ±（0.03 ~ 0.05）mm；表面粗糙度：对于一般中、高碳钢和合金钢，可稳定地达到 1.6 ~ 0.4μm；对于某些合金钢可达到 0.1μm。

④ 电解加工过程中工具和工件不接触　不存在机械切削力，不产生残余应力和变形，可利于加工薄壁和易变形零件。

⑤ 加工过程中阴极工具在理论上不会耗损，可长期使用　在电解加工过程中工具阴极上仅仅析出氢气，而不发生溶解反应，所以没有损耗。只有在产生火花、短路等异常现象时才会导致阴极损伤。

⑥ 工艺装备简单、操作方便、对工人操作技术要求不高。

但是，电解加工也具有一定的局限性，主要表现为以下几个方面：

① 加工精度和加工稳定性不高　电解加工的加工精度和稳定性取决于阴极的精度和加工间隙的控制。而阴极的设计、制造和修正都比较困难，阴极的精度难以保证。此外，影响电解加工间隙的因素很多，且规律难以掌握，加工间隙的控制比较困难。

② 单件小批量生产成本较高　由于阴极和夹具的设计、制造及修正困难，周期较长，因而单件小批量生产的成本较高，同时，电解加工所需的附属设备较多，占地面积较大，且机床需要足够的刚性和防腐蚀性能，造价较高。故批量越小，单件附加成本越高。

③ 电解液和电解产物需专门处理，否则将污染环境　电解液及其产生的易挥发气体对设备具有腐蚀性，加工过程中产生的气体对环境有一定污染。

由于电解加工的优点和缺点都很突出，因此，如何正确选择使用电解加工工艺，成为摆在人们面前的一个重要问题。我国的一些专家提出选用电解加工工艺的三原则，即：电解加工适用于难加工材料的加工；电解加工适用于相对复杂形状零件的加工；电解加工适用于批量大的零件加工。一般认为，三原则均满足时，相对而言选择电解加工比较合理。

二、电解加工中的电极反应

标准电极电位的高低决定在一定条件下对应金属离子参与电极反应的顺序。电解加工时，电极间的反应是相对复杂的，主要是因为通常情况下，工件材料不是纯金属，而是合金，其金相组织也不完全一致，电解液的成分、浓度、温度、流场等因素对电解加工过程都有影响，导致电解加工中电极间的反应极为复杂。现以铁基合金在 NaCl 电解液中进行电解加工为例，分析阳极和阴极发生的电极反应。

（一）钢在 NaCl 水溶液中电解的电极反应

电解加工钢件时，常用的电解液是质量分数为 14% ~ 18% 的 NaCl 水溶液。由于 NaCl 和 H_2O 的离解，在电解液中存在着 H^+、OH^-、Na^+、Cl^- 四种离子，现分别讨论其阳极、阴极反应。

1. 阳极反应

可能进行的阳极反应及相对应标准电极电位值 U' 为：

① 阳极表面每个铁原子在外电源作用下放出（被夺去）两个或三个电子，称为正的二价或三价铁离子而溶解进入电解液中。

$$Fe - 2e \longrightarrow Fe^{+2} \qquad U' = -0.59V$$

$$Fe - 3e \longrightarrow Fe^{+3} \qquad U' = -0.323V$$

② 负的氢氧根离子被阳极吸引，丢掉电子而析出氧气：

$$4OH^- - 4e \longrightarrow O_2 \uparrow + 2H_2O \qquad U' = 0.867V$$

③ 负的氯离子被阳极吸引，丢掉电子而析出氯气：

$$2Cl^- - 2e \longrightarrow Cl_2 \uparrow \qquad U' = 1.334V$$

$$Fe^{2+} + 2OH^- \longrightarrow Fe(OH)_2 \downarrow \quad \text{（墨绿色的絮状物）}$$

$$4Fe(OH)_2 + 2H_2O + O_2 \longrightarrow 4Fe(OH)_3 \downarrow \quad \text{（黄褐色沉淀）}$$

按照电极反应的基本原理，电极电位最负的物质首先在阳极反应。故此溶液中首先在阳极一侧发生铁失去电子，成为二价铁离子 Fe^{2+} 的电极反应，这就是电解加工的基本理论依据。

溶入电解液中的 Fe^{2+} 又与 OH^- 化合，生成 $Fe(OH)_2$。由于它在水溶液中的溶解度很小，故生成沉淀物而析出。即

$$Fe^{2+} + 2OH^- \longrightarrow Fe(OH)_2 \downarrow$$

$Fe(OH)_2$ 沉淀为墨绿色的絮状物，它随即被流动的电解液带走。$Fe(OH)_2$ 又和电解液及空气中的氧气发生化学反应，生成 $Fe(OH)_3$。

$$4Fe(OH)_2 + 2H_2O + O_2 \longrightarrow Fe(OH)_3 \downarrow$$

$Fe(OH)_3$ 为黄褐色沉淀（铁锈）。

2. 阴极反应

按照对阳极反应的分析，在阴极一侧可能进行的电极反应并列出相应标准电极电位值为：

① 正的氢离子被吸引到阴极表面从电源得到电子而析出氢气：

$$2H^+ + 2e \longrightarrow H_2 \uparrow \qquad U' = -0.42V$$

② 正的钠离子被吸引到阴极表面从电源得到电子而析出 Na：

$$Na^+ + e \longrightarrow Na \downarrow \qquad U' = -2.69V$$

按照电极反应的基本原理，电极电位最正的离子将首先在阴极反应。因此，在阴极上只会析出氢气，而不可能沉淀出钠。这又是在电解加工中为什么选择含 Na^+、K^+ 等活泼性金属离子中性盐水溶液作为电解液的重要理论依据。

以上是根据标准电极电位分析电解加工中阳极和阴极的电极反应。根据平衡电极电位并考虑极化时的超电压也可得到同样的结果。

综上所述，电解加工过程中，在理想情况下，阳极的铁不断地以 Fe^{2+} 的形式被溶解，最终生成 $Fe(OH)_3$ 沉淀；在阴极上则不断地产生氢气。电解液中的水被分解消耗，因而电解液的浓度逐渐增大。电解液中的 Na^+ 和 Cl^- 只起导电作用，在电解加工过程中并无消耗。所以 NaCl 电解液只要过滤干净，定期补充水分，就可以长期使用。

加工综合反应过程如下：

$$2Fe + 4H_2O + O_2 \longrightarrow 2Fe(OH)_3 + H_2 \uparrow$$

通过计算可得，溶解 1cm^3（约 7.85g）的铁需消耗水 6.21g，产生 13.78g 的渣，析出 0.28g 的氢气。

需要注意的是，电解加工碳钢时，随着钢中碳元素的增加，电解加工表面粗糙度将变

大。这是因为由于钢中存在渗碳体，其电极电位接近石墨的电极电位而很难电解，故铸铁、高碳钢及经表面渗碳的零件均不适于电解加工。

三、电解液

（一）电解液的作用

电解液是电解池的基本组成部分，是产生电解加工阳极溶解的载体。正确地选用电解液是电解加工的最基本的条件。电解液的主要作用是：

① 作为导电介质传递电流　电解液是与工件阳极及工具阴极组成进行电化学反应的电极体系，实现所要求的电解加工过程，同时所含导电离子也是电解池中传送电流的介质，这是最基本的作用。

② 在电场的作用下进行化学反应，使阳极溶解能顺利而有效地进行。

③ 及时把加工间隙内产生的电解产物和热量带走的任务，使加工区不致过热而引起沸腾、蒸发，起到更新和冷却的作用，以确保正常加工。

因此，电解液对电解加工的各项工艺指标有很大的影响。

（二）对电解液的要求

对电解液总的要求是加工精度和效率高、表面质量好、实用性强。但随着电解加工的发展，对电解液又不断提出新的要求。根据不同的出发点，有的要求可能是不同的甚至相互矛盾的。对电解液的基本要求包括以下四个主要方面。

1. 电化学特性方面

① 电解液中各种正负离子必须并存，相互间只有可逆反应而不相互影响，这是构成电解液的基本条件。

② 在工件阳极上必须能优先进行金属离子的阳极溶解，不生成难溶性钝化膜，以免阻碍阳极溶解过程。因此，电解液中的阴离子常是标准电极电位很正的 Cl^-、ClO_3^- 等离子。对电解抛光则应能在阳极表面生成可溶性覆盖膜，产生不完全钝化（又称准钝化），以获得均匀、光滑的表面。

③ 阳离子不会沉积在工具阴极表面，阴极上只发生析氢反应，以免破坏工具阴极型面，影响加工精度。因此，电解液中的阳离子经常是标准电极电位很负的 Na^+、K^+ 等离子。

④ 集中蚀除能力强、散蚀能力弱。集中蚀除能力是影响成形速度/整平比，从而影响加工精度的重大关键因素之一。散蚀能力则影响侧壁的二次扩张、圆角半径的大小、棱边锐度以及非加工面的杂散腐蚀，集中蚀除能力又称定域能力，是指工件加工区小间隙处与大间隙处阳极溶解的能力的差异程度，即加工区阳极蚀除量集中在小间隙处的程度。散蚀能力又称匀镀能力，系指大间隙处阳极金属蚀除的能力，也就是加工区阳极蚀除量发散的程度。

⑤ 阳极反应的最终产物应能形成不溶性氢氧化物，以便于净化处理，且不影响电极过程，故常采用中性盐水溶液。但在某些特殊情况下（例如深细小孔加工）为避免在加工间隙区出现沉淀等异物，则要求能产生易溶性氢氧化物，因而需选用酸性电解液。

2. 物理特性方面

① 应是强电解质即具有高的溶解度和大的离解度　一般用于尺寸加工的电解液应具有高电导率，以减少高电流密度（高去除率）时的电能损耗和发热量。精加工时则可采用低浓

度、低电导率电解液，以利于提高加工精度。

② 尽可能低的黏度，以减少流动压力损失及加快电解产物和热量的迁移过程，也有利于实现小间隙加工。

③ 高的热容以减小温升，防止沸腾、蒸发和形成空穴，也有利于实现小间隙、高电流密度加工。

3. 稳定性方面

① 电解液中消耗性组分应尽量少(因电解产物不易离解)，应有足够的缓冲容量以保持稳定的最佳 pH 值(酸碱度)。

② 电导率及黏度应具有小的温度系数。

4. 实用性方面

① 污染小，腐蚀性小；无毒、安全，尽量避免产生 Cr^{6+} 等有害离子。

② 使用寿命长。

③ 价格低廉，易于采购。

(三) 常用电解液及其选择原则

1. 电解液选择原则

综上所述，对电解液的要求是多方面的，很难找到一种电解液能满足所有的要求，因而只能有针对性地根据被加工材料的特性及主要加工要求(加工精度、表面质量和加工效率)有所侧重。对粗加工，电解液的选择，侧重于解决加工效率问题；对精加工，则是侧重于解决加工精度和表面质量问题。材料上，高温合金叶片侧重确保加工精度，而钛合金叶片则是侧重于解决表面质量。总之，在电解液优选中，除共性的原则外还有针对不同情况的特殊的优选原则。

2. 常用电解液

电解液可分为中性盐溶液、酸性盐溶液和碱性盐溶液三大类。其中中性盐溶液的腐蚀性较小，使用较安全，应用最普遍。

(1) 酸性电解液

如 HCl、HNO_3 或 H_2SO_4，这类电解液的电导率高，蚀除速度大，电解产物易溶于电解液中，在加工间隙中不生产沉淀物，不必进行过滤，对加工小孔特别有利。但是它有一系列严重缺点，如对金属的腐蚀性大，对人的皮肤和眼睛有损害，加工过程中成分不易稳定，在使用一段时期后，金属离子容易沉积在阳极表面上，废液难以处理等。因此，这里电解液仅用于高精度的小间隙加工活用于加工细长孔以及锗、钼、铌等难溶金属。

(2) 碱性电解液

如 NaOH、KOH 等，这类电解液对人身体有害，同时在加工一般金属材料时，会在工件表面上形成难溶性的阳极膜，使阳极溶解难以继续进行，因此采用较少。仅在加工钨、铜等金属材料时，可用作添加剂，以增强对难溶于酸或盐的碳化物的溶解。

(3) 中性电解液

最常用的有 NaCl、$NaNO_3$、$NaClO_3$ 三种电解液。这类电解液腐蚀性较以上两种电解液要小，使用比较安全，对人身体危害也较小，故得到普遍使用，常用的三种中性电解液介绍见表 5-1。

表 5-1　电解加工常用三种电解液特点比较

特　点	氯化钠溶液	硝酸钠溶液	氯酸钠溶液
加工速度	高	低	较高
加工精度	较低	较高	较高
表面质量	加工铁基合金和镍基锻造合金光洁度较高	加工有色金属光洁度较高	加工铁基合金光洁度较高
腐蚀性	大	较小（高浓度下）	较小（高浓度下）
成本	低	较高	高
安全性	安全、无毒	助燃（氧化剂）	助燃（强氧化剂）
适用范围	精度要求不很高的铁基合金、镍基合金等。适用范围最广	有色金属（铜、铝）及精度要求较高的铁基合金、镍基合金	铁基合金，黄铜等及电解扩孔、去毛刺等加工

1）NaCl 电解液

氯化钠电解液价廉易得，含有活性 Cl^-，阳极工件表面不易生成钝化膜，所以具有较大的蚀除速度，对大多数金属而言，其电流效率均很高，加工表面粗糙度值也小，同时，加工过程中损耗小并可在低浓度下使用，又是强电解质，在水溶液中几乎完全电离，导电能力强，而且适应范围广，价格便宜。货源充足，应用很广。其缺点是电解能力强，散腐蚀能力强，使得离阴极工具较远的工件表面也被电解，成型精度难于控制，复制精度差；对机床设备腐蚀性大，故适用于加工速度快而精度要求不高的工件加工。

2）$NaNO_3$ 电解液

它是钝化型电解液，电解加工时，工件加工区处于超钝化状态而受到钝化膜的保护，可以减少杂散腐蚀，提高加工精度。在浓度低于 30% 时，对设备、机床腐蚀性很小，使用安全。但生产效率低，需较大电源功率，同时因有氨气析出，会增大电解液的消耗量，故适用于成型精度要求较高的工件加工。

3）$NaClO_3$ 电解液

该电解液的散蚀能力小，故加工精度高，导电能力强，生产率高，对机床、设备等的腐蚀很小，广泛地应用于高精度零件的成型加工。然而，$NaClO_3$ 是一种强氧化剂，虽不自燃，但遇热分解的氧气能助燃，因此使用时要注意防火安全。

在电解加工过程中，工件的溶液是在固相和液相间界面同时进行的一系列复杂的电化学和化学作用的最终结果。由于不同的工件材料，其组成和金相结构亦不同，因此，在加工不同的金属和合金时，应该选用与之相适应的电解液。

3. 电解液中的添加剂

几种常用电解液都有一定缺点，为此，在电解液中使用添加剂是改善其性能的重要途径。例如，为了减少 NaCl 电解液的散蚀能力，可加入少量磷酸盐等，使阳极表面产生钝化性抑制膜，以提高成形精度。$NaNO_3$ 电解液虽有成形精度高的优点，但其生产率低，可添加少量 NaCl，使其加工精度及生产率均较高。为改善加工表面质量，可添加络合剂、光亮剂等。如添加少量 NaF，可改善表面粗糙度。为减轻电解液的腐蚀性，可缓蚀添加剂等。

（四）电解液的流速以及流动形式

加工过程中电解液必须具有足够的流速，以便把氢气、金属氢氧化物等电解产物冲走，

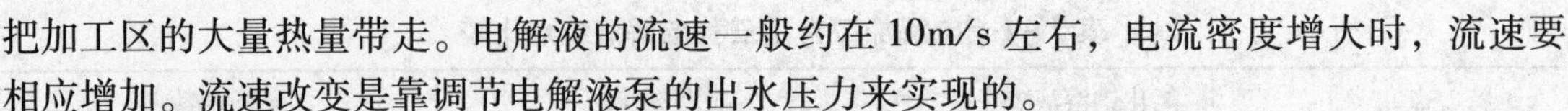

把加工区的大量热量带走。电解液的流速一般约在10m/s左右，电流密度增大时，流速要相应增加。流速改变是靠调节电解液泵的出水压力来实现的。

1. 电解液流动形式

电解液流动形式是指电解液流向加工间隙、流经加工间隙及流出加工间隙的流通路径、流动方向的几何结构。

电解液流动形式可分为正向流动、反向流动和侧向流动三种，又称为正流式、反流式和侧流式(图5－2)。

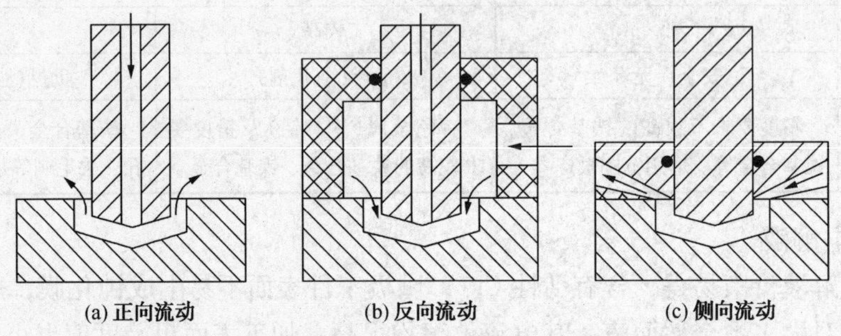

图5－2　电解液的流动形式

正向流动是指电解液从工具阴极中心流入，经加工间隙后，从四周流出，如图5－2(a)所示。其优点是工装较简单，缺点是电解液流经侧面间隙时已混有大量气体及电解产物，加工精度和表面粗糙度难以保证。

反向流动与正向流动相反，是指电解液从加工区四周流入，经加工间隙后，从工具阴极中心流出，如图5－2(b)所示。其优缺点也与正向流动相反。

侧向流动是指电解液从一侧面流入，从另一侧面流出，如图5－2(c)所示。其优点是工具阴极简单，且不会在工件上留下出液口凸台，缺点是必须有复杂的电解液密封工装。

2. 电解液流动形式选择

根据上述各种流动形式的特点，可知其合适的应用范围。因此，须根据加工对象的不同，来选择电解液的流动形式。电解液流动形式的选择见表5－2。

表5－2　电解液流动形式

流动形式		主要应用范围
侧向流动		①平面及型面加工，如叶片加工 ②浅型腔加工 ③流线型型腔加工，如叶片锻模加工
正向流动	不加背压	①小孔加工 ②中等复杂程度型腔或加工精度要求不高的型腔 ③混气加工型腔
	加背压	①复杂型腔 ②较精密的型腔
	毛坯有预孔	有预孔的零件加工，如电解镗孔等
反向流动		①复杂型腔 ②较精密的型腔

四、电解加工的基本规律

（一）法拉第定律

既能够定性分析，又能够定量计算，可以深刻揭示电解加工工艺规律的基本定律就是法拉第定律。金属阳极溶解时，其溶解量与通过的电量符合法拉第定律。法拉第定律包括以下两项内容。

① 在电极的两相界面处（如金属/溶液界面上）发生电化学反应的物质质量与通过其界面上的电量成正比。这称为法拉第第一定律。

② 在电极上溶解或析出一克当量任何物质所需的电量是一样的，与该物质的本性无关。这称为法拉第第二定律。

（二）电解加工生产率及其影响因素

电化学加工的生产率，以单位时间内去除或沉积的金属量来衡量，用 mm^3/min 或 g/min 表示。它首先决定于工件材料的电化学当量，其次与电流密度有关，此外电解（电镀）液及其参数对其也有很大影响。

1. 金属的电化学当量和生产率的关系

由实践得知，电解时电极上溶解或析出物质的量（质量 m 或体积 V），与电解电流 I 和电解时间 t 成正比，亦即与电荷量（$Q = It$）成正比，其比例系数称为电化学当量，这一规律即所谓法拉第电解定律，用公式符号表示如下：

用质量计 $$M = KIt$$

用体积计 $$V = \omega It$$

式中 M——电极上溶解或析出物质的质量，g；

V——电极上溶解或析出物质的体积，mm^3；

K——被电解物质的质量电化学当量，g/（A·h）；

ω——被电解物质的体积电化学当量，mm^3/（A·h）；

I——电流强度，A；

t——电解时间，h。

由上述公式可知：电化学当量愈大，生产率愈高。各种金属的电化学当量可查表 5－3 或由实验求得。

表 5－3 一些常见金属的电化学当量

金属名称	密度/（g/cm^3）	电化学当量		
		K/[g/（A·h）]	ω/[mm^3/（A·h）]	ω/[mm^3/（A·min）]
铁	7.86	1.042（二价）	133	2.22
		0.696（三价）	89	1.48
镍	8.80	1.095	124	2.07
铜	8.93	1.188（二价）	133	2.22
钴	8.73	1.099	126	2.10
铬	6.9	0.648（三价）	94	1.56
		0.324（六价）	47	0.78
铝	2.69	0.335	124	2.07

法拉第定律可用于根据电量计算任何被溶解物质的数量，并在理论上不受电解液成分、浓度、温度、压力以及电极材料、形状等因素的影响。

但是，电解加工实践和实验数据均表明，实际电解加工过程阳极金属的溶解量与上述按法拉第定律进行理论计算的溶解量有差别。究其原因，是因为理论计算时假设“阳极只发生确定原子价的金属溶解而没有其他物质析出”这一前提条件，而电解加工的实际条件可能是：

① 除了阳极金属溶解外，还有其他副反应而析出另外一些物质(例如析出氧气或氯气)，相应也消耗了一部分电量。

② 部分实际溶解金属的原子价比理论计算假设的原子价要高。

③ 部分实际溶解金属的原子价比计算假设的原子价要低。

④ 电解加工过程发生金属块状剥落，其原因可能是材料组织不均匀或金属材料与电解液成分的匹配不当所引起。

以上①、②两种情况，就会导致实际金属溶解量小于理论计算量；③、④两种情况，则会导致实际金属溶解量大于理论计算量。

为此，实际应用时常引入一个电流效率 η：

$$\eta = (\text{实际金属蚀除量}/\text{理论计算蚀除量}) \times 100\%$$

则公式 $M = KIt$ 和 $V = \omega It$ 中的理论蚀除量称为实际蚀除量

$$M = \eta KIt$$

$$V = \eta\omega It$$

知道了金属或合金的电化学当量，利用法拉第电解定律可以根据电流及时间来计算金属蚀除量，或反过来根据加工留量来计算所需电流及加工工时。通常铁和铁镍合金在 NaCl 电解液的电流效率可按 100% 计算。

2. 电流密度对生产率的影响

实际生产中常用蚀除速度来衡量生产率，如图 5－3 可知，蚀除掉的金属体积是加工面积与电解掉的金属厚度的乘积。

电流密度越高，生产率越高，但在增加电流密度的同时，电压也随着增高，因此应以不击穿加工间隙、引起火花放电、造成局部短路为度。

实际的电流密度取决于电源电压、电极间隙大小以及电解液的导电率。因此要定律计算蚀除速度，必须推导出蚀除速度和电机间隙大小、电压等关系。

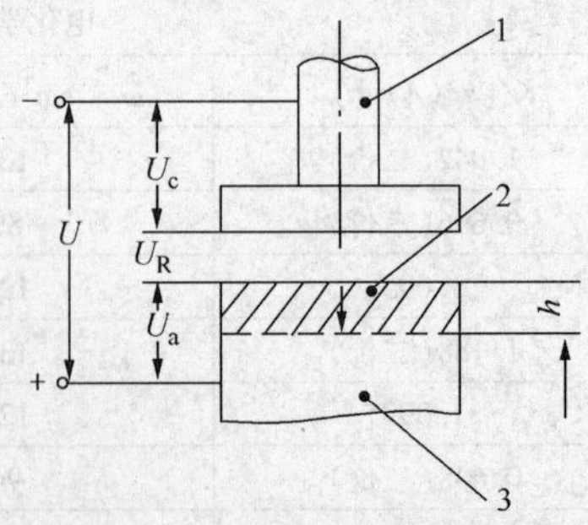

图 5－3　蚀除过程示意图

1—阴极工具；2—蚀除深度；3—工件

3. 加工间隙对生产率的影响

加工间隙是电解加工的核心工艺要素，它直接影响加工精度、表面质量和生产率，也是设计工具阴极和选择加工参数的主要依据。

加工间隙可分为底面间隙 Δ_b、侧面间隙 Δ_s 和法向间隙 Δ_θ 三种（图 5-4）。

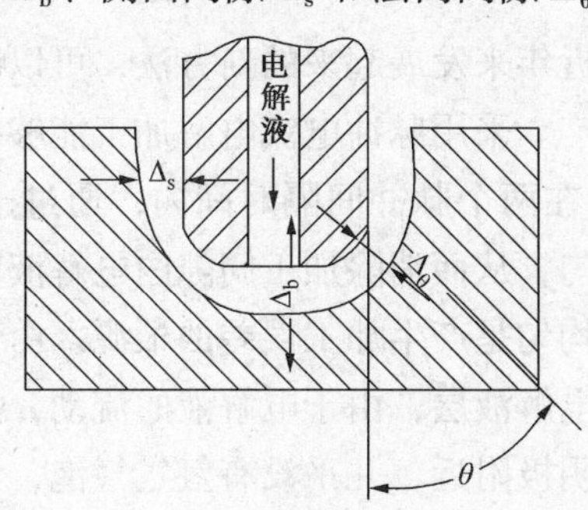

图 5-4　加工间隙

底面间隙是沿工具阴极进给方向上的加工间隙；侧面间隙是沿工具阴极进给的垂直方向上的加工间隙；法向间隙是沿工具阴极各点的法向上的加工间隙。

加工间隙受加工区电场、流场及电化学特性三方面多种复杂因素的影响，至今尚无有效研究及测试手段。实验加工中知道，加工间隙越小，电解液的电阻越小，电流密度越大，蚀除速度也就越高。但间隙太小会引起火花放电或间隙通道内电解液流动受阻、蚀除物排除不畅，以至产生局部短路，反而使生产率下降，因此间隙较小时应加大电解液的流速和压力。

（三）电解加工的加工精度

1. 电解加工精度的种类

（1）复制精度

工件的形状和尺寸相对于其阴极型面的偏差量叫做复制精度。在电解加工中，由于加工间隙的存在及其分布的不均匀性，使加工出来的工件型面在形状和尺寸上和阴极型面有一定的误差。在某些情况下，阴极和工件的安装误差以及工件装卸时的变形也会对复制精度产生一定的影响。为了提高电解加工的加工精度，必须首先从提高复制精度入手，并根据工件的复制精度，设计阴极。因此，研究分析电解加工中的复制精度是设计阴极和选择工艺参数的基础。

（2）绝对精度

工件的形状和尺寸相对于设计图纸要求的偏差量叫做绝对精度，即一般所谓的加工精度。它实际上是阴极型面精度和复制精度的结合。因此，工件的绝对精度主要取决于加工间隙的大小和均匀性，以及阴极的型面精度。

（3）重复精度

用同一工具阴极加工的一批工件之间形状和尺寸的偏差量叫做重复精度。在电解加工过程中，由于加工间隙的不稳定，使工件的精度也不稳定，同一批加工出来的型孔就会大小不一，这是目前电解加工精度中亟待解决的问题。它主要与加工间隙的不稳定性有关，在某些情况下，还与工件和阴极的装夹误差有关。

2. 提高电解加工精度的措施

为提高电解加工的精度，人们进行了大量的研究工作。由上可知，由于电解加工涉及金

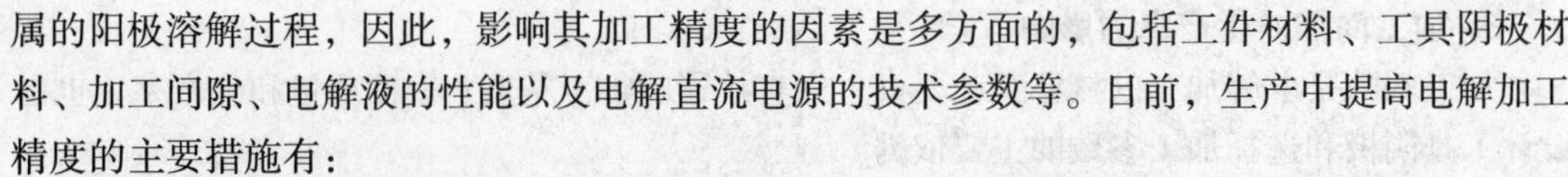

属的阳极溶解过程，因此，影响其加工精度的因素是多方面的，包括工件材料、工具阴极材料、加工间隙、电解液的性能以及电解直流电源的技术参数等。目前，生产中提高电解加工精度的主要措施有：

(1) 脉冲电流电解加工

采用脉冲电流电解加工是近年来发展起来的新方法，可以明显地提高加工精度，在生产中已实际应用并正日益得到推广。采用脉冲电流电解加工能够提高加工精度的原因是：

① 脉冲电流电解加工可以在两个脉冲间隔时间内，通过电解液的流动与冲刷，使间隙内电解液的电导率分布基本均匀，从而消除加工间隙内电解液电导率的不均匀化。

加工区内阳极溶解速度不均匀是产生加工误差的根源。由于阴极析氢的结果，在阴极附近将产生一层含有氢气气泡的电解液层，由于电解液的流动，氢气气泡在电解液内的分布是不均匀的。在电解液入口处的阴极附近，几乎没有氢气气泡，而远离电解液入口处的阴极附近，电解液中所含氢气气泡将非常多。其结果将对电解液流动的速度、压力、温度和密度的特性有很大影响。这些特性的变化又集中反映在电解液电导率的变化上，造成工件各处电化学阳极溶解速度不均匀，从而形成加工误差。采用脉冲电流电解加工可有效地杜绝此现象。

② 脉冲电流电解加工使阴极在电化学反应中析出的氢气是断续的，呈脉冲状。它可以对电解液起搅拌作用，有利于电解产物的去除，提高电解加工精度。

为了充分发挥脉冲电流电解加工的优点，还有人采用脉冲电流 - 同步振动电解加工。其原理是在阴极上与脉冲电流同步，施加一个机械振动，即当两电极间隙最近时进行电解，当两电极距离增大时停止电解而进行冲液，从而改善了流场特性，使脉冲电流电解加工更日臻完善。

(2) 小间隙电解加工

研究显示：采用小间隙加工，对提高加工精度和生产率是有利的，但间隙愈小，对液流的阻力愈大，电流密度大，间隙内电解液温升快、温度高，电解液的压力需很高，间隙过小容易引起短路。因此，小间隙电解加工的应用受到机床刚度、传动精度、电解液系统所能提供的压力、流速以及过滤情况的限制。

(3) 改进电解液

目前，除了常用的钝化性电解液 $NaNO_3$、$NaClO_3$ 外，正进一步研究采用复合电解液，可在氯化钠电解液中添加其他成分如 Na_2WO_4 等，既保持 NaCl 电解液的高效率，又提高了加工精度。选择合适的质量分数亦可避免杂散腐蚀。

同时，采用低质量分数(低浓度)电解液，加工精度可显著提高。但是采用低质量分数电解液的缺点是效率较低，所以加工速度不能过快。

(4) 混气电解加工

1) 混气电解加工原理及优缺点

混气电解加工在我国应用以来，获得了较好的效果，显示了一定的优越性。如：提高了电解加工的成形精度，简化了阴极工具设计与制造，因而得到了较快的推广。

混气电解加工就是将一定压力的气体(主要是压缩空气)用混气装置使它与电解液混合在一起，使电解液成为包含无数气泡的气液混合物，然后送入加工区进行电解加工。我国电加工行业成功地应用该工艺加工叶片和模具，使其加工精度明显提高。设备如图 5 – 5 所示。

混气电解加工使精度提高的原因：

① 由于混入空气，电解液的充气率提高，有效电导率降低，因而使平衡间隙减小；

② 混入空气可改变电解液流动特性，提高电解液流苏，使流场更为均匀，消除“空穴现象”。

电解液中混入气体后，将会起到下述作用：

① 混气可增加电解液的电阻率，减少杂散腐蚀，使电解液向非线性方面转化。

② 可以降低电解液的密度和黏度，增加流速，均匀流场。由于气体的密度和粘度远小于液体，所以混气电解液的密度和粘度也大大下降，这是混气电解加工能在低压下达到高流速的关键，高速流动的气泡还起搅拌作用，消除死水区，均匀流场，减少短路的可能性。

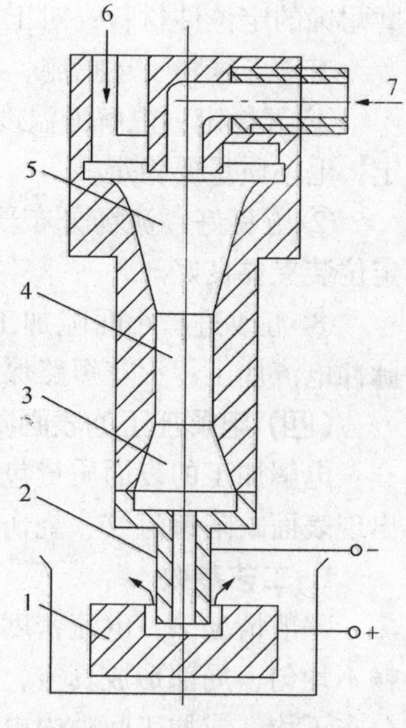

图 5 – 5　混气电解加工

1—工件；2—工具电极；
3—扩散部；4—混合部；
5—引入部；6—电解液入口；
7—气源入口

采用混气电解加工时，混气质量和气液混合比(即一个大气压时混入电解液中的空气流量和电解液流量之比)，对混气电解加工的加工速度和质量有直接影响，随着气液混合比的增大，使加工间隙减小，加工精度提高，表面粗糙度减小；但去除金属的速度降低。当气液混合比超过一定范圈时，则效果不显著。在型腔加工中，气压在 $9.81\times10^{4}\sim49.3\times10^{4}$Pa 时，一般气、液按(1∶1) ~ (1∶3)混合。

混气电解加工的关键技术问题：

① 确定合适的气液混合比 Z，Z = 气体流量(m^3/h)/电解液流量(m^3/h)。模具加工：Z 取 1 ~ 3，叶片加工：Z 取 0.7 ~ 2。

② 设计气液混合腔。

综上所述，电解加工的加工精度主要取决于：加工间隙的大小、均匀性和稳定性；工具阴极型面精度、安装精度；工装设备及其控制精度。所以，提高加工精度的主要途径是：实现小间隙加工；改善电流效率特性；严格控制各种参数的变化范围；正确设计工具阴极等。

具体措施：

① 工件方面：保证毛坯余量足够、均匀和稳定；材料组织要良好而稳定；加工表面清洁，没有油污或氧化皮。

② 电解液方面：选用电流效率特性良好的电解液；合理选用并严格控制电解液的浓度、温度和酸度；进行电解液的仔细过滤。

③ 工具阴极方面；正确而光洁的型面；合适的电解液流动方向和通液槽设计；足够的刚度和强度；良好而可靠的绝缘；正确的定位装夹方式。

④ 工艺参数方面：采用高的进给速度；足够的电解液压力和流速、背压等。

⑤ 机床设备方面：稳定而精确的传动精度；足够的刚度；可靠的电源稳压系统；良好的电解液系统；良好的适应性控制系统和数字显示装置；可靠的火花短路保护系统。

⑥ 其他方面：混气电解加工；振动进给、脉冲电流加工；合理、可靠的定位方式和耐

磨耐蚀的定位件材料；对工艺路线作必要的改进。

有关专家将上述措施，简单归结为：

① 五稳定：电解液温度要稳定；加工电压要稳定；进给速度要稳定；电解液流速要稳定；毛坯质量要稳定。

② 五良好：流场分布要良好；传动精度要良好；控制系统要良好；过滤系统要良好；定位装夹要良好。

③ 五改进：小间隙加工；电流效率特性上良好的电解液；混气电解加工；振动进给、脉冲电流加工；火花短路保护。

(四) 电解加工的表面质量

电解加工的表面质量包括表面粗糙度和表面层物理化学性质两个方面。电解加工中可能出现表面缺陷有流纹、烧伤、晶界腐蚀、裂纹等。影响表面质量的因素主要有：

1. 工艺参数

一般情况下，电流密度较高，有利于阳极的均匀溶解。电解液流速过高，有可能引起流畅不均匀，局部形成真空，影响表面质量；若流速过低，使电解产物排除不及时，氢气泡的分布不均，或加工间隙内电解液局部沸腾汽化，造成表面缺陷。电解液温度过高，会引起阳极表面的局部剥落；温度过低，钝化严重，也会造成溶解不均，或形成黑膜等。

2. 工件材料

合金成分，金相组织及热处理状态，对表面粗糙度均有较大影响。合金成分多，含杂质多，金相组织不均，结晶粗大，均会造成溶解速度的差别，从而影响表面粗糙度。例如铸铁、高碳钢的表面较粗糙。可采用高温扩散退火、球化退火，使组织均匀及晶粒细化，以保证加工表面质量。

3. 阴极的表面质量

如表面条纹、刻痕等都会相应复印到工件表面上，所以阴极表面必须光洁。阴极进给不均匀，会引起横向条纹。

另外，工件表面油垢、锈斑及电解液处理不净等，都会影响表面质量。

知识巩固

思考题

1. 说明电解加工原理及必备条件。
2. 简述电解加工优缺点。
3. 简要说明电极电位理论在电解加工中的具体应用。
4. 说明电解加工的电极反应及实质。
5. 何谓钝化与活化？在电化学加工中有何作用？
6. 简要说明电解液的作用。
7. 用于电解加工的电解液需要满足哪些基本要求？常用的电解液有哪几种？
8. 说明常用电解液的特点及选择原则。
9. 简述电解液流动形式及选择方式。
10. 简述电解加工生产率影响因素。
11. 提高电解加工精度的途径有哪些？
12. 说明影响电解加工表面质量的因素。

知识链接

实践单元

一、电解加工设备

（一）电解加工设备的组成及基本要求

1. 电解加工设备的组成

电解加工设备包括机床本体、整流电源、电解液系统三个主要实体以及相应的控制系统。各组成部分既相对独立，又必须在统一的技术工艺要求下，形成一个相互关联、相互制约的有机整体。正因为如此，相对于传统切削机床，电解加工设备具有其特殊性、综合性和复杂性。

电解加工设备的组成框图如图5-6所示，其中双点画线框内为基本组成部分。

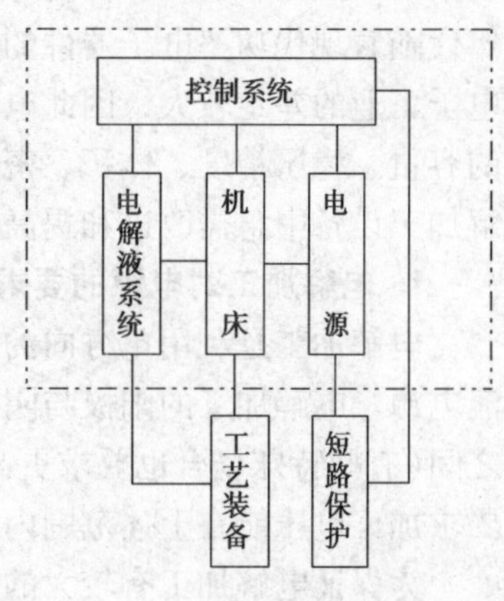

图5-6 电解加工设备组成框图

2. 电解加工设备的基本要求

根据电解加工的特殊工作条件，对电解加工设备提出了下列基本要求。

（1）机床刚性强

目前，电解加工中广泛采用了大电流、小间隙、高电解液压力、高流速、脉冲电流及振动进给等工艺技术，造成电解加工机床经常处在动态、交变的大负荷下工作，要保证加工的高精度和稳定性，就必须拥有很强的静态和动态刚性。

（2）进给速度稳定性高

电解加工中，金属阳极溶解量与电解加工时间成正比。进给速度如不稳定，阴极相对工件的各个截面的作用时间就不同，将直接影响加工精度。

（3）设备耐腐蚀性好

机床工作箱及电解液系统的零部件必须具有良好的抗化学和电化学腐蚀的能力，其他零部件（包括电气系统）也应具有对腐蚀性气体的防蚀能力。使用酸、碱性电解液的设备还应耐酸、碱腐蚀。

（4）电气系统抗干扰性强

机床运动部件的控制和数字显示系统应确保所有功能不相互干扰，并能抵抗工艺电源大电流通断和极间火花的干扰。电源短路保护系统能抵抗电解加工设备自身以及周围设备的非短路信号的干扰。

（5）大电流传导性好

电解加工中需传输大电流，因而必须尽量降低导电系统线路压降，以减少电能损耗，提高传输效率。在脉冲电流加工过程中，还要采用低电感导线，以避免引起波形失真。

（6）安全措施完备

为确保加工中产生的少量危险、有害气体和电解液水雾有效排出，机床应采取强制排风措施，并且应配备缺风检测保护装置。

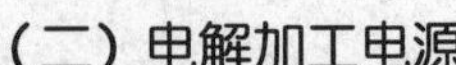

(二) 电解加工电源

电源是电解加工设备的核心部分，电解加工机床和电解液系统的规格都取决于电源的输出电流，同时电源调压、稳压精度和短路保护系统的功能，影响着加工精度、加工稳定性和经济性。除此之外，脉冲电源等特殊电源对于电解加工硬质合金、铜合金材料起着决定性作用。电源随着电子工业的发展而发展。电解加工电源从20世纪60年代的直流发电机组和硅整流器发展到70年代的可控硅调压、稳压的直流电源；80年代出现了可控硅脉冲电源；90年代随着现代功率电子器件的发展和广泛应用，又出现了微秒级脉冲电流电源。由于国内外电子工业的差距较大，因此电源是国内外电解加工设备中差距较大的环节，主要体现在电源的容量、稳压精度、体积、密封性、耐蚀性、故障率和寿命等诸多方面。因而电源是国内电解加工设备中急需改进和提高的另一重要环节。

1. 电解加工对电源的要求

电解加工是利用单方向的电流对阳极工件进行溶解加工的，所使用的电解电源必须是直流电源。电解加工的阳极与阴极的间隙很小，所以要求的加工电压也不高，一般在8～24V之间(有些特殊场合也要求更高的电压)。但由于不同加工情况下参数选择相差很大，因此要求加工电压能在上述范围内连续可调。

为保证电解加工有较大的生产率，需要有较大加工电流，一般要求电源能提供几千至几万安培的电流。电解加工过程中，为保持加工间隙稳定不变，要求加工电压恒定，即电解电源的输出电压应稳定，不受外来干扰。从可能性和适用性来考虑，目前国内生产的电解电源的稳定精度均为1%，即当外界存在干扰时，电源输出电压的波动不得超过使用值的1%。

在加工过程中，由于种种原因可能会发生火花，也可能出现电源过载与短路，为了防止工具阴极和工件的烧伤并保护电源本身，在电源中必须有及时检测故障并快速切断的保护线路。

总的说来，电解加工电源应是有大电流输出的连续可调的直流电源，要求有相当好的稳压性能，并设有必要的保护线路。除此以外，运行可靠、操作方便、控制合理也是鉴别电源好坏的重要指标。

2. 电解加工电源的种类及基本结构

因为电解加工要求直流电源，所以必须首先使交流电经过整流变为直流电。根据整流方式的不同，电解电源可分为三类。

(1) 直流发电机组

这是先用交流电能带动交流电动机转变为动能，再带动直流发电机将动能转变为直流电能的装置，由于能量的二次转换，所以效率较低，而且噪声大、占地面积大、调节灵敏度低，从而导致稳压精度较低，短路保护时间较长。这是最早应用的一类电源，除原来配套的设备外，在新设备中已不再采用。

(2) 硅整流电源

随着大功率硅二极管的发展，硅整流电源逐渐取代了直流发电机组。简单型的硅整流器采用自耦变压器调压，无稳压控制和短路保护。也可采用饱和电抗器调压、稳压，但其调节灵敏度较低，短路保护时间较长，稳压精度不够高，仅为5%左右，且耗铜、耗铁量较大，经济性不够好。

(3) 可控硅整流电源

随着大功率可控硅器件的发展，可控硅调压、稳压的直流电源又逐渐取代了硅整流电源。这种电源将整流与调压统一，都由可控硅元件完成，结构简单，制造方便，反应灵敏，随着可控硅元件质量的提高，可靠性也越来越好，国外现已全部采用此种电源，也已成为国内目前生产的主要电解电源。

可控硅整流电源一般是通过单相、三相或多相整流获得的，但它的输出电压、输出电流并不是纯直流，而是脉动电流，其交流谐波成分随整流电路的形式及控制角大小的变化而变化。由于可控硅整流电源纹波系数(3% ~5%)比开关电源(小于1%)高，经电容、电感滤波后，并不能达到纯直流状态。但比直流发电机经济、效率高、重量轻、使用维护方便、动作快、可提高自动化程度、改善产品质量、无机械磨损等。

3. 电解加工用脉冲电源

长久以来，直流电源一直是电解加工电源的主力军，一般普通的电解加工均采用直流电源进行加工。应用脉冲电源可进行脉冲电流加工，可使加工精度大为改善。而且随着脉冲占空比的减小，加工精度不断提高。此外，脉冲电流加工还可以降低表面粗糙度值，增加表面光亮度，改善表面质量。20 世纪 90 年代以来，微秒级脉冲电流电解加工基础工艺研究取得突破性进展。研究表明，此项新技术可以提高集中蚀除能力，并可实现 0.05mm 以下的微小间隙加工，从而可以较大幅度地提高加工精度和表面质量，型腔最高重复精度可达 0.05mm，最低粗糙度 R_a 可达 0.40μm，有望将电解加工提高到精密加工的水平，而且可促进加工过程稳定并简化工艺，有利于电解加工的扩大应用。

（三）电解加工机床

1. 电解加工机床的主要类型

电解加工机床设计制造的原则是有利于实现机床的主要功能，满足工艺的需要，能以最简便的方式达到所要求的机床刚度、精度，同时还要可操作性好，便于维护，安全可靠，性能价格比高。因此，要考虑机床运动系统的组成和布局对机床通用性、可操作性、刚性和加工精度的影响；考虑总体布局与机床刚度、电源和电解液泵容量之间的关系；总体布局与机床加工精度的关系；总体布局与机床操作、维护的关系。电解加工机床的主要类型见表 5-4。

表 5-4　电解加工机床的主要类型

类别	名称	示意图		主轴进给方式	工作台运动形式	应用范围
立式机床	框型	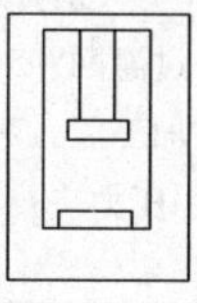		主轴在上部，向下进给式；主轴在下部，向上进给式	固定式：X，Y 双向可调整式；旋转分度式	中大型模具型腔，大型叶片型面，大型轮盘腹板，大型链轮齿形，大型花键孔，电解车
	C 型	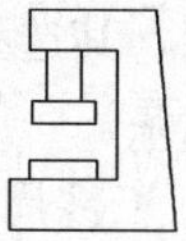	中型	同上	同上	中小型模具型腔，整体叶轮型面套料、中型孔、异型孔
			小型	主轴在上部，向下进给式	固定式	小孔、小异型孔
卧式机床	卧式单头	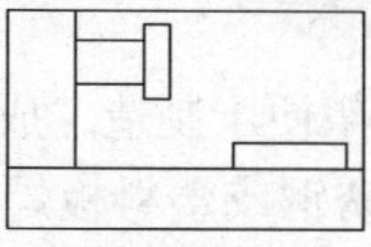		主轴水平进给	固定式旋转分度式	机匣内外环底型面、凸台、型孔、筒型零件内孔、大型煤球轧辊型腔、深孔、炮管膛线、深花键孔

续表

类别	名称	示意图	主轴进给方式	工作台运动形式	应用范围
卧式机床	卧式双头		上轴水平进给，主轴向上或向后倾斜方向进给	固定式	叶片型面，腹板
	卧式三头		主轴水平进给	固定式	同时加工叶片型面及根部、凸台转接端面
固定阴极式			固定式	固定式	扩孔抛光去毛刺

2. 电解加工机床的主要部件

以立式机床为例，电解加工机床的主要有以下主要部分(图 5－7)：床身、工作箱、主轴头、进给系统和导电系统。

(四) 电解液系统

电解液系统的作用是向加工区供应一定压力、足够流量和适宜温度的干净电解液。它主要由泵、电解液槽、过滤器、管道、阀、流量计、热交换器等组成。如图 5－8 所示。

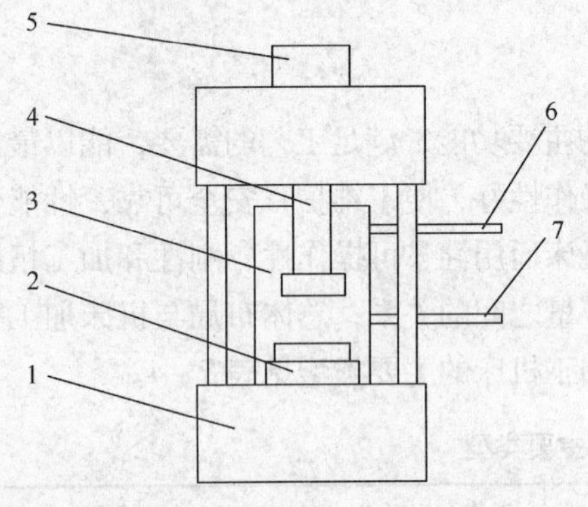

图 5－7　电解加工机床的组成

1—床身；2—工作台；3—工作箱；4—主轴头；5—进给系统；6—输液系统；7—导电系统

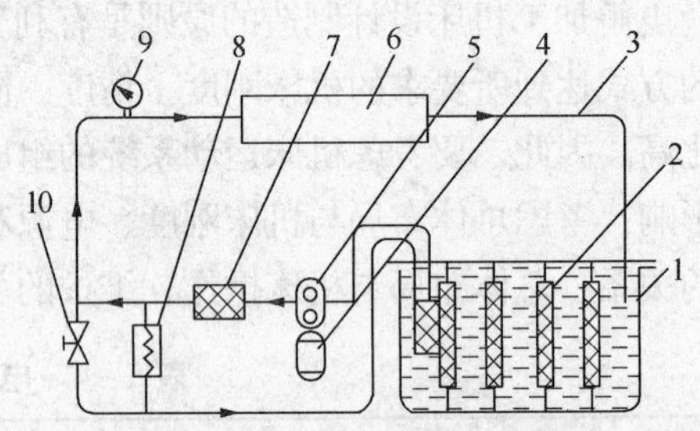

图 5－8　电解液系统示意图

1—电解液槽；2—过滤网；3—管道；4—泵用电动机；5—离心泵；6—加工区；7—过滤器；8—安全阀；9—压力表；10—阀门

1. 泵

泵是电解液系统的心脏，它决定了整个电解液系统的基本功能，其选型至关重要。目前生产中的电解液泵大多采用多级离心泵，它代替了过去使用的齿轮泵。一般情况下，泵的压力可选 0. 5 ~2. 5MPa。泵的流量随加工对象而定，一般可按被加工工件周边长度进行估算，即 4. 6L/(mm · min)。

2. 电解液槽

对电解液槽最基本的要求是耐腐蚀和不渗漏，另外也希望便于制造，成本低，占地面积少。电解液槽的形式有较大的水泥池式和可移动的箱式(不锈钢或塑料板焊成，也可用玻璃钢或用普通钢板内衬耐腐蚀橡胶制成)两种。槽的容量可根据工件的大小和连续加工时间的长短以及车间电解加工机床的数量来决定。

3. 过滤器

以金属氢氧化物为主的电解产物含量过多，将会造成加工不稳定，影响加工质量，甚至造成短路。因此需及时将电解产物和杂质从电解液中分离出来。由于金属氢氧化物成絮状存在于电解液之中，所以在大容量的电解液池中，可以采用自然沉淀，定期处理这些沉淀物的方法来清洁电解液，但所需时间较长，且不可能很彻底。

在生产中一般还采用80～100目的尼龙丝或不锈钢丝网做成过滤筒，套在电解液泵的进口处作为粗过滤，可滤掉较大颗粒的杂质；而在进入加工区以前再用网式或缝隙式过滤器进行精过滤，以进一步滤除较细小的杂质颗粒。过滤器应经常清洗，以免一些固体颗粒在压力下通过网眼。若将两组筒形过滤器分别通过阀门并联在总的管路上，则即使在加工过程中也可分别进行清洗，而不影响加工进程。此外，也有使用微孔刚玉过滤器和离心过滤机进行强迫过滤。

4. 热交换器

电解液的温度在加工中不断变化，变化较快，温度的变化会影响加工间隙、电流效率及电流密度，对重复精度影响较大，应该加以控制，保证温度稳定在给定的范围内。温度控制系统的主要设备是热交换器和温度自动调节系统。

5. 管道、阀、流量计及其他附件

电解液管道一般用金属管，只有在压力不高处用软管。管径可按泵接口直径来选用，也可按流速计算。管内流速应不低于能带渣的临界速度，也不能超过10～12m/s，通常可按流速3～8m/s选取管径。

用于电解液系统的阀应耐腐蚀，其通道截面应该和管道相应，有些阀因为盐的结晶会影响其启闭，不能用于电解液系统。

电解液管路中必须配置流量计和压力表，据此调节气、液流量和压力，以满足一定流量和混合比的要求。电解液常用LZ型不锈钢转子流量计，也可以使用LW型涡轮转子流量计或LC型椭圆齿轮流量计。

（五）控制系统

电解加工控制系统必须包括参数控制、循环控制、保护和联锁三个组成部分。

1. 参数控制系统

参数控制系统的核心要求是控制极间加工间隙，使其保持恒定的预选数值或按给定的函数变化。参数控制系统有两种控制方案。

① 恒参数控制　恒参数控制是指通过闭环系统分别控制电压、进给速度(或加工电流)、电解液浓度、温度、压力(或流量)等参数的恒定来保证加工间隙恒定。

② 自适应控制　自适应控制是指通过控制系统使某些参数之间按照一定的规律变化，以互相抵消这些参数分别引起的加工间隙的变化。例如根据电导率的变化相应调整加工电压或进给速度，以维持间隙恒定。

2. 循环控制系统

循环控制的要求是按照既定的程序控制机床、电源、电解液系统的动作，使之相互协调，均按工具阴极进给的位置(深度)转换加电、供液点及改变进给速度等。循环控制系统可分为以下几类：

① 继电系统　用行程开关预置给定的程序转换位置。

② 简易数控系统　用数字拨码盘开关预置的程序转换位置，并配置位置数字显示；或用逻辑门及灵敏继电器组合出要求的动作顺序。

③ 微机控制系统　用单板机或微型计算机的软件控制加工程序。

④ 可编程序控制器系统　根据所要求的控制功能，用标准模块组合而成。

3. 保护和联锁系统的要求

除了一般机床自动控制系统所具有的保护和联锁功能以外，电解加工机床还要求具有下列特殊功能：

① 为确保加工中产生的有害气体和电解液水雾有效排出，机床应采取强制排风措施，并且应配备缺风检测保护装置。

② 防止电解液飞溅而设置的工作箱门的联锁以及防止潮气进入而设置的电器柜门的联锁。

③ 主轴头和电源柜内渗入潮气的报警。

④ 防止工具阴极及工件短路烧伤的快速短路保护。

二、电解加工的实际应用

我国于 1958 年首先在炮管膛线加工方面开始应用电解加工技术。经历 50 多年的发展，电解加工已被广泛应用于炮管膛线、叶片、整体叶轮、模具、异型孔及异型零件等成形加工，以及倒棱和去毛刺处理(图 5－9)。

根据电解加工的特点，选用电解加工工艺应考虑下列基本原则：

① 难切削材料，如高硬度、高强度或高韧性材料的工件的加工。

② 复杂结构零件，如三维型面的叶片，三维型腔的锻模、机匣等的加工。

③ 较大批量生产的工件，特别是对工具的损耗严重的工件(如涡轮叶片)的加工。

④ 特殊的复杂结构，如薄壁整体结构、深小孔、异型孔、空心气冷涡轮叶片的横向孔、干涉孔、炮管膛线等的加工。

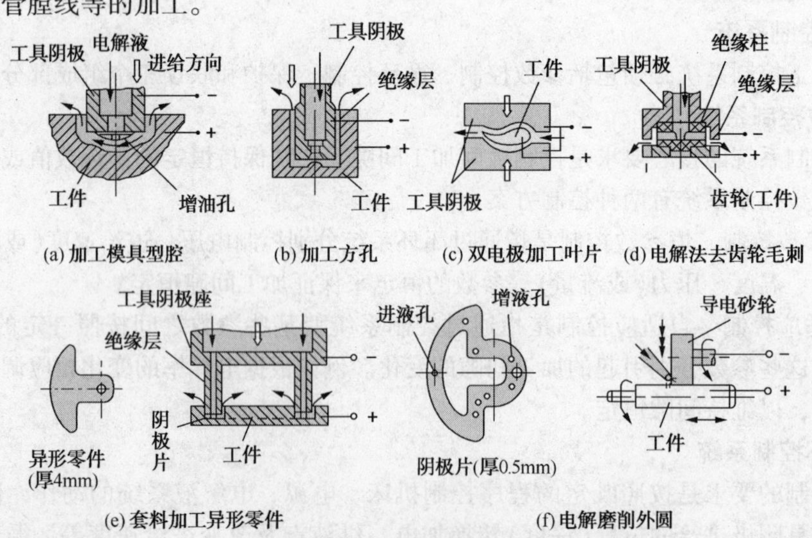

图 5－9　电解加工应用举例

（一）模具型腔加工

近年来，模具结构日益复杂，材料性能不断提高，难加工的材料如预淬硬钢、不锈钢、高镍合金钢、粉末合金、硬质合金、超塑合金等所占的比重日趋加大。因此，在模具制造业中越来越显示出电解加工适应难加工材料、复杂结构的优势。电解加工在模具制造领域中已占据了重要地位。

1. 模具电解加工应用状况

（1）锻模

① 一般锻模　模具的精度中等，各面之间圆滑转接，表面质量要求较高，材料硬度高，批量较大，适应电解加工当前发展水平，可以全面发挥电解加工的优势。中等精度锻模的电解加工已在生产中较为广泛的应用，特别是小倾角浅型腔模具。

② 精密锻模　精度、表面质量要求均高，批量更大，只能采用精密电解加工。目前精密锻模电解加工正在开发中。

（2）玻璃模和食品模

型腔的表面粗造度要求较高，而精度则要求不高，因轴对称，故流场均匀，较适应电解加工的特点。该类模具电解加工国外有较多应用。

（3）压铸模(包括整体式和分块式)

形状较复杂，尺寸较大，流场控制及工具电极设计制造均较复杂、难度较高，但分块式压铸模则较为简便。该类模具电解加工国外有局部应用。

（4）冷镦模

受力较大，对表面质量要求较高，精度则不甚高，可发挥电解加工的优势。故常用于中小零件模具加工。

（5）橡胶轮胎模、注塑模等其他模

合模精度较高，且批量很小，材料可切削性尚可，一般不宜采用电解加工。

2. 模具型面电解加工特点

（1）生产率高、加工成本低

这是由于模具型面电解是单方向进给、一次成型的全型复制加工，加工速度快；比较仿形铣、电火花加工工时大为减少；工具阴极不损耗。无需经常修复和更换，因而模具生产周期大为缩短。虽然工具阴极的制造周期显著长于电火花加工用电极制造，但寿命更长，当生产批量大到一定程度后，工具的折旧费就低于电火花加工。批量越大，经济效益越明显。这就是当电解加工主要用于批量模具生产的重要原因。

（2）模具寿命长

这是由于电解加工表面粗糙度低，圆角过渡，流线型好，因而磨损小，出模块，减缓了二次回火软化的效应；其次是电解加工表面没有冶金缺陷层，不会产生残余余力和显微裂纹，因而耐高温疲劳性能好，避免了模具在锻造过程中的拉伤、塌陷、变形等损伤。

（3）重复精度好

这是由于加工过程中工具阴极不损耗，可长期使用，因而同一阴极加工出的模具有较好的一致性。

3. 模具型腔电解加工工艺

各种模具中，除了冲压模是二维型腔以外，其余的如锻模、玻璃模、压铸模、冷镦模、橡胶模、注塑模等均是三维型腔，它们的加工都属于三维全型成型加工。因此，要获得所要求的型面形状和尺寸，最便捷的途径就是按照近似的工件型腔等距面设计制造阴极，加工中则通过先进的工艺来保证整个加工区内所有位置的加工间隙的均匀性，即通过均匀缩小及均匀放大这样两个环节，将零件的形状和尺寸复制到模具型面上。但是要保证加工间隙的绝对均匀是不可能的，因而这种工艺目前还难以实现，只能近似用于精度要求较低的模具加工。而目前在国内广为采用的是另一种途径，即通过分析和试验来掌握间隙分布的规律性，再据此对工具阴极加以反复修整，直至加工出合格的型腔。

（二）叶片型面加工

1. 叶片材料及型面构成特点

发动机叶片是航空发动机的关键零件，其质量的好坏对发动机的性能有重大影响，因此对发动机叶片的内在品质和外观质量都提出了很高的要求。随着航空发动机推重比的提高，叶片普遍采用高强度、高韧性、高硬度材料，形状复杂，薄型低刚度，且为批量生产，所以特别适合于采用电解加工。

叶片是电解加工应用对象中数量最大的一种。当前，我国绝大多数航空发动机叶片毛坯仍为留有余量的锻件或铸件，其叶身加工大部分采用电解加工。对于钛合金叶片及精锻、精铸的小余量叶片，电解加工更是唯一选择。在国外，叶片也是电解加工的主要应用对象。

2. 叶片电解加工的种类

根据叶片同时加工的部位，叶片电解加工可分为三类。

（1）叶盆、叶背型面同时加工

这类加工的设备、工艺均较简单，但边缘圆角及根部转接区的手工抛光量大，质量不易稳定。目前国内生产全部采用这种方案，国外也大多如此。

（2）叶盆、叶背型面及根部过渡转接区、凸台端面同时加工

这类加工必须采用三头机床或阴极进给方向为斜向切入。国外部分机床采用此方案。

（3）叶盆、叶背型面、根部过渡转接区及进排气边缘圆角等全部叶身型面同时加工

这类加工效率高，生产周期短；加工质量好；电解液用反流式流动，故流场较均匀、稳定；但设备、阴极均较复杂，须采用三头或斜向进给机床、复合双动阴极。国外自动生产线上已采用此方案，国内开始在新机部分叶片的试制上应用。

（三）型孔及小孔加工

（1）型孔电解加工

对于四方、六方、椭圆、半圆、花瓣等形状的通孔和不通孔，若采用机械切削方法加工，往往需要使用一些复杂的刀具、夹具来进行插削、拉削或挤压，且加工精度和表面粗糙度仍不易保证。而采用电解加工，则能够显著提高加工质量和生产率。

型孔加工具有以下特点：

① 通常型孔是在实心零件上直接加工出来的。

② 常采用端面进给式阴极，在立式机床上进行加工。

③ 采用正流式加工，即电解液进入方向与阴极的进给方向相同，而排出方向则相反。因此，液流阻力随加工深度的增加而增大，加工产物的排出也越来越难。

（2）深小孔电解加工

在孔加工中，尤其以深小孔的加工最为困难。特别是近年来随着材料向着高强度、高硬

度的方向发展，经常需要在一些高硬度高强度的难加工材料（如模具钢、硬质合金、陶瓷材料和聚晶金刚石等）上进行深小孔加工。例如，新型航空发动机高温合金涡轮上采用的大量多种冷却孔均为深小孔或呈多向不同角度分布的小孔，如用常规机械钻削加工特别困难，甚至无法进行。而电火花和激光加工小孔时加工深度受到一定的限制，而且会产生表面再铸层。深小孔电解加工技术具有表面质量好、无再铸层和微裂纹、可群孔加工等优点，因而在许多领域，尤其在航空航天制造业中发挥了独特作用。

深小孔加工用的阴极材料通常为不锈钢。只有在加工孔径很小，或深径比很大时，为避免造成堵塞，需采用可溶解电解产物和杂质的酸性电解液，因而就必须选用耐腐蚀的钛合金管制作阴极。此外，阴极还需要采用高温陶瓷材料和环氧材料作为绝缘涂层。

深小孔加工阴极内径小且加工侧面间隙小而深，这将导致两方面的影响：一是要求电解液应严格过滤，保证高度清洁；二是要特别注意避免电解产物阻塞流道，或电解产物在阴极加工表面上沉积，因而电解液应该具有溶解电解产物的作用。

（3）小孔电液束加工

电液束加工的研究于20世纪60年代中期始于美国通用电气公司（GE公司）。我国在70年代中企业开始了电液束加工研究，近几年来在喷嘴制造和加工工艺方面都取得了重大进展。

1）电液束加工装置

电液束加工原理如图5－10（a）所示。电液束加工的装置也包括三部分：

① 电解液系统，较高压力的电解液经由绝缘喷管形成一束射流喷向工件。

② 机床及其控制系统，用于安装工件、绝缘管（阴极），提供并控制阴极相对工件的进给运动。

③ 高压直流电源。

2）电液束加工原理

电液束加工小孔时，被加工工件接正极，在呈收敛形状的绝缘玻璃管喷嘴中有一金属丝或金属管接负极［图5－10（b）］，在正、负极间施加高压直流电，小流量耐酸高压泵将净化了的电解质溶液压入导电密封头进入玻璃管阴极中，使电解液流束“阴极化”而带负电，当其射向加工工件的待加工部位时，就在喷射点上产生阳极溶解；随着阴极相对工件的进给，在工件上不断溶解而形成一定深度的小孔。

电液束加工中既有阳极金属溶解的过程，也有化学加工的作用。电液束加工去除材料，是在高电压、大电流密度以及喷射点局部高温条件下特殊的电解作用和强烈的化学腐蚀，以及其他未知加工作用的复合加工的结果。

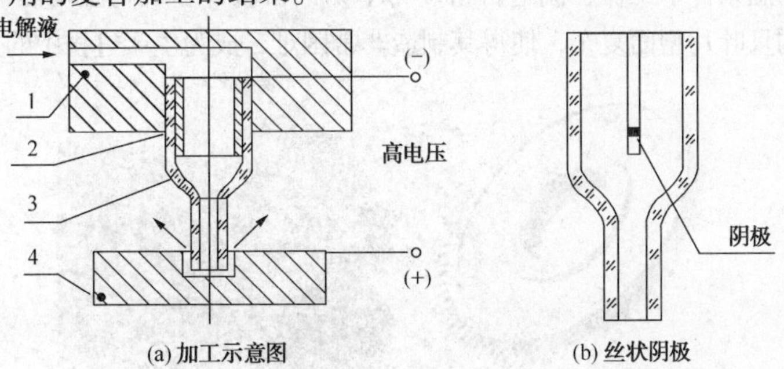

图5－10 电液束加工

1—检测及送进装置；2—阴极；3—绝缘管；4—工件

3）电液束加工特点

① 电液束加工方法可达性好，可以实现其他方法不能实现或难以实现的特殊角度的小孔加工。

② 可实现无再铸层、无微裂纹的小孔加工，为长寿发动机叶片加工提供了良好的工艺手段。

③ 用电液束加工的孔进出口光滑，无毛刺，加工表面粗糙度值低（一般为 3.2 ~ 0.8μm），因而气动性能好，可省去激光打孔后去毛刺和再铸层的精整加工工序。

④ 与传统电解加工工艺相比可以加工出更小的孔，用电液束送进法加工的小孔直径可达 0.125mm，采用不送进法可加工出直径 0.025mm 的小孔。

⑤ 电液束加工是无应力切削方法，因此可实现对薄壁零件的切割。但电液束加工存在玻璃管电极易碰碎等缺点。

（四）枪、炮管膛线加工

膛线是枪、炮管内膛的重要组成部分，它由一定数量的位于内膛壁面的螺旋凹槽所构成。现代枪炮的膛线断面多为矩形。

传统的枪管膛线制造工艺为挤线法，该法生产效率高，但挤线冲头制造困难，而且为了保证在挤制膛线的过程中产生均匀一致的塑性变形，枪管外壁只能采用等径圆钢，挤线以后再按枪管外形尺寸去除多余的金属，因而毛坯材料损耗严重，且校正、电镀、回火等一系列辅助工序较多，生产周期长。

对于大口径枪管和炮管膛线，则多在专门的拉线机床上制成。根据膛线数目，往往要分几次才能制成全部膛线，生产效率低，加工质量差，表面粗糙度更难以达到要求。20 世纪 50 年代中期，苏联、美国和我国相继开始了膛线电解加工工艺的试验研究，并于 50 年代末正式应用于小口径炮管膛线生产，随后又进一步推广用于大口径长炮管膛线加工。炮管膛线电解加工具有加工表面无缺陷，矩形膛线圆角很小等优点，可提高产品的使用寿命和可靠性。目前，膛线电解加工工艺已定型，成为枪、炮制造中的重要工艺方法。

（五）整体叶轮加工

整体叶轮加工是指轮毂和叶片在同一毛坯上进行的整体加工（图 5 – 11），由于叶片形状复杂扭曲使得叶轮的整体加工具有很大的难度。传统的叶轮加工一般采用铸造成型后抛光的方法，这种方法使叶轮的模具制造复杂，叶片精度很难保证，动平衡性能差，生产周期长；整体叶轮多在高转速、高压或高温条件下工作，制造材料多为不锈钢、钛合金或高温耐热合金等难切削材料；加之其为整体结构且叶片型面复杂，使得其制造非常困难，成为生产过程中的关键。

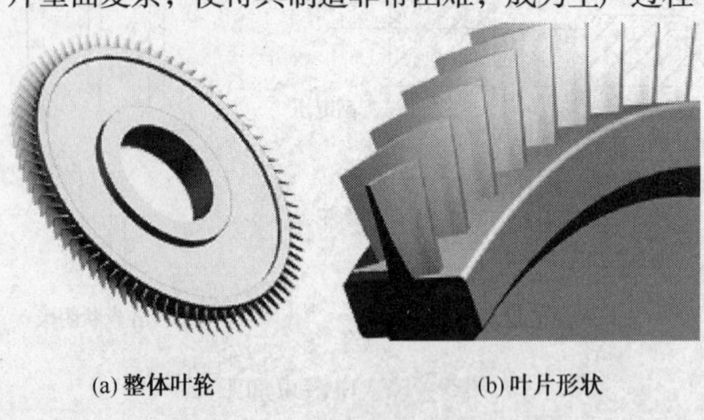

(a) 整体叶轮　　(b) 叶片形状

图 5 – 11　电解加工整体叶轮

目前，整体叶轮的制造方法有精密铸造、数控铣削和电解加工三种。其中，电解加工在整体叶轮制造中占有其独特地位。随着新材料的采用和叶轮小型化，结构复杂化，一个叶轮上的叶片越来越多，由几十片增加到百余片；叶间通道越来越小，小到相距只有几毫米。因此，精密铸造和数控铣削这类叶轮越来越困难，而相应地越来越显示出电解加工整体叶轮的优越性。

按其叶片型面的几何特点，整体叶轮可分为等截面叶片整体叶轮和变截面叶片(含变截面扭曲)整体叶轮两类。

二维等截面型面的整体叶轮、叶栅叶型加工广泛采用电解套料方式，精度及效率较高，已成为一种定型工艺。

针对变截面扭曲整体叶轮，我国自主研制成功了一种机械靠模仿型电解加工技术。它特别适用于直纹扭曲型面，即用直线衍生创成(展成)的型面加工。其加工分为两个步骤：

① 粗加工(电解开槽)　用特制阴极在叶轮的轮盘毛坯上，利用机械靠模仿型电解加工叶间通道，即同时加工成形相邻两叶片中的一个叶盆型面和另一个叶背型面，逐次完成整个轮盘加工。

② 精加工(电解磨削)　用锥形电解磨轮，逐次机械靠模仿型电解磨削叶盆和叶背型面，完成叶轮加工。

(六) 电解去毛刺

20 世纪 80 年代初期，我国开始了用电解去毛刺的研究及应用，并首先用于气动阀体交叉孔去毛刺和油泵油嘴行业，如 A 型、P 型泵体、喷油器、柱塞套、长油嘴喷孔等，还参照国外的技术设计和制造了电解去毛刺机床。机床采用防腐材料、稳压电源、PC 机控制系统，实现了机电一体化，各项技术指标达到了 80 年代中期的国际水平。与其他方法相比，电解去毛刺特别适合于去除硬、韧性金属材料以及可达性差的复杂内腔部位的毛刺。此法加工效率高，去刺质量好，适用范围广，安全可靠，易于实现自动化。

与电解加工类似，电解去毛刺也是利用电化学阳极溶解反应的原理。由于靠近阴极导电端的工件突出的毛刺及棱角处电流密度最高，从而使毛刺很快被溶解而去除掉，棱边形成圆角。

电解去毛刺的加工间隙较大，加工时间又很短，因而工具阴极不需要相对工件进给运动，即可采用固定阴极加工方式，机床不需要工作进给系统及相应的控制系统。但是，工具阴极相对工件的位置必须放置正确，如图 5－12 所示。

(1) 对于高度大于 1mm 的较大毛刺，工具阴极应放置在能使毛刺根部溶解(“切根”)的位置，如图 5－12(a)所示。

(2) 对于较小的毛刺，可将工具阴极放置在能使毛刺沿高度方向溶解的位置，如图 5－12(b)所示。

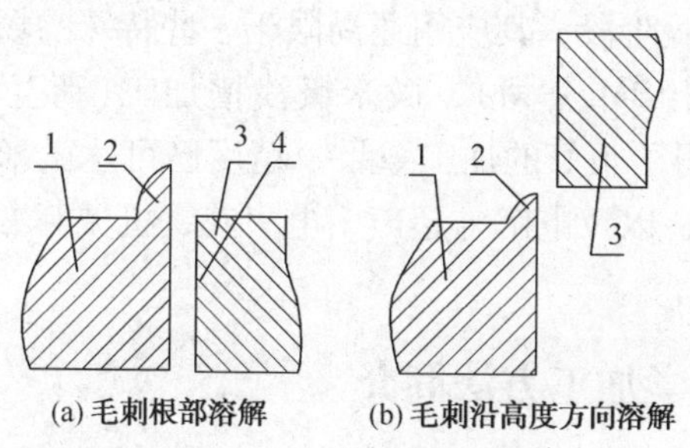

图 5－12　工具阴极的定位

1—工件；2—毛刺；3—阴极；4—绝缘层

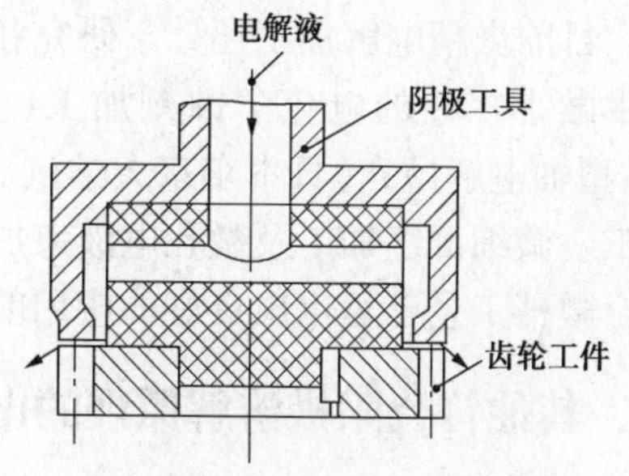

图 5－13　齿轮的电解去毛刺

机械加工中去毛刺的工作量大，尤其是去除硬而韧的金属毛刺，需要占用很多人力，电解倒棱去毛刺可以大大提高工效和节省费用，如图5－13所示，工件齿轮套在绝缘柱上，环形电极工具也靠绝缘柱定位安装在齿轮面上，保持约3～5mm间隙(根据毛刺大小而定)，电解液在阴极端部和齿轮的断面齿面间流过，阴极和工件间通上20V以上的电压(电压高些，间隙可大些)，约1min就可去除毛刺。

(七) 数控展成电解加工

传统的电解加工需采用成形电极来加工复杂型面和型腔，且针对不同形状和尺寸的型面需设计不同的阴极，由于影响电解加工间隙的因素多而复杂，目前尚不能提出令人十分满意的阴极设计方案，使得阴极的制造仍然是一个反复修正的过程，周期很长，这也决定了传统电解加工工艺用于小量、单件加工时经济性差的缺点。另一方面，对具有复杂型面及较大加工面积的零件来说，影响加工精度的因素很多，加工精度难以进一步提高，特别是对于窄通道扭曲叶片叶轮类整体零件，由于空间狭小，采用机械加工刀杆刚性受到限制，而用普通拷贝式电解加工又难以通过一次进给加工成形。在这种背景下，在简化加工工艺过程、提高电解加工精度及适用性的目的驱使下，以简单形状电极加工复杂型面的柔性电解加工—数控展成电解加工的思想于20世纪80年代初开始形成，它结合数控加工的柔性，以控制软件的编制代替复杂的成形阴极的设计、制造，以阴极相对工件的展成运动来加工出复杂型面。数控展成电解加工工具阴极形状简单(棒状、球状及条状)，设计制造方便，且适用范围广，大大缩短了生产准备周期，因而可适应多品种、小批量产品研制、生产的发展趋势，可弥补电解加工在小量、单件加工时经济性差的缺点。

(八) 微精电解加工

从原理上而言，电化学加工技术中材料的去除或增加过程都是以离子的形式进行的。由于金属离子的尺寸非常微小(1～110nm级)，因此，相对于其他“微团”去除材料方式(如微细电火花、微细机械磨削)，这种以“离子”方式去除材料的微去除方式使得电化学加工技术在微细制造领域，以至于纳米制造领域存在着极大的研究探索空间。

从理论上讲，只要精细地控制电流密度和电化学发生区域，就能实现电化学微细溶解或电化学微细沉积。微细电铸技术是电化学微细沉积的典型实例，它已经在微细制造领域获得重要应用。微细电铸是LIGA(德文光刻、电铸、注塑的缩写，即为深结构曝光和电铸的代名词)技术一个重要的、不可替代的组成部分，已经涉足纳米尺寸的微细制造中，激光防伪商标模版和表面粗糙度样块是电铸的典型应用。但电化学溶解加工的杂散腐蚀及间隙中电场、流场的多变性严重制约了其加工精度，其加工的微细程度目前还不能与电化学沉积的微细电铸相比。目前微精电解加工还处于研究和试验阶段，其应用还局限于一些特殊的场合，如电子工业中微小零件的电化学蚀刻加工(美国IBM公司)、微米级浅槽加工(荷兰飞利浦公司)、微型轴电解抛光(日本东京大学)已取得了很好的加工效果，精度已可达微米级。微细直写加工、微细群缝加工及微孔电液束加工，以及电解与超声、电火花、机械等方式结合形成的复合微精工艺已显示出良好的应用前景。

三、其他符合阳极溶解原理的电化学加工方法简介

(一) 电解抛光

电解抛光是一种表面光整加工方法。它是利用金属在电解液中的电化学阳极溶解对工件

表面进行腐蚀抛光的，只用于降低工件的表面粗糙度和改善表面物理力学性能，而不用于对工件进行形状和尺寸加工。

由于加工时，电流密度比较小，电解液一般不流动，必要时加以搅拌即可。因此，电解抛光所需的设备比较简单，包括直流电源、各种清洗槽和电解抛光槽，抛光用的阴极结构也比较简单。

电解抛光的效率高于机械抛光，而且抛光后的表面除了常常生成致密牢固的氧化膜等膜层外，不会产生加工变质层，也不会造成新的表面残余应力，且不受被加工材料（如不锈钢、淬火钢、耐热钢等）硬度和强度的限制，因而生产中经常采用此工艺。

影响电解抛光质量的因素主要有：

① 电解液的成分、比例等　合适的成分比例主要通过实验来确定。

② 电参数　主要是阳极电位和阳极电流密度。加工过程中，一般采用控制阳极电位来控制质量，也可采用控制阳极电流密度来控制质量。

③ 电解液温度及其搅拌情况　合适的电解液温度范围主要依靠实验确定。电解抛光时，应采用搅拌的方法，促使电解液流动，以保证抛光区域的离子扩散和新电解液的补充，并可使电解液的温度差减少，从而保证最适宜的抛光条件。

④ 金属的金相组织与原始表面状态　电解抛光对于金属金相组织的均匀性反应十分敏感。金属组织愈均匀、细密，其抛光效果愈好。表面预加工状况、抛光前的表面去油污处理、变质层处理等，均会影响电解抛光的效果。

（二）电解磨削

1. 加工原理及特点

（1）加工原理

电解磨削是电解加工与机械磨削相结合的一种复合形式，是靠金属的溶解（占 95% ~ 98%）和机械磨削（占 2% ~5%）的综合作用来实现加工的。

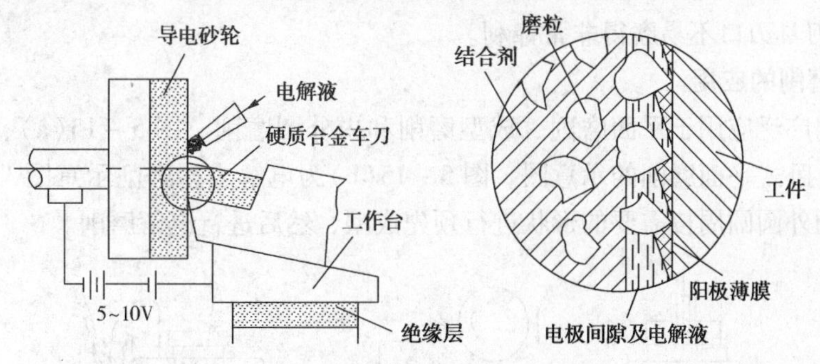

图 5－14　电解磨削原理

电解磨削加工过程如图 5－14 所示，电流从工件通过电解液而流向磨轮，形成通路，于是工件（阳极）表面的金属在电流和电解液的作用下发生电解作用（电化学腐蚀），被氧化成为一层极薄的氧化物或氢氧化物薄膜，一般称它为阳极薄膜。但刚形成的阳极薄膜迅速被导电砂轮中的磨料刮除，在阳极工件上又露出新的金属表面并被继续电解。这样，由电解作用和刮除薄膜的磨削作用交替进行，使工件连续地被加工，直至达到一定的尺寸精度和表面粗糙度。

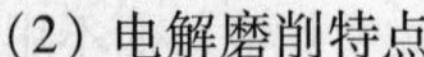

(2) 电解磨削特点

① 磨削力小，生产率高　这是由于电解磨削具有电解加工和机械磨削加工的优点。

② 加工精度高，表面加工质量好　因为电解磨削加工中，一方面工件尺寸或形状是靠磨轮刮除钝化膜得到的，故能获得比电解加工好的加工精度；另一方面，材料的去除主要靠电解加工，加工中产生的磨削力较小，不会产生磨削毛刺、裂纹等现象，故加工工件的表面质量好。

③ 设备投资较高　其原因是电解磨削机床需加电解液过滤装置、抽风装置、防腐处理设备等。

2. 电解磨削与其他加工方法的区别

(1) 电解磨削与普通电解的比较

两者既具有相同点又具有不同点。相同点为阳极溶解机理相同；不同点为阳极钝化膜的去除原理不同。

电解磨削中，阳极钝化膜的去除是靠磨轮的机械加工去除的，电解液腐蚀力较弱；一般电解加工中的阳极钝化膜的去除，是靠高电流密度去破坏(不断溶解)或靠活性离子(如氯离子)进行活化，再由高速流动的电解液冲刷带走的。

(2) 与机械磨削的比较

电解磨削优点：

① 加工范围广，加工效率高；

② 加工精度和表面质量高；

③ 砂轮的磨损量小。

电解磨削缺点：

① 电解磨削的机床、夹具等需采取防蚀防锈措施，还需增加吸气、排气装置；

② 而且需要直流电源、电解液过滤、循环装置等附属设备；

③ 加工刀具刃口不易磨得非常锋利。

3. 电解磨削的应用

电解磨削广泛应用于平面磨削、成型磨削和内外圆磨削。图 5-15(a)、(b)分别为立式平面磨削、卧式平面磨削的示意图。图 5-15(c)为电解成型磨削示意图，其磨削原理是将导电磨轮的外圆圆周按需要的形状进行预先成型，然后进行电解磨削。

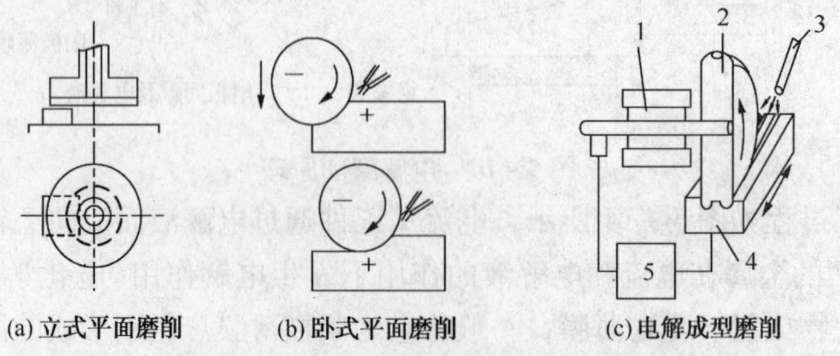

图 5-15　电解磨削应用示意图

1—绝缘层；2—磨轮；3—喷嘴；4—工件；5—加工电源

四、电解加工的实例任务

任务导入

整体叶轮如图 5－16 所示，它是喷气发动机、汽轮机中的重要零件，叶片形状复杂，精度要求高，表面质量要求好，加工批量大。

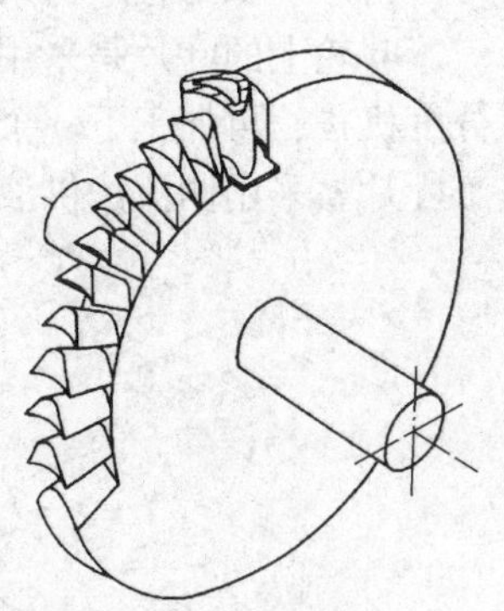

图 5－16 整体叶轮外形

任务分析与准备

前已表述：整体叶轮加工是指轮毂和叶片在同一毛坯上进行的整体加工，叶片形状复杂扭曲，整体加工难度很大。要考虑的方面很多，大致内容有：

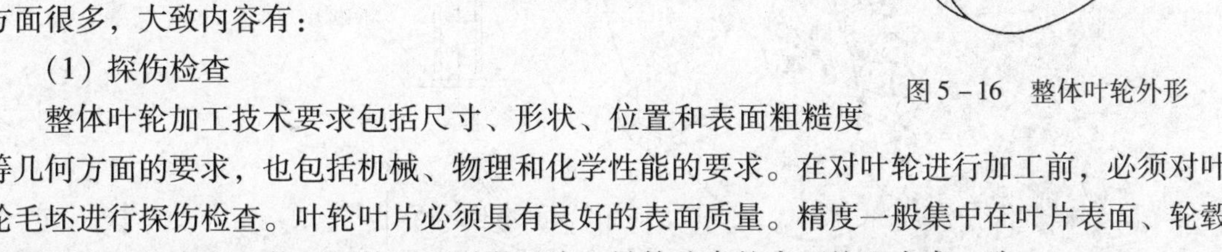

（1）探伤检查

整体叶轮加工技术要求包括尺寸、形状、位置和表面粗糙度等几何方面的要求，也包括机械、物理和化学性能的要求。在对叶轮进行加工前，必须对叶轮毛坯进行探伤检查。叶轮叶片必须具有良好的表面质量。精度一般集中在叶片表面、轮毂的表面和叶根表面。截面间的型面平滑过渡。另外叶身的表面纹理力求一致。

（2）叶轮对称问题

整体叶轮在工作中为了防止振动并降低噪声，对其动平衡性要求很高，因此在加工过程中要综合考虑叶轮的对称问题。

（3）加工方法选择

目前，国内外已经采用的加工整体叶轮的方法主要有精密铸造、数控铣削、电解套料加工、仿形电解加工、数控电解加工和数控电火花加工。结合实际，此实例任务选择电解套料加工方法。

电解套料加工的生产率高，表面质量好，阴极无损耗，可加工任何难切削材料，加工中无机械切削力，可加工薄壁件，无变形且加工过程稳定，在国内外均有很好的应用。但是电解套料加工只能加工具有等截面叶片的整体叶轮，不能加工变截面扭曲叶片整体叶轮。

选择氯化钠电解液混气电解加工。

（4）阴极设计

采用反拷法设计阴极，进行 CAM 编程时可利用叶片、流道等关于叶轮旋转轴的对称性的加工表面，也可采用对某一元素的加工来完成对相同加工内容不同位置的操作。

（5）材料确定

阴极片采用 45 钢制造，价格便宜，强度达标，稳定性也好。热处理达 40～45HRC。

本次加工叶轮的材料为 GH710（镍基变形高温合金）。GH710 是以镍－铬－钴为基，添加钛、铝等多种强化元素的沉淀硬化型可锻、亦可铸的难变形高温合金。它在 900℃以下具有高强度、高的抗硫腐蚀、抗氧化性能和较好的组织稳定性。可制造涡轮转子叶片和盘件，也可制造整体燃气涡轮转子，工作温度可高达 980℃。能够供应棒材、锻件和盘坯。

热处理：盘坯锻件——加热至 1170℃ ±10℃，保温 4h，空气中冷却至 1080℃ ±10℃，保温 4h，空冷至 845℃ ±10℃，保温 24h，继续空冷至 760℃ ±10℃，保温 16h，空冷至室温。

任务实施

将产生加工程序拷入机床，调整电解参数到指定数值。

叶轮上的叶片是采用套料法逐个加工的(图 5 – 17)。加工完一个叶片，推出阴极，利用分度机构，再加工下一个叶片。电解加工整体叶轮只要把叶轮坯加工好后，直接在轮坯上加工叶片，采用侧流法供液，加工周期大大缩短，叶轮强度高，质量好。

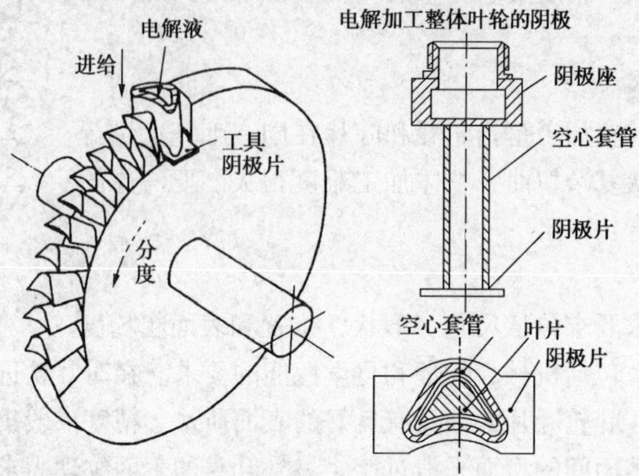

图 5 – 17　电解加工整体叶轮

加工工艺参数大致如下：

电解液：质量分数 7% ~10% 的氯化钠溶液；

温度：25 ~40℃；

气体压力：0. 4 ~0. 5MPa；加气前为 0. 15MPa，加气后为 0. 35MPa；

初始间隙：0. 5mm；

工作电压：10V。

刚开始切入时由于流场不好，进给速度不能太高，调节进给倍率，如果速度过快则会出现火花，电源会自动保护断电，此时需重新开始。当整个阴极切入 2/3 时，此时流场基本趋于稳定，出现火花次数很少，但当阴极要切出走向第二个通道时，由于稳定的流场破坏，加工速度需降低，但当阴极整体切出时，由于去除量很少，流场容易保证，可将加工速度高调。整个加工中要实时调节速度。

任务检测

加工完毕后，对照图纸，采用各种测量手段，检测工件是否符合尺寸要求和精度要求。

知识巩固

思考题

1. 简述电解加工对设备的要求有哪些？
2. 说明电解加工对电源有何要求？
3. 说明电解加工设备的组成及功能。
4. 简述电解液系统的组成及功能？
5. 说明电解加工常见的应用实例。
6. 什么是电解磨削？与电解的异同点在哪里？
7. 简述整体叶轮加工的方法与步骤。

模块六　电铸加工

知识要点

- 电铸加工的原理、设备组成
- 电铸加工的工艺参数选择

技能要点

- 掌握电铸加工的设备结构
- 合理选用电铸液，了解电铸操作工艺流程
- 掌握电铸加工操作规程，实现安全文明生产

学习要求

- 掌握电铸加工原理、特点和应用
- 了解电铸加工操作流程及实例加工

知识链接

理论单元

一、电铸加工原理、特点和应用

电铸一直作为电镀技术的一个分支发挥着独特的作用，它是电沉积技术的三大应用领域之一，并且可以说是电沉积技术中其他两个应用领域即电镀和电冶金也叫湿法冶金的综合，它是利用电镀法来制造产品的功能电镀之一。最近几年，由于电铸用于制造宇航或原子能的某些零件，它已作为一种尖端加工技术而为人们所瞩目。随着现代制造技术的快速发展，电铸技术的重要性日益显现出来，不断向现代制造的许多新领域扩展，特别是电子产品的制造，已经较多地采用着电铸技术，了解和掌握电铸技术的工艺、特点，已成为必然的趋势。

（一）电铸加工原理

电铸技术的应用最早可以溯及到1840年，是由俄国的雅柯比院士于1837年发明的，与电镀同时被运用于制造中。但因受限于相关的基础理论与技术发展，直至20世纪50年代，电铸技术的应用仍十分有限。直到近50年，得益于各相关技术领域的突破，电铸才逐渐广泛地应用到工业领域，直至高科技产业。这主要归功于精密电铸技术能做到极微小的尺寸，并且获得极佳的复制精度。

电铸是一种在原模上电解沉积金属，然后分离以制造或复制金属制品的加工工艺方法。其基本原理与电镀相同。不同之处是：电镀时要求得到与基体结合牢固的技术镀层，以达到防护、装饰的目的。而电铸层要求与原模分离，其厚度也远大于电镀层。其主要区别如表6－1所示。

表 6－1　电铸与电镀的区别

比较项目	电铸	电镀
使用目的	成形	防腐和装饰
镀层厚度	0.05～8mm	0.01～0.05mm
精度要求	有尺寸精度要求	要求表面光滑、有光泽、厚度有精度要求
镀层结合度	要求与原膜分离	要求与零件结合牢固

电铸加工的原理如图 6－1 所示，把预先按所需形状制成的可导电的电铸模作阴极，用电铸材料(例如纯铜)作阳极，用电铸材料的金属盐(例如硫酸铜)溶液作电铸液。加工过程中，通入直流电源，在电解作用下，阳极上的金属原子交出电子成为金属正离子进入电铸液，并进一步在阴极上获得电子成为金属原子而沉积镀覆在阴极原模表面，阳极金属源源不断成为金属离子补充溶解进入电铸液，保持质量分数基本不变，阴极原模上电铸层逐渐加厚，当达到预定厚度后从溶液中取出，将电铸层与原模分离，便获得与原模型面相对应的金属复制件。利用电铸法获得的制品可以是模具的模腔，也可以是成型的产品，还可以是一种专业型材。广义地说，为获得一定结构的较厚镀层的电沉积过程，均可以称为电铸。

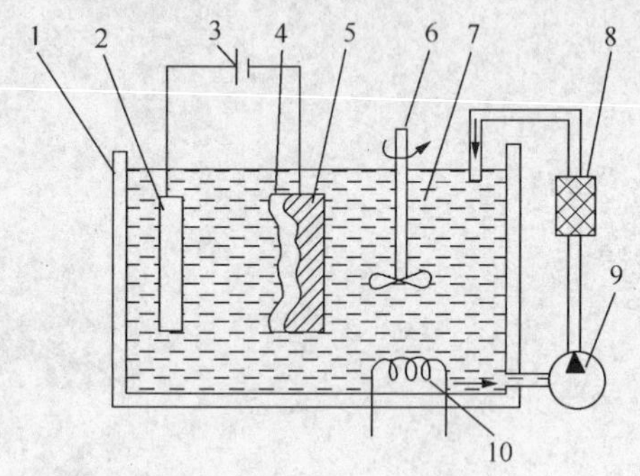

图 6－1　电铸原理图

1—电镀槽；2—阳极；3—直流电源；4—电铸层；5—原模(阴极)；6—搅拌器；7—电铸液；8—过滤器；9—泵；10—加热器

(二) 电铸加工的特点和应用

1. 电铸加工的分类与特点

(1) 电铸加工的分类

电铸大致可分为三类，即装饰性电镀(以镀镍—铬、金、银为代表)、防护性电铸(以镀锌为代表)和功能电镀(以镀硬铬为代表)。

(2) 电铸加工的特点

电铸法的优点：

① 高仿真性　能进行超精密加工(复制精度好)。电铸最重要的特征是它具有高度“逼真性”。电铸甚至可复制 0.5μm 以下的金属线。例如：1in 的宽度内，有 2500 根 3.5μm 的超细线的电视摄像机用的高精度金属网(超细金属网)，就使用了电铸法进行生产。而香烟过滤嘴的纤维，也是使用纤维素通过超细金属网制成的，这是用其他金属加工法所不能达到的。电铸复制的精度非常高，其高精度金属网的制造，是在底板上用照相制板技术按需要涂上绝缘层(保护层)，然后以此作为模板进行电铸。

② 原模可永久性重复使用　电铸加工过程对原模无任何损伤，所以原模可永久性重复使用，能获得尺寸精度高、表面粗糙度小于 $R_a0.1\mu m$ 的复制品，而同一原模生产的电铸件重复精度高，一致性好。

③ 借助石膏、石蜡、环氧树脂等作为原模材料，可把复杂零件的内表面复制为外表面，外表面复制为内表面，然后再电铸复制，适应性广泛。

④ 能调节沉积金属的物理性质　可以通过改变电镀条件、镀液组分的方法来调节沉积金属的硬度、韧性和拉伸强度等。还可以采用多层电镀，合金电镀、复合电镀方法得到其他加工方法不能得到的镀层。电镀后常见的镀层主要为铜、镍、铬三种金属沉积层，总体厚度为0.02mm左右，但实际生产中，由于基材的原因和表面质量的原因通常厚度会做得大一些，不过大型电镀厂一般可以较好得达到这样的要求。

⑤ 应用领域宽　电铸既可以用于各种模具的型腔制造，也可以用于修复性电铸，还可以直接用于制造产品构件，同时也可以用于制作特殊的材料，特别是一些微小、复杂零件的制造，可以用电铸的方式进行。

⑥ 材料的选择范围宽　电铸加工所需要的原型可以是金属原型，也可以是非金属原型，且无论是金属还是非金属，都有很多材料可供选择。比如：金属从铜、铝、铁到锡、铅、锌以及它们的合金，都可以用于原型制作。而非金属材料则有更多的选择，从各种树脂、塑料到石膏、石蜡等，这些非金属材料原型可以采用非金属电镀技术获得导电的表面。

电铸成型物所用的材料也有多种选择。从理论上讲凡是电镀已经有的镀种，基本上都可以用于电铸。当然从实用的角度，电铸所用的材料主要是镍、铜、铁以及它们的合金等。随着电沉积技术的进步和产品开发的需要，一些新的镀材也可以用于电铸来制造所需要的产品。

⑦ 节约和高效　无论是从制造模具的角度还是制造产品的角度，电铸采用的都是加法工艺，即将材料根据需要沉积出来，而不是像通常的机械加工中的减法工艺，需要从整块材料中减去多余的部分，从而可以节约宝贵的金属资源。由于可以采用嵌入工艺，也可以在非模型部位采用低价值的材料，可批量制作原型或重复使用原型，因而可以批量生产，使效率得到提升。

⑧ 不受制品大小的限制。只要能够放入电镀槽就行。

⑨ 容易制出复杂形状的零件。

电铸法的缺点：

① 操作时间长，生产率低　例如：用3A/dm^{2}的阴极电流密度沉积3mm厚的镍层，需要25h左右。一般每小时电铸金属层为0.02～0.5mm，加工时间长。但是电镀过程中可以实现无人看管。

② 需要有经验和熟练技能的人员操作　电铸装置是简单的，但在复制复杂形状的模型中要制造母模、导电层处理、剥离处理等，这些工序都要求有经验和熟练技能的人员才能操作。

③ 必须有很大的作业面积即使是小制品，也需要有镀槽、水洗槽等平面布置，废水处理必须有相当大的作业面积。

④ 除了要有电镀操作技术外，还必须有机械加工和金属加工知识。电铸法并不是单用电镀操作而制出制品，还需要进行衬底加工、研磨等机械操作等，所以必须具备这些方面的知识和技巧。

⑤ 原模制造技术要求高。

⑥ 有时存在一定的脱模困难。

2. 电铸加工应用范围

① 能精确复制微细、复杂和某些难于用其他方法加工的特殊形状工件，如应用于手机、

电话、电脑、照相机等，电子产品上的Logo、摄像头装饰件、功能键、小的装饰片等，也常见到电铸加工的痕迹(图6－2)。

图6－2 摄像头装饰件、Logo等

② 复制精细的表面轮廓花纹，如压制唱片、VCD、DVD光盘的压模，工艺美术品模、纸币、证券、邮票的印刷版。

③ 复制注塑用的模具、电火花型腔加工用的电极工具。

④ 制造复杂、高精度的空心零件和薄壁零件，如波导管等。

⑤ 表面粗糙度标准样块、反光镜、表盘、异形孔喷嘴等特殊零件。

二、电铸加工的工艺过程及要点

电铸的主要工艺过程如图6－3所示。

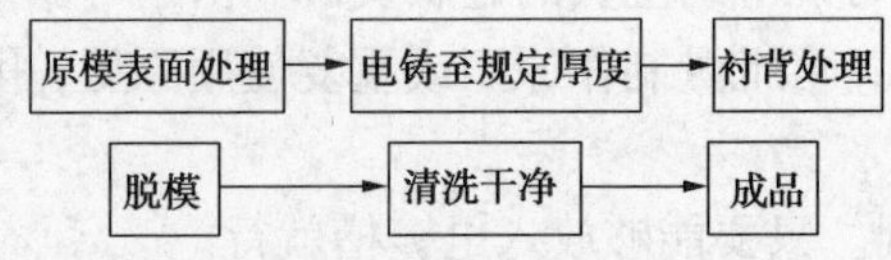

图6－3 电铸工艺流程

电铸的流程可以分为四大部分：原型的选定或制作、电铸前处理、电铸和电铸后处理。每一个部分又都包括完成多个子流程或工序。

(一) 电铸原模

1. 原模设计原则

原型的选定前还有一个原型设计的过程，电铸加工用原模在设计时应遵循以下原则：

① 内外棱角应尽量采用大的圆弧过渡，以避免内棱角处金属沉积过薄，而外棱角处又过厚，产生沉积不均匀，以致出现树枝状沉积层。

② 原模应比实际工件长8～20mm，以便在电铸后把电铸件两端粗糙、过厚的电沉积物除去。

③ 为脱模方便，即使电铸件表面粗糙度没有要求时，原模的表面粗糙度为R_a0.2～0.4μm。永久性原模的锥度不应小于0.085mm/m 。若不允许锥度，则应选用与电铸金属热膨胀系数相差较大的材料制作。当铸件的尺寸精度要求不高时，可在原模表面涂一层蜡或低溶点合金(尽量薄)，在电铸后将蜡融化，以便脱模。

④ 外形复杂、不能完整脱模的金属件，可选用一次性原模。也可采用组合模。

2. 原模的类型及材料

从设计的观点而言，电铸模可以区分为刚性模和非刚性模。刚性模与非刚性模最主要的差异在电铸件脱模的过程中，非刚性模所产生的铸件因其复杂的几何外形必须让电铸模变形(或是拆下部分模具)，甚至破坏电铸模才能使电铸件脱离模具。因此非刚性模又称为暂时模或消耗性的原模。消耗性原模的常用材料主要有铝、蜡、石膏、低熔合金等，其特点为通过加热能融化、分解，或用化学的方法可将其溶解。

而对刚性模而言，电铸件可以轻易脱离母模，不损伤电铸模令其能持续的使用，因此又称为永久模。这种原模的制作费用高，一般用在长期大批量的产品上。消耗性的原模，在电铸后不能用机械的方法将其脱离出来。永久性原模的常用材料有碳素钢、不锈钢、镍、黄铜、青铜、玻璃、环氧树脂或热固性塑料等。

原模设计确定以后，才是原型的选定，包括如下流程：

原型脱模方式的确定——原型材料的确定——原型的制造——检验——安装挂具。

电铸模的设计与制作是电铸制造成败的关键。

（二）原模表面处理

原模材料根据精度、表面粗糙度、生产批量、成本等要求可采用不锈钢、碳钢表面或镀铬、镀镍、铝、低熔合金、环氧树脂、塑料、石膏、蜡等不同材料。这些电铸模材料有导电性材料和非导电性材料两种。

1. 导电性材料

导电性材料表面清洗干净后，一般在电铸前需进行表面钝化处理，使形成不太牢固的钝化膜，以便于电铸后易于脱模(一般用重铬酸盐溶液处理)；

一般金属原型电铸前处理工艺流程：除油——水洗——酸蚀——水洗——活化(预浸)——水洗。

2. 非导电性材料

非导电的原模材料，需对表面作导电化处理，否则不导电无法电铸。

导电化处理常用的方法有：

① 以极细的石墨粉、铜粉或银粉调入少量胶粘剂做成导电液，在表面涂敷均匀薄层。

② 用真空镀膜或阴极溅射(离子镀)法使表面覆盖一薄层金或银的金属膜。

③ 用化学镀的方法在表面沉积银、铜或镍的薄层。

非金属原型电铸前处理工艺流程：表面整理——除油——水洗——敏化——水洗——蒸馏水洗——活化——水洗——化学(镀铜或镍)——水洗——检验。

（三）电铸

1. 电铸流程

电铸通常生产率较低，时间较长。电流密度过大易使沉积金属的结晶粗大，强度低。一般每小时电铸金属层0.02～0.5mm。

电铸流程：预镀——电铸——水洗——检验。

无加镀工序的后处理流程：抛光或钝化处理——清洗——干燥。

有加镀的后处理流程：除蜡(除油)——水洗——活化——镀铬(或化学镀镍)——水洗——干燥。

电铸过程中的要点：

① 溶液必须连续过滤，以除去电解质水解或硬水形成的沉淀、阳极夹杂物和尘土等固体悬浮物，防止电铸件产生针孔、疏松、瘤斑和凹坑等缺陷。

② 必须搅拌电铸液，降低浓差极化，以增大电流密度，缩短电铸时间。

③ 电铸件凸出部分电场强，镀层厚，凹入部分电场弱，镀层薄。为了使厚薄均匀，凸出部分应加屏蔽，凹入部位要加装辅助阳极。

④ 要严格控制电铸液成分、浓度、酸碱度、温度、电流密度等，以免铸件内应力过大导致变形、起皱、开裂或剥落。通常开始时电流宜稍小，以后逐渐增加。中途不宜停电，以免分层。

2. 电铸材料

电铸常用的金属有铜、镍或铁三种，另外还有镍钴、镍锰合金、金、银等。相应的电铸液为含有电铸金属离子的硫酸盐、氨基磺酸盐、氟硼酸盐和氯化物等水溶液。

（1）电铸镍

镍具有容易电铸及抗腐蚀性佳之特性，应用面最广。但其质软，硬度只有 250～350HV，故主要运用于无磨耗问题的塑料结构成形原模。适用于小型塑料模型腔复制和高精度内表面的加工。质量好，强度和硬度好，表面粗糙度小，电铸时间长，价格昂贵。

铸镍使用的标准电铸液为胺基硫酸镍，此电铸液具有铸层内应力低、力学性质佳、沉积速率快、电着性均匀等优点。表 6－2 为镍电铸液组成及操作条件。要提高电铸结构的品质，除了控制电铸液的 pH 值、温度、镍金属盐浓度及选择适当的电流密度外，也须控制缓冲电铸液 pH 值变化的硼酸浓度，并添加应力降低剂以降低电铸层内应力。另外，为促使电铸液能深入狭窄的孔道，还需添加润湿剂。润湿剂可降低电铸液的表面张力，使阴极产生之氢气与氢氧化物胶体不易附着于铸层表面，减低铸层产生针孔及凹洞的机会，故又称为针孔抑制剂。

表 6－2　镍电铸液组成及操作条件

组成	胺基硫酸镍	硼酸	润湿剂	应力降低剂	电流密度	温度	pH 值	过滤尺寸
操作条件	400～450g/L	40g/L	2～3mL/L	3～5g/L	1～10A/dm^2	50～60℃	3.5～4.0	0.2μm

（2）电铸铜

铜虽然比镍便宜，但因为铜的力学性质较镍差，并且对许多工作环境中的抗腐蚀性较差，所以在应用上受到一定限制。主要用于电铸电极和电铸镍壳的加固层，导电性好，价格便宜，强度和耐磨性差，不耐酸。

电铸铜最常使用的电铸液就是硫酸铜溶液，其电铸液性质稳定，容易操作，并且可以获得内应力极低的电铸件。但含高浓度硫酸的电铸液对设备及操作者皆具强烈的腐蚀性。

使用硫酸铜电铸铜时，使用钝性阳极（阳极本身不产生电解反应），电铸液中的铜离子由铜金属颗粒溶解产生补充以保持铜离子浓度。使用钝性阳极，可精确地控制阳极与阴极间的微小间距，降低电铸的能量消耗及杂质的产生。

硫酸铜电铸液也可以添加一些有机添加剂，让电铸件产生表面光亮的效果。

氰化铜溶液同样也可以当作电铸铜的电铸液，但必须考虑使用氰化铜电铸液，电铸件的内应力会大过使用硫酸铜电铸液。同时，使用氰化铜溶液电铸液还需考虑氰化物毒性及污染的问题，以及氰化铜溶液电铸液在使用过程中因氰化物化学特性所衍生出来较复杂的控制问题。尽管如此，氰化铜溶液电铸液用在使用周期反向电流电铸加工中。这种加工产生的铸件材料分布较均匀，常被用作电铸镍模的表面电铸。

（3）电铸铁

用于电铸镍壳的加固层和修补磨损的机械零件。成本低，质量差，易腐蚀。

（四）衬背和脱模

有些电铸件如塑料模具和翻制印制电路板等，电铸成形之后需要用其他材料衬背处理，然后再机械加工到一定尺寸。

塑料模具电铸件的衬背方法常为浇铸铝或铅锡低熔点合金；印制电路板则常用热固性塑料等。

电铸件与原模的脱模分离的方法有敲击锤打，加热或冷却胀缩分离，用薄刀刃撕剥分离，加热熔化，化学溶解等。

电铸件的几种脱模方法如表6－3所示。

表6－3　电铸件的脱模方法

永久性原模	消耗性原模
1. 突击锤打 2. 加热或冷却 3. 用压机或螺旋缓慢地推拉 4. 对平面工作，用薄刀尖分离	1. 铝及铝合金可溶于热的氢氧化钠溶液 2. 低熔点合金，以热的硅油浴熔化 3. 热塑性塑料，先加热软化，挖出，再以溶剂溶解洗涤 4. 蜡模，可用沸水熔化，溶剂清洗 5. 石膏原模可打碎取出

（五）电铸件的检测

电铸件除了外观尺寸外，其内应力及力学性质都是电铸件合格与否的关键。因此电铸件检测的项目包括成分比例、力学性质、表面特性以及复制精确度等。

知识巩固

思考题

1. 电镀与电铸加工的异同点是什么？
2. 何谓电铸原模？遵循怎样的设计原则？
3. 电铸工艺流程分几步？简述其过程。
4. 原模处理包括哪些内容？如何处理？
5. 主要的电铸材料有哪些？有何特点？

知识链接

实践单元

一、电铸加工的设备

电铸加工的基本设备主要有电铸槽、直流电源、搅拌和循环过滤系统、加热和冷却装置等。

（1）电铸槽

电铸槽的材料应以不受电铸液的腐蚀为原则。小型槽可用陶瓷、玻璃或搪瓷制品；一般的常用钢板焊接，内衬铅板、橡胶或塑料等作衬里；大型电铸槽可用耐酸砖衬里的水泥制作。

（2）直流电源

和电镀类似，一般常采用低电压、大电流的直流电源，电压一般可在 3～20V 可调。常用硅整流电源或晶闸管直流电源。

（3）搅拌和循环过滤系统

其作用为降低浓差极化，加大电流密度，提高电铸质量。搅拌的方法有循环过滤法、压缩空气法、超声振动法和机械法。为了除去工作液中的固体杂质，应有循环过滤系统。最简单的机械法是用浆叶搅拌。循环过滤法的特点是不仅对溶液进行搅拌，而在溶液反复流动的同时对溶液进行过滤。

（4）加热和冷却装置

电铸加工的时间较长，为了在电铸期间对电铸液进行恒温控制，需要加热和冷却装置，如常用蒸汽和电热的方法对电解液进行加热，用电吹风或自来水对电解液进行冷却，目的是保证电铸液温度基本不变。包括加热器、温度计和恒温控制器。

（5）电子换向器

为了改善电铸时尖端放电现象，定期改变阳极及母模的电流方向，而采用电子换向器。

二、电铸加工的应用

（1）光盘模具制造

光盘(Compact Disc，CD)能够存储大量信息，其制造过程离不开电铸技术。目前，电铸加工是唯一能满足生产光盘原模所需复制精度的工艺技术。

（2）电铸薄膜

电铸薄膜是生产厚度薄、面积广，并且要求尺寸精度高的元件的最经济的制造方法。电铸镍薄膜主要应用在抗腐蚀元件、PCB 板的焊接点、无石棉衬垫及防火薄膜等。

（3）滤网制造

滤网通常用于油、燃料和空气过滤器，电铸是制造多种设备所用滤网的有效方法之一，可以加工面积大小不等、孔型各异的滤网。

采用电铸工艺制取微型滤网，是在具有所需图形绝缘屏蔽掩膜的金属基板上沉积金属，有屏蔽掩膜处，无金属沉积；无屏蔽掩膜处，则有金属沉积。当沉积层足够厚时，剥离金属沉积层，就获得具有所需镂空图形的金属薄板。这种电铸制造被广泛的用在咖啡及糖的滤网、电动刮胡刀具和筛子。此外，电铸网状元件还常用在印刷业等。

（4）微型电铸件

LIGA 制造可以利用电铸制造生产原模，再以微成形技术大量翻制微型构件。也可以直接电铸微型构件，包括微齿轮、微悬臂梁、薄膜等各式各样的元件，进一步组装微电机、微机械臂、微型阀等。

（5）生物复制

生物非光滑表面为仿生制造提供了丰富的构形资源。应用电铸方法可在金属材料表面直接复制生物原型，从而解决了非连续、微尺度、斜锲形复杂生物表面的高逼真复制的难题。如鲨鱼皮的制造。

三、其他符合阴极沉积原理的电化学加工方法简介

电铸、表面涂镀和复合镀等从原理和本质上均属于电镀工艺的范畴，都和电解相反，是利用阴极沉积的原理，使镀液中金属正离子在电场的作用下，镀敷沉积至阴极获得所需工件要求的过程。

(一) 涂镀加工

1. 涂镀加工原理、特点及应用

(1) 涂镀加工的原理

涂镀又称刷镀或无槽电镀，是在金属工件表面局部快速电化学沉积金属的技术，其原理图如图 6-4 所示。

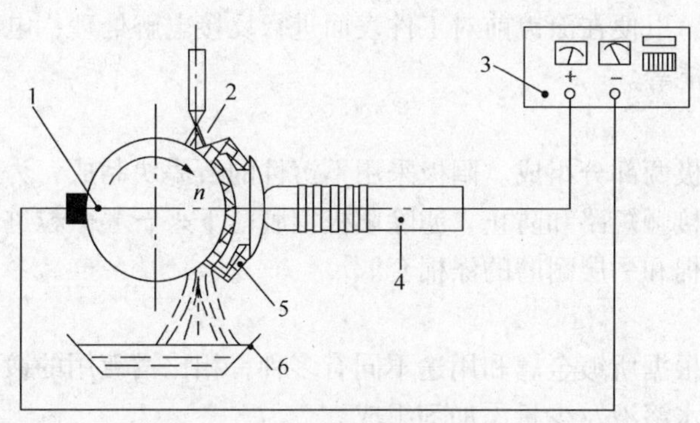

图 6-4 涂镀加工原理

1—工件；2—镀液；3—电源；4—镀笔；5—棉套；6—容器

转动的工件 1 接直流电源 3 的负极，正极与镀笔相接，镀笔端部的不溶性石墨电极用外包尼龙布的脱脂棉套 5 包住，镀液 2 饱蘸在脱脂棉中或另再浇注，多余的镀液流回容器 6。镀液中的金属正离子在电场作用下在阴极表面获得电子而沉积涂镀在阴极表面，可达到自 0.001mm 直至 0.5mm 以上的厚度。

(2) 涂镀加工的特点

① 不需要镀槽，设备简单，体积小，重量轻，便于现场使用，而且一套设备可以完成多种金属的涂镀。

② 涂镀液种类、可涂镀的金属比镀槽多，涂镀的镀液大多是金属有机络合物水溶液，溶解度大且稳定性好，因此镀液中金属离子含量通常比槽镀高几倍到几十倍，故涂镀比槽镀生产率高，在使用过程中，离子浓度不必调整，使用方便。镀液选用更改方便，易于实现复合镀层，一套设备可涂镀金、银、铜、铁、锡、镍、钨等多种金属。

③ 镀层与基体金属的结合力比槽镀的牢固，涂镀速度比槽镀快(镀液中离子浓度高)，镀层厚薄可控性强。

④ 因工件与镀笔之间有相对运动，故一般都需人工操作，很难实现高效率的大批量、自动化生产。

(3) 涂镀技术主要应用范围

① 主要用于修复零件磨损表面，恢复尺寸和几何形状，实施超差品补救。

② 可以填补零件表面划伤、凹坑、斑蚀、孔洞等缺陷，例如机床导轨、活塞液压缸、

印制电路板的修补。

③ 大型、复杂、单个小批工件的表面局部镀镍、铜、锌、镉、钨、金、银等防腐层、耐腐层等，改善表面性能。例如各类塑料模具表面涂镀镍层后，很易抛光至 R_a0.1μm 甚至更佳的表面粗糙度。

2. 涂镀加工的基本设备

涂镀设备主要包括电源、镀笔、镀液及泵、回转台等。

(1) 电源

与电解相似，涂镀加工采用直流电源，电压在 3～30V 无级可调，电流 30～100A 视所需功率而定。涂镀电源另有一些特殊要求，诸如：应附有安培小时计，可自动记录涂镀过程中消耗的电荷量，当达到预定尺寸时能自动报警，以控制镀层厚度；同时，输出的直流电应能很方便地改变极性，以便在涂镀前对工件表面进行反接电解处理；电源中应有短路快速切断保护和过载保护功能等。

(2) 镀笔

镀笔由手柄和阳极两部分组成。阳极采用不溶性的石墨块制成，为了饱吸贮存镀液，并防止阳极与工件直接接触短路和防止、滤除阳极上脱落下来石墨微粒进入镀液，在石墨块外面需包裹上一层脱脂棉和一层耐磨的涤棉套。

(3) 镀液

涂镀用的镀液，根据所镀金属和用途不同有多种，相比槽镀用的镀液有较高的离子质量分数，由金属络合物水溶液及少量添加剂组成。

为了对被镀表面进行预处理(电解净化、活化)，镀液中还包括电净液和活化液等。表6－4为常用涂镀液性能及用途。

表6－4 常用涂镀液性能及用途

序号	镀液名称	酸碱度(pH 值)	镀液特性
1	电净液	11	主要用于清除零件表面的污油杂质及轻微去锈
2	零号电净液	10	主要用于去除组织比较疏松材料的表面油污
3	1 号活化液	2	除去零件表面的氧化膜，对于高碳钢、高合金钢铸件有去碳作用
4	2 号活化液	2	具有较强的腐蚀能力，除去零件表面的氧化膜，在中碳、高碳、中碳合金钢上起去碳作用
5	铬活化液	2	除去旧铬层上的疲劳氧化层
6	特殊镍	2	作为底层镀镍溶液，并且有再次清洗活化零件的作用，镀层厚度在0.001～0.002mm 左右
7	快速镍	碱(中)性 7.5	此镀液沉积速度快，在修复大尺寸磨损的工件时，可作为复合镀层，在组织疏松的零件上还可用作底层，并可修复各种耐热、耐磨的零件
8	镍—钨合金	2.5	可作为耐磨零件的工作层
9	低应力镍	3.5	镀层组织细密，具有较大的压应力，用作保护性的镀层或者夹心镀层
10	半光亮镍	3	增加表面的光亮度；承受各种受磨损和热的零件；有好的抗磨和抗腐蚀性
11	高堆积碱铜	9	镀液沉积速度快，用于修复磨损量大的零件，还可作为复合镀层，对钢铁均无腐蚀
12	锌	7.5	用于表面防腐

（4）回转台

回转台用以涂镀回转体工件表面。可用旧车床改装，需增加电刷等导电机构。

3. 涂镀加工的工艺过程

涂镀工艺过程主要分：

表面预加工——电净处理——活化处理——涂镀加工——清洗。

（1）表面预加工

去除表面上的毛刺、不平度、锥度及疲劳层，使其达到基本光整要求。

（2）电净处理

经清洗、脱脂、除锈后，可用喷砂，砂布打磨，油污用汽油、丙酮或水基清洗剂清洗，再行电净处理，进一步去油污。

（3）活化处理

用以除去工件表面的氧化膜、钝化膜或析出的碳元素微粒黑膜。

（4）镀底层

需用特殊镍、碱铜等镀液预镀一薄层底层，厚度约 0.001 ~ 0.002mm。目的是提高工作镀层与基体金属的结合强度。

（5）涂镀加工

由于单一金属的镀层随厚度的增加内应力也增大，结晶变粗，强度降低，过厚时将起裂纹或自然脱落。一般单一镀层不能超过 0.03 ~ 0.05mm 的安全厚度。

（6）镀后清洗

用自来水彻底清洗冲刷已镀表面和邻近部位，用压缩空气或用热风机吹干，并涂上防锈油或防锈液。

4. 涂镀加工应用实例

机床导轨划伤的典型修复工艺如下：

（1）整形

用刮刀、整形锉、磨石等工具把伤痕扩大整形，使划痕侧面底部露出金属本体，能和镀笔、镀液充分接触。

（2）涂保护漆

对镀液能流淌到的不需涂镀的其他表面，需涂上绝缘清漆，以防产生不必要的电化学反应。

（3）脱脂

对待镀表面及相邻部位，用丙酮或汽油清洗脱脂。

（4）对待镀表面两侧的保护

用涤纶透明绝缘胶纸贴在划伤沟痕的两侧。

（5）对待镀表面净化和活化处理

电净时工件接负极，电压 12V 约 30s；活化时用 2 号活化液，工件接正极，电压 12V，时间要短，清水冲洗后表面呈黑灰色，再用 3 号活化液活化，碳黑即去除，表面呈露出银灰色，清水冲洗后立即起镀。

（6）镀底层

用非酸性的快速镍镀底层，电压 10V，清水冲洗，检查底层与铸铁基体的结合情况及是否已将要镀的部位全部覆盖。

(7) 镀高速碱铜作尺寸

层电压为8V，沟痕较浅的可一次镀成，较深的则需用砂布或细磨石打磨掉高出的镀层，再经电净、清水冲洗，再继续镀碱铜，这样反复多次。

(8) 修平

当沟痕镀满后，用磨石等机械方法修平。如有必要，可再镀上2～5μm的快速镍层。

(二) 复合镀加工

1. 复合镀的原理与分类

复合镀是在金属工件表面镀复金属镍或钴的同时，将磨料作为镀层的一部分也一起镀到工件表面上，故称为复合镀。依据镀层内磨料尺寸的不同，复合镀层的功用也不同，一般可分为以下两类。

(1) 作为耐磨层的复合镀

电镀时，随着镀液中的金属离子镀到金属工件表面的同时，镀液中带有极性的微粉级磨料与金属离子络合成离子团也镀到工件表面。这样，在整个镀层内将均匀分布有许多微粉级的硬点，使整个镀层的耐磨性增加，一般用于高耐磨零件的表面处理。

(2) 制造切削工具的复合镀或镶嵌镀

将粒度为80#～250#的人造金刚石(或立方氮化硼)电镀到工件表面，镀层厚度为磨料尺寸的一半左右，使紧挨工件表面的一层磨料被镀层包覆、镶嵌，形成切削刃，可对其他材料进行加工。

四、电铸加工的实例任务

(一) 刻度盘模具型腔电铸工艺

任务导入

刻度盘是工业上的常用零件，其模具型腔经常采用电铸工艺制作，要求保证精度与质量，表面光洁。

任务分析与准备

(1) 设计工艺流程

母模设计与制造——母模表面处理——电铸至规定厚度——脱模和加固——清洗干燥——辅助机械加工——成品。

(2) 母模(即原模)设计

母模的形状与型腔相反，母模尺寸应考虑材料收缩率，沿型腔深度方向应加长5～8mm，以备电铸后切除端面的粗糙度部分。

母模常用材料有：

不锈钢、中碳钢、铝、铜、低熔点合金、有机玻璃、塑料、石膏、石蜡等。

母模所用材料有金属和非金属材料之分，其中又可分为可熔型不可熔型等，可根据不同需要进行选择。

制造原模的各种材料及其优缺点可参见表6－5。

表 6-5 原模材料及优缺点

材料			优点	缺点	用途
金属	永久型	不含铬的低碳钢、中碳钢或铜	成本低，制造精度高，使用寿命长	起模时型腔易拉毛，要有起模斜度	适用于形状简单且起模方便的加工
	可熔型	低熔点合金	可铸造，材料可回收，型腔表面不会拉长	需要有浇注模具，成本高	用于大量生产、母模不能完整取出的场合
非金属	不可熔型	木材	成本低，易加工	加工精度不高，需作防水处理	适用于大型或精度要求不高的母模
		石膏	成本低，成型良好	加工精度不高，要作防水处理	适用于大型或精度不高的母模以及反制阴模
		环氧树脂	可浇注，表面粗糙度数值小，尺寸精度稳定	需要有浇注模具，成本高	用于大量生产或大型母模
		聚氯乙烯	可浇注，材料可回收，起模方便，不会损坏型腔	尺寸精度不高，电解液温度不能过高	适用于大量且无尺寸精度要求的加工
		有机玻璃	加工性能好，表面粗糙度值小，起模方便，尺寸精度高	使用次数不多，电解液温度不能过高	适用于中小型及齿轴类的母模
	可熔型	石蜡	成本低，成型度良好，表面粗糙度数值小，起模时不会损伤型腔	易损伤，加工时精度难以保证，电解液温度不能过高	适用于小型及尺寸精度要求不高的母模

本例用45号钢制作，表面粗糙度为R_a0.01μm。为方便母模和电铸件加工时的装夹，母模上作一M36的工艺螺孔。

1）金属母模须钝化处理或镀脱模层处理

钝化处理一般用重铬酸盐溶液处理；镀脱模层一般是镀8～10μm厚的硬铬；形状复杂的母模，可先镀镍再镀铬；脱模困难的深型腔，先喷上一层聚乙烯醇感光剂，经曝光烘干后进行镀银处理。用低熔点合金制成的母模不需要镀脱模层。

2）石膏或木材制成的母模须防水处理

在电铸前可用喷漆或浸漆的方法进行防水处理。用石膏制成的母模还可采用浸石蜡的方法进行防水处理。

3）非金属母模要进行导电化处理

非金属不导电，不能直接电铸加工，因此要经过镀导电层处理。镀导电层处理一般是在防水处理后进行的。

可以采用导电漆的涂敷处理、真空涂膜或阴极溅射处理，常用的是采取化学镀银或化学镀铜处理。为了得到良好的导电层，一般母模需要经两次镀导电层处理，而石膏母模则需进行三次镀银处理。

4）引导线及包扎处理

母模经镀起模层处理及镀导电层处理后需进行引导线及包扎处理，其目的是使导电层能够在电沉积操作过程中良好的通电，并将非电铸表面予以隔离。

(3) 脱模和加固

电铸件壁厚较薄，一般要用其他材料在其背面加固，防止变形，机械加工后再镶入模套，最后脱模。

常用的脱模方法有：脱模架脱模、化学溶解母模、加工热熔化母模、加热或冷却胀缩分离。金属母模脱模比较困难，常用脱模架或螺钉脱模。可以用旋转螺钉的方法进行起模。铝制母模可用氢氧化钠溶液溶解母模，对镍层无损伤。黄铜母模可用硝酸溶液溶解母模，对铬层无损伤。低熔点合金和石蜡母模可加热熔化，对电铸层无损伤。

非金属母模(例如有机玻璃)在加热软化后脱模则比较方便，一般加热温度为 100 ~ 200℃，等到冷却至 70 ~ 80℃即可将母模取出。

较浅的型腔甚至可直接用开水加热后起模，但是母模容易受热变形、损坏。

最常用的加固方法是采用模套进行加固。加固后再对型腔外形进行起模和机械加工。模套是按电铸件配作的金属套。模套与电铸件之间有少量间隙，在模套内孔和电铸型腔外表面涂一层无机粘结剂后再进行压合，以加强配合强度。

为进行引导线及包扎处理，母模中心和四周准备了小螺孔。

电铸工艺如图 6 – 5 所示。

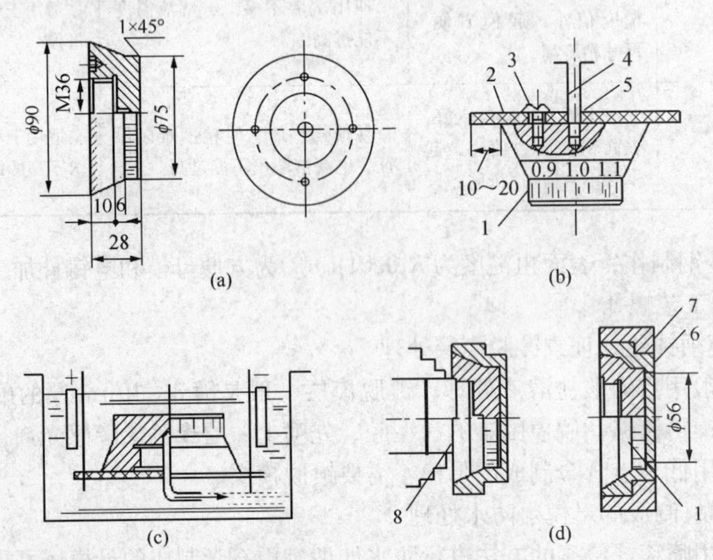

图 6 – 5　刻度盘模具型腔电铸工艺

1—母模；2—绝缘板；3—螺钉；4—导电杆；5—塑料管；
6—铸件；7—铜套；8—芯轴

图 6 – 5(a)为电铸过程中的阴极母模简图，图 6 – 5(b)为母模进行引导线及包扎绝缘处理图，图 6 – 5(c)为刻度盘模具型腔电铸过程，图 6 – 5(d)为电铸产品后处理图。

任务实施

(1) 母模制作

采用45 号钢制作，表面粗糙度为 $R_a0.01\mu m$。为方便母模和电铸件加工时的装夹，母模上作一 M36 的工艺螺孔。

（2）脱模层处理

镀硬铬 8～10μm。

（3）引导线及包扎绝缘处理

为进行引导线及包扎处理，母模中心和四周准备了小螺孔。用胶木螺钉将绝缘板与母模非铸面固定成一体，导电杆外部套塑料管后拧入母模。

（4）电铸

电铸层为 4～5mm 时停止电铸。

（5）电铸后处理

将铸取下后拧入带螺纹的芯轴，夹芯轴车铸件外圆及台阶，按铸件外圆配车铜镶套。铸件与铜套涂无机粘结剂后装配，粘结剂厚度为 0.2～0.3mm。再用芯轴定位和夹紧，车镶套外圆和中间孔。取出母模，即得到刻度盘模具型腔。

任务检测

根据检测工具，测量工件是否符合各种尺寸与形位公差、表面粗糙度要求。

（二）电铸标牌制作工艺

任务导入

图 6－6 所示为一系列标牌，均可采用电铸工艺制作。要求表面光亮、保证没有锁合、尖角，要有接导线部位、拔模斜度、整体高度等，并且保证多次使用不易损坏。

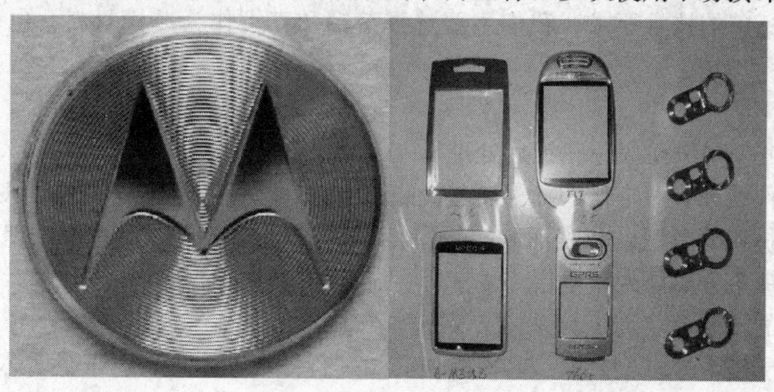

图 6－6　电铸标牌产品

任务分析、准备

考虑电铸过程中金属的分布不可能是完全均匀的，设计时要注意：内外棱角要尽可能采取大的过渡圆弧，以免内棱角处太薄而外棱角处太厚甚至产生树枝状的电铸层。

（1）便于脱膜的考虑

对需脱模的母模，电铸表面应有 15′～30′的脱模斜度，并进行抛光，使表面粗糙度达 R_a0.16～0.08，同时需考虑脱模措施和电铸时的挂装位置。在母模的轮廓较深的底部凹、凸不能相差太大，同时尽量避免尖角。

多次使用的芯模锥度不应小于 0.085mm/m，如果不许有锥度，则应选用与电铸金属热膨胀系数相差较大的材料制作芯模，以便用热胀冷缩的方法脱模。

尺寸精度要求不高时，可在芯模表面涂或浸一层薄蜡或者易熔合金，在电铸后将涂层熔去脱模。

外形复杂不能完全脱模的零件，应选用一次用模芯或组合芯模。

浮雕或隆起部分边缘处应留有拔模斜度，最小为5°，并随产品高度增加，拔模斜度也相应增大。字体的拔模斜度应在15°以上。边缘接合处应采用圆弧过渡。

(2) 标牌尺寸及外形考虑

标牌的理想高度在3mm以下，浮雕或凸起部分应在0.4～0.7mm间。

字体的高度或深度不超过0.2mm。若采用镭射效果则高度或深度不超过0.15mm。

板材的平均厚度为0.22mm±0.05mm，若产品超过此高度则应做成中空结构，并允许产品高度有0.05mm的误差；由于板材厚度是均匀结构，产品表面的凸起或凹陷部分背面也有相应变化。

产品的外型轮廓使用冲床冲裁加工，为防止冲偏，伤到产品，其外缘切边宽度平均为0.05mm，为防止产品冲切变形，尽量保证冲切部分在同一平面或尽量小的弧度，避免应力集中而造成产品变形。冲切是只能在垂直产品的方向作业。

标牌表面效果，可采用磨砂面、拉丝面、光面、镭射面相结合的方式。光面多用于图案或者产品的边缘，产品表面应该避免大面积的光面，否则易造成划伤；磨砂面和拉丝面多用于铭牌底面，粗细可进行调整；在实际的生产中，磨砂面的产品要比拉丝面的产品不良率低，但是开发周期长一些。镭射面多用于字体和图案，也可用于产品底面。

(3) 芯模材料的考虑

根据电铸标牌的技术要求，我们主要选择黄铜和青铜作为芯模材料，也可以使用铝和钢等。

(4) 电铸工艺

镀前处理——电铸阶段——镀后处理。

电铸前的预处理有两个目的：①使芯模能够电铸；②使零件在电铸后能够脱模。

根据芯模材料的类型以及表面脏污的特点对芯模进行不同形式的预处理，如侵蚀、除油、弱侵蚀、镀覆分离层或导电层、水洗等，统称为改性处理。

芯模表面的预处理：

镀覆分离层或者导电层之前，芯模表面必须进行仔细的清理。对于金属芯模，可应用化学或电化学方法进行除油。由于电铸有精度和粗糙度要求，因而除油和酸侵蚀时一般不用苛性碱和浓酸，电解除油在阴极进行，并选用合适的工艺规范，保证芯模不受腐蚀。多次用芯模还要在电铸前进行钝化处理。化学除油时，采用有机溶剂、碱性溶液或水性清洗剂。芯模表面应达到完全被水润湿，然后仔细清洗后才能放入其他处理槽。比较好的预处理方式是化学除油后电解除油。

芯模和拷贝的质量检验：

根据芯模和拷贝的用途、使用条件和材料选择检验方法，检验项目：物理机械性能、电性能、磁性能、抗腐蚀性能、热物理性能、光学性能、结构、外观以及几何尺寸。通常应检查拷贝本身的重要使用性能。

为了保证电铸产品的高品质，对于拷贝应在照度为1000lx的天然光或者40W荧光灯下对其外观进行检查。检查时可使用5～10倍的放大镜或者30～100倍的显微镜。

根据拷贝的质量可以测量拷贝的平均厚度。也可以用带有指针的测厚仪。直径用卡尺、直尺或者千分尺测量，对于小直径的孔用塞规检测，零件的曲面可用样板检查。拷贝的硬度用仪器检测。

芯模的制作：

使用较多的芯模是黄铜芯模，加工后的芯模表面比较粗糙，应进行粗抛光，但不易过度抛光，防止尺寸偏差过大，对大的平面和不影响产品尺寸的表面可以进行深加工，减少后道工序的工时，因为镍板较硬难抛光。

任务实施

经过前面的准备与制作，可以开始进行标牌制作，大致步骤如下：

①在平面玻璃上喷涂感光胶，使用激光照相机显影后制成幻彩原始版。使用电铸的工艺将玻璃上的幻彩效果转移到镍板上；

②在幻彩板上喷涂感光油墨；

③根据字体要求制作字体；

④将腐蚀后得到字体凸起为反字的幻彩板，清洗干净。为电铸时得到厚度均匀的拷贝，应在周围焊接3cm宽的铜板，以分散电流；

⑤将焊接好铜板和导线的腐蚀板经3h电铸后制成拷贝；

⑥根据图纸确定字体的位置后，在铜模上相应的位置雕刻凹槽，将按照尺寸剪切好的字体，镶嵌在凹槽内；

⑦以镶嵌好字体的铜芯模复制拷贝，将接缝打磨光滑；

⑧复制拷贝，进一步抛光处理。检查字体效果；

⑨将抛光后的拷贝，用喷沙、拉丝、腐蚀等加工方式制作设计要求的表面效果。

任务检测

检查产品是否合乎要求。

知识巩固

思考题

1. 说明电铸的设备主要有哪些？
2. 说明电铸工艺主要应用范畴。
3. 简述涂镀工艺的特点及应用。

第三篇　高能束加工

模块七　激光加工

知识要点

- 激光加工原理、设备组成与构造
- 激光加工的应用

技能要点

- 掌握激光加工机床设备及固体激光器原理
- 掌握激光加工主要应用方法之一激光打孔相关操作
- 熟练掌握激光加工操作规程，实现安全文明生产

学习要求

- 掌握激光加工原理、特点应用
- 掌握激光打孔技术操作
- 了解其他激光加工方法

知识链接

理论单元

一、激光的工作原理

激光加工(Lasser Beam Machining 简称 LBM)作为一种特种加工工艺，从 20 世纪 60 年代发展起来现在已是相当成熟的一种特种加工技术。

激光最初被译作“莱塞”，即英语“Laser”，后来在 60 年代初期，由钱学森建议，把光受激发射器改称为“激光”或“激光器”。

世界上第一台红宝石激光器由美国科学家梅曼于 1960 年发明成功，随后各种激光器不断涌现，我国科学家王之江也于 1961 年在长春光机所研究成功我国第一台激光器。激光器作为 20 世纪四大发明之一，它为人们科学研究、生产提供一个新的方法，也给人类的生活提供了很大便利，特别在是进入 80 年代以来，激光加工技术在工业上获得广泛的应用，成为工业上不可缺少的一种方法。

与传统加工工艺不同，激光加工是利用光的能量，经过透镜聚焦，在焦点上达到很高的

能量密度，靠光热效应来加工各种材料的。人们曾用透镜将太阳光聚焦，使纸张木材引燃，但无法用作材料加工。这是因为：①地面上太阳光的能量密度不高；②太阳光不是单色光，而是由红、橙、黄、绿、青、蓝、紫多种不同波长的光组成的多色光，聚焦后焦点并不在同一平面内。激光束是可控单色光，具有强度高，能力密度大，可以在空气介质中高速加工各种材料，在现代加工行业中应用越来越广泛。

随着我国国民经济的快速发展，我国正从一个制造大国向制造强国迈进。激光加工制造技术是一项集光、机、电于一体的先进制造技术，在许多行业中已得到了越来越普遍的应用。比如：工业生产中，激光切割占激光加工的比例大约在70%以上，是激光加工行业中最重要的一项应用技术。

由于激光加工本身的各种优点，包括激光功率密度大、应力和热变形小、加工速度快、加工精密等。无与伦比的优势使激光加工在激光打孔，激光打标、激光切割、电子器件的微调、激光焊接、热处理以及激光存储等各个领域，得到越来越多的应用。激光技术在现代工业应用中显示出其独特的优越性，所以受到人们的广泛重视，应用激光的行业包括机械行业、电子行业、制衣皮革等等。未来的激光加工会实现更为广泛的应用。

（一）激光的产生

任何物质都是由原子、分子等基本粒子组成，这些粒子具有一些不连续的离散分布能级。能级较低的粒子可以吸收一定频率的光子而跃迁到较高的能级，这种过程称为吸收。能级较高的粒子可以通过两种方式向外发射出一定频率的光子。一种方式是自发辐射，另一种是受激辐射。

1. 光的自发辐射

由于电子在原子外层的不同分布，具有不同的内部能量，从而形成所谓的能级。若原子处于内部能量最低的状态，则称原子处于基态。其他比基态能量高的状态，都称激发态。在热平衡情况下，绝大多数原子都处于基态。处于基态的原子，从外界吸收能量以后，将跃迁到能量较高的激发态。当原于被激发到高能级 E_2 时，它在高能级上是不稳定的，即使在没有任何外界作用的情况下，它也有可能从高能级 E_2 跃迁到低能级 E_1，并把相应的能量释放出来，如图 7－1 所示。这种在没有外界作用的情况下，原子从高能级向低能级的跃迁过程中释放的能量是通过光辐射形式放出，这种跃迁过程称为自发辐射。

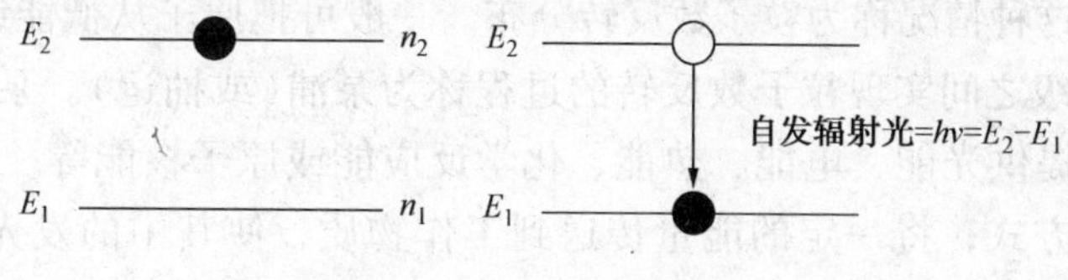

图 7－1　光的自发辐射

2. 光的受激吸收

当原子受到外来的能量为 $h\nu$ 的光子作用（激励）下，处于低能级 E_1 上的原子由于吸收一个能量为 $h\nu$ 的光子而受到激发，跃迁到高能级 E_2 上去，这种过程称为光的受激吸收，如图 7－2 所示。

3. 光的受激辐射

当原子受到外来的能量为 $h\nu$ 的光子作用（激励）时，处在高能级 E_2 上的原子也会在能量为 $h\nu$ 的光子诱发下，从高能级 E_2 跃迁到低能级 E_1，这时原子发射一个与外来光子一模一样的光子，这种过程称为光的受激辐射，如图 7－3 所示。

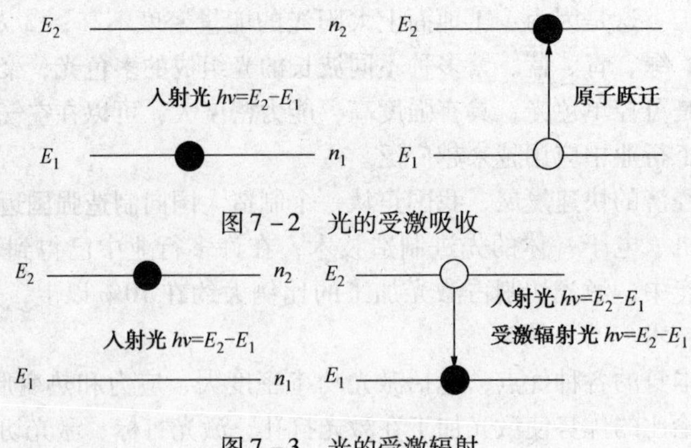

图 7－2　光的受激吸收

图 7－3　光的受激辐射

（二）激光的工作原理

要使受激辐射起主要作用而产生激光，必须具备三个前提条件：①有提供放大作用的增益介质作为激光工作物质；②有外界激励源，使激光上下能级之间产生粒子数反转；③有激光谐振腔，使受激辐射的光能够在谐振腔内维持振荡。

概括来说：粒子数反转和光学谐振腔是激光形成的两个基本条件。通俗点讲，就是能否具有亚稳态能级的物质和产生受激辐射。

一定条件下，被激发到高能级的原子一般是很不稳定的，它总是力图回到能量较低的能级去，原子从高能级回落到低能级的过程称为“跃迁”。在基态时，原子可以长时间地存在，而在激发状态的各种高能级的原子停留的时间（称为寿命）一般都较短，常在 0.01μs 左右。但有些原子或离子的高能级或次高能级却有较长的寿命，这种寿命较长的较高能级称为亚稳态能级。激光器中的氦原子、二氧化碳分子以及固体激光材料中的铬或钕离子等都具有亚稳态能级，这些亚稳态能级物质的存在是形成激光的重要条件之一。

1. 粒子数反转

在物质处于热平衡状态，高能级上的粒子数总是小于低能级的粒子数。由于外界能源的激励（光泵或放电激励），破坏了热平衡，有可能使得处于高能级 E_2 上的粒子数 n_2 大大增加，达到 $n_2 > n_1$，这种情况称为粒子数反转分布。一般可把原子从低能级 n_1 激励到高能级 n_2 以使在某两个能级之间实现粒子数反转的过程称为泵浦（或抽运）。泵浦装置实质上是激光器的外来能源，提供光能、电能、热能、化学反应能或原子核能等。激光泵浦装置的作用，是通过适当的方式，将一定的能量传送到工作物质，使其中的发光原子（或分子、离子）跃迁到激发态上，形成粒子数反转分布状态。

2. 谐振腔

光学谐振腔装有两面反射镜，分置在工作物质的两端并与光的行进方向严格垂直。反射镜对光有一定的透过率，便于激光输出；但又有一定的反射率，便于进行正反馈。由于两反射镜严格平行，使在两镜间（即谐振腔内）往返振荡的光有高度的平行性，因而激光有好的方向性。

3. 激光振荡

处于粒子数反转状态的激光工作物质，一旦发生受激发射，由于在激光亚稳态能级的工作物质的两端装上反射镜，光就在反射镜间多次来回反射。于是在反射镜之间光强度增大，有效地产生受激发射，形成急剧的放大。若事先使一端的反射镜稍微透光，则放大后的一部分激光就能输出到腔外，这种情况如图 7－4 所示。

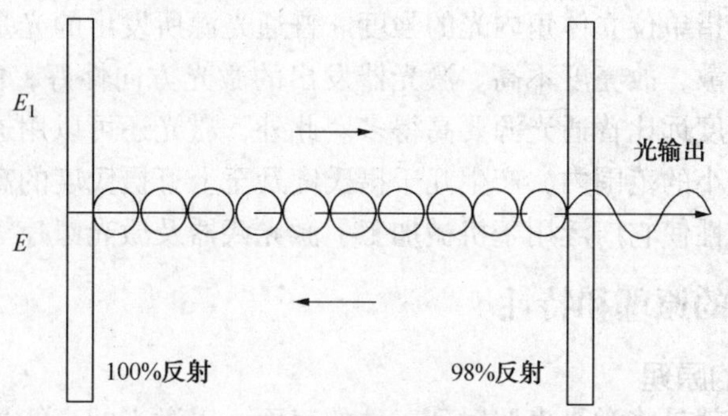

图 7－4　光学谐振腔的激光振荡

4. 激光放大

处于激活状态的激光工作物质，当有一束能量为 $E=h\nu_{21}=E_2-E_1$ 的入射光子通过该激活物质，这时光的受激辐射过程将超过受激吸收过程，而使受激辐射占主导地位。在这种情况下，光在激活物质内部将越走越强，使该激光工作物质输出的光能量超过入射光的能量，这就是光的放大过程。其实，这样一段激活物质就是一个放大器。

二、激光的特性

激光也是一种光，是通过受激辐射发出的。它具有一般光的反射、折射和绕射等共性。它还具有与普通光源很不相同的特性，普通的光源的发光是以自发辐射为主，基本上是无秩序地、相互独立地产生光发射的，发出的光波无论方向、位相或者偏振状态都是不同的。而激光则不同，它的光发射是以受激辐射为主，因而发光物质中基本上是有组织地、相互关联地产生光发射的，发出的光波具有相同的频率、方向、偏振态和严格的位相关系。

正是激光与普通光源这一本质区别，才导致激光具有方向性好、单色性好、相干性好以及高亮度激光的四个特性。激光的这些特性不是彼此独立的，它们相互之间有联系。实际上，正是由于激光的受激辐射本质决定了它是一个相干光源，因此其单色性和方向性好，能量集中。

（1）方向性好

光源的方向性由光束的发散角来描述的，普通光源发出的光是各向传播的，发散角很大。激光的发散角却很小，它几乎是一束平行光。在各类激光器中，气体激光器的方向性最好，固体激光器次之，半导体激光器最差。

（2）单色性

光源的单色性由光源谱线的绝对线宽来描述。一般光源的线宽是相当宽的，即使是单色性好的氖灯，线宽也有 $10^4\sim10^6$ Hz。而激光的线宽相当窄，如氦氖激光器的线宽极限可以达到约 10^{-4} Hz 的数量级，显然这是极高的单色性。

（3）相干性

光源的相干性可以用相干时间或相干长度度量，相干时间指光源先后发出的两束光能够

产生干涉现象的最大时间间隔，此时间内光所走过的光程就是相干长度。激光器的相干性能比普通光源要强得多，一般称激光为相干光，普通光为非相干光。

（4）高亮度

光的辐射亮度是指单位立体角内光的强度。普通光源所发出的光是连续的，并且射向四面八方，能量非常分散，故亮度不高。激光器发出的激光方向性好，能量在空间高度集中。因此，激光器的光亮度远比普通光源要高得多。此外，激光还可以用透镜进行聚焦，将全部的激光能量集中在极小的范围内，产生几千摄氏度乃至上万摄氏度的高温。激光的高亮度也就是能量的高度集中性使它广泛用于机械加工、激光武器及激光医疗等领域中。

三、激光加工的原理和特性

（一）激光加工的原理

激光加工实质上就是将激光束照射到工件的表面，以激光的高能量来切除、熔化材料以及改变物体表面性能。由于激光加工是无接触式加工，工具不会与工件的表面直接摩擦产生阻力，所以激光加工的速度极快、加工对象受热影响的范围较小而且不会产生噪声。由于激光束的能量和光束的移动速度均可调节，因此激光加工可应用到不同层面和范围上。

（二）激光加工的特点

激光具有的宝贵特性决定了激光在加工领域存在的优势：

① 由于它是无接触加工，并且高能量激光束的能量及其移动速度均可调，因此可以实现多种加工的目的。

② 它可以对多种金属、非金属加工，特别是可以加工高硬度、高脆性及高熔点的材料。

③ 激光加工过程中无“刀具”磨损，无“切削力”作用于工件。

④ 激光加工过程中，激光束能量密度高，加工速度快，并且是局部加工，对非激光照射部位没有影响或影响极小。因此，其热影响区小，工件热变形小，后续加工量小。

⑤ 它可以通过透明介质对密闭容器内的工件进行各种加工。

⑥ 由于激光束易于导向、聚集实现作各方向变换，极易与数控系统配合，对复杂工件进行加工，如加工深而小的微孔、窄缝等，尺寸小至数微米。因此是一种极为灵活的加工方法。

⑦ 使用激光加工，生产效率高，质量可靠，经济效益好。例如：(a)美国通用电器公司采用板条激光器加工航空发动机的异形槽，不到4h即可高质量完成，而原来采用电火花加工则需要9h以上。仅此一项，每台发动机的造价可省5万美元。(b)激光切割钢件工效可提高8～20倍，材料可节省15%～30%，大幅度降低了生产成本，并且加工精度高，产品质量稳定可靠。

⑧ 不受切削力的影响，易于保证加工精度。

⑨ 不需要真空条件，可在各种环境中进行加工。

思考题

1. 何谓激光？何谓激光加工？两者有什么区别？
2. 说明激光的产生条件。
3. 简述激光的特点。

4. 激光加工的特点有哪些？

5. 说明激光加工的原理。

知识链接

实践单元

一、激光加工的基本过程

激光加工是以激光为热源对工件进行热加工。

从激光器输出的高强度激光经过透镜聚焦到工件上，其焦点处的功率密度高达 10^7 ~ 10^{12} W/cm²，温度高达 10000℃以上，任何材料都会瞬时熔化、气化。激光加工就是利用这种光能的热效应对材料进行焊接、打孔和切割等加工的。通常用于加工的激光器主要是固体激光器(图 7－5)和气体激光器(图 7－6)。使用二氧化碳气体激光器切割时，一般在光束出口处装有喷嘴，用于喷吹氧、氮等辅助气体，以提高切割速度和切口质量。由于激光加工是无接触式加工，工具不会与工件的表面直接摩擦产生阻力，所以激光加工的速度极快、加工对象受热影响的范围较小而且不会产生噪音。由于激光束的能量和光束的移动速度均可调节，因此激光加工可应用到不同层面和范围上。

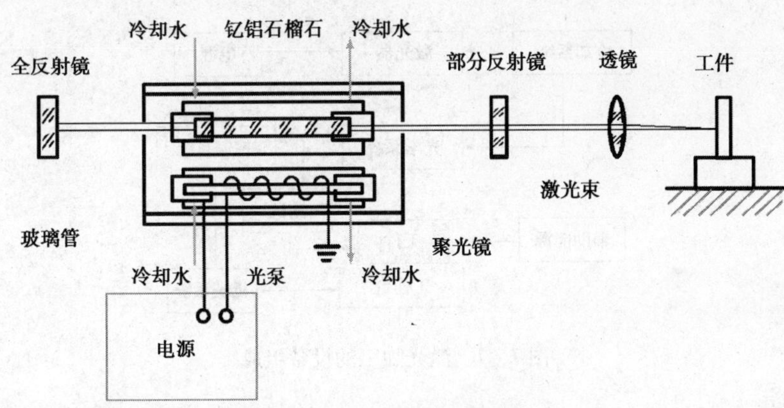

图 7－5　固体激光器加工原理

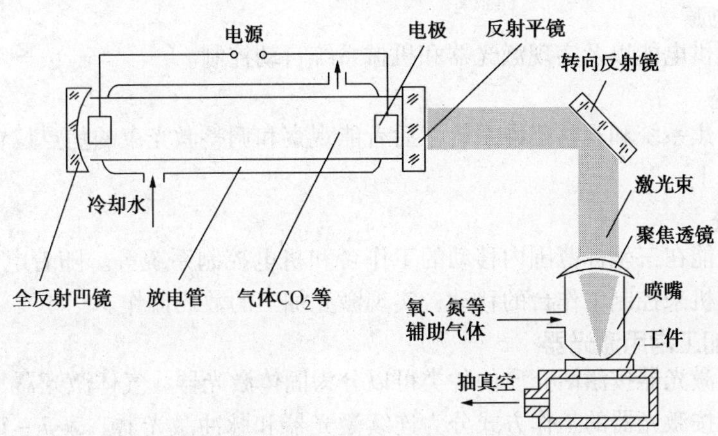

图 7－6　气体激光器加工原理

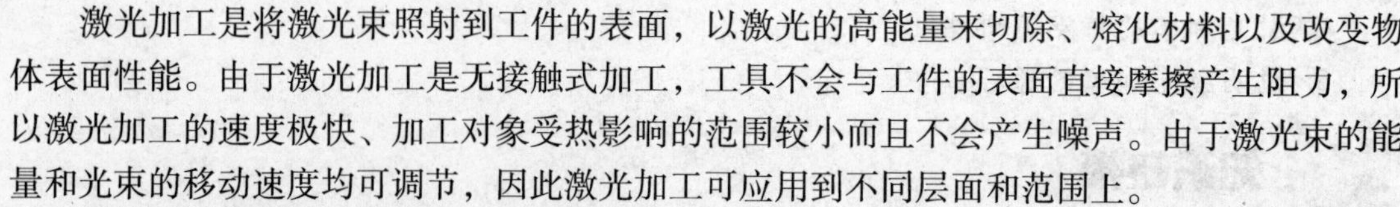

激光加工是将激光束照射到工件的表面，以激光的高能量来切除、熔化材料以及改变物体表面性能。由于激光加工是无接触式加工，工具不会与工件的表面直接摩擦产生阻力，所以激光加工的速度极快、加工对象受热影响的范围较小而且不会产生噪声。由于激光束的能量和光束的移动速度均可调节，因此激光加工可应用到不同层面和范围上。

加工过程大体上可分为如下几个阶段：

① 激光束照射工件材料（光的辐射能部分被反射，部分被吸收并对材料加热，部分因热传导而损失）；

② 工件材料吸收光能；

③ 光能转变成热能是工件材料无损加热（激光进入工件材料的深度极浅，所以在焦点中央，表面温度迅速升高）；

④ 工件材料被熔化、蒸发、气化并溅出去除或破坏；

⑤ 作用结束与加工区冷凝。

二、激光加工的基本设备

（一）激光加工基本设备的组成

激光加工设备的种类繁多，但基本部分包括激光器、电源、光学系统及机械系统等四大部分。如图 7－7 所示。

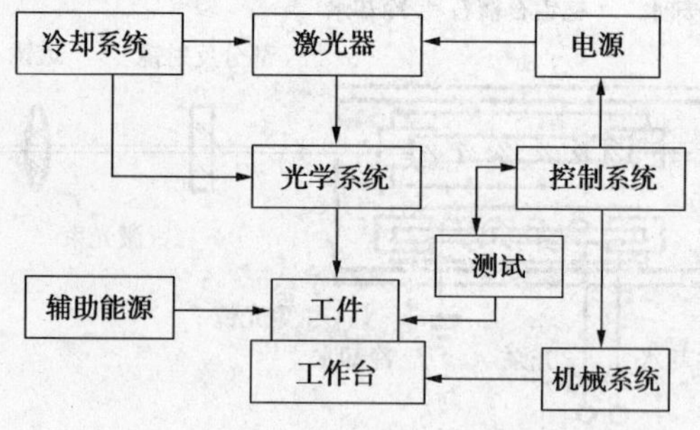

图 7－7　激光加工的设备组成

1. 激光器

激光器是激光加工的核心设备，它是把电能转换成光能，产生激光束。

2. 激光器电源

为激光器提供电能以及实现激光器和机械系统自动控制。

3. 光学系统

主要包括聚焦系统和观察瞄准系统。后者能观察和调整激光束的焦点位置，并将加工位置显示在投影仪上。

4. 机械系统

包括床身、能在三坐标范围内移动的工作台和机电控制系统等。随着电子技术的发展，目前已采用计算机来控制工作台的移动，实现激光加工的数控操作。

（二）激光加工常用激光器

目前常用的激光器按激活介质的种类可以分为固体激光器、气体激光器、液体激光器和半导体激光器。按激光器的工作方式分为连续激光器和脉冲激光器。表 7－1 显示了激光加工常用激光器的分类及主要性能特点。

表 7-1　常用激光器的分类及主要性能特点

种类	工作物质	激光波长/μm	发散角/rad	输出方式	输出能量或功率	主要用途
固体激光器	红宝石(Al_2O_3: Cr^{3+})	0.69	$10^{-2}\sim10^{-8}$	脉冲	几个至 10J	打孔、焊接
	钕玻璃(Nd^{3+})	1.06	$10^{-2}\sim10^{-3}$	脉冲	几个至几十焦耳	打孔、焊接
	掺钕钇铝石榴石 YAG($Y_3Al_5O_{12}$: Nd^{3+})	1.06	$10^{-2}\sim10^{-3}$	脉冲	几个至几十焦耳	打孔、切割、焊接、微调
				连续	100 至 1000W	
气体激光器	二氧化碳(CO_2)	10.6	$10^{-2}\sim10^{-3}$	脉冲	几焦耳	切割、焊接、热处理、微调
				连续	几十至几千瓦	
	氩(Ar^+)	0.5145 0.4880				光盘录刻存储

1. 红宝石激光器

红宝石激光器是人们最早研制成功而至今仍被经常采用的一种固体激光器。其工作物质为红宝石晶体，化学表示式为 Al_2O_3: Cr^{3+}，是将作为发光中心的三价铬离子(Cr^{3+})掺入刚玉(Al_2O_3)基质中并经人工生长方法而成；整个晶体外观呈暗红色，并通常加工为圆棒状。采用光泵方法激励，室温下输出激光波长约为 6943Å(1Å $=10^{-10}$m)。通常情况下，是采用发光亮度较高的脉冲氙灯进行激励，可在较低重复频率下进行脉冲式运转；在某些特殊场合下，亦可采用连续光源激励而实现连续运转。

红宝石激光器的主要优点是输出可见光波段的激光，可在室温下运转，工作晶体抗激光破坏能力强，器件尺寸可做得比较小，能获得较大功率的脉冲激光输出等；其不足之处是为产生激光振荡所必需的光泵阈值水平较高，激光振荡受工作晶体温度变化影响较为明显，晶体光学质量不够理想等。这种激光器主要用于激光测距、激光加工、激光全息技术、激光医学及实验室基本研究等方面。

2. 钕玻璃激光器

钕玻璃激光器工作物质是掺有三价钕离子(Nd^{3+})的优质光学玻璃(常用者为硅酸盐玻璃)，呈淡紫红色，通常情况下加工成圆棒状，特殊要求场合下亦可成片状或其他几何形状。采用光泵(脉冲氙灯)激励，输出激光波长为 1.06μm，可在室温或高于室温的较大范围内进行单次脉冲运转或较低重复率情况下的重复脉冲运转。玻璃激光器的主要优点是成本较低、器件的能量转换效率较高，特别是用现有方法可制备大体积、高质量、抗激光破坏能力强的钕玻璃工作物质，故可制成较大尺寸的器件，用来获得较高功率或较大能量(高于几千焦耳)的近红外脉冲激光输出。其不足之处是玻璃工作物质的热传导性能较差，故不适于作连续运转或较高重复率的脉冲运转。这种激光器主要应用于激光加工、激光治疗、激光测量、非线性光学与激光等离子体研究方面。

3. 掺钕钇铝石榴石激光器(YAG 激光器)

这种激光器的工作物质是掺有三价钕离子(Nd^{3+})的钇铝石榴石晶体，呈浅紫色，通常加工成圆棒状。该种晶体的热传导性能较好，而且激光振荡特性受晶体温升变化又比较小，故这种激光器可在连续光泵(连续氪灯激励)条件下进行连续式运转，或者在较高重复脉冲(脉冲氙灯激励)条件下进行脉冲运转，输出激光波长为 1.064μm。

掺钕钇铝石榴石激光器(简称为 YAG 激光器)的主要优点是为产生激光振荡所必需的光

泵激励阈值较低，器件的能量转换效率较高，可在室温条件下进行较长期的连续运转或较高重复率(达每秒几十次以上)脉冲式运转；其不足之处是输出激光为人眼看不见的近红外光，因此在许多应用场合下需采用倍频(二次谐波)技术将 1.06μm 激光转换为 0.53μm 的绿色激光；此外，工作晶体受人工生长技术的限制不容易做得很大，且晶体本身抗激光破坏的能力不很强，因此不适于用来产生较高功率和较大能量的脉冲输出。这种激光器主要应用于激光测量、激光加工、激光治疗、激光泵浦、非线性光学以及实验室基本研究等方面。

4. 二氧化碳激光器

这是一种典型的分子气体激光器，工作物质为二氧化碳(CO_2)分子气体，通常情况下采用气体放电进行激励；当器件用于连续运转时，工作物质气压较低(10mmHg 以下)，当器件用于脉冲状态时，工作物质气压较高(大于大气压)；输出激光波长主要在 10.6μm 附近的中红外光谱区，电光转换效率为 10% ~15%。

目前工业加工用 CO_2 激光器输出功率可达 10kW 以上。CO_2激光器有快速横流 CO_2激光器、RF 激励轴流 CO_2激光器等，这些 CO_2激光器经聚焦后都能达到金属材料激光加工的功率密度，但它们的光束质量不同，聚焦后腰斑直径和束腰长度不同，加工能力和加工质量有较大的差别。CO_2 激光器轴流激光器光束质量高；CO_2 激光器横流激光器输出功率高，但光束质量受限。

二氧化碳激光器的主要优点是器件的能量转换效率较高(可达 20%)，在脉冲运转情况下可获得大能量(几千焦耳以上)脉冲激光输出。这种激光器主要用于激光加工、激光治疗、激光通信、非线性光学激光光谱学与激光等离子体研究等方面。

5. 氩离子激光器

这是一种典型的离子激光器，工作物质为惰性气体氩，工作气压一般在 1mmHg 以下，以大电流直流放电进行激励，在氩离子(Ar^+)的电子组态间实现粒子数反转并产生相应的多条可见激光谱线发射，其中最强的激光谱线波长为 4880Å 和 5145Å。

氩离子激光器的主要优点是可以获得较高功率(几十瓦以上)的连续运转可见激光输出；不足之处是器件结构复杂、成本较高、能量转换效率较低等。这种激光器主要用于激光显示、信息处理、激光泵浦、全息照相以及激光光谱学研究等方面。

目前激光器种类虽然比较多，但在工业上最常用材料加工的激光器是 CO_2 激光器和 Nd：YAG 激光器。比较 CO_2激光器和 Nd：YAG 激光器，固体激光器具有结构简单、便于使用与维护和寿命长等特点，但气体激光器的电光转换效率约为 20%，固体激光器的电光转换效率小于 5%。对金属材料进行激光加工，Nd：YAG 激光波长更利于材料的吸收，固体激光的使用效率比气体激光高；固体激光器输出的激光可以在光纤中传输，可用机械手控制光纤输出头，实现柔性大范围、立体三维加工，激光传输系统简单。气体激光器输出的激光只能在空气中传输，激光束的控制只能通过沿光路的光学元件完成，光学传输系统复杂，不利于大范围、立体三维的加工，另外，气体激光器在使用过程中需消耗多种气体，有的气体由于纯度高，非常昂贵。

三、激光加工工艺及应用

由于激光加工技术具有许多其他加工技术所无法比拟的优点，所以应用较广。目前已成熟的激光加工技术包括：激光快速成形技术、激光焊接技术、激光打孔技术、激光打标技术、激光去重平衡技术、激光蚀刻技术、激光微调技术、激光划线技术、激光切割技术、激光热处理和表面处理技术等。

（一）激光打孔技术

激光打孔（图7－8）采用脉冲激光器可进行打孔，脉冲宽度为0.1～1μs，特别适于打微孔和异形孔，孔径约为0.005～1mm。激光打孔已广泛用于钟表和仪表的宝石轴承、金刚石拉丝模、化纤喷丝头等工件的加工。

利用激光几乎可在任何材料上打微型小孔，目前已应用于火箭发动机和柴油机的燃料喷嘴加工、化学纤维喷丝板打孔、钟表及仪表中的宝石轴承打孔、金刚石拉丝模加工等方面。

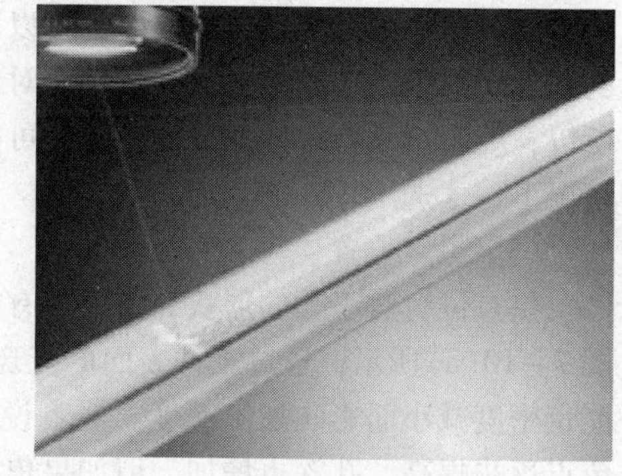

图7－8　激光打孔

激光打孔适合于自动化连续打孔，如加工钟表行业红宝石轴承上 ϕ0.12～ϕ0.18mm、深0.6～1.2mm的小孔，采用自动传送每分钟可以连续加工几十个宝石轴承。又如生产化学纤维用的喷丝板，在 ϕ100mm直径的不锈钢喷丝板上打一万多个直径为 ϕ0.06mm的小孔，采用数控激光加工，不到半天即可完成。激光打孔的直径可以小到0.01mm以下，深径比可达50：1。

1. 激光打孔的阶段和方式

在所有的打孔技术中激光打孔是最新的无屑加工技术。在工业用脉冲激光器中，光泵浦的Nd：YAG固体激光器调制后输出的脉冲峰值功率是比较高的。聚焦后焦点处的功率密度达到 10^7W/cm^2 的量级。如此高的能量密度足以气化任何已知的材料。激光打孔分为五个阶段：表面加热、表面熔化、气化、气态物质喷射和液态物质喷射，如图7－9所示。

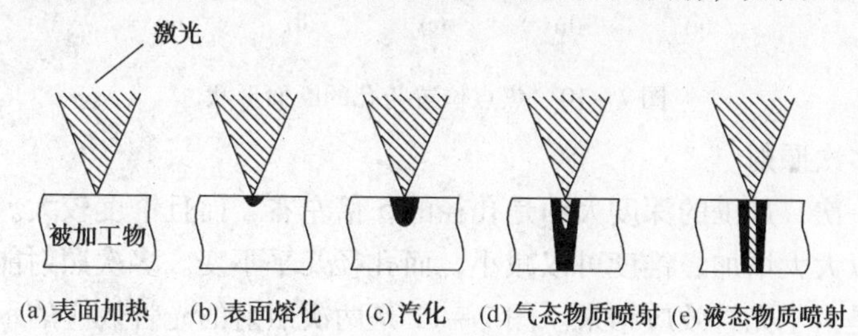

图7－9　激光打孔的阶段

根据加工过程的不同，激光打孔可以分为四类：

① 单脉冲打孔　孔是由单个脉冲产生的。

② 多脉冲打孔　这种方式比单脉冲制孔可以获得更大的孔深。

③ 套料制孔　为了获得比聚焦光斑直径更大孔径的孔或非圆孔，激光束与工件要做相对运动，或者移动聚焦透镜。

2. 影响激光打孔质量的主要因素

激光打孔的成形过程是材料在激光热源照射下产生的一系列热物理现象综合的现象。它与激光束的特性和材料的热物理性质有关，其主要影响因素有一下几个方面。

（1）输出功率与照射时间

激光的输出功率大，照射时间长时，工件所获得的激光能量也大。所打的孔越大越深，且锥度小。激光的照射时间一般为几分之一到几毫秒。当激光能量一定时，时间太长会使热

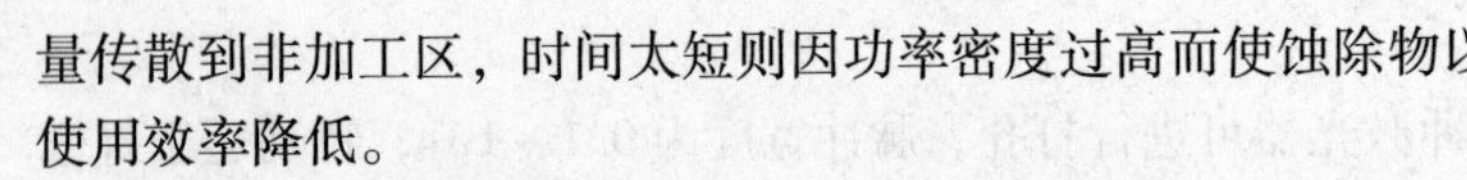

量传散到非加工区，时间太短则因功率密度过高而使蚀除物以高温气体喷出，都会使能量的使用效率降低。

(2) 焦距与发散角

发散角小的激光束，在焦面上可以获得更小的光斑及更高的功率密度。光斑直径小，打的孔也小，由于功率密度大，激光束对工件的穿透力也大，打出的孔不仅深，而且锥度小。所以，要减小激光束的发散角，并尽可能地采用短焦距物镜(20mm 左右)，只有在一些特殊情况下，才选用较长的焦距。

(3) 焦点位置

焦点位置对于孔的形状和深度都有很大影响，如图 7－10 所示。当焦点位置很低时，如图 7－10(a)所示，透过工件表面的光斑面积很大，这不仅会产生很大的喇叭口，而且由于能量密度减小而影响加工深度。或者说，增大了它的锥度。由图 7－10(a)到图 7－10(c)，焦点逐步提高，孔深也增加，但如果焦点太高，同样会分散能量密度而无法加工下去。一般激光的实际焦点在工件的表面或略微低于工件表面为宜。

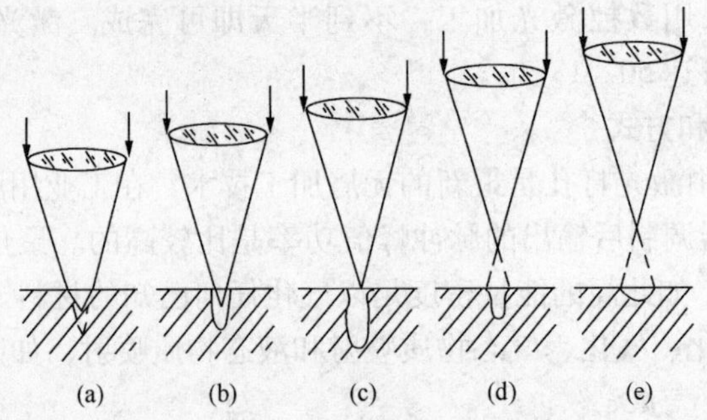

图 7－10　焦点位置与孔的断面形状

(4) 激光的多次照射

用激光照射一次，加工的深度大约是孔径的 5 倍左右，而且锥度较大。如果用激光多次照射，其深度可以大大增加，锥度可以减小，而孔径几乎不变。多次照射能在不扩大孔径的情况下将孔打深是由于光管效应结果。图 7－11 是两次照射的光管效应的示意图。第一次照射后打出一个不太深而且带锥度的孔；第二次照射时，聚焦光在第一次照射所打的孔内发散，由于光管效应，发散的光(角度很小)在孔壁上反射而向下深入孔内，因此第二次照射后所打出的孔是原来孔形的延伸，孔径基本上不改变。所以，多次照射能加工出深而锥度小的孔来，多次照射的焦点位置宜固定在工件表面而不宜逐渐移动。

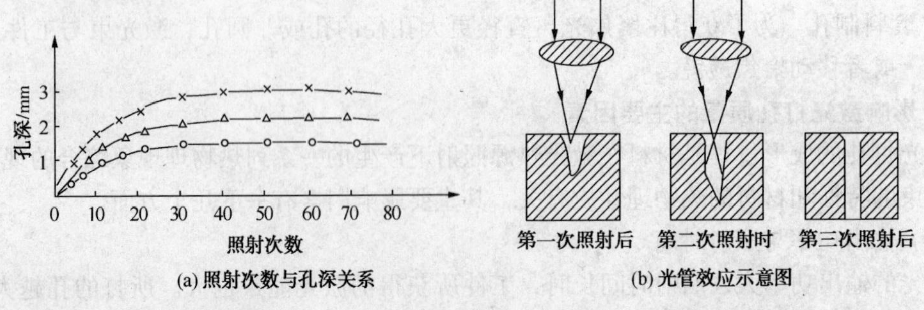

图 7－11　光管效应

（5）工件材料

不同工件材料的吸收光谱不同，聚焦到工件上的激光能量不可能全部被吸收，而有相当一部分能量将被反射或透射而散失掉，其吸收效率与工件材料的吸收光谱及激光波长有关。在生产实践中，必须根据工件材料的性能（吸收光谱）去选择合理的激光器，对于高反射率和透射率的工件应作适当处理，例如打毛或黑化，增大其对激光的吸收效率。

如图7－12是用红宝石激光器照射钢表面时所获得的工件表面粗糙度与加工深度关系的试验曲线。工件表面粗糙度愈小，其吸收效率就愈低，打的孔也就愈浅。由图可知，表面粗糙度大于5μm时，打孔深度与其关系不大；但当表面粗糙度小于5μm时，影响就会明显，特别在镜面（$< R_a 0.025\mu m$）时，就几乎无法加工。试验是用一次照射获得的，若多次照射，则因激光照射后的痕迹出现不平而提高其吸收效率，有助于激光加工。

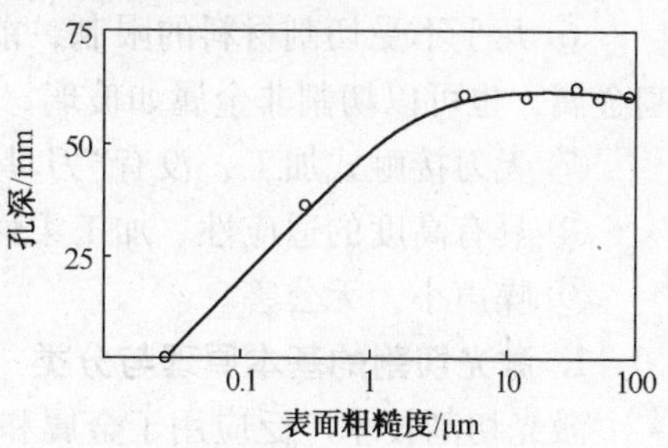

图7－12　加工面表面粗糙度对加工深度的影响

3. 激光打孔的特点及应用

激光打孔的特点是速度快、效率高，现在最快每秒可以实现打100孔；打孔的孔径可以从几微米到任意孔径；可以实现在任何材料上打孔，如宝石、金刚石、陶瓷、金属、半导体、聚合物和纸等；不需要工具，也就不存在工具磨损和更换工具，因此特别适合自动化打孔。另外，激光还可以打斜孔，如航空发动机上大量的斜孔加工。与其他高能束打孔相比，激光打孔不需要抽真空，能够在大气中进行打孔。

（二）激光切割技术

在造船、汽车制造等工业中，常使用百瓦至万瓦级的连续 CO_2 激光器对大工件进行切割（图7－13），既能保证精确的空间曲线形状，又有较高的加工效率。对小工件的切割，常用中、小功率固体激光器或 CO_2 激光器。在微电子学中，常用激光切划硅片或切窄缝，速度快、热影响区小。

(a) 激光切割现场图　　(b) 激光切割零件图

图7－13　激光切割

与传统的机械切割方式和其他切割方式（如等离子切割、水切割、氧溶剂电弧切割、冲裁等）相比，激光切割具有如下优点：

① 切缝细小，可以实现几乎任意轮廓线的切割。

② 切割速度高。

③ 切口的垂直度和平行度好，表面粗糙度好。

④ 热影响区非常小，工件变形小。

⑤ 几乎没有氧化层。

⑥ 几乎不受切割材料的限制，能切割易碎的脆性材料和极软、极硬的材料，既可以切割金属，也可以切割非金属如玻璃、陶瓷以及木材、布料、纸张等。

⑦ 无刀接触式加工，没有“刀具”磨损，也不会破坏精密工件的表面。

⑧ 具有高度的适应性、加工柔性高，可以实现小批量、多品种的高效自动化加工。

⑨ 噪声小，无公害。

1. 激光切割的基本原理与分类

激光切割技术广泛应用于金属和非金属材料的加工中，可大大减少加工时间，降低加工成本，提高工件质量。现代的激光成了人们所幻想追求的“削铁如泥”的“宝剑”。以 CO_2 激光切割机为例，整个系统由控制系统、运动系统、光学系统、水冷系统、排烟和吹气保护系统等组成，采用最先进的数控模式实现多轴联动及激光不受速度影响的等能量切割，同时支持 DXP、PLT、CNC 等图形格式并强化界面图形绘制处理能力；采用性能优越的进口伺服电机和传动导向结构实现在高速状态下良好的运动精度激光切割(图 7 - 14)的原理与激光打孔相似，但工件与激光束要相对移动。在实际加工中，采用工作台数控技术，可以实现激光数控切割。

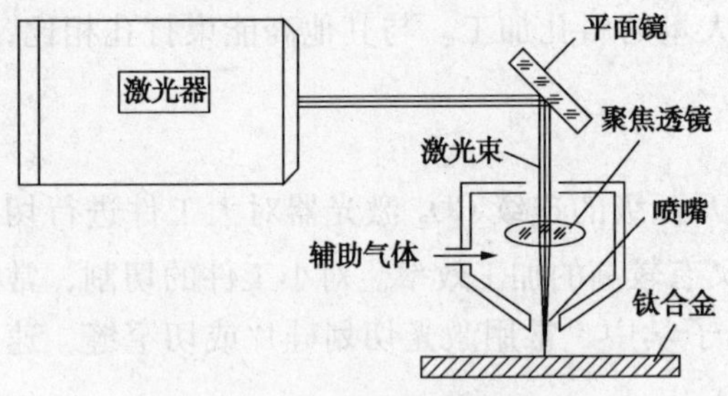

图 7 - 14　激光切割钛合金示意图

激光切割大多采用大功率的 CO_2 激光器，对于精细切割，也可采用 YAG 激光器。激光可以切割金属，也可以切割非金属。在激光切割过程中，由于激光对被切割材料不产生机械冲击和压力，再加上激光切割切缝小，便于自动控制，故在实际中常用来加工玻璃、陶瓷、各种精密细小的零部件。

图 7 - 14 展示了激光切割的原理。激光切割是一个热加工过程，在这一过程中，激光束经透镜被聚焦于材料表面或以下，聚焦光斑的直径大小为 0.1 ~ 0.3mm，聚焦光斑处获得的能量密度很高，焦点以下的材料瞬间受热后部分气化、部分熔化，与激光束同轴的辅助气体经切割喷嘴将熔融的材料从切割区域去除掉。随着激光束与材料相对移动，形成宽度很窄的切缝。

根据激光切割过程的本质不同，除气化切割外通常有以下三种形式：熔化切割、氧化助熔切割和控制断裂切割。

（1）气化切割

工件在激光作用下快速加热至沸点，部分材料化作蒸气逸去，部分材料为喷出物从切割缝底部吹走。这种切割机是无融化材料的切割方式。

（2）熔化切割

激光将工件加热至熔化状态，与光束同轴的氩、氦、氮等辅助气流将熔化材料从切缝中吹掉。熔化切割主要应用切割铝合金、钛合金、不锈钢等材料。

（3）反应熔化切割

金属被激光迅速加热至燃点以上，与氧发生剧烈的氧化反应（即燃烧），放出大量的热，又加热下一层金属，金属被继续氧化，并借助气体压力将氧化物从切缝中吹掉。钢在纯氧中燃烧所放出的能量占全部热量的60%。另外，氧气流对切口起冲刷作用，能将燃烧生成的熔融氧化物吹掉，并对达不到燃烧温度的部分起冷却作用，降低热影响区的温度。这种方法主要用于钢切割，也可以用于不锈钢的切割，是应用最广的切割方法。

（4）控制断裂切割

激光束加热材料后会引起大的热应力梯度，变形导致脆性材料形成裂纹。利用这一特点，激光束就可以引导裂纹在任何需要的方向产生，进行控制断裂切割，这是切割玻璃之类具有高膨胀系数材料的基本方法。

2. 影响激光切割质量的主要因素

影响激光切割质量的因素有很多，现在简单介绍最重要的因素如下。

（1）激光的波长和输出功率

波长是影响激光束聚焦特性的因素之一。在激光切割中聚焦光斑越小在焦点处得到的能量密度越高，高能量密度小聚焦光斑是获得最佳切割质量的保证。短波长的激光比长波长的激光具有更好的聚焦能力，因此脉冲的 Nd：YAG 激光比连续的 CO_2 激光更适合于切割精密、细小的工件。另外，材料对激光能量的吸收也与波长有关，Nd：YAG 激光比 CO_2 激光更容易被材料吸收。激光的输出功率直接影响到切割速度和质量，只有选择合适的激光输出功率，才能保证激光切割质量。

（2）切割速度

切割速度与被切割材料的特性密切相关。材料与氧气发生放热反应的能力、对激光的吸收率及其热扩散性都是影响切割速度的重要因素。另外，切割速度要与激光功率相对应。对于相同厚度的材料，激光功率和切割速度可以有几种组合，均可以得到良好的切割质量。切割速度过高，则切口清渣不净或切不透；切割速度过低，则材料过烧，切口宽度和材料热影响区过大。

（3）焦点位置

焦点位置对激光加工质量有很大的影响，与焦点位置紧密相关的是焦深，焦深是描述聚焦光斑特性的一个参数，定义为聚焦光斑直径 d 增加5%是在焦距方向上相应的变化范围，图 7－15 中 Z 即为焦深。在聚焦光斑直径 d 变化 5% 的范围内也即在焦深范围内，功率密度减小不超过 9.3%，可以看出，焦深随焦距的变小而变小，也随入射激光束直径的增加而减小，焦深是影响激光加工零件定位要求的主要因素之一。对于切割质量来说，焦点位置是一个非常重要的参数。然而在实际的加工中对于正确的焦点位置并没有一个通用的设置规则。在实际应用中需要通过试验找到被切割材料的最佳焦点位置。焦点位置位于工件表面或略低于工件表面时，可以获得最大的切割深度和较小的切缝宽度。

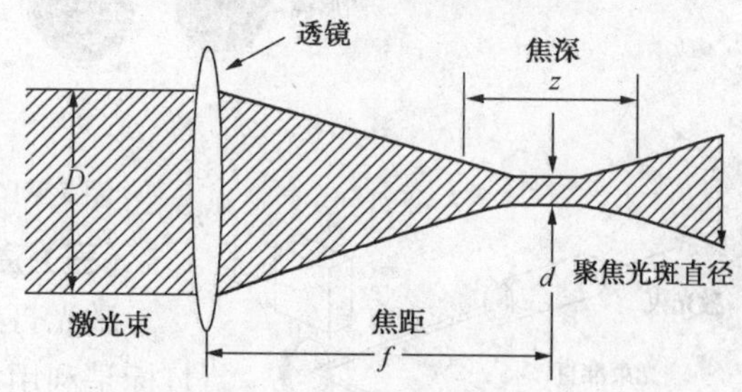

图 7－15　激光焦深示意图

（4）辅助气体

辅助气体包括气体种类和压力。辅助气体在激光切割的过程中扮演着不同的角色，要根据被切割材料的种类和所要求的切割质量选择不同种类的气体。氧气一般用于低碳钢的切割，在切割过程中与高温金属熔液发生放热反应，增加能量输入，从而可以提高最大切割速度或切割厚度。过高的氧气压力会使切口表面发生强烈的自燃，从而增加切口表面的粗糙度；压力太小又不足以获得足够的动能将熔融的材料从切缝处吹掉，这样会产生黏渣。钛合金和铝合金的切割通常使用高压氮气作为辅助气体。高速切割薄板时，增加气体压力可以在一定范围内提高切割速度，防止切口背面黏渣。当材料厚度增加时，压力过大会引起切割速度下降，这是因为气体对加工区的冷却效应得到。

在激光切割的过程中辅助气体有几个方面的作用。

① 将熔化和汽化的材料从切口吹掉；

② 惰性的辅助气体可以防止切口氧化；

③ 活性的辅助气体可以为切割过程增加热能；

④ 防止从切缝溅射出的材料污染聚焦透镜；

⑤ 去除材料表面的等离子体，提高材料对激光束的吸收；

⑥ 冷却切割临近区域以减小热影响区的尺寸。

(5) 激光束的模式

激光束的断面能量分布称为模式，用 TEM 表示，是指横截面上电磁能分布，如图 7 - 16 所示。它直接与光束的聚焦能力有关，相当于机械切割刀具的尖锐度。激光的模式一般用符号 TEM_{mn} 来标记。m、n 为横模的序数，用正整数表示，一般把 $m=0$，$n=0$，TEM00 称为基模，是激光的最简单结构。模的场集中在反射镜中心，而其他的横模称为高阶横模。不同横模不但振荡频率不同，在垂直于其传播方向的横向面内的场分布也不相同。

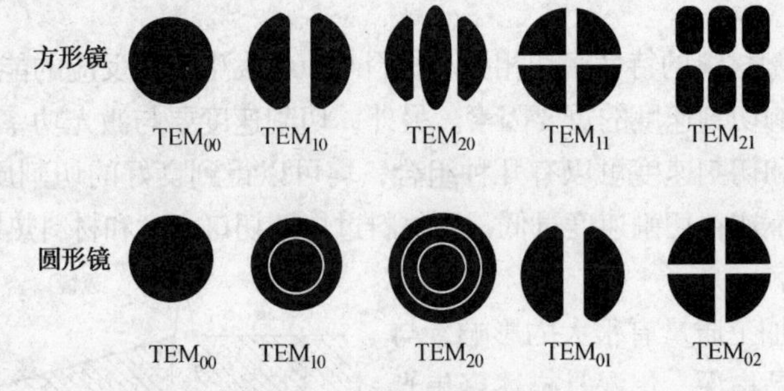

图 7 - 16　激光模式

(三) 激光打标

激光打标技术是激光加工最大的应用领域之一。激光打标是利用高能量密度的激光对工件进行局部照射，使表层材料汽化或发生颜色变化的化学反应，从而留下永久性标记的一种打标方法(图 7 - 17)。激光打标可以打出各种文字、符号和图案等，字符大小可以从毫米量到微米量级，这对产品的防伪有特殊的意义。准分子激光打标是近年来发展起来的一项新技术，特别适用于金属打标，可实现亚微米打标，已广泛用于微电子工业和生物工程。

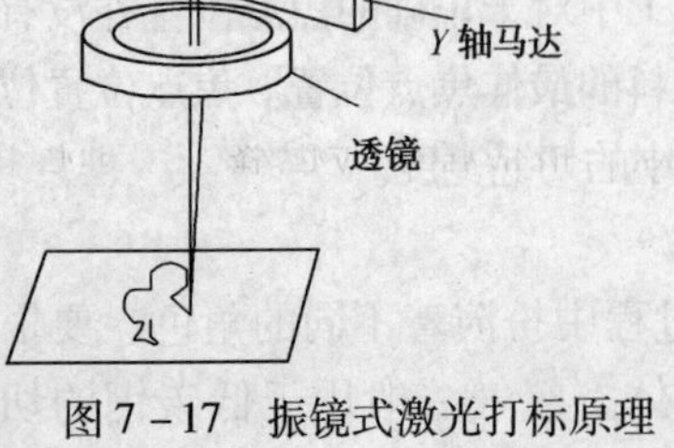

图 7 - 17　振镜式激光打标原理

(1) 特点

激光打标是非接触加工，可在任何异型表面标刻，工件不会变形和产生内应力，适于金属、塑料、玻璃、陶瓷、木材、皮革等各种材料；标记清晰、永久、美观，并能有效防伪；标刻速度快，运行成本低，无污染，可显著提高被标刻产品的档次。

（2）应用

激光打标广泛应用于电子元器件、汽（摩托）车配件、医疗器械、通讯器材、计算机外围设备、钟表等产品和烟酒食品防伪等行业。

（四）激光焊接

在激光出现不久就有人开始了激光焊接技术的研究，激光焊接技术是激光在工业应用的一个重要方面（图 7－18）。激光焊接技术从小功率薄板焊接到大功率厚件焊接，由单工件加工向多工作台多工件同时焊接发展，以及由简单焊缝向复杂焊缝发展，激光焊接的应用也在不断发展。在航空工业以及其他许多应用中，激光焊接能够实现很多类型材料的连接，而且激光焊接通常具有许多其他熔焊工艺所无法比拟的优越性，尤其是激光焊接能够连接航空与汽车工业中比较难焊的薄板合金材料，如铝合金等，并且构件的变形小，接头质量高，重现性好。

图 7－18　激光焊接现场图

1. 激光焊接原理

当激光的功率密度为 $10^5 \sim 10^7 W/cm^2$，照射时间约为 1/100s 时，可进行激光焊接。激光焊接一般无需焊料和焊剂，只需将工件的加工区域“热熔”在一起即可，如图 7－19 所示。

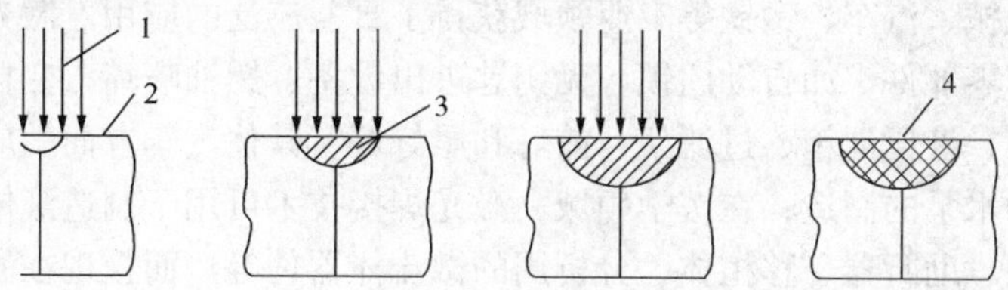

图 7－19　激光焊接示意图

1—激光；2—被焊零件；3—被熔化金属；4—已冷却的熔池

激光焊接速度快，热影响区小，焊接质量高，既可焊接同种材料，也可焊接异种材料，还可透过玻璃进行焊接。

2. 常见激光焊接方法

（1）热传导热焊接

采用的激光光斑功率密度小于 $10^5 W/cm^2$ 时，激光将金属表面加热到熔点和沸点之间。焊接时，金属材料表面将所吸收的激光能转变为热能，使金属表面温度升高而熔化，然后通过热传导方式把热能传向金属内部，使熔化区逐渐扩大，凝固后形成焊点或焊缝，这种焊接机理称为热传导热焊。

（2）激光深熔焊接

当激光光斑上的功率密度大于 $10^6 W/cm^2$ 时，金属在激光的照射下被迅速加热，其表面温度在极短的时间内升高到沸点，使金属熔化或汽化，产生的金属蒸气以一定速度离开熔池，逸出的蒸气对熔化液态金属产生一个附加压力，使熔池金属表面向下凹陷，在激光光斑下产生一个小凹坑。当光束在小孔底部继续加热时，所产生的金属蒸气一方面压迫坑底的液态金属使小坑进一步加深；另一方面，坑外飞出的蒸气将熔化的金属挤向熔池四周，此过程连续进行下去，便在液态金属中形成一个细长的孔洞而进行焊接，因此称之为激光深熔焊。

(3) 采用填充材料的激光焊接

焊接大厚度板或接头存在较大间隙时，可以采用填充焊丝或粉末来填补缝隙，熔化的焊丝材料填满间隙而获得均匀连续的焊缝。高强铝合金焊接时，也需要采用填充焊丝来调节焊缝成分以消除焊接热裂纹。

3. 激光焊接特性

① 激光照射时间短，焊接过程极为迅速；

② 具有熔化净化效应，能纯净焊缝金属；

③ 能量密度高，对高熔点、高导热率材料焊接有利；

④ 可透过透明体焊接，防止杂质污染和腐蚀；

⑤ 能以简单的措施实现光束偏转，更适用于复杂零件焊接。

4. 影响焊接质量的工艺参数

主要有：脉冲能量和功率密度、激光脉冲宽度、离焦量、光束直径、焊接速度、保护气体等。

5. 应用

激光焊接由于其独特的优点，即效率高、应用材料广泛、应力和热变形小、不用填充材料，激光焊接在机械、汽车、钢铁等工业领域获得了日益广泛的应用。激光焊接塑料技术可用于制造很多汽车零部件，如自动门锁、无钥匙进出设备、燃油喷嘴、变档机架、发动机传感器、驾驶室机架、液压油箱、过滤架、前灯和尾灯等。其他汽车方面的应用还包括进气管等的制造以及辅助水泵的制造；在医学领域，激光焊接技术可用于制造液体储槽、液体过滤器材、软管连接头、助听器、移植体、分析用的微流体器件等。而且现在激光焊接已成功应用于微、小型零件的精密焊接中。

激光焊接强度高、热变形小、密封性好，可以焊接尺寸和性质悬殊，以及熔点很高(如陶瓷)和易氧化的材料。激光焊接的心脏起搏器，其密封性好、寿命长，而且体积小。激光热处理用激光照射材料，选择适当的波长和控制照射时间、功率密度，可使材料表面熔化和再结晶，达到淬火或退火的目的。激光热处理的优点是可以控制热处理的深度，可以选择和控制热处理部位，工件变形小，可处理形状复杂的零件和部件，可对盲孔和深孔的内壁进行处理。例如，气缸活塞经激光热处理后可延长寿命；用激光热处理可恢复离子轰击所引起损伤的硅材料。

(五) 激光表面零件处理

激光表面零件处理利用高能量密度的激光束和涂料或熔覆材料对零件或模具表面进行处理，改变其表层的组织或成分，实现表面相变强化或增强性修复的技术，激光表面强化、表面重熔、合金化、非晶化处理技术应用越来越广，激光微细加工在电子、生物、医疗工程方面的应用已成为无可替代的特种加工技术。

激光表面强化技术基于激光束的高能量密度加热和工件快速自冷却两个过程，在金属材料激光表面强化中，当激光束能量密度处于低端时可用于金属材料的表面相变强化，当激光束能连密度处于高端时，工件表面光斑出相当与一个移动的坩埚，可完成一系列的冶金过程，包括表面重熔、表层增碳、表层合金化和表层熔覆。这些功能在实际应用中引发的材料替代技术，将给制造业带来巨大的经济效益。

而在刀具材料改性中主要应用的是熔化处理，熔化处理是金属材料表面在激光束照射下成为溶化状态，同时迅速凝固，产生新的表面层。根据材料表面组织变化情况，可分为合金化、溶覆、重熔细化、上釉和表面复合化等。

1. 激光熔凝

是用适当的参数的激光辐照材料表面，使其表面快速熔融、快速冷凝，获得较为细化均质的组织和所需性质的表面改性技术。它具有以下优点：

① 表面熔化时一般不添加任何金属元素，熔凝层与材料基体形成冶金结合。

② 在激光熔凝过程中，可以排除杂质和气体，同时急冷重结晶获得的杂志有较高的硬度、耐磨性和抗腐蚀性。

③ 其熔层薄、热作用区小，对表面粗糙度和工件尺寸影响不大。有时可不再进行后续磨光而直接使用。

④ 提高溶质原子在基体中固溶度极限，晶粒及第二相质点超细化，形成亚稳相可获得无扩散的单一晶体结构甚至非晶态，从而使生成的新型合金获得传统方法得不到的优良性能。

光束可以通过光路导向，因而可以处理零件特殊位置和形状复杂的表面。

2. 激光热处理

原理：照射到金属表面上的激光使表面原子迅速蒸发，由此产生微冲击波会导致大量晶格缺陷形成，达到硬化。

优点：快速、不需淬火介质、硬化均匀、变形小、硬化深度可精确控制。

激光热处理是利用高功率密度的激光束对金属进行表面处理的方法，它可以对金属实现相变硬化(或称作表面淬火、表面非晶化、表面重熔粹火)、表面合金化等表面改性处理，产生用其大表面淬火达不到的表面成分、组织、性能的改变。经激光处理后，铸铁表面硬度可以达到60HRC以上，中碳及高碳的碳钢，表面硬度可达70HRC以上，从而提高起抗磨性，抗疲劳，耐腐蚀，抗氧化等性能，延长其使用寿命。

激光热处理技术与其他热处理如高频淬火，渗碳，渗氮等传统工艺相比，具有以下特点：

① 无需使用外加材料，仅改变被处理材料表面的组织结构。处理后的改性层具有足够的厚度，可根据需要调整深浅一般可达0.1～0.8mm。

② 处理层和基体结合强度高。激光表面处理的改性层和基体材料之间是致密的冶金结合，而且处理层表面是致密的冶金组织，具有较高的硬度和耐磨性。

③ 被处理件变形极小，由于激光功率密度高，与零件的作用时间很短，故零件的热变形区和整体变化都很小。适合于高精度零件处理，作为材料和零件的最后处理工序。

④ 加工柔性好，适用面广。利用灵活的导光系统可随意将激光导向处理部分，从而可方便地处理深孔、内孔、盲孔和凹槽等，可进行选择性的局部处理。

综合激光技术的优点及以被广泛应用的技术的缺点，把激光技术应用于刀具材料表面强化处理，将是提高刀具耐磨性及其使用寿命的重要途径之一，尤其对于陶瓷、硬质合金刀具这种高硬度、耐热性好等优点，有利于提高加工效率和加工精度，并能对难加工材料如淬火钢在不利的加工条件下进行切削加工。由于它们强度相对较低，韧性较差，严重地限制了它们的应用范围，因此把激光表面强化技术应用于陶瓷、硬质合金刀具具有深刻的研究意义和广阔的应用前景。

（六）激光去重平衡技术

激光去重平衡技术是用激光去掉高速旋转部件上不平衡的过重部分，使惯性轴与旋转轴重合，以达到动平衡的过程。激光去重平衡技术具有测量和去重两大功能，可同时进行不平衡的测量和校正，效率大大提高，在陀螺制造领域有广阔的应用前景。对于高精度转子，激光去动平衡可成倍提高平衡精度，其质量偏心值的平衡精度可达1%或千分之几微米。

（七）激光蚀刻技术

激光蚀刻技术比传统的化学蚀刻技术工艺简单、可大幅度降低生产成本，可加工0.125～1μm宽的线，非常适合于超大规模集成电路的制造。用激光可对流水线上的工件刻字或打标记，并不影响流水线的速度，刻划出的字符可永久保持。

（八）激光微调技术

激光微调技术可对指定电阻进行自动精密微调，精度可达0.01%～0.002%，比传统加工方法的精度和效率高、成本低。激光微调包括薄膜电阻（0.01～0.6μm厚）与厚膜电阻（20～50μm厚）的微调、电容的微调和混合集成电路的微调。

（九）激光划线技术

激光划线技术是生产集成电路的关键技术，其划线细、精度高（线宽为15～25μm，槽深为5～200μm），加工速度快（可达200mm/s），成品率可达99.5%以上。

（十）激光微细加工技术

微细加工选择适当波长的激光，通过各种优化工艺和逼近衍射极限的聚焦系统，获得高质量光束、高稳定性、微小尺寸焦斑的输出。

国内各类制造业接受了激光加工技术，它可使他们的产品增加技术含量，加快产品更新换代，为适应21世纪高新技术的产业化、满足宏观与微观制造的需要，研究和开发高性能光源势在必行。目前正在积极研制超紫外、超短脉冲、超大功率、高光束质量等特征的激光，尤其是能适应微制造技术要求的激光光源更是倍受关注，并已形成国际性竞争。

四、激光打孔实例任务

任务导入

如图7－20所示的零件，为厚度为2mm的不锈钢板，需要在其上加工均布的560个直径ϕ0.1mm的小孔，并有蚀刻标记，该板加工后要镀镍处理，以实现工作要求。

任务分析准备

该零件属薄板，小孔数目多，适合选择激光打孔加工，蚀刻标记采用激光打标机。

根据零件形状和尺寸精度可考虑选用：3mm不锈钢板。

下料：采用锯床下料，尺寸为80.5mm×120.5mm。

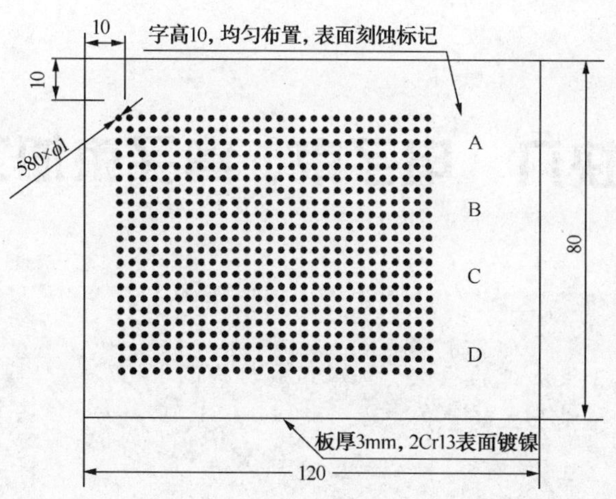

图 7－20 筛孔板

热处理：获得 40～45HRC 后，进行加工。

任务实施

在铣床进行上、下表面及侧面的铣削；然后利用激光打孔机打出需要的 ϕ0.1mm 直径的小孔；利用激光打标机进行打标记，获得工件表面的 A、B、C、D 字母；最后镀镍处理。

任务检测

根据图纸进行尺寸测量，检验工件是否合格。

任务检测

1. 说明激光设备的组成。
2. 说明常用的激光器有哪些？原理怎样？
3. 举例说明激光常见的应用。
4. 简述影响激光打孔的因素。
5. 说明激光切割原理及影响切割质量的因素。

模块八　电子束、离子束加工

知识要点

- 电子束、离子束加工的原理、机床组成与构造
- 电子束、离子束加工的应用

技能要点

- 掌握电子束、离子束加工的设备
- 了解电子束、离子束加工操作技术与规程，实现安全文明生产

学习要求

- 掌握电子束、离子束加工原理、特点和应用
- 掌握电子束、离子束加工的应用
- 了解电子束、离子束加工工艺

知识链接

理论单元

电子束加工（Electron Beam Machining，简称 EBM）和离子束加工（Ion Beam Machining，简称 IBM）是近年来得到较大发展的新型特种加工，它们在精密加工方面，尤其是在微电子学领域得到较多的应用。目前，离子束被认为是最具有前途的超精密加工和微细加工方法。电子束加工主要用于打孔、切割、焊接、热处理等的精加工和电子束光刻化学加工。离子束加工则主要用于离子蚀刻、离子镀膜和离子注入等加工。近期发展起来的亚微米加工和毫微米加工等微细加工技术，主要采用电子束加工和离子束加工。

一、电子束加工

（一）电子束加工的产生背景

电子束的发现至今已有 100 多年，早在 1879 年 Sir William Crookes 发现在阴极射线管中的阳极因被阴极射线轰击而熔化的现象。1907 年，Marcello Von Pirani 进一步发现了电子束作为高能量密度加工的可能性，第一次用电子束做了熔化金属的实验，成功地熔炼了钽。直到 1960 年夏，由日本电子公司为日本科学技术厅所属的金属材料所研制了第一台电子束焊机。

电子束加工起源于德国，1948 年德国科学家斯特格瓦发明了第一台电子束加工设备。

利用高能量密度的电子束对材料进行工艺处理的一切方法统称为电子束加工。

电子束加工应用于：电子束焊接、打孔、表面处理、熔炼、镀膜、物理气相沉积、雕刻、铣切、切割以及电子束曝光等。

世界上电子束加工技术较先进的国家：德国、日本、美国、俄罗斯以及法国等。

（二）电子束加工原理

图8-1所示电子束加工是在真空条件下，利用聚焦后能量密度极高（$10^6 \sim 10^9 W/cm^2$）的电子束，以极高的速度冲击到工件表面极小面积上，在极短的时间（几分之一微秒）内，其能量的大部分转变为热能，使被冲击部分的工件材料达到几千摄氏度以上的高温，从而引起材料的局部熔化和气化，被真空系统抽走。

（三）电子束加工的特点

① 束斑极小　电子束能够极其微细地聚焦（可达1～0.1μm），故可进行微细加工。微型机械中的光刻技术，可达到亚微米级宽度。

② 能量密度很高　使照射部分的温度超过材料的熔化和汽化温度，靠瞬时蒸发去除材料，是一种非接触式加工，适合于加工精微深孔和狭缝等，速度快，例如可在2.5mm钢板上每秒加工50个直径0.4mm的孔。

③ 可控性好，加工精度高　可以通过磁场或电场对电子束的强度、位置、聚焦等进行直接控制，可加工出斜孔、弯孔及特殊表面，便于实现自动化生产。位置控制精度能准确到0.1μm左右，强度和斑束尺寸可达到1%的控制精度。

④ 生产率很高　电子束的能量密度高，能量利用率可达90%以上，所以加工生产率很高。

⑤ 无污染　由于电子束加工是在真空中进行，因而污染少，加工表面不氧化，特别适用于加工易氧化的金属及合金材料，以及纯度要求极高的半导体材料。

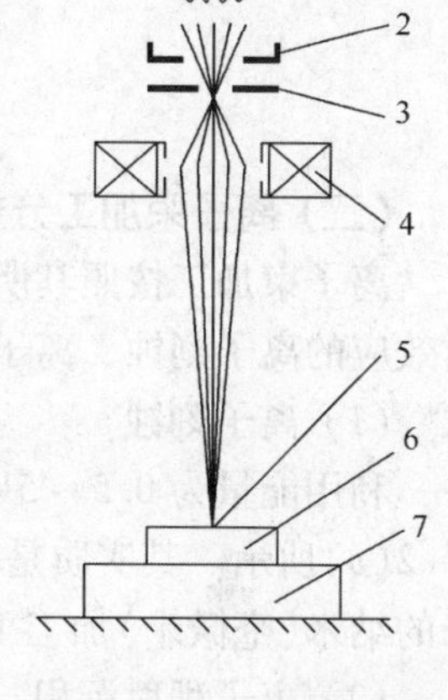

图8-1　电子束加工原理
1—旁热阴极；2—控制栅极；3—加速阳极；4—聚焦系统；5—电子束斑点；6—工件；7—工作台

⑥ 电子束加工有一定的局限，一般只用来加工小孔、小缝及微小的特形表面，要一套专用设备和数万伏的高压真空系统，价格较贵，生产应用有一定局限性。

二、离子束加工

离子束加工的原理和电子束加工基本类似，也是在真空条件下，将离子源产生的离子束经过加速聚焦，使之撞击到工件表面。不同的是离子带正电荷，其质量比电子大数千、数万倍。如氩离子的质量是电子的7.2万倍，所以一旦离子加速到较高速度时，离子束比电子束它是靠微观的机械撞击能量，而不是靠动能转化为热能来加工的。

（一）离子束加工的物理效应

离子束加工的物理基础是离子束射到材料表面时所发生的撞击效应、溅射效应和注入效应。

具有一定动能的离子斜射到工件材料（或靶材）表面时，可以将表面的原子撞击出来，这就是离子的撞击效应和溅射效应[图8-2(a)]。

如果将工件直接作为离子轰击的靶材，工件表面就会受到离子刻蚀[图8-2(a)]。

如果将工件放置在靶材附近，靶材原子就会溅射到工件表面而被溅射沉积吸附，使工件表面镀上一层靶材原子的薄膜[图8-2(b)、(c)]。

如果离子能量足够大并垂直工件表面撞击时，离子就会钻进工件表面，这就是离子的注入效应[图8－2(d)]。

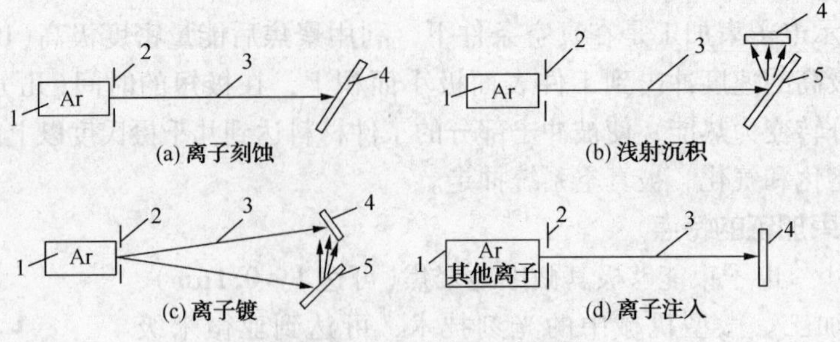

图8－2　离子束加工示意图

1—离子源；2—吸极；3—离子束；4—工件；5—靶材

（二）离子束加工分类

离子束加工按照其所利用的物理效应和达到目的的不同，可以分为：利用离子撞击和溅射效应的离子刻蚀、离子溅射沉积和离子镀，以及利用注入效应的离子注入四类加工方法。

（1）离子刻蚀

利用能量为0.5～5keV的氩离子倾斜轰击工件，将工件表面的原子逐个剥离。如图8－2(a)所示。其实质是一种原子尺度的切削加工，所以又称离子铣削。这就是近代发展起来的纳米(毫微米)加工工艺。

（2）离子溅射沉积

采用能量为0.5～5keV的氩离子轰击某种材料制成的靶，离子将靶材原子击出，垂直沉积在靶材附近的工件上，使工件表面镀上一层薄膜，如图8－2(b)所示。所以溅射沉积是一种镀膜工艺。

（3）离子镀

也称离子溅射辅助沉积，也是利用0.5～5keV的氩离子，不同的是，镀膜时，离子束同时轰击靶材和工件表面，如图8－2(c)所示。目的是为了增强膜材与工件基材之间的结合力。也可将靶材高温蒸发，同时进行离子撞击镀膜。

（4）离子注入

采用5～500keV较高能量的离子束，直接垂直轰击被加工材料，由于离子能量相当大，离子直接钻入被加工材料的表面层，如图8－2(d)所示。工件表面层含有注入离子后，改变了化学成分，故而改变了工件表面层的物理、力学和化学性能。可以根据不同的加工目的，选用不同的注入离子，如磷、硼、碳、氮等。

（三）离子束加工的特点

① 离子束可以通过电子光学系统进行聚焦扫描，束流密度及离子能量可以精确控制，所以离子刻蚀可以达到纳米(0.001μm)级的加工精度。离子镀膜可以控制在亚微米级精度，故，离子束加工是所有特种加工方法中最精密、最微细的加工方法，是当代纳米加工技术的基础。

② 离子束加工在高真空中进行，污染少，特别适用于对易氧化的金属、合金材料和高纯度半导体材料的加工。

③ 离子束加工是靠离子轰击材料表面，逐层去除原子来实现的，所以它是一种微观作用，宏观压力很小，加工应力、热变形等极小，加工质量高，适合于对各种材料和低刚度零件的加工。

④ 离子束加工设备费用贵，成本高，加工效率低，因此应用范围受到一定限制。

知识巩固

思考题

1. 何谓电子束加工？何谓离子束加工？试比较两者异同。
2. 电子束加工的特点有哪些？
3. 离子束加工的特点有哪些？
4. 目前世界上最精密的加工方法是哪种？为什么？

知识链接

实践单元

一、电子束加工设备与应用

(一) 电子束加工设备

电子束加工装置(图 8－3)主要由电子枪、真空系统、控制系统、电源等组成。

(1) 电子枪(图 8－4)

电子枪是获得电子束的装置。它包括：① 电子发射阴。用钨或钽制成，在加热状态下发射电子；② 控制栅极。既控制电子束的强弱，又有初步的聚焦作用；③ 加速阳极。通常接地，由于阴极为很高的负压，所以能驱使电子加速。

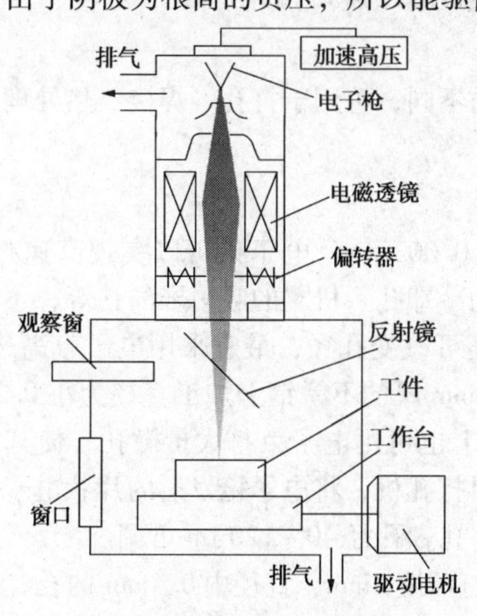

图 8－3　电子束加工装置

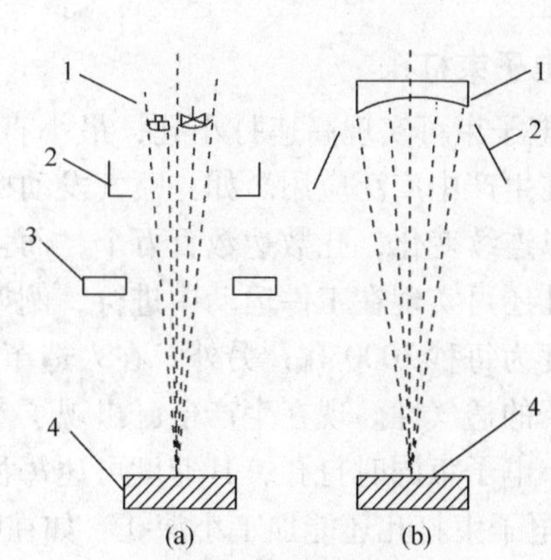

图 8－4　电子枪

1—发射阴极；2—控制栅极；3—加速阳极；4—工件

真空条件下，电子枪射出高速运动的电子束(聚焦后能量密度极高 $10^6 \sim 10^9 W/cm^2$)，电子束通过一极或多极汇聚形成高能束流，经电磁透镜聚焦后轰击工件表面，由于高能束流冲击工件表面时，电子的动能瞬间大部分转变为热能。由于光斑直径极小(其直径在微米级或更小)，在轰击处形成局部高温，可使被冲击部分的材料在几分之一微秒内，温度升高到几千摄氏度以上，使材料局部快速气化、蒸发而实现加工目的。所以电子束加工是通过热效应进行的。

电磁透镜实质上只是一个通直流电流的多匝线圈，其作用与光学玻璃透镜相似，当线圈通过电流后形成磁场。利用磁场，可迫使电子束按照加工的需要作相应的偏转。

控制电子束能量密度的大小和能量注入时间，就可以达到不同的加工目的。如只使材料局部加热就可进行电子束热处理；使材料局部熔化就可进行电子焊接；提高电子束能量密度，使材料熔化和气化，就可进行打孔、切割等加工；利用较低能量密度的电子束轰击高分子材料时产生化学变化的原理，可进行电子束光刻加工。

(2) 真空系统

真空系统是为了在电子束加工时维持必需的真空度。保证在高真空中，电子高速运动。此外，加工时的金属蒸气会影响电子发射，产生不稳定现象，因此，也需要不断地把加工中生产的金属蒸气抽出去。

(3) 控制系统和电源

电子束加工装置的控制系统包括束流聚焦控制、束流位置控制、束流强度控制以及工作台位移控制等。

束流聚焦控制是使电子束聚焦成很小的束斑，获得高的电子束能量密度，主要依靠高压静电场和电磁透镜聚焦(图 8－1)。

束流位置控制是为了改变电子束的方向，常用电磁偏转来控制电子束焦点的位置。如果使偏转电压或电流按一定程序变化，电子束焦点便按预定的轨迹运动。

工作台位移控制是为了在加工过程中控制工作台的位置。

(二) 电子束加工应用

电子束加工按其加功率密度和能量注入时间的不同，可用于打孔、焊接、热处理、刻蚀等多方面。

1. 电子束打孔

① 电子束可实现高速打小孔，最小直径已达 0. 003mm　电子束可以实现高速打小孔，目前已在生产中广泛应用。如：喷气发动机套上的冷却孔、机翼的吸附屏的孔等，不仅孔的密度可以连续变化，孔数达数百万个，而且有时还可改变孔径，最宜采用电子束高速打孔；高速打孔还可实现在工件运动中进行，例如在 0. 1mm 厚的不锈钢上加工直径为小 0. 2mm 的孔，速度为每秒 3000 孔；另外，在人造革、塑料上也可用电子束打大量微孔，使其具有类似真皮革的透气性。现在生产上已出现了专用塑料打孔机，将电子枪发射的片状电子束分成数百条小电子束同时打孔，其速度可达每秒 50000 孔，孔径 40～120μm 可调。

② 电子束打孔还能加工小深孔　如在叶片上打深度 5mm、直径中 0. 4mm 的孔，孔的深径比大于 10 ∶1。

③ 电子束打孔还能实现加工弯孔、人字孔等(图 8－7)　这是利用磁场对电子束方向进行偏转，控制合适的曲率半径，从而得到所需的弯孔。

注意：电子束加工玻璃、陶瓷、宝石等脆性材料时，由于在加工部位的附近有很大温差，容易引起变形甚至破裂，所以加工前或加工时，需用电阻炉或电子束进行预热。

2. 电子束加工型孔及特殊表面

如图 8－5 所示为电子束加工的喷丝头异形孔截面的一些实例。为了使人造纤维具有光泽、松软有弹性、透气性好，喷丝头的异形孔都是特殊形状的。

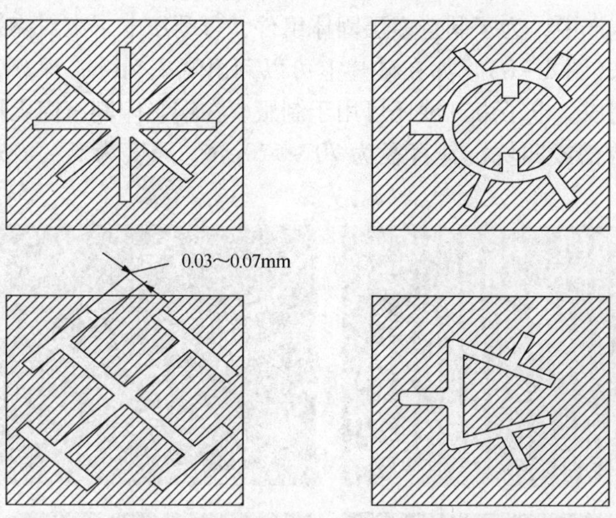

图 8－5　电子束加工喷丝头异型孔实例

电子束不仅可以加工各种直的型孔和型面，而目也可以加工弯孔和曲面，如图 8－6、图 8－7 所示。这也是利用磁场对电子束方向进行偏转，控制合适的曲率半径，从而得到所需的型面或弯缝。

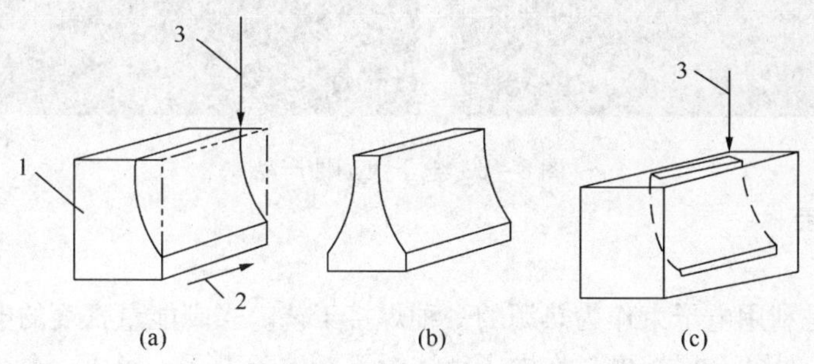

图 8－6　电子束加工曲面、弯缝

1—工件；2—工件运动方向；3—电子束

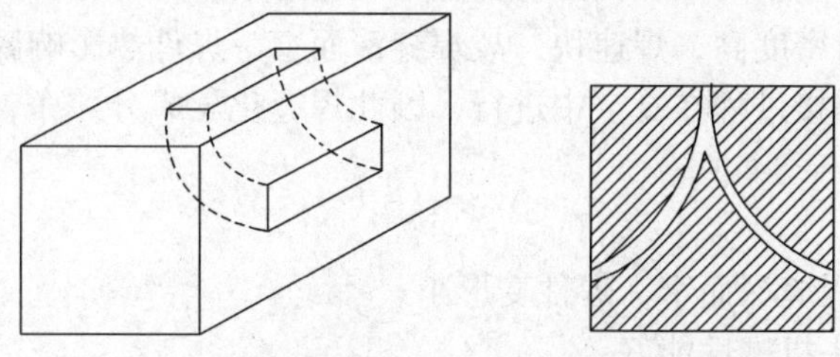

图 8－7　电子束加工工件内部曲面和弯孔

如果同时改变电子束和工件的相对位置，就可进行切割和开槽。图 8－6(a)是对长方形工件 1 施加磁场之后，若一面用电子束 2 轰击，一面依箭头方向移动工件，就可获得如实线所示的曲面。经图 8－6(a)所示的加工后，改变磁场极性再进行加工，就可获得图 8－6(b)所示的工件。同样原理，可加工出图 8－6(c)所示的弯缝。如果工件不移动，只改变偏转磁场的极性进行加工，则可获得图 8－7 所示的入口为一个，而出口有两个的弯孔。

3. 电子束刻蚀

在微电子器件生产中，为了制造多层固体组件，可利用电子束对陶瓷或半导体材料刻出许多微细沟槽和孔来(图 8－8)，如在硅片上可以刻出宽 2.5μm，深 0.25μm 的细槽，并通过计算机自动控制完成。电子束刻蚀还可用于制版，在铜制印刷滚筒上按色调深浅刻出许多大小与深浅不一的沟槽或凹坑，其直径为 70～120μm，深度为 5～40μm，小坑代表浅色，大坑代表深色。

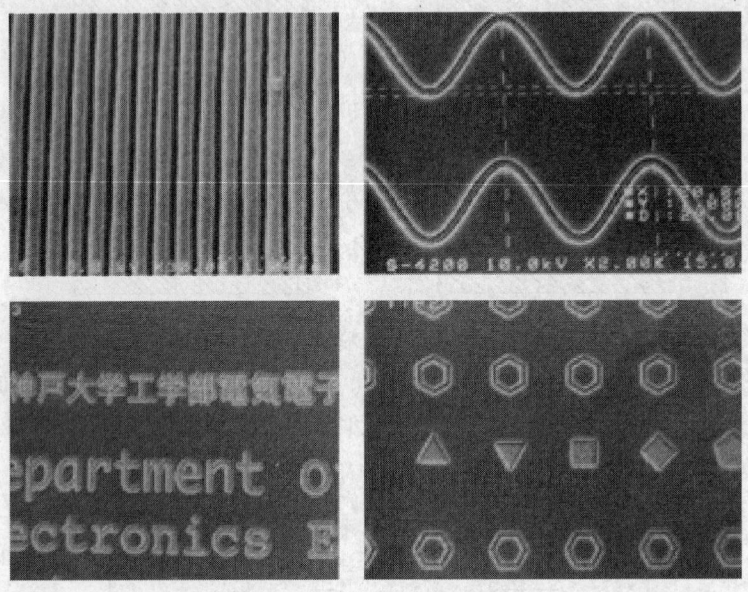

图 8－8　电子束刻蚀产品

4. 电子束焊接

(1) 原理

电子束焊接是利用电子束作为热源的一种焊接工艺。当高能量密度的电子束轰击焊件表面时，使焊件接头处的金属熔融，在电子束连续不断地轰击下，形成一个被熔融金属环绕着的毛细管状的熔池，如果焊件按一定速度沿着焊件接缝与电子束作相对移动，则接缝上的熔池由于电子束的离开而重新凝固，使焊件的整个接缝形成一条焊缝。

因为电子束的能量密度高，焊速快，故焊缝深而窄，焊件热影响区小，变形小。电子束焊接一般不用焊条，焊接过程在真空中进行，因此焊缝化学成分纯净，焊接接头的强度往往高于母材。

(2) 特点

① 焊接速度快，焊缝深而窄，焊件变形小；

② 不用焊条，接头机械性能好；

③ 可进行异种金属焊接；

④ 可在精加工后焊接等等。

(3) 应用

电子束焊接可以焊接难熔金属如钽、铌、钼等，也可焊接钛、锆、铀等化学性能活泼的金属。对于普通碳钢、不锈钢、合金钢、铜、铝等各种金属也能用电子束焊接。它可焊接很薄的工件，也可焊接几百毫米厚的工件，并且焊缝深度和宽度之比可达 20 以上。

电子束焊接还能完成一般焊接方法难以实现的异种金属焊接。如铜和不锈钢的焊接，钢和硬质合金的焊接，铬、镍和钼的焊接等。

应用范围极为广泛，尤其在焊接大型铝合金零件中，具有极大的优势，并且可用于不同金属之间的连接。如美国和日本采用电子束焊接工艺加工发电厂汽轮机的定子部件；美国还将电子束焊接工艺广泛应用于飞机制造中。

5. 电子束热处理

电子束热处理将电子束作为热源，但适当降低电子束的功率密度，使金属表面加热而不熔化，达到热处理的目的。

电子束热处理与激光热处理类似，但电子束的电热转换效率高，可达90%，而激光的转换效率只有7% ~10%。电子束热处理在真空中进行，可以防止材料氧化，电子束设备的功率可以做得比激光功率大，所以电子束热处理工艺很有发展前途。

6. 电子束光刻

(1) 原理

利用低能量密度的电子束照射高分子材料时，将使材料分子链被切断或重新组合，引起相对分子质量的变化即产生潜象，再将其浸入适当的溶剂中，由于相对分子质量的不同而溶解度不同，就会将潜象显影出来。将光刻与离子束刻蚀或金属蒸镀工艺结合，就可以在金属掩模或材料表面做出图形。

(2) 工艺

具体地说，电子束光刻是先利用低功率密度的电子束照射称为电致抗蚀剂的高分子材料，由入射电子与高分子相碰撞，使分子的链被切断或重新聚合而引起分子量的变化，这一步骤称为电子束曝光，如图8 -9(a)所示。如果按规定图形进行电子束曝光，就会在电致抗蚀剂中留下潜像。然后将它浸入溶剂中，由于相对分子质量不同而溶解度不一样，就会使潜像显影出来，如图8 -8(b)所示。将电子束光刻与离子束刻蚀或蒸镀工艺结合，见图8 -9(c)、(d)，就能在金属掩膜或材料表面上制出图形来，见图8 -9(e)、(f)。

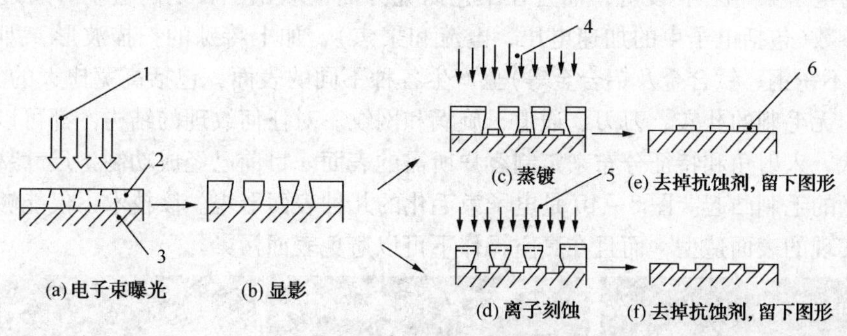

图8 -9 电子束曝光加工过程

1—电子束；2—电致抗蚀剂；3—基板；4—金属蒸气；5—离子束；6—金属

电子束曝光可将聚焦到小于1μm的电子束斑在大约0.5 ~5mm的范围内按程序扫描，曝光出任意图形；还有一种“面曝光”的方法是使电子束先通过原版(用别的方法制成的比加工目标的图形大几倍的模板作为电子束面曝光时的“掩膜”)，再以1/5 ~1/10的比例缩小投影到电子抗蚀剂上进行大规模集成电路图形的曝光。它可以在几毫米见方的硅片上

安排 10 万个晶体管或类似的元件。所以，电子束光刻特别适用于大规模集成电路图形的制作。

7. 电子束表面改性

电子束表面改性是利用电子束的高能、高热特点对材料表面进行改性处理。主要的改性手段有：电子束表面合金化、电子束表面淬火、电子束表面熔覆、电子束表面熔凝以及制造表面非晶态层。经过改性后的材料表面组织结构得到改善，强度和硬度得到大幅提高，耐腐蚀性和防水性也相应地得到增强。

特点：

① 快速加热淬火，可得到超微细组织，提高材料的强韧性；

② 处理过程在真空中进行，减少了氧化等影响，可以获得纯净的表面强化层；

③ 电子束功率参数可控，可以控制材料表面改性的位置、深度和性能指标。

8. 电子束“毛化”技术

电子束“毛化”技术(Electron Beam Surfi - sculpt)是英国焊接研究所(TWI)Bruce Dance 等人近年来发明的一种新型电子束加工技术，它借助于电磁场对电子束的复杂扫描控制而在金属材料表面产生特殊的成形效果。其基本过程是在真空环境中，通过快速响应偏转线圈和复杂信号控制程序精确控制电子束流，使其按照某种特定的方式、特定的规律、一定的速度和能量作用于材料表面，并在材料表面形成金属的微小熔池。一旦材料开始形成熔池，电子束将通过磁场的扫描控制被迅速转移到其他位置，而熔化的液态金属在表面张力及金属蒸汽压力的共同作用下，向束流移动相反的方向流动，并在熔池后方快速冷却、凝固。随着束流的重复扫描，熔池前端的金属被继续转移到熔池后端，经过不断的堆积、冷却、凝固，逐渐形成一定形状和大小的“凸起”(毛刺)，产生表面“毛化”的效果，而在熔池前端形成很小的凹坑或者凹槽状的“刻蚀”。

自发明电子束“毛化”技术以来，英国焊接研究所在该领域开展了大量的研究工作，开发了成熟的电子束“毛化”设备，而且在工艺研究方面也取得了长足的进步。通过控制电子束的工艺参数(包括电子束的加速电压、电流和聚焦)，加上特殊的扫描波形，即可在不同的金属(如不锈钢、钛合金及铝合金等)上产生各种不同的表面，包括高宽比大的尖峰突起、蜂窝结构、无毛刺的孔穴、刀刃、通道、旋涡和网纹。对任何纹理的结构，都可以通过改变尺寸、形状、入射角和特征分布来定制客户所需的表面。目前已经成功制备尺寸从几十微米到十几毫米的毛刺凸起。图 8 - 10 是电子束毛化的几种表面形貌。该技术不仅能够加工其他工艺无法实现的表面造型，而且在真空操作下可以避免表面污染。

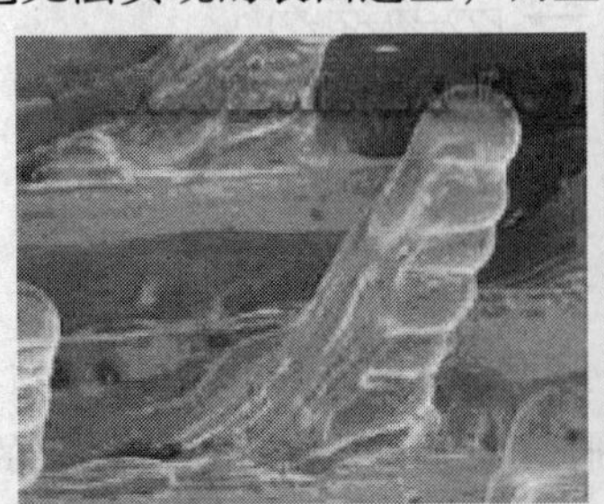

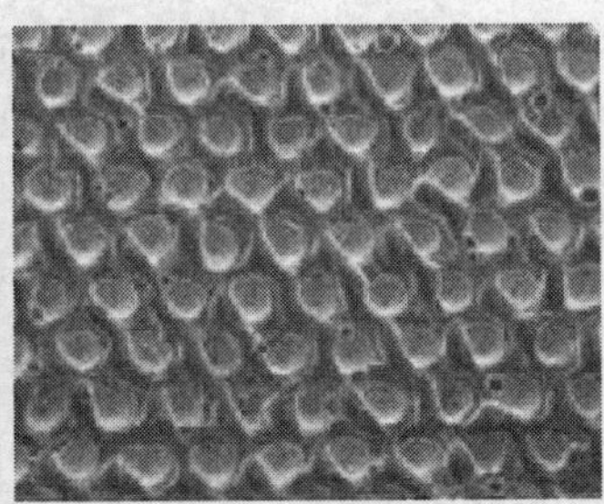

图 8 - 10　几种典型金属毛化表面

二、离子束加工装置及应用

（一）离子束加工装置

离子束加工装置与电子束加工装置类似，也包括离子源、真空系统、控制系统和电源等部分。主要的不同部分是离子源系统。

1. 离子源

离子源系统的功能是产生离子束流。把要电离的气态原子（如氩等惰性气体或金属蒸气）注入电离室，经高频放电、电弧放电、等离子体放电或电子轰击，使气态原子电离为等离子体（即正离子数和负电子数相等的混合体）。用一个相对于等离子体为负电位的电极（引出电极），就可从等离子体中引出正离子束流。根据离子束产生的方式和用途的不同，离子源有很多形式，常用的有考夫曼型离子源和双等离子管型离子源等。

图 8－11 为考夫曼型离子源示意图，它由灼热的灯丝发射电子，在阳极的作用下向下方移动，同时受电磁线圈磁场的偏转作用，作螺旋运动前进。惰性气体氩气在入口处注入电离室，在电子的撞击下被电离成等离子体，阳极和引出电极上各有 300 个直径为 $\phi0.3$mm 的小孔，上下位置对齐。在引出电极的作用下，将离子吸出，形成 300 条准直的离子束流，再向下则均匀分布在直径为 $\phi5$cm 的圆面积上。

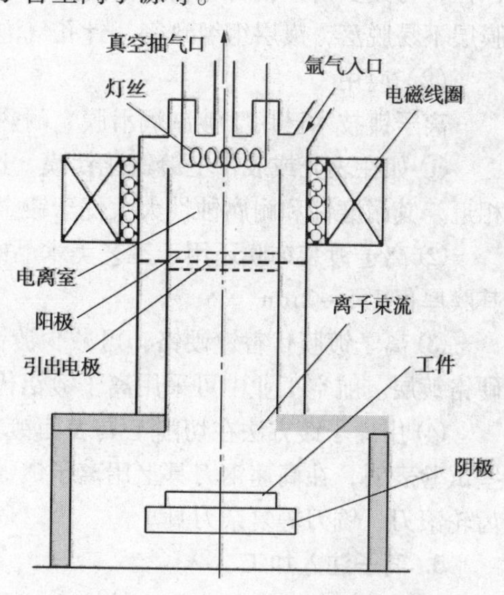

图 8－11　考夫曼型离子源

（二）离子束加工的应用

离子束加工的应用范围正在日益扩大、不断创新。目前用于改变零件尺寸和表面物理力学性能的离子束加工有：用于从工件上作去除加工的离子刻蚀加工；用于给工件表面涂覆的离子镀膜加工；用于表面改性的离子注入加工等。

1. 离子束刻蚀加工

离子刻蚀是从工件上去除材料，是一个撞击溅射过程。当离子束轰击工件，入射离子的动量传递到工件表面的原子，传递能量超过了原子间的键合力时，原子就从工件表面撞击溅射出来，达到刻蚀的目的。为了避免入射离子与工件材料发生化学反应，必须采用惰性元素。氩气的原子序数高，而且价格便宜，所以通常用氩离子进行轰击刻蚀。由于离子直径很小（约十分之几个纳米），可以认为离子刻蚀的过程是逐个原子剥离的，刻蚀的分辨率可达微米甚至亚微米级，但刻蚀速度很低，剥离速度大约每秒一层到几十层原子。

离子刻蚀用于加工陀螺仪空气轴承和动压马达上的沟槽，分辨率高，精度、重复一致性好。加工非球面透镜能达到其他方法不能达到的精度。

离子束刻蚀应用的另一个方面是刻蚀高精度的图形，如集成电路、声表面波器件、磁泡器件、光电器件和光集成器件等微电子学器件亚微米图形。

离子束刻蚀还用来致薄材料，用于致薄石英晶体振荡器和压电传感器。致薄探测器探头，可以大大提高其灵敏度，如国内已用离子束加工出厚度为 40μm，并且自己支撑的高灵

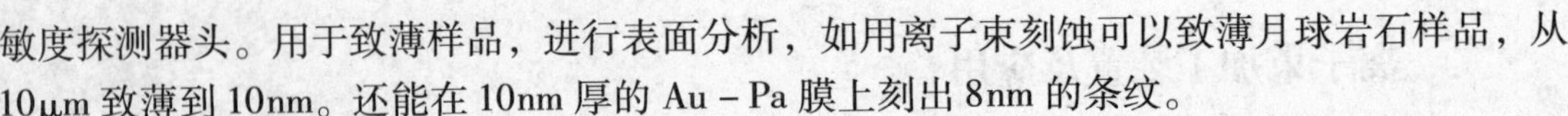

敏度探测器头。用于致薄样品，进行表面分析，如用离子束刻蚀可以致薄月球岩石样品，从10μm致薄到10nm。还能在10nm厚的Au－Pa膜上刻出8nm的条纹。

2. 离子束镀膜加工

离子镀膜加工有溅射沉积和离子镀两种。

（1）特点

离子镀膜附着力强、膜层不易脱落。这是因为镀膜前离子以足够高的动能冲击基体表面，清洗掉表面的沾污和氧化物，从而提高了工件表面的附着力；另外，刚开始镀膜时，由工件表面溅射出来的基材原子，有一部分会与工件周围气氛中的原子和离子发生碰撞而返回工件。这些返回工件的原子与镀膜的膜材原子同时到达工件表面，形成了膜材原子和基材原子的共混膜层。随膜层的增厚，逐渐过渡到单纯由膜材原子构成的膜层。这种混合过渡层的存在，可减少由于膜材与基材两者膨胀系数不同而产生的热应力，增强了两者的结合力，使膜层不易脱落，镀层组织致密，针孔气泡少。

（2）应用

离子镀技术已用于镀制润滑膜、耐热膜、耐蚀膜、耐磨膜、装饰膜和电气膜等。

① 如在表壳或表带上镀氮化钛膜，这种氮化钛膜呈金黄色，它的反射率与18K金镀膜相近，其耐磨性和耐腐蚀性大大优于镀金膜和不锈钢，其价格仅为黄金的1/60；

② 离子镀装饰膜还用于工艺美术品的首饰、景泰蓝等，以及金笔套、餐具等的修饰上，其膜厚仅1.5～2μm。

③ 离子镀膜代替镀硬铬，可减少镀铬公害。2～3μm厚的氮化钛膜可代替20～25μm的硬铬镀层。航空工业中可采用离子镀铝代替飞机部件镀镉。

④ 用离子镀方法在切削工具表面镀氮化钛、碳化钛等超硬层，可以提高刀具寿命。一些试验表明，在高速钢刀具上用离子镀镀氮化钛，刀具寿命可提高1～2倍，也可用于处理齿轮滚刀、铣刀等复杂刀具。

3. 离子注入加工

离子注入是向工件表面直接注入离子，它不受热力学限制，可以注入任何离子，且注入量可以精确控制。注入的离子是固溶在工件材料中，含量可达10%～40%，注入深度可达1μm，甚至更深。

① 离子注入在半导体方面的应用广泛，它用硼、磷等“杂质”离子注入半导体，用以改变导电形式（P型或N型）和制造P－N结，制造一些通常用热扩散难以获得的各种特殊要求的半导体器件。由于离子注入的数量、注入的区域都可以精确控制，所以成为制作半导体器件和大面积集成电路的重要手段。

② 离子注入可以改善金属材料的耐磨性能。如在低碳钢中注入N、B、Mo等，在磨损过程中，表面局部温升形成温度梯度，使注入离子向衬底扩散，同时注入离子又被表面的位错网络限制，不能推移很深。这样，在材料磨损过程中，不断在表面形成硬化层，提高了耐磨性。

③ 离子注入还可以提高金属材料的硬度，这是因为注入离子及其凝集物将引起材料晶格畸变、缺陷增多的缘故。

④ 离子注入可改善金属材料的润滑性能，离子注入表层后，在相对摩擦过程中，被注入的细粒起到了润滑作用，提高了材料的使用寿命。

此外，离子注入在光学方面可以制造光波导。还用于改善磁泡材料性能、制造超导性材料。

离子注入的应用范围在不断扩大，随离子束技术的不断进步，现在已经可在半真空或非真空条件下进行离子束加工。今后将会开发更多的应用。

三、电子束、离子束加工任务实例

任务导入

图8－12所示为双曲面零件，传统加工方法很难保证加工精度和形位公差，可以考虑采用电子束加工，利用偏转线圈，使电子束在工件内部偏转，控制电子束强度和磁场强度，同时改变电子束与工件的相对位置，从而加工出此双曲面零件。

任务分析、准备

对零件工艺进行分析，初步确定：锯床下料，留出加工余量；热处理至40～45HRC；上磨床进行磨削加工，为电子束加工做好准备。

任务实施

控制电子磁场强度、电流等，进行电子束加工。对图8－13的“1”处施加磁场，一面采用电子束“3”轰击，一面按照箭头“2”方向移动工件，可获曲面，再改变磁场极性加工另一面，直至获得符合尺寸要求的曲面。

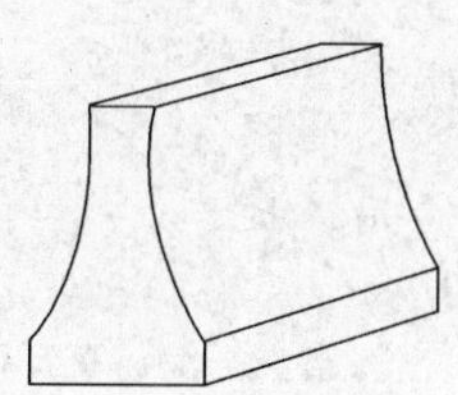

图8－12　曲面零件

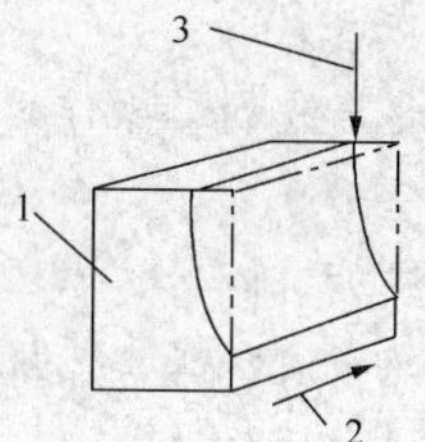

图8－13　电子束加工曲面

任务检测

按照图纸要求，采用相应测量工具，检测加工是否合乎要求。

知识巩固

思考题

1. 说明电子束加工的设备有哪些组成？功能怎样？
2. 简述电子枪的原理和构造。
3. 说明设备中真空系统的作用。
4. 试举例说明电子束加工的应用方法。
5. 试比较电子束加工主要方法的异同，并说明其特点。
6. 说明离子束加工的设备有哪些组成？功能怎样？
7. 简述离子源的原理和构造。
8. 试说明离子束加工的种类与应用场和。
9. 试搜集资料说明目前国内外最先进的现代制造技术。

第四篇　超声加工

模块九　超声波加工

知识要点

- 超声波加工的概念、原理、特点
- 超声波加工的设备组成
- 超声波加工的应用

技能要点

- 以此作为超声波加工操作的理论基础

学习要求

- 掌握超声波加工概念、原理、特点、分类和应用
- 初步掌握超声波加工工艺规律

知识链接

理论单元

一、超声波原理

(一) 超声波的概念

超声加工(Ultrasonic Machining，简称 USM)有时也称超声波加工，是特种加工的一种。有些特种加工，像电火花加工和电化学加工都只能加工金属导电材料，不易加工不导电的非金属材料。然而超声加工不仅能加工硬质合金、淬火刚等硬脆金属材料，而且更适合于加工玻璃、陶瓷、半导体锗和硅片等不导电的非金属脆硬材料，同时还可以用于清洗、焊接和探伤等，在各行各业如工业、医疗、国防等应用广泛。

超声加工技术在工业中的应用开始于 20 世纪 10 ~ 20 年代，它以经典声学理论为基础，同时结合电子技术、计量技术、机械振动和材料学等学科领域的成就发展起来的一门综合技术。1951 年，美国的 A. S. 科恩制成第一台实用的超声加工机。50 年代中期，日本、苏联将超声加工与电加工(如电火花加工和电解加工等)、切削加工结合起来，开辟了复合加工的领域。将超声加工与切削加工、电火花加工、电解加工结合起来的复合加工的方法能改善电加工或金属切削加工的条件，提高加工效率和质量。在脆硬金属导电材料，特别是在不导

电的非金属材料方面，超声加工具有明显的优势。

1. 超声波的类型

声波是人耳能感受的一种纵波，它的频率在 16 ~ 16000Hz 范围内。当频率超过 16000Hz 超出一般人耳听觉范围，就称为超声波，主要包括纵波、横波、表面波、板波等，如图 9 –1 所示。

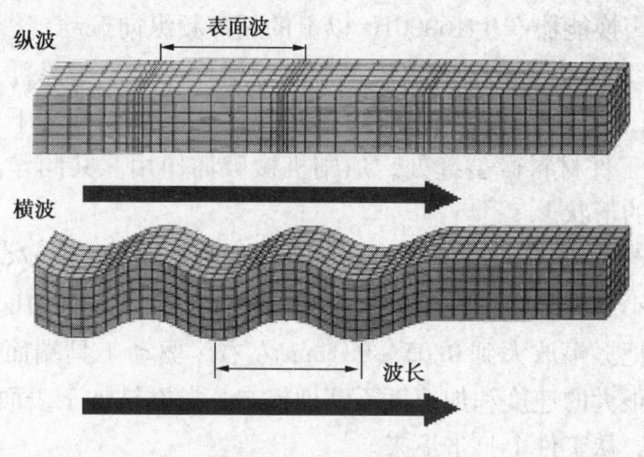

图 9 –1　超声波类型

2. 超声波的特性

超声波与声波一样，可以在气体、液体、固体、固熔体等介质中有效传播，具有一些特性：

① 超声波能传递很大的能量，其作用主要是对传播方向上的障碍物施加压力(声压)。可以说，声压大小表示超声波强度，传播的波动能量越强，则压力越大。

② 当超声波在液态介质中传播时，会在介质中连续形成压缩和稀疏区域，产生压力正负交变的液压冲击和空化现象；利用巨大的液压冲力使零件表面破坏、引起固体物质分散、破碎等效应。

③ 超声波通过不同介质时，在界面上发生波速突变，产生波的反射和折射现象，可能会改变振动模式。能量反射的大小，决定于这两种极致的波阻抗，波阻抗是指介质密度与波速的乘积，其值相差越大，超声波通过界面时的能量反射率越高。

④ 超声波在一定条件下，会产生波的干涉和共振现象，使得超声波的传播具有方向性。

另外，超声波还有另外的特性，诸如：超声波传播速度容易受温度影响、容易衰减(在液体和固体中衰减较小)，超声波可以聚焦，并且在两种不同介质的界面处反射强烈，在许多场合必须使用耦合剂或匹配材料等等。

（二）超声加工的基本原理

超声加工是利用超声振动的工具，带动工件和工具间的磨料悬浮液，冲击和抛磨工件的被加工部位，使其局部材料被蚀除而成粉末，以进行穿孔、切割和研磨等，以及利用超声波振动使工件相互结合的加工方法。

1. 超声波的效应

超声波加工时，通常通过超声加工设备实现电磁振动、磁致伸缩效应、压电效应、静电引力、其他形式的机械振动等产生超声波，从而实现机械效应对工件进行清洗、加工、抛光等；也可实现声学效应进行超声波探测；还可实现热效应进行超声波焊接；实现空化效应进行乳化、雾化。另可实现化学效应，例如纯的蒸馏水经超声处理后产生过氧化氢；溶有氮气的水经超声处理后产生亚硝酸；染料的水溶液经超声处理后会变色或退色等。还可以实现生物效应，加快植物种子发芽。

2. 超声加工的原理

超声加工是利用工具端面作超声频振动，通过磨料悬浮液加工脆硬材料的一种方法。

超声加工时，超声换能器产生16000Hz以上的超声频纵向振动，借助变幅杆将振幅放大到0.05~0.1mm左右，驱动工具端面做超声振动，迫使工作液中悬浮磨粒以极大速度不断撞击、抛磨工件表面，将表面材料粉碎成细微颗粒，从工件上打击下来。同时，工作液受“空化”作用等，钻入工件材料微裂缝处，加剧机械破坏作用。共同作用下导致工件表面不断被磨损加工至需要的形状。

超声加工原理如图9-2所示，在工具和工件之间加入液体(水或煤油等)和磨料混合悬浮液，并使工具以很小的力轻轻压在工件上。超声换能器产生16000Hz以上的超声频纵向振动，并借助于变幅杆把振幅放大到0.05~0.1mm左右，驱动工具端面作超声振动，迫使工作液中悬浮的磨粒以很大的速度和加速度不断地撞击、抛磨被加工表面，把被加工表面的材料粉碎成很细的微粒，从工件上打击下来。

虽然每次打击下来的材料很少，但由于每秒钟打击的次数多达16000次以上，所以仍有一定的加工速度。与此同时，工作液受工具端面超声振动作用而产生的高频、交变的液压正负冲击波和“空化”作用，促使工作液钻入被加工材料的细微裂缝处，加剧了机械破坏作用。

其中，由图9-3可知，所谓的“空化”作用是指：当工具端面以很大的加速度离开工件表面时，加工间隙内形成负压和局部真空，在磨料液内形成很多微空腔；当工具端面以很大的加速度接近工件表面时，空泡闭合，引起极强的液压冲击波，可以强化加工过程，从而使脆性材料的加工部位产生局部疲劳，引起显微裂纹。出现粉碎破坏，随着加工的不断进行，工具的形状就逐渐“复制”在工件上。

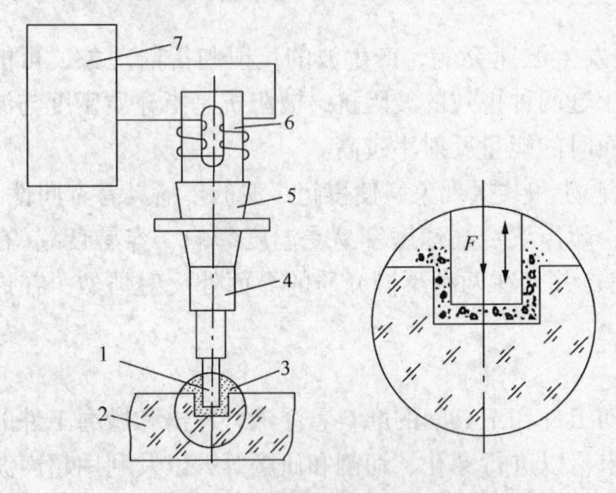

图9-2　超声加工原理图

1—工具；2—工件；3—磨料悬浮液；4、5—变幅杆；6—换能器；7—超声波发生器

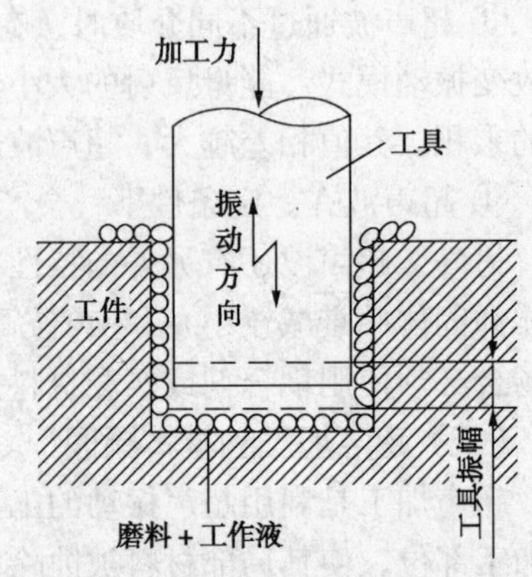

图9-3　超声波加工时磨粒运动示意图

既然超声加工是基于局部撞击作用，因此就不难理解，越是脆硬的材料，受撞击作用所受破坏就越大，越易超声加工。相反，脆性和硬度不大的韧性材料，由于它的缓冲作用反而难以加工。

总而言之，超声波加工是磨料在超声波振动作用下的机械撞击和抛磨作用与超声波空化作用的综合结果，其中磨料的连续冲击、撞击作用是很重要的。

（三）超声加工的特点

① 不受材料是否导电的限制，适合加工各种硬脆材料，被加工材料脆性越大越容易加工，材料越硬或强度、韧性越大反而越难加工；另外，尤其适合不导电的非金属材料的加工，例如玻璃、陶瓷、石英、宝石、金刚石等。

② 工具对工件的宏观作用力小、热影响小，表面粗糙度好，因而可加工薄壁、窄缝薄片工件。

③ 由于工件材料的碎除主要靠磨料的作用，磨料的硬度应比被加工材料的硬度高，而工具的硬度可以低于工件材料，工具可用较软的材料做较复杂的形状。

④ 工具与工件相对运动简单，使机床结构简单。

⑤ 切削力小、切削热少，不会引起变形及烧伤，加工精度与表面质量也较好。

⑥ 可以与其他多种加工方法结合应用，如超声振动切削、超声电火花加工和超声电解加工等。

二、超声加工的工艺规律

（一）加工速度及其影响因素

加工速度指单位时间内去除材料的多少。影响加工速度的因素主要有工具的振幅和频率、进给压力、磨料的种类和粒度、被加工材料、磨料悬浮液的浓度等。

（1）工具振幅和频率的影响

过大的振幅和过高的频率会使工具和变幅杆承受很大的内应力，振幅一般在 0.01 ~ 0.1mm 之间，频率在 16000 ~ 25000Hz 之间。在实际加工中需根据不同工具调至共振频率，以获得最大振幅，从而达到较高的加工速度。

（2）进给压力的影响

① 加工时，工具对工件应有一个适当的进给压力。

② 压力过小时，工具端面与工件加工表面间的间隙增大，从而减少了磨料对工件的锤击力；

③ 压力增大，间隙减少，当间隙减少到一定程度则会降低磨料与工作液的循环更新速度，从而降低生产率。

（3）磨料种类和粒度的影响

加工时，应针对不同强度的工件材料可选择不同的磨料；磨料强度愈高，加工速度愈快，但要考虑价格成本；加工宝石、金刚石等超硬材料，必须选用金刚石；加工淬火钢、硬质合金，应选用碳化硼；加工玻璃、石英、硅、锗等半导体材料，选用氧化铝磨料。另外，磨料悬浮液的浓度对加工影响很大，通常采用的浓度为磨料对水的质量比约 0.5 ~ 1 左右。

（4）被加工材料的影响

被加工材料愈硬脆，则承受冲击载荷的能力愈低，愈易被去除加工，反之，韧性愈好，愈不易加工。

（二）加工精度及其影响因素

超声波的加工精度，除了机床、夹具精度影响外，主要与磨料粒度、工具精度及其磨损

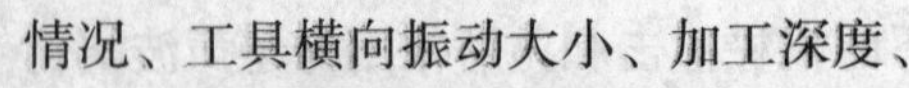

情况、工具横向振动大小、加工深度、被加工材料性质有关。

(三) 表面质量的影响

超声波加工具有良好的表面质量，不会产生表面变质层和烧伤，其表面粗糙度主要与磨粒尺寸、超声波振幅大小和工件材料硬度有关。

因为表面粗糙度值主要取决于每颗磨粒每次锤打工件材料所留下的凹痕的大小和深浅，所以，磨粒尺寸愈小，超声振幅愈小，工件材料愈硬，生产率愈低，表面粗糙度愈会得到明显改善。

知识巩固

思考题

1. 什么是超声波？具有什么特性？
2. 什么是超声加工？它运用了超声波的什么特点？
3. 何谓空化作用？它对加工有什么影响？
4. 简述影响超声加工的工艺因素。

知识链接

实践单元

一、超声加工设备

各种超声加工的设备虽然功率大小和结构形状有所不同，但其组成部分基本相同，一般包括超声发生器、超声振动系统、机床本体和磨料工作液循环系统，如图 9－4 所示。图 9－5为超声波加工机床的示意图。

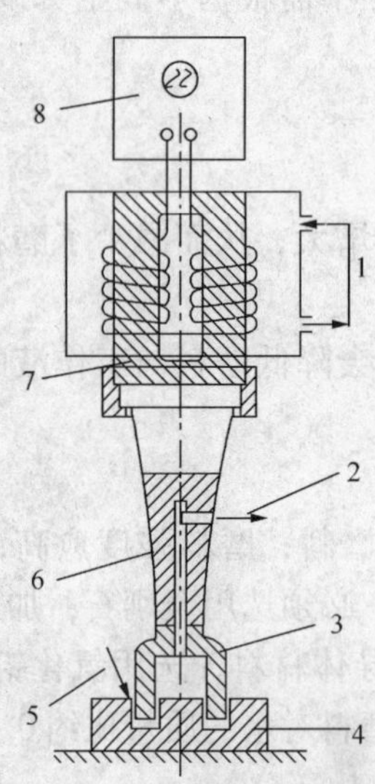

图 9－4　超声加工设备

1—冷却器；2—磨料悬浮液抽出；3—工具；4—工件；5—磨料悬浮液送入；6—变幅杆；7—换能器；8—超声波发生器

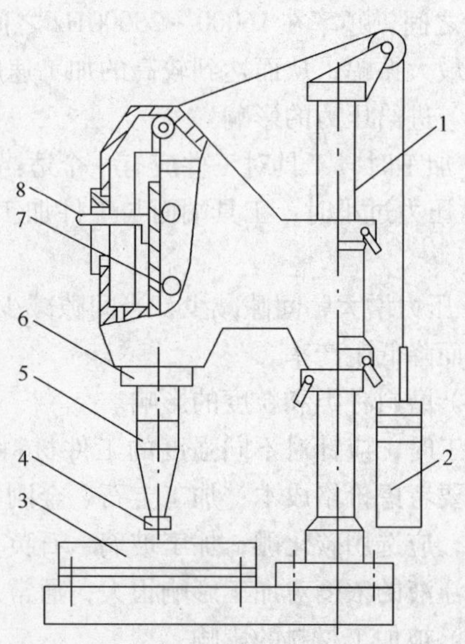

图 9－5　CSJ－2 型超声波加工机床示意图

1—支架；2—平衡重锤；3—工作台；4—工具；5—振幅扩大棒；6—换能器；7—导轨

（一）超声发生器

超声波发生器，通常称为超声波电箱、超声波发生源、超声波电源。它的作用是把我们的市电(220V 或 380V，50Hz 或 60Hz)转换成与超声波换能器相匹配的高频交流电信号。从放大电路形式，可以采用线性放大电路和开关电源电路，其组成见图 9－6，大功率超声波电源从转换效率方面考虑一般采用开关电源的电路形式。线性电源也有它特有的应用范围，它的优点是可以不严格要求电路匹配，允许工作频率连续快速变化。

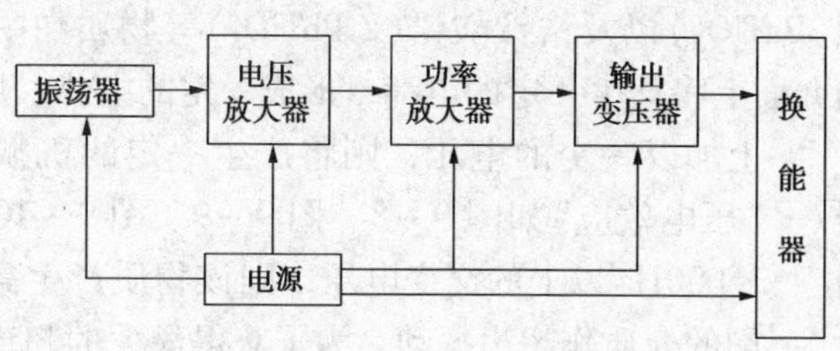

图 9－6　超声波发生器的组成方图

一般对超声波发生器的要求是：

① 输出阻抗应与超声设备输入阻抗匹配；

② 频率调节范围应与超声设备频率变化范围适应；

③ 输出功率应尽可能具有较大的可调范围；

④ 结构简单、可靠、效率高，便于使用、维修。

（二）超声振动系统

超声振动系统的作用是将高频电能转变为机械能，使工具端面做高频率小振幅的振动，以便于加工。它由超声换能器、振幅杆及工具组成。

1. 超声换能器

换能器是超声波设备的核心器件，其特性参数决定整个设备的性能。现在用的超声波换能器，除了磁致伸缩结构以外就是常用的用前后盖板夹紧压电陶瓷的“朗之万”换能器，超声波就是通过换能器将高频电能转换为机械振动。换能器的特性取决与选材和制作工艺，同样尺寸外形的换能器的性能和使用寿命是千差万别的。

(1) 压电效应超声换能器(图 9－7)

1947 年，人们采用 $BaTiO_3$ 压电陶瓷制成了拾音器，这对压电材料的应用有着重大的意义，极大地刺激了压电陶瓷材料的研究与应用开发，而在 1969 年，自发现聚偏氟乙烯薄膜制成的驻极体具有优良的压电性后，聚合物驻极体的研究和应用迅速发展起来。

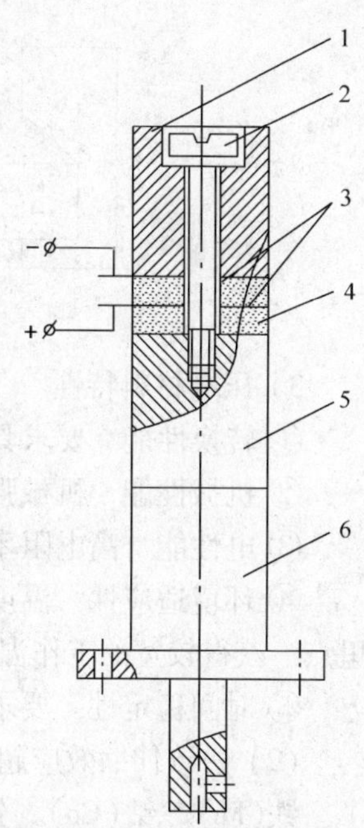

图 9－7　压电陶瓷换能器

1—上端块；2—压紧螺钉；3—导电镍片；4—压电陶瓷；5—下端块；6—变幅杆

超声波换能器，也叫超声波探头，主要由压电晶片组成，既可以发射超声波，也可以接收超声波。超声探头的核心就是这块压电晶片。构成晶片的材料可以有许多种。晶片的大小、直径和厚度也各不相同，因此每个探头的性能也是不同的。

1）常见的压电陶瓷材料

① 钛酸钡（$BaTiO_3$） 压电陶瓷具有较高的压电系数和介电常数，机械强度不如石英。

② 锆钛酸铅（$ZrPbTiO_3$） 系压电陶瓷（PZT）压电系数较高，各项机电参数随温度、时间等外界条件的变化小，在锆钛酸铅的基方中添加一两种微量元素，可以获得不同性能的PZT材料。

2）工作过程

石英晶体、钛酸钡（$BaTiO_3$）以及锆钛酸铅（$ZrPbTiO_3$）等物质在受到机械压缩或拉伸变形时，在它们两对面的介面上将产生一定的电荷，形成一定的电势；反之，在它们的两介面上加以一定的电压，则将产生一定的机械变形，这一现象称为"压电效应"如图9-8、图9-9、图9-10所示。如果两面加上16000Hz以上的交变电压，则该物质产生高频的伸缩变形，使周围的介质作超声振动。为了获得最大的超声波强度，应使晶体处于共振状态，故晶体片厚度加上、下端块的长度应为声波半波长或整倍数。

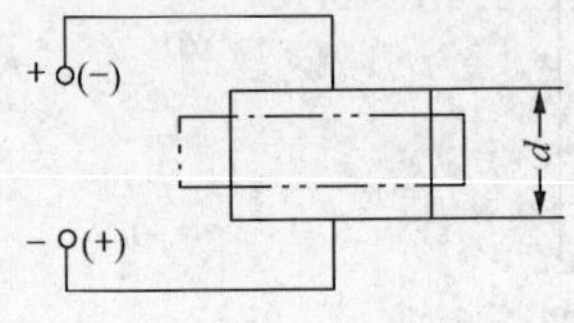

图9-8 压电效应

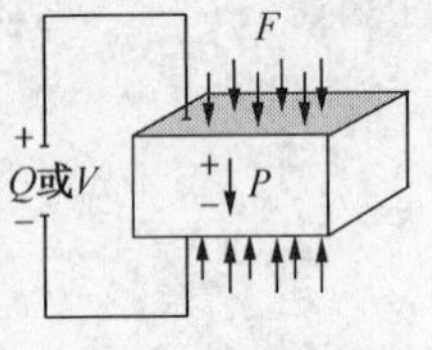

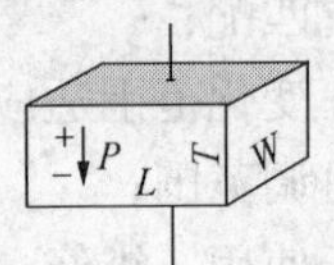

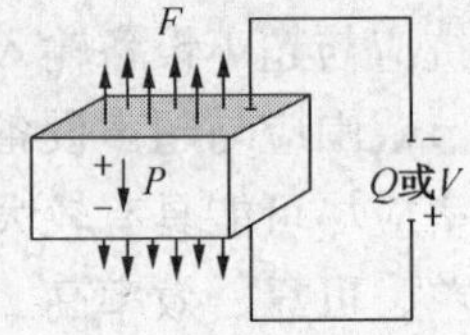

图9-9 压电效应

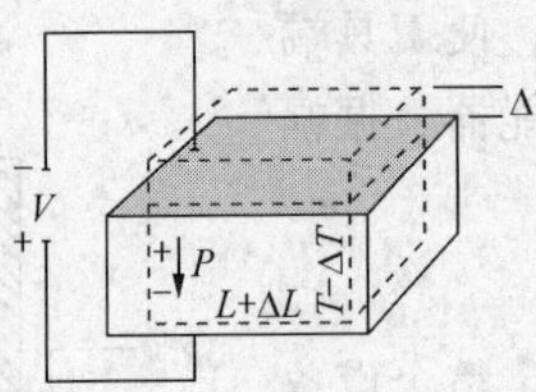

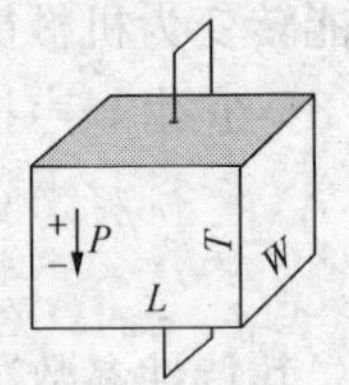

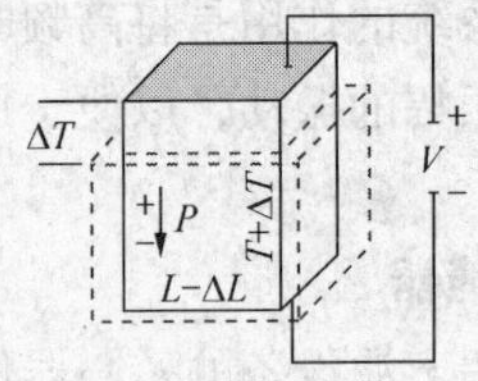

图9-10 逆压电效应

3）压电材料特性

① 转换性能 要求具有较大的压电常数。

② 机械性能 机械强度高、刚度大。

③ 电性能 高电阻率和大介电常数。

④ 环境适应性 温度和湿度稳定性要好，要求具有较高的居里点，获得较宽的工作温度范围。

⑤ 时间稳定性 要求压电性能不随时间变化。

（2）磁致伸缩效应超声波换能器

铁（Fe）、钴（Co）、镍（Ni）及其合金的长度能随其所处的磁场强度的变化而伸缩的现象称为磁致伸缩效应，其中镍在磁场中的最大缩短量为其长度的0.004%，铁和钴则在磁场中为伸长，当磁场消失后又恢复原有尺寸，为了减少高频涡流损耗，超声波加工中常采用纯镍片叠成封闭磁路的镍棒换能器，如图9-11所

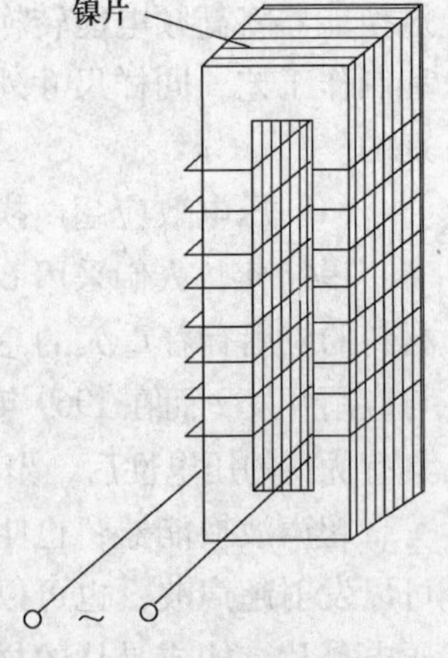

图9-11 磁致伸缩换能器

示。这种材料的棒杆在交变磁场中其长度将交变伸缩，其端面将交变振动。

2. 变幅杆

为了扩大超声换能器的变形量，达到加工所需的振幅，必须通过一个上大下小的棒杆将振幅加以扩大，这就是变幅杆。如图 9－12 所示。

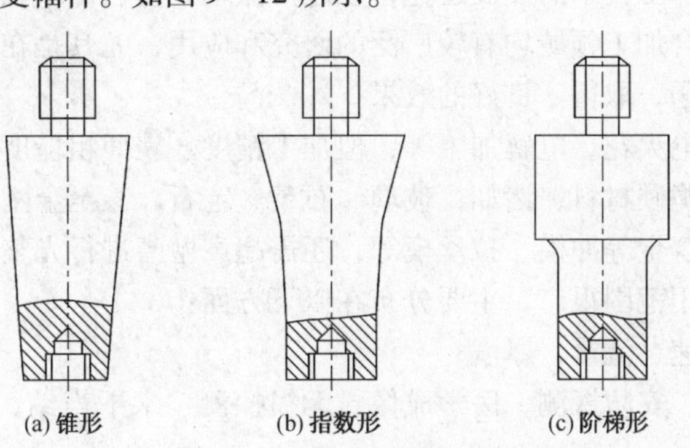

图 9－12 变幅杆截面形式

变幅杆之所以能扩大振幅，是因为通过它每一截面的振动能量是不变的(略去传播损耗)，截面小处，能量密度较大，振幅也越大。

必须注意：超声加工时并不是整个变幅杆和工具都是在作上下高频振动，它和低频或工频振动的概念完全不一样。超声波在金属棒杆内主要以纵波形式传播，引起杆内各点沿波的前进方向一般按正弦规律在原地作往复振动，并以声速传导到工具端面，使工具端面作超声振动。

变幅杆形状大致分三类：锥形——扩大比较小(5～10 倍)；指数形——扩大比中等(10～20 倍)，难制造；阶梯形——扩大比大(20 倍以上)，易制造。

3. 工具

超声波的机械振动经变幅杆放大后即传给工具，使磨粒和工作液以一定的能量冲击工件，并加工出一定的尺寸和形状。

工具的形状和尺寸决定于被加工表面的形状和尺寸，它们相差一个"加工间隙"(稍大于平均的磨粒直径)。当加工表面积较小时，工具和扩大棒做成一个整体，否则可将工具用焊接或螺纹联接等方法固定在扩大棒下端。当工具不大时，可以忽略工具对振动的影响；但当工具较大、较重时，会减低声学头的共振频率；工具较长时，应对扩大棒进行修正，满足半个波长的共振条件。

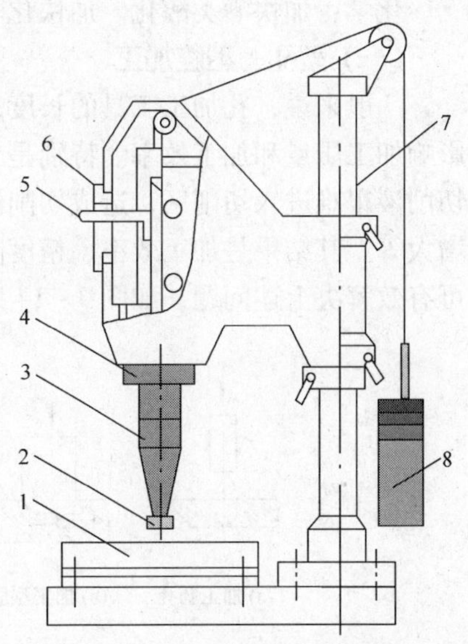

图 9－13 超声加工机床本体

1—工作台；2—工具；3—变幅杆；4—换能器；5—标尺；6—导轨；7—支架；8—平衡重锤

(三) 机床本体和磨料工作液循环系统

超声波加工机床的本体一般比较简单，包括支撑声学部件的机架、工作台面以及使工具以一定压力作用在工件上的进给机构等，如图 9－13 所示。磨料工作液是磨料和工作液的混合物。常用的磨料有碳化硼、碳化硅、氧化硒或氧化铝等；常用的工作液是水，有

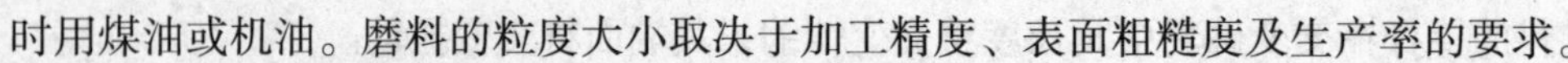

时用煤油或机油。磨料的粒度大小取决于加工精度、表面粗糙度及生产率的要求。

二、超声波加工的应用

几十年来，超声加工技术的发展迅速，在超声振动系统、深小孔加工、拉丝模及型腔模具研磨抛光、超声复合加工领域均有较广泛的研究和应用，尤其是在难加工材料领域解决了许多关键性的工艺问题，取得了良好的效果。

虽然生产率低于电火花、电解加工等，但加工精度、表面粗糙度均比它们好，并且能加工半导体、非导体的脆硬材料，诸如：玻璃、石英、宝石，甚至金刚石等，即使是电火花加工后的淬火钢、硬质合金等冲模、拉丝模等，还需超声抛磨进行光整加工。

超声波加工的应用范围很广，主要分布在以下方面：

测量：距离、流速、流量、厚度；

探测：超声测距、安防探测、医学成像、无损探测、水下声纳、地质勘探、管道检漏、触摸屏等；

雾化：加湿、盆景、园艺、消毒；

空化：炼油、乳化；

清洗：珠宝、首饰、精密零件；

加工：磨削、钻孔、抛光、焊接；

美容：按摩、洁齿；

医疗：结石破碎、医学成像、呼吸医疗；

马达：相机镜头、微位移控制；

生物：促进种子发芽；

化学：加快酒类醇化、加快化学反应速度等。

（一）型孔、型腔加工

一般来说，孔加工工具的长度总是大于孔的直径，在切削力的作用下易产生变形，从而影响加工质量和加工效率。特别是对难加工材料的深孔钻削来说，会出现很多问题。例如，切削液很难进入切削区，造成切削温度高；刀刃磨损快，产生积屑瘤，使排屑困难，切削力增大等。其结果是加工效率、精度降低，表面粗糙度值增加，工具寿命短。采用超声加工则可有效解决上述问题，如图 9－14 所示。

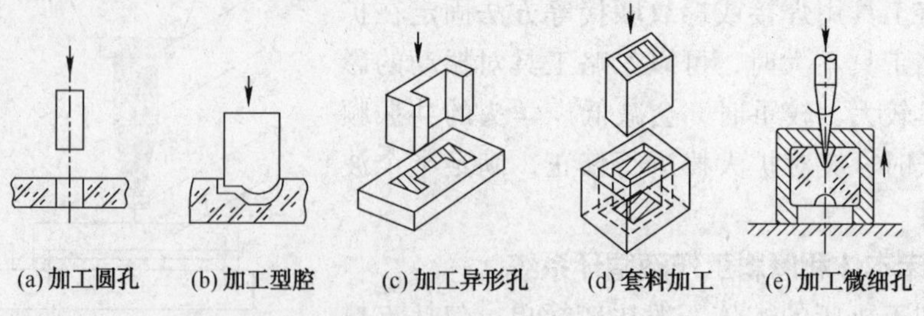

图 9－14　型孔、型腔的超声波加工

（二）超声波切割加工

用普通机械加工切割脆硬的半导体材料是很困难的，采用超声切割则较为有效。超声波切割具有切口光滑、牢靠，切边准确，不会变形，不翘边、起毛、抽丝、皱折等优点，如

图 9－15所示。

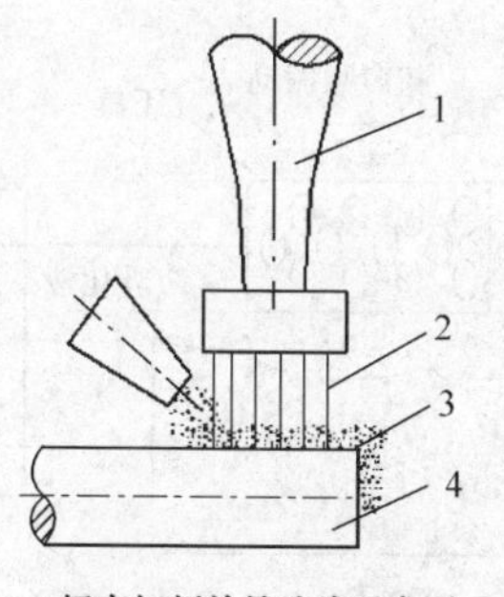

(a) 超声切割单晶硅片示意图
1—变幅杆; 2—工具(薄钢片);
3—磨料液; 4—工件(单晶硅)

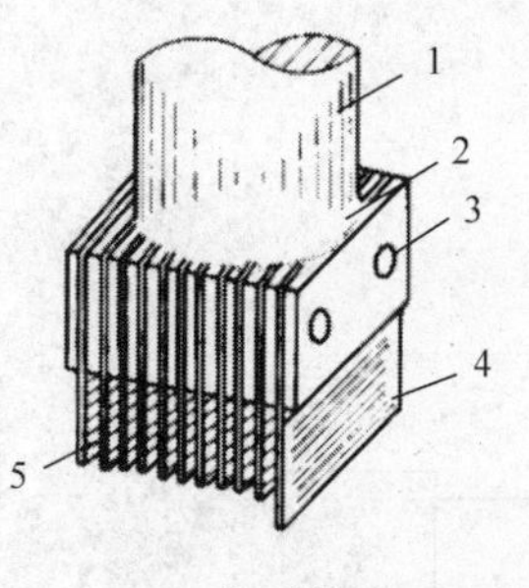

(b) 刀具
1—变幅杆; 2—焊缝; 3—铆钉;
4—导向片; 5—软钢刀片

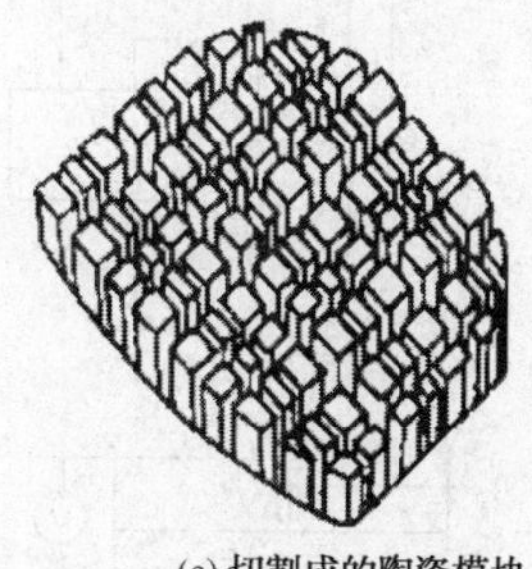

(c) 切割成的陶瓷模块

图 9－15 超声波切割加工

(三) 超声波焊接

利用高频振动产生的撞击能量，去除工件表面的氧化膜杂质，露出新鲜的本体，在两个被焊工件表面分子的高速振动撞击下，摩擦生热、亲和、熔化并粘接在一起，如图 9－16 所示。

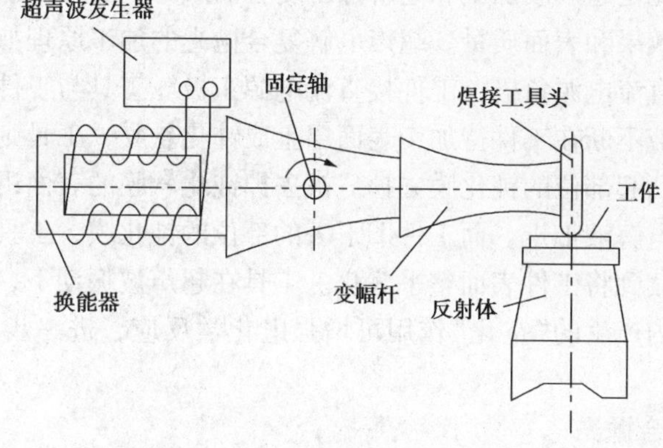

图 9－16 超声波焊接示意图

可以焊尼龙、塑料制品，特别是表面易产生氧化层的难焊接金属材料，如铝制品等；此外，利用超声波化学镀工艺还可以在陶瓷等金属表面挂锡、挂银及涂覆熔化的金属薄层，从而改善这些材料的可焊接性。

超声波焊接时，振动通过焊接工作件传给粘合面振动摩擦产生热能使塑胶熔化，振动会在熔融状态物质到达其介面时停止，短暂保持压力可以使熔化物在粘合面固化时产生强分子键，整个周期通常不到 1s 完成，但其焊接强度却接近一块连着的材料。设备外观如图 9－17 所示。

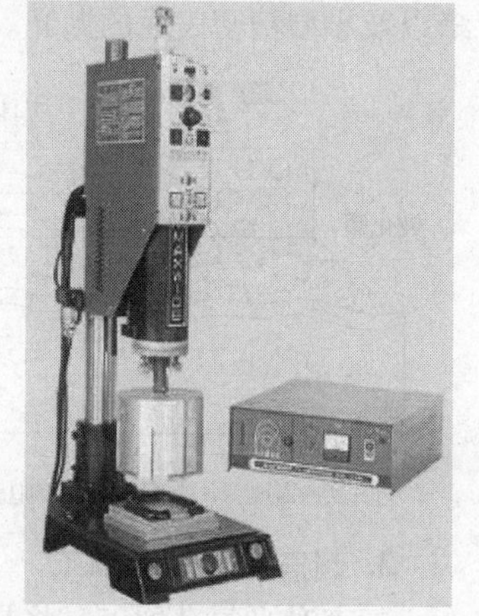

图 9－17 超声波焊接设备外观图

(四) 超声复合加工

将超声加工与其他加工工艺组合起来的加工模式，称为超声复合加工。超声复合加工强化了原加工过程，使加工的速度明显提高，加工质量也得到不同程度的改善，实现了低耗高效的目标。它主要有超声电解复合加工、超声电火花复合加工、超声抛光及电解超声复合抛光等，在长远的将来都有非常大的发展潜力，如图 9－18、图 9－19 所示。

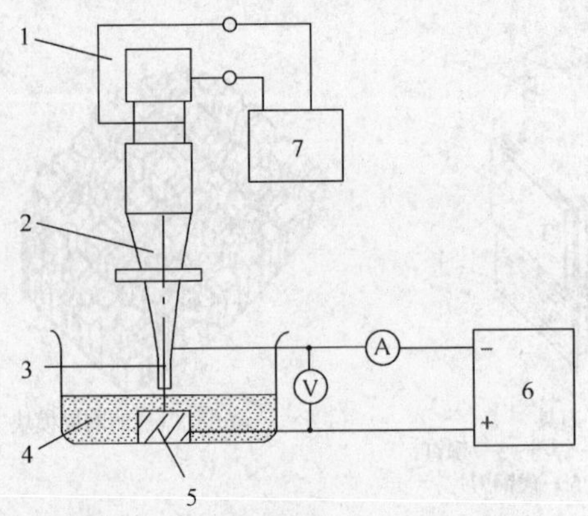

图 9－18　超声波电解复合加工小孔

1—换能器；2—变幅杆；3—工具；4—电解液和磨料；5—工件；6—直流电源；7—超声发生器

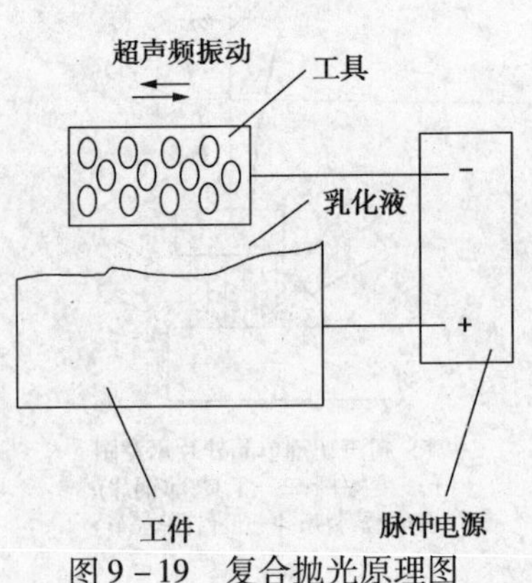

图 9－19　复合抛光原理图

1. 超声电解复合抛光

超声电解复合抛光是超声波加工和电解加工复合而成的，它可以获得优于单一电解或单一超声波抛光的抛光效果和表面质量。超声电解复合抛光的加工原理如图 9－20 所示。

抛光时，工具接直流电源负极，工件接直流电源正极。工具与工件之间通入钝化性电解液。高速流动的电解液不断在工件待加工表面层生成钝化软膜，工具则以极高的频率进行抛磨，不断将工件表面凸起部位的钝化膜去掉。被去掉钝化软膜的表面迅速产生阳极溶解，溶解下来的产物不断被电解液带走。而工件凹下去的部位的钝化膜，工具研抛不到，因此不溶解。这个过程一直持续到将工件表面整平为止。工具在超声波振动下，不但能迅速去除钝化膜，而且在加工区域内产生的“空化”作用可增强电化学反应，进一步提高工件表面凸起部位金属的溶解速度。

2. 超声电火花复合抛光

超声电火花复合抛光是在超声波抛光的基础上发展起来的。这种复合抛光的加工效率比纯超声机械抛光要高出 3 倍以上，表面粗糙度 R_a 值可达 0.2～0.1μm。特别适合于小孔、窄缝以及小型精密表面的抛光。超声电火花复合抛光的工作原理如图 9－21 所示。

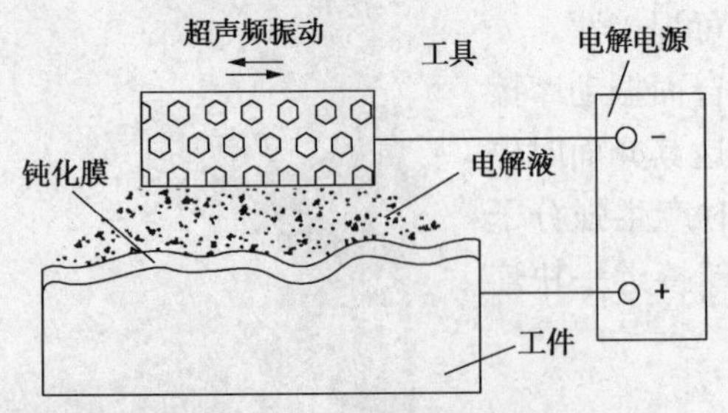

图 9－20　超声电解复合抛光的加工原理

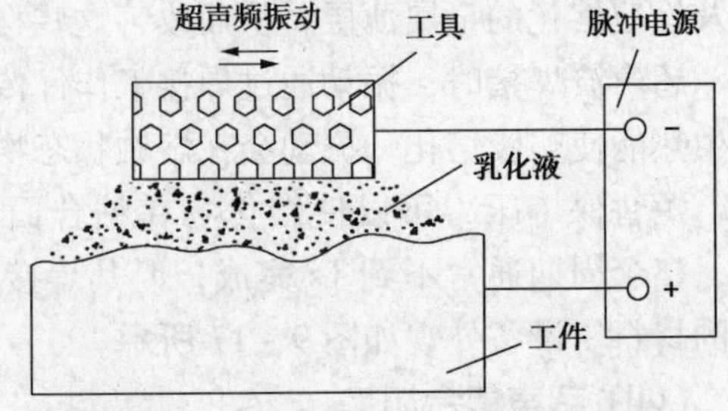

图 9－21　超声电火花复合抛光的工作原理

3. 超声激光复合加工

超声激光复合加工是将超声振动与激光束的作用复合起来的一种加工方法。单纯用激光打孔时，对于一定功率的激光束，如果只延长激光的照射时间，不但难以增加孔深，反而会降低孔壁质量。如果将超声振动与激光束的作用复合起来，采用超声调制的激光打孔，就不但能增加孔的加工深度，而且能改善孔壁的质量。

超声调制激光打孔的工作原理如图9－22所示，将激光谐振腔的全反射镜安装在变幅杆的端部，当全反射镜的镜面作超声振动时，由于谐振腔长度的微小变化和多普勒效应，可使输出的激光脉冲波形由原来的不规则较平坦的排列，调制和细化成多个尖峰激光脉冲，有利于小直径的深孔加工。

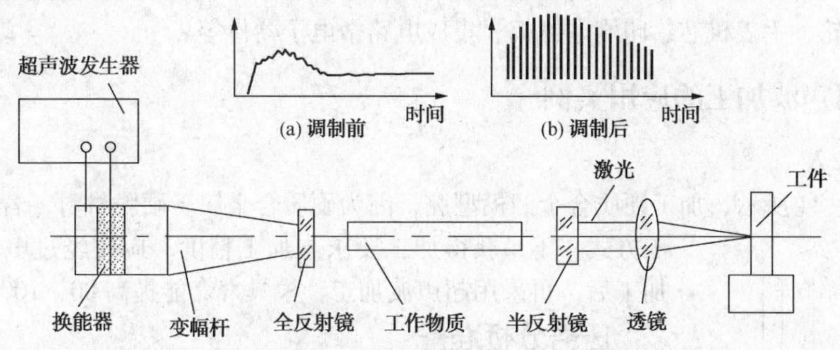

图9－22　超声调制激光打孔的工作原理

由此可见，超声波振动在复合加工中起着非常重要的作用。

（五）超声波清洗

超声清洗是利用超声波在液体中的空化作用、加速度作用及直进流作用对液体和污物直接、间接的作用，使污物层被分散、乳化、剥离而达到清洗目的。

1. 超声波清洗原理

主要是基于清洗液在超声波作用下产生空化效应的结果。空化效应产生的强烈冲击液直接作用到被清洗的部位，使污物遭到破坏，并从清洗表面脱落下来。超声波清洗装置如图9－23所示。

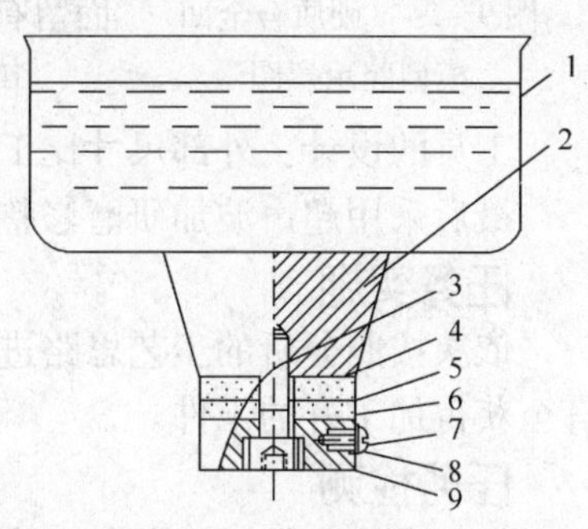

图9－23　超声波清洗装置

1—清洗槽；2—变幅杆；3—压紧螺钉；4—压电陶瓷换能器；5—镍片（+）；6—镍片（－）；7—接线螺钉；8—垫圈；9—钢垫块

由超声波发生器发出的高频振荡信号，通过换能器转换成高频机械振荡而传播到介质清洗溶剂中，超声波在清洗液中疏密相间地向前辐射，使液体流动而产生数以万计的直径为50～500μm的微小气泡，存在于液体中的微小气泡在声场的作用下振动。这些气泡在超声波纵向传播的负压区形成、生长，而在正压区，当声压达到一定值时，气泡迅速增大，然后突然闭合。并在气泡闭合时产生冲击波，在其周围产生上千个大气压，破坏不溶性污物而使他们分散于清洗液中，当团体粒子被油污裹着而黏附在清洗件表面时，油被乳化，固体粒子及时脱离，从而达到清洗件净化的目的。

在这种被称之为“空化”效应的过程中，气泡闭合可形成几百度的高温和超过1000个大气压的瞬间高压，连续不断地产生瞬间高压就象一连串小“爆炸”不断地冲击物件表面，使物件的表面及缝隙中的污垢迅速剥落，从而达到物件表面清洗净化的目的。

2. 超声波清洗特点

① 清洗效果好，清洁度高且全部工件清洁度一致；

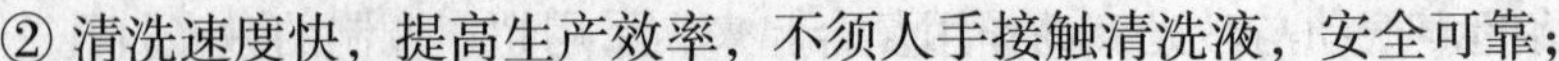

② 清洗速度快，提高生产效率，不须人手接触清洗液，安全可靠；

③ 对深孔、细缝和工件隐蔽处亦可清洗干净；

④ 对工件表面无损伤，节省溶剂、热能、工作场地和人工等。

3. 超声波清洗应用

主要应用于几何形状复杂、清洗质量要求高而用其他方法清洗效果差的中小精密零件，特别是工件上的深小孔、微孔、弯孔等部位的静精洗，主要清洗喷油嘴、喷丝板、微型轴承、仪表齿轮、手表机芯、印刷电路板、集成电路微电子器件等。

三、超声波加工的应用实例

任务导入

如图 9－24 所示，加工硬质合金凹模型腔，因为硬质合金属于硬脆材料，若采用传统加工方式，不易获得加工要求与加工精度，应先经过电火花、电解加工后，再采用超声波加工，模具寿命能提高 80～100 倍。

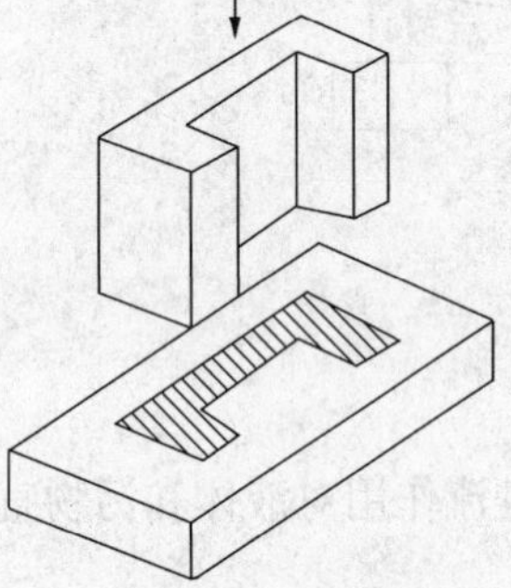

图 9－24　硬质合金凹模型腔示意图

任务分析准备

需要用到的设备：超声波加工设备、加工工件、各种量具。

考虑先进行超声波粗加工，超声波加工设备的工作液磨料粒度选择 $180^{\#}$～$240^{\#}$。

工具设计的考虑：外部尺寸比工件内部尺寸小 0.5mm。

考虑超声波加工后工件内部尺寸有所扩大，并有锥度，入口端单面留有 0.15～0.2mm 的加工余量，出口端单面稍留大一点余量。

再进行超声波精加工，磨料粒度为 W20～W10。

工具的设计：外部尺寸比工件内部尺寸小 0.08mm；其他余量依次减小。

最后采用超声波加研磨修整内部。

任务实施

依次按照分析的工艺思路进行：超声波粗加工——超声波精加工——超声波研磨加工，直至获得加工好的工件。

任务检测

加工完毕，检验工件是否合格。

知识巩固

思考题

1. 说明超声波加工的设备组成及功用。
2. 简述超声波发生器的作用。
3. 换能器的作用是什么？如何实现？
4. 换能器主要有几种？原理怎样？
5. 变幅杆的作用是什么？结构形式是怎样的？
6. 简述影响超声波加工的工艺因素。
7. 试举例说明超声波加工的应用。
8. 说明目前最为先进的超声波加工方法。

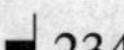

第五篇 其他特种加工

模块十 快速成形加工基本知识

知识要点

- 快速成形加工的概念、原理、特点
- 快速成形加工的四个分类与应用

技能要点

- 以此作为快速成形操作技术的理论基础

学习要求

- 掌握快速成形加工技术的原理、特点、应用
- 初步掌握快速成形加工规律与常用方法

知识链接

一、快速成形技术起源

快速成形技术是20世纪80年代中后期发展起来的、观念全新的现代制造技术。这门崭新的技术不仅在成形方法上开辟了与传统方法截然不同的思路，而且为产品开发提供了一套新的流程，对传统制造业的常规组织结构产生了巨大冲击，是继数控技术之后制造业的又一次重大变革。

（一）快速成形技术的产生背景

由于全球一体化市场的形成，制造业的竞争十分激烈，产品开发周期的长短直接影响到一个企业的生死存亡。一个新产品在开发过程中，总是要经过对初始设计的多次修改，才有可能真正推向市场。

制造业中的“修改”，哪怕是外观上的微小修改，往往都要推翻旧模具，重新制作新模具，费时、耗力、浪费成本；更为严重地是拖延工时，意味着可能失去市场。因此，客观上需要一种可以直接地将设计数据快速地转化为三维实体的技术。这样，不仅可以快速直观地验证设计的正确性，而且可以向客户，甚至仅仅是有意向的潜在客户提供未来产产品的实体模型，从而达到迅速占领市场的目的。快速成形技术(Rapid Prototyping，简称RP)就是在这样的社会背景下出现的。

快速成形技术最早产生于20世纪70年代末至80年代初，美国3M公司的Alan J，Hebcrt(1978)、日本的小玉秀男(1980)、美同UVP公司的Charlcs W. Hu11(1982)和日本的丸谷洋二(1983)，在不同的地点各自独立地提出了RP的概念，即用分层制造产生三维实体的思想。1992年开发了第一台商业机型3D - Modclcr。

快速成形技术被认为是近20年来制造领域的一次重大突破，它综合了机械工程、CAD、数控技术、激光技术及材料科学技术，可以自动、直接、快速、精确地将设计思想转变为具有一定功能的原型或直接制造零件，从而可以对产品设计进行快速评估、修改及功能试验，大大缩短了产品的研制周期。而以RP系统为基础发展起来并已成熟的快速工装模具制造、快速精铸技术则可实现零件的快速制造。

（二）物体成形方式

制造业中，各种零件的制造工艺按加工后原材料体积的变化分为：

① 去除成形(Dislodge Forming)——传统的车、铣、刨、磨等工艺方法就属于去除成形，它是制造业最主要的零件成形方式；

② 受迫成形(Forced Forming)——按其加工材料的自然状态又分为固态成形法(锻造、冲剪、挤压、拉拔等)、液态成形法(铸造)和半液态成形法(注塑)；

③ 生长成形(Growth Forming)——利用材料的活性进行成形的方法，自然界中的生物个体发育均属于生长成形，与人类采用自上而下干预成形的方法不同，生物的成形则是采用自下而上的手段由内在的基因控制通过遗传法则传递组织方案来构造高度复杂的有序结构，这种不依赖外界强制干预、浑然天成的自组织方法，不仅可以产生形态复杂、结构精巧的个体，而且在材质、结构和功能的协调方面让人类的工作难以媲美，生物的生长成形从细胞的形态发生、分化和成长逐步形成组织和器官，完全是高精度、低能耗、零污染的过程，这正是制造科学和成形工艺梦寐以求的境界。随着活性材料、仿生学、生物化学、生命科学的发展，生长成形将会得到很大的发展。

④ 添加成形(Additive Forming)——是80年代初一种全新的制造概念，通过添加材料来达到零件设计要求的成形方法，这种新型的零件生产工艺就是RP(快速成形)的主要实现手段，它是基于一种全新的制造概念——增材加工法。

（三）快速成形工艺过程

RP技术采用了离散—堆积的原理实现快速成形，它以材料添加法为基本思想，将计算机三维CAD模型快速转变为由具体物质构成的三维实体原型，其过程分为离散和堆积两个阶段，RP技术加工步骤见图10-1。

CAD模型 → Z向离散化Slicing → 代码转换 → 单元制造与结合 → 层层堆积 → 后处理

图10-1　RP技术加工步骤

① 由CAD软件设计出所需零件的计算机三维曲面或实体模型。

② 将三维模型沿一定方向(通常为 Z 向)离散成一系列有序的二维层片(习惯称为分层Slicing)。

③ 根据每层轮廓信息，进行工艺规划，选择加工参数，自动生成数控代码。

④ 成形机制造一系列层片并自动将它们联接起来，得到三维物理实体。

快速成形工艺过程如图10-2所示：

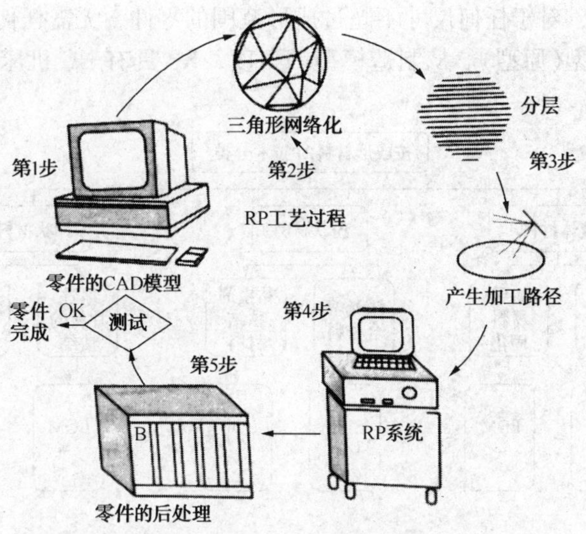

图 10－2 快速成形工艺过程示意图

① 产品三维建模；
② 三维模型的近似处理；
③ 三维模型的分层切片和生产加工路径；
④ 成型加工—逐层堆积；
⑤ 成形零件的后处理。

(四) 快速成形的分类

按照成形原理的不同，快速成形技术可分为两大类，如图 10－3 所示。

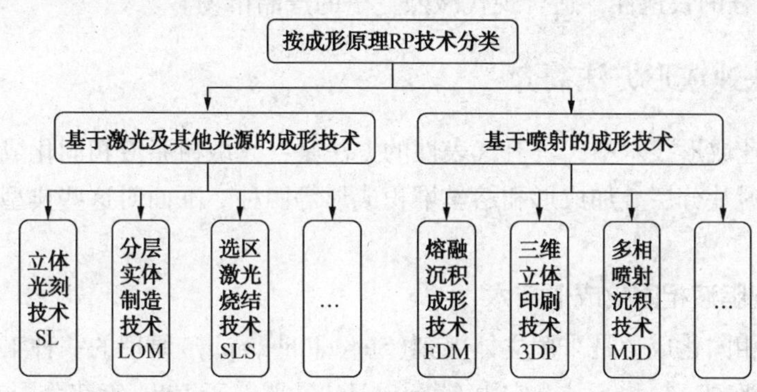

图 10－3 快速成形按原理分类示意图

按照成形材料的不同，快速成形技术分类如图 10－4 所示。

(五) 快速成形技术的特点

RP 技术彻底摆脱了去除式的加工方法，而采用了全新的堆积叠加法，将复杂的三维加工分解成简单的二维加工，与 NC 机床的主要区别在于高度柔性。无论是数控机床还是加工中心，都是针对某一类型零件而设计的。如车削加工中心，铣削加工中心等。对于不同的零件需要不同的装夹，用不同的工具。虽然它们的柔性非常高，可以生产批量只有几十件、甚至几件的零件，而不增加附加成本。但它们不能单独使用，需要先将材料制成毛坯。而 RP

技术具有最高的柔性，对于任何尺寸不超过成形范围的零件，无需任何专用工具就可以快速方便的制造出它的模型(原型)。从制造模型的角度，RP 具有 NC 机床无法比拟的优点，即快速方便、高度柔性。

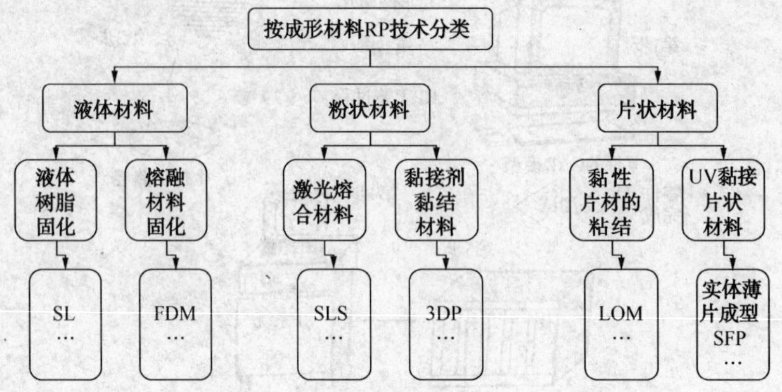

图 10－4　快速成形按材料分类示意图

综上所述，快速成形技术具有以下特点：

① 具有高度柔性，可以制造任意复杂形状的三维实体；

② CAD 模型直接驱动，设计制造高度一体化；

③ 成形过程无需专用夹具或工具；

④ 没有或极少有废弃材料，属于环保型制造技术；

⑤ 无需人员干预或较少干预，是一种自动化的成形过程；

⑥ 零件或产品的造价几乎与产品的复杂性无关；

⑦ 成形全过程的快速性，适合现代激烈竞争的产品市场。

二、各种快速成形方法简介

在众多的快速成形技术中，具有代表性的方法是：光敏树脂液相固化成形、选择性激光粉末烧结成形、薄片分层叠加成形和熔丝堆积成形等四种。下面对这些典型工艺的原理、特点等分别阐述。

(一) 光敏树脂液相固化成形技术

光敏树脂液相固化成形是采用立体雕刻(Stereolithography)原理的一种工艺，又称光固化立体造型或立体光刻，简称 SLA。它由 Charles Hul 发明并于 1984 年获美国专利，是 1988 年美国 3D 系统公司推出商品化的世界上第一台快速原型成形机，也是最早出现的、技术最成熟和应用最广泛的快速原型技术。SLA 系列成形机已占据着 RP 设备市场较大的份额。

1. 光敏树脂液相固化成形原理

SLA 工艺是基于液态光敏树脂的光聚合原理工作的。这种液态材料在一定波长($\lambda = 325nm$)和功率($P = 30mW$)的紫外激光的照射下能迅速发生光聚合反应，相对分子质量急剧增大，材料也就从液态转变成固态，SLA 加工工艺如图 10－5 所示。

SLA 加工设备如图 10－6 所示。在树脂液槽中盛满液态光敏树脂，它在紫外激光束的照射下会快速固化。成型过程开始时，可升降的工作台处于液面下一个截面层厚的高度，聚焦后的激光束，在计算机的控制下，按照截面轮廓的要求，沿液面进行扫描，使被扫描区域的树脂固化，从而得到该截面轮廓的塑料薄片。然后，工作台下降一层薄片的高度，以固化的塑料薄片就被一层新的液态树脂所覆盖，以便进行第二层激光扫描固化，新固化的一层牢固的粘结在前一层上，如此重复不已，直至整个产品成型完毕。最后升降台升出液体树脂表面，即可取出工件，进行清洗和表面光洁处理。

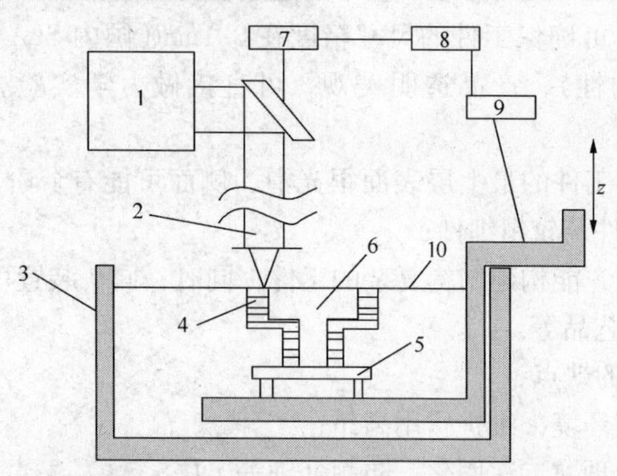

图 10－5　光敏树脂液相固化成形原理示意图

1—紫外激光器；2—X、Y 方向光束扫描镜；3—容器；
4—光敏树脂；5—工作台；6—成型零件；7—驱动器；
8—CAD/CAM 系统；9—升降台；10—液面

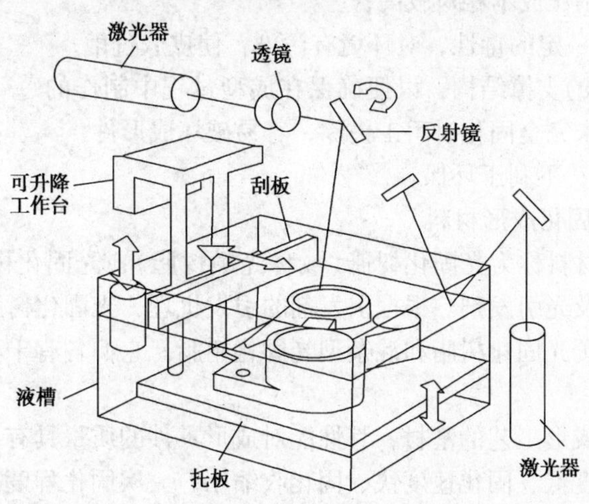

图 10－6　光敏树脂液相固化成形设备图

SLA 成形工艺过程总体包括图 10－7 表达的 4 个过程。

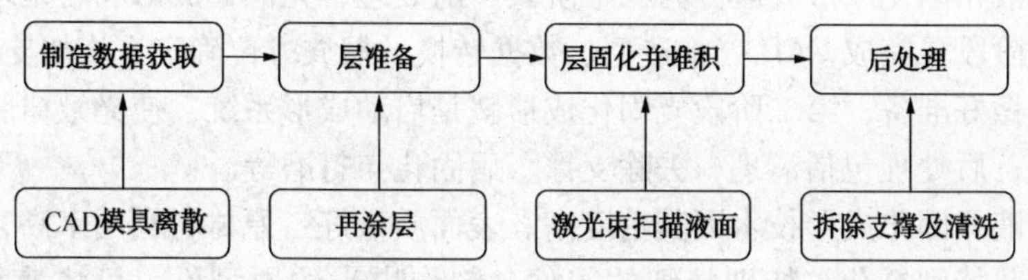

图 10－7　SLA 成形工艺流程图

2. 光敏树脂液相固化成形特点

SLA 方法是目前快速成形技术领域中研究得最多的方法，也是技术上最为成熟的方法。

SLA 快速成形技术的优点：

① 成形速度较快，不需切削用具与机床，无需更换工具，原材料利用率高；

② 系统工作相对稳定，无需看管，整个构建过程自动运行，直至成型全部结束；

③ 尺寸精度较高，可确保工件的尺寸精度在 0.1mm（国内 SLA 精度在 0.1～0.3mm 之间，且存在一定的波动性），产品透明美观，可直接做力学实验。耗时少，节省时间与成本；

④ 表面质量较好，工件的最上层表面很光滑，侧面可能有台阶不平及不同层面间的曲面不平；比较适合做小件及较精细件；

⑤ 系统分辨率较高，能构建结构复杂的工件，同时，同一装置可制造不同模型与器具，如：复杂的空心件、工艺品等。

SLA 快速成形技术的缺点：

① 需要专门实验室环境，维护费用高昂；

② 成型件需要后处理、二次固化、防潮处理等工序；

③ 光敏树脂固化后较脆，易断裂，可加工性不好；工作温度不能超过 100℃，成形件易吸湿膨胀，抗腐蚀能力不强；

④ 氦－镉激光管的寿命有限，仅 3000h，价格昂贵，同时需对整个截面进行扫描固化，成形时间较长，因此制作成本相对较高；

⑤ 且光敏树脂有一定的毒性，对环境有污染，使皮肤过敏；

⑥ 需要设计工件的支撑结构，以便确保在成型过程中制作的每一个结构部位都能可靠定位，支撑结构需在未完全固化时手工去除，容易破坏成形件；

⑦ 产品不能溶解，不利于环保。

3. 光敏树脂液相固化成形材料

SLA 工艺的成形材料称为光固化树脂（或称光敏树脂），光固化树脂材料中主要包括齐聚物、反应性稀释剂及光引发剂。根据引发剂的引发机理，光固化树脂可以分为三类：自由基光固化树脂、阳离子光固化树脂和混杂型光固化树脂。它们各有千秋，目前的趋势是使用混杂型光固化树脂。

光敏树脂是立体成形工艺的基材，其性能对成形零件的质量具有决定性影响。一般光敏性树脂应该具有：黏度低、固化速度快、固化收缩小、一次固化程度高、湿态强度高、溶胀小、毒性小的特性。

4. 光敏树脂液相固化成形的工艺与应用

光敏树脂液相固化成形一般分为三个阶段：前处理、光固化成形和后处理。

在前处理阶段要完成 CAD 三维造型、数据转换、摆放方位确定、施加支撑与切片分层，为下一步工作做好准备；第二阶段光固化成形就是启动成形系统，使光敏树脂达到预设温度进行快速成形；后处理包括清理、去除支撑、后固化与打磨等。

光敏树脂液相固化成形技术因其精度高、表面质量好、原材料利用率高，应用于各行各业，能制造形状特别复杂、特别精细的零件；制作出来的原型件，可快速翻制各种模具，如：陶瓷模、合金模、电铸模、环氧树脂模等，广泛应用于航空、汽车、电器、医疗领域。

尤其适合比较复杂的中小型零件的制作；可以直接制作各类树脂功能件、塑料产品，适用于概念模型的原型制作，或用来做装配检验和工艺规划。它还能代替腊模制作浇铸模具，以及作为金属喷涂模、环氧树脂模和其他软模的母模，还可制造具有透明效果的元件，是目前较为成熟的快速成形工艺。

（二）选择性激光粉末烧结成形技术

选择性激光粉末烧结成形(Selected Laser Sintering，简称 SLS)工艺又称为选区激光烧结，由美国德克萨斯大学奥斯汀分校的 C. R. Dechard 于 1989 年研制成功。该方法已被美国 DTM 公司商品化。它采用二氧化碳激光器对粉末材料(塑料粉、陶瓷与粘结剂的混合粉、金属与粘结剂的混合粉等)进行选择性烧结，是一种由离散点一层层堆积成三维实体的工艺方法。

1. 选择性激光粉末烧结成形原理

粉末材料选择性烧结采用 CO_2 激光器对粉末材料(塑料粉、陶瓷与粘结剂的混合粉、金属与粘结剂的混合粉等)进行选择性烧结，是一种由离散点一层层堆积成三维实体的工艺方法。

如图 10－8 所示，此法采用激光器作能源，激光束在计算机控制下按照零件分层轮廓有选择性地进行烧结。

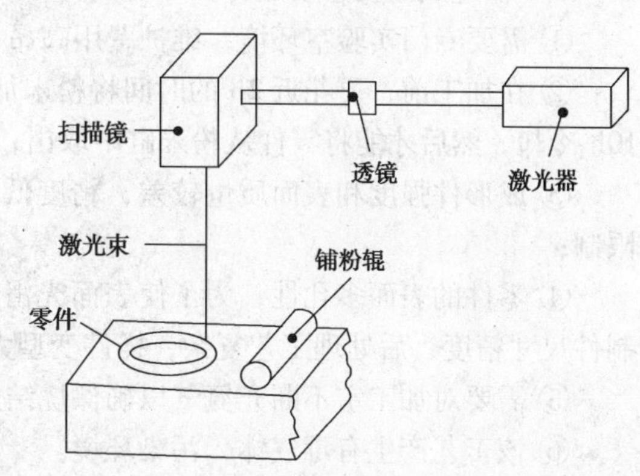

图 10－8　选择性激光粉末烧结成形技术原理图

在开始加工之前，先将充有氮气的工作室升温，并保持在粉末的熔点以下。成型时，送料筒上升，铺粉滚筒移动，先在工作平台上均匀铺上一层很薄(0.1～0.2mm)的粉末，目前使用的造型材料多为各种粉末材料。然后激光束在计算机控制下按照截面轮廓对实心部分所在的粉末进行烧结，使粉末溶化继而形成一层固体轮廓。第一层烧结完成后，工作台下降一截面层的高度，在铺上一层粉末，进行下一层烧结，如此循环，形成三维的原型零件。最后经过 5～10h 冷却，即可从粉末缸中取出零件，再进行打磨、烘干等处理便获得产品。

2. 选择性激光粉末烧结成形特点和成形材料

SLS 工艺的特点是材料适应面广，尤其适合成型中小件，不仅能制造塑料零件，还能直接得到塑料、陶瓷、石蜡等零件，零件的翘曲变形比液态光敏树脂选择性固化工艺要小，这使 SLS 工艺颇具吸引力，但这种工艺仍需对整个截面进行扫描和烧结，加上工作室需要升温和冷却，成形时间较长。此外，由于受到粉末颗粒大小及激光点的限制，零件的表面一般呈多孔性。在烧结陶瓷、金属与粘结剂的混合粉并得到原型零件后，须将它置于加热炉中，烧掉其中的粘结剂，并在孔隙中渗入填充物，其后处理复杂。

粉末材料选择性烧结快速原型工艺可以直接制造金属零件，适合于产品设计的可视化表现和制作功能测试零件。由于它可采用各种不同成分的金属粉末进行烧结、进行渗铜等后处理，因而其制成的产品可具有与金属零件相近的机械性能，故可用于制作 EDM 电极、直接制造金属模以及进行小批量零件生产。

SLS 工艺另一特点是无需加支撑，因为没有被烧结的粉末起到了支撑的作用，因此可以烧结制造空心、多层镂空的复杂零件。

综上所述，SLS 快速成形技术的优点：

① 与其他工艺相比，能生产较硬的模具，有直接金属型的概念；

② 可以采用多种原料，包括类工程塑料、蜡、金属、陶瓷等；

③ 零件的构建时间较短；

④ 无需设计和构造支撑，未烧结的粉末对工件的悬臂或薄壁等具有支撑作用；

⑤ 材料利用率高，由于无需支撑，不需要基底，也不会出现废料，材料利用率几乎达 100%，粉末价格低廉。

SLS 快速成形技术缺点：

① 需要专门实验室环境，维护费用高昂；

② 在加工前，要花近 2h 的时间将粉末加热到熔点以下，当零件构建之后，还要花 5 ~ 10h 冷却，然后才能将零件从粉末缸中取出；

③ 成形件强度和表面质量较差，精度低。表面的粗糙度受粉末颗粒大小及激光光斑的限制；

④ 零件的表面多孔性，为了使表面光滑必须进行渗蜡等后处理。在后处理中难于保证制件尺寸精度，后处理工艺复杂，样件变型大，无法装配；

⑤ 需要对加工室不断充氮气以确保烧结过程的安全性，加工的成本高；

⑥ 该工艺产生有毒气体，污染环境。

SLS 烧结成形用的材料，早期采用蜡粉及高分子塑料粉，用金属或陶瓷粉进行黏接或烧结的工艺也已达到实用阶段，任何受热后能粘结的粉末都有被用作 SLS 原材料的可能性，原则上这包括了塑料、陶瓷、金属粉末及它们的复合粉。

3. 选择性激光粉末烧结成形技术的应用

（1）直接制作快速模具

SLS 工艺可以选择不同的材料粉末制造不同用途的模具，如烧结金属模具和陶瓷模具，用作注塑、压铸、挤塑等塑料成形模具及钣金成形模具。

（2）复杂金属零件的快速无模铸造

将 SLS 激光快速成形技术与精密铸造工艺结合起来，特别适合具有复杂形状的金属功能零件的整体制造。在新产品试制和零件单件生产中，不需要复杂工装和模具，可大大提高制造速度，并降低成本。

（3）内燃机进气管模型

采用 SLS 工艺快速制造内燃机进气管模型，可以直接与相关零部件安装，进行功能验证，快速检测内燃机的运行效果，以评价设计的优劣，然后进行针对性的改进，以达到内燃机进气管产品的设计要求。

（三）薄片分层叠加成形

薄片分层叠加成形（Laminated Object Manufacturing，简称 LOM）工艺又称叠层实体制造或分层实体制造，由美国 Helisys 公司于 1986 年研制成功，并推出商品化的机器。因为常用纸作原料，故又称纸片叠层法。

1. 薄片分层叠加成形工艺原理

LOM 工艺采用薄片材料，如纸、塑料薄膜等作为成形材料，片材表面事先涂覆上一层热熔胶。加工时，用 CO：激光器(或刀)在计算机控制下按照 CAD 分层模型轨迹切割片材，然后通过热压辊热压，使当前层与下面已成形的工件层粘接，从而堆积成形(图 10 - 9)。

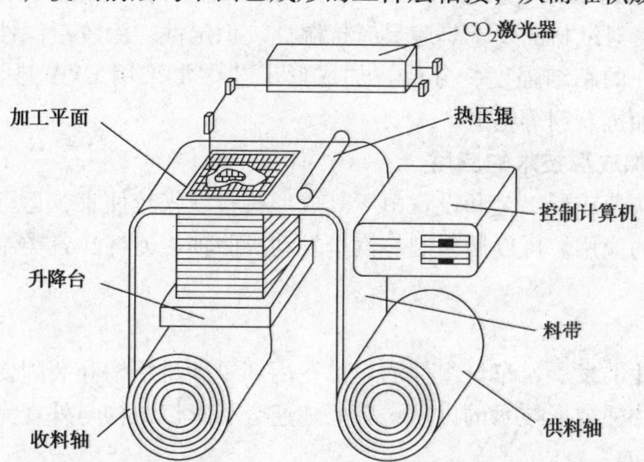

图 10 - 9 LOM 工艺原理图

采用激光或刀具对片材进行切割。首先切割出工艺边框和原型的边缘轮廓线，而后将不属于原型的材料切割成网格状。片材表面事先涂覆上一层热熔胶。通过升降平台的移动和箔材的送给，并利用热压辊辗压将后铺的箔材与先前的层片黏接在一起，再切割出新的层片。这样层层迭加后得到下一个块状物，最后将不属于原型的材料小块剥除，就获得所需的三维实体。

2. 薄片分层叠加成形技术特点和成形材料

薄片分层叠加成形技术的优点：

① 由于只需要使激光束沿着物体的轮廓进行切割，无需扫描整个断面，所以这是一个高速的快速成形工艺，常用于加工内部结构简单的大型零件及实体件；

② 零件的精度较高，工艺过程中不存在材料相变，因此不易引起翘曲变形，零件的精度较高，激光切割为 0. 1mm，刀具切割为 0. 15mm，同时，制作过程中，只有一层胶发生状态变化，引起的变形小，翘曲变形也小，种种原因使得加工精度高；

③ 无需设计和构建支撑结构，工艺简单，成型速度快；

④ 制件能承受 200℃高温(主要为纸材、塑料等)，有较好的力学性能，可进行各种切削加工；

⑤ 材料便宜、广泛，成本低，用纸制原料还有利于环保；

⑥ 设备操作方便，自动化程度高。

薄片分层叠加成形技术的缺点：

① 需要专门实验室环境，维护费用高昂；

② 可实际应用的原材料种类较少，尽管可选用若干原材料，例如纸、塑料、陶土以及合成材料，但目前常用的只是纸，其他箔材商在研制开发中；

③ 表面比较粗糙，工件表面有明显的台阶纹，成型后要进行打磨；且纸制零件很容易吸潮，必须立即进行后处理、上漆；

④ 难以构建精细形状的零件，即仅限于结构简单的零件；

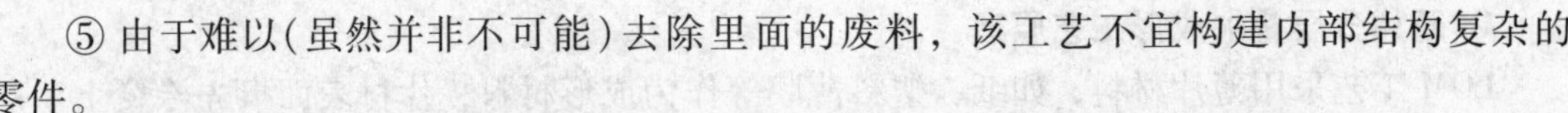

⑤ 由于难以(虽然并非不可能)去除里面的废料，该工艺不宜构建内部结构复杂的零件。

当加工室的温度过高时常有火灾发生。因此，工作过程中需要专职人员职守。

LOM 工艺的成形材料常用成卷的纸，纸的一面事先涂覆一层热熔胶，偶而也有用塑料薄膜作为成形材料。对纸材的要求是应具有抗湿性、稳定性、涂胶浸润性和抗拉强度。热熔胶应保证层与层之间的粘结强度，分层叠加成形工艺中常采用 EVA 热熔胶，它由 EVA 树脂、增黏剂、蜡类和抗氧剂等组成。

3. 薄片分层叠加成形技术的应用

薄片分层叠加快速成形工艺和设备由于其成形材料纸张较便宜，运行成本和设备投资较低，故获得了一定的应用。可以用来制作汽车发动机曲轴、连杆、各类箱体、盖板等零部件的原形样件。

(1) 汽车车灯

随着汽车制造业的发展，车灯组件的设计在内部要满足结构和装配要求，在外部要满足外观完美的要求。快速成形技术的出现，较好地迎合了车灯结构与外观完美的需求。

(2) 铸铁手柄

某些机床操作手柄为铸铁件，若采用人工方式制作砂型铸造用的木模十分费时，且精度得不到保证。随着 CAD 技术的发展，具有复杂曲面形状的手柄设计可以直接在 CAD 软件平台上完成，借助快速成形技术，尤其是薄片分层叠加成形技术，可以直接由 CAD 软件精度地快速制作出砂型铸造木模。

(3) 制鞋工业

鞋子的款式更新是保持鞋业竞争能力的重要手段，设计师首先设计鞋底和鞋跟的模型图形，从不同的角度用各种材料产生三维光照模型显示，以尽早排除不好的装饰和设计，再通过薄片分层叠加成形技术制造实物模型来最后确定设计方案。

(四) 熔丝堆积成形

丝状材料选择性熔覆(Fused Deposition Modeling，简称 FDM)快速成形工艺是一种不依靠激光作为成形能源、而将各种丝材加热溶化的成型方法。熔丝堆积成形工艺也可称为熔融沉积成形，由美国学者 Dr. Scott Crump 于 1988 年研制成功，并由美国 Stratasys 公司推出商品化的 3D Modeler 1000 和 FDM1600 等规格的系列产品。最新产品是制造大型 ABS 原型的 FDM8000、Quantum 等型号的产品。

1. 熔丝堆积成形的成形原理及工艺

FDM 成形原理是将半流体材料或线状熔融材料由喷射装置按计算机的控制指令连续挤喷到规定的区域，经过固化、冷却形成一定形状后，按计算机的控制指令，喷射器在 $X-Y$ 方向运动，连续地挤喷出原料到规定区域，随后冷却固化，为确保每层的精确高度，待原料固化后，用铣刀铣平，然后，工作台下降一个层厚高度，继续喷第二层，如此往复，直至零件加工完毕。如图 10－10、图 10－11 所示。

FDM 工艺是利用热塑性材料的热熔性、粘结性，在计算机控制下层层堆积成形。加热喷头在计算机的控制下，可根据截面轮廓的信息，作 $X-Y$ 平面运动和高度 Z 方向的运动。丝状热塑性材料(如 ABS 及 MABS 塑料丝、蜡丝、聚烯烃树脂、尼龙丝、聚酰胺丝)由供丝机构送至喷头，并在喷头中加热至熔融态，然后被选择性地涂覆在工作台上，快速冷却后形成截面轮廓。一层截面完成后，喷头上升一截面层的高度，再进行下一层的涂覆，如此循环，好像一层层"画出"截面轮廓，最终形成三维产品零件。

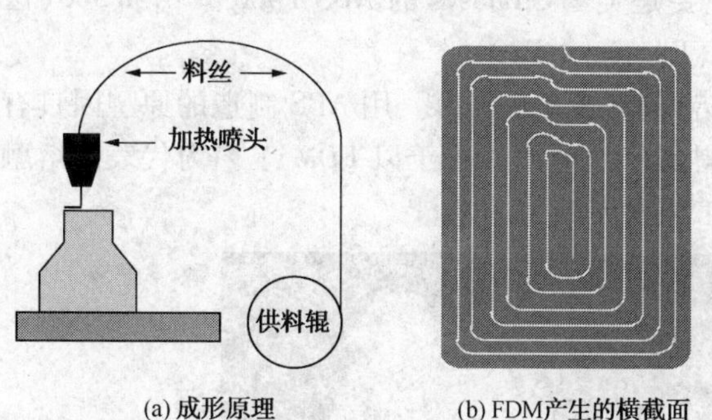

(a) 成形原理　(b) FDM产生的横截面

图 10－10　熔丝堆积成形产生的横截面

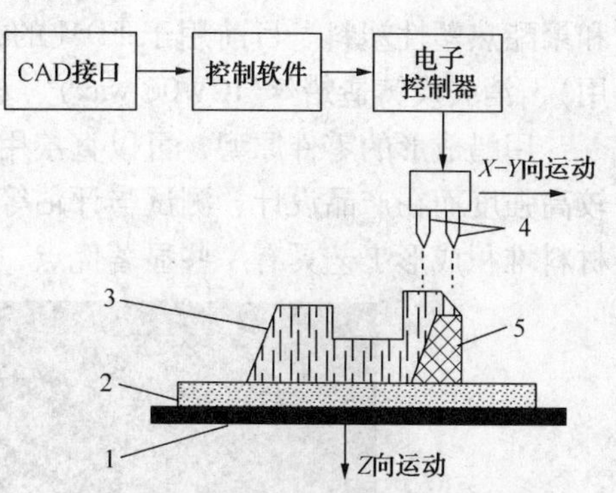

图 10－11　熔丝堆积成形原理示意图

1—工作台；2—基层材料；3—零件；4—喷射器；5—支撑体

2. 熔丝堆积成形技术的特点和成形材料

熔丝堆积成形被广泛使用，因为该工艺具有其他快速成形工艺不具备的特点。成形材料广泛——FDM 工艺的喷嘴直径一般为 0.1 ~1mm，所以，一般的热塑性材料如塑料、蜡、尼龙、橡胶等，适当改性后都可用于熔融沉积工艺；

成本低——熔融沉积造型技术用液化器代替了激光器，相比其他使用激光器的工艺方法，制作费用大大减低。使用、维护简单；

成形过程对环境无污染——FDM 工艺所用的材料一般为无毒、无味的热塑性材料，因此对周围环境不会造成污染。设备运行时噪声也很小。

综上所述，优点如下：

① 可以成形任意复杂的零件，常用于成形具有复杂内腔或内孔的零件；

② 蜡作原型可以直接用于熔模铸造；

③ 材料利用率高，原材料无毒，可在办公环境安装。无化学变化，制件变形小；

④ 系统构造和原理简单，操作方便，维护成本低，运行安全；

⑤ 无需支撑，无需化学清洗，无需分离。

缺点：

① 成形件表面有明显的条纹，质量不如 SLA 成形件好；

② 沿成形轴垂直方向的强度差；

③ 沿成形轴垂直方向的强度比较弱，需设计、制作支撑结构；

④ 对整个截面进行扫描涂覆，成形时间长，可采用多个热喷头，同时进行涂覆，以便提高成形效率；

⑤ 原材料价格高。

FDM 工艺对成形材料的要求是熔融温度低、黏度低、粘结性好、收缩率小。影响材料挤出过程的主要因素是粘度。材料的黏度低、流动性好，阻力就小，有助于材料顺利的挤出。材料的流动性差，需要很大的送丝压力才能挤出，会增加喷头的启停响应时间，从而影响成形精度。

FDM 工艺选用的材料为丝状热塑性材料，常用的有石蜡、塑料、尼龙丝等低熔点材料和低熔点金属、陶瓷等的线材或丝材。在熔丝线材方面，主要材料是 ABS、人造橡胶、铸蜡和聚酯热塑性塑料。目前用于 FDM 的材料主要是美国 Stratasys 的 ABS P400、ABSiP500（医用）、消失模铸造蜡丝（ICW06 wax）、塑胶丝（Elastomer E20）。

用蜡成形的零件原型，可以直接用于失蜡铸造（图 10－12）。用 ABS 制造的原型因具有较高强度而在产品设计、测试与评估等方面得到广泛应用。由于以 FDM 工艺为代表的熔融材料堆积成形工艺具有一些显著优点，该类工艺发展极为迅速。

图 10－12　FDM 产品

FDM 工艺常用 ABS 工程塑料丝作为成形材料，对其要求是熔融温度低（80～120℃），黏度低，粘结性好，收缩率小。影响材料挤出过程的主要因素是黏度。材料的黏度低、流动性好，阻力就小，有助于材料顺利挤出。材料的流动性差，需要很大的送丝压力才能挤出，会增加喷头的启停响应时间，从而影响成形精度。熔融温度低对 FDM 工艺的好处是多方面的。熔融温度低可以使材料在较低的温度下挤出，有利于提高喷头和整个机械系统的寿命；可以减少材料在挤出前后的温差，减少热应力，从而提高原型的精度。

这种工艺方法同样有多种材料选用，如 ABS 塑料、浇铸用蜡、人造橡胶等。这种工艺干净，易于操作，不产生垃圾，小型系统可用于办公环境，没有产生毒气和化学污染的危险。但仍需对整个截面进行扫描涂覆，成形时间长。适合于产品设计的概念建模以及产品的形状及功能测试。由于甲基丙烯酸 ABS（MABS）材料具有较好的化学稳定性，可采用伽玛射线消毒，特别适用于医用。但成型精度相对较低，不适合于制作结构过分复杂的零件。

3. 熔丝堆积成形技术的应用

FDM 快速成形制造技术已被广泛应用于汽车、机械、航空航天、家用电器、电子通信、建筑、医学、玩具等领域产品的设计开发过程，如产品的外观评估、方案选择、装配检查、功能测试、用户看样订货、塑料件开模前校验设计以及少量的产品制造等；也有应用于政府、大学及研究所等机构。用传统方法需几个星期、几个月才能制造的复杂产品原型，用 FDM 成形技术无需任何刀具和模具，短时间内就可以完成。

以下是 FDM 技术的应用实例：

① 丰田公司用于轿车右侧镜支架和 4 个门把手的母模制造，显著降低了成本，轿车右侧镜支架模具节省 20 万美元，而 4 个门把手的模具节省了 30 万美元；

② 借助 FDM 工艺制作玩具水枪模型，通过对多个零件的一体制造，减少了制件数，避免了焊接和螺纹连接，显著提高了模型制作的效率；

③ Mizuno 公司开发了一套新的高尔夫球杆，通常需要 13 个月，用 FDM 技术大大缩短了这个过程，可以迅速得到反馈意见并进行修改，加快了造型阶段的设计验证；

④ 韩国现代汽车公司将 FDM 应用于检验设计、空气动力学评估和功能测试，并在起亚 Spectra 车型的设计上得到成功应用。

由于快速成形技术的特点，它一经出现即得到了广泛应用。目前已广泛应用于航空航天、汽车、机械、电子、电器、医学、建筑、玩具、工艺品等许多领域，取得了很大成果。

三、快速成形技术的应用

(1) 医学

熔融挤压快速成形在医学上具有极大的应用前景。

(2) 试验分析模型

快速成形技术还可以应用在计算分析与试验模型上。例如，对有限元分析的结果可以做出实物模型，从而帮助了解分析对象的实际变形情况。

(3) 建筑行业

模型设计和制造是建筑设计中必不可少的环节，采用 RP 技术可快速准确地将模型制造出来。

(4) 工程上的应用

① 产品设计评估与校审；

② 产品工程功能试验；

③ 与客户或订购商的交流手段；

④ 快速模具制造；

⑤ 快速直接制造。

四、快速成形技术的实例任务

任务导入

图 10－13 所示一宝塔工艺品，本身材料特殊，强度不高，需要外表精美、光滑，传统加工不容易实现，采用快速成型加工，可以提高成形速度，缩短产品试制周期，提高生产率。

图 10－13 工艺品示件

任务分析、准备

该件结构复杂，强度要求不高，可考虑选用选择性激光粉末烧结成形工艺。

任务实施

按照分析的工艺流程进行：

CAD 三维造型——施加支撑——分层切片——激光烧结成形——清洗——RP 原型件。

任务检测

加工完毕，检验工件是否符合要求。

知识巩固

思考题

1. 说明RP技术的概念与主要思想。
2. 简述物体成形方法。
3. 举例说明快速成形技术的特点与分类。
4. 简述光敏树脂液相固化成形技术的原理与特点。
5. 简述选择性激光粉末烧结成形技术的原理与特点。
6. 简述薄片分层叠加成形的原理与特点。
7. 简述熔丝堆积成形的原理与特点。
8. 说明四种快速成形方法的应用。

模块十一　其他特种加工基本知识

知识要点

- 其他特种加工技术的概念、原理、特点
- 其他特种加工技术常用种类与应用

技能要点

- 以此作为其他特种加工技术操作的理论基础

学习要求

- 掌握其他特种加工技术概念、原理、特点和应用
- 初步掌握其他特种加工技术工艺

知识链接

一、化学加工

化学加工(Chemical Machining，简称 CHM)是利用酸、碱、盐等化学溶液对金属产生化学反应，使金属腐蚀溶解，改变工件尺寸和形状(以至表面性能)的一种加工方法。

化学加工的应用形式很多，但属于成形加工的主要有化学铣切(化学蚀刻)和光化学腐蚀加工法。属于表面加工的有化学抛光和化学镀膜等。

(一) 化学铣切加工

1. 化学铣切加工的原理

化学铣切(Chemical Milling，也简称 CHM)，实质上是较大面积和较深尺寸的化学蚀刻(Chemical Etching)，它的原理如图 11－1 所示。先把工件非加工表面用耐腐蚀性涂层保护起来，需要加工的表面露出来，浸入到化学溶液中进行腐蚀，使金属按特定的部位溶解去除，达到加工目的。金属的溶解作用，不仅在垂直于工件表面的深度方向进行，而且在保护层下面的侧向也进行溶解，并呈圆弧状，称之为“钻蚀”，如图 11－1 中的 M、N 处，溶解速度与工件材料的种类及溶液成分有关。

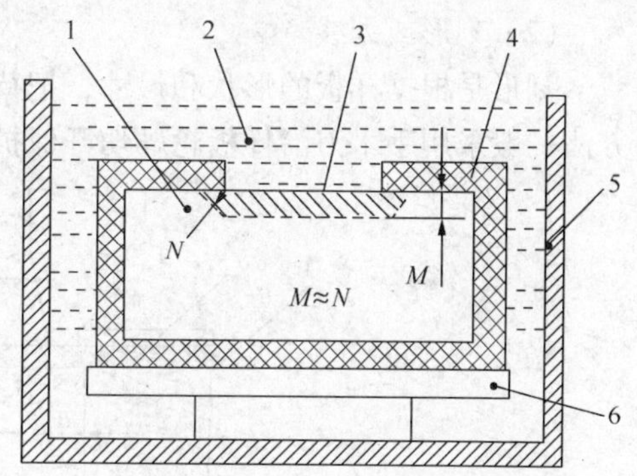

图 11－1　化学铣切加工原理示意图
1—工件材料；2—化学溶液；3—化学腐蚀部分；4—保护层；5—溶液箱；6—工作台

2. 化学铣切加工的特点

化学铣切的优点：

① 可加工任何难切削的金属材料，而不受任何硬度和强度的限制，如铝合金、钼合金、

钛合金、镁合金、不锈钢等；

② 适于大面积加工，可同时加工多件；

③ 加工过程中不会产生应力、裂纹、毛刺等缺陷，表面粗糙度可达2.5～1.25μm。

④ 加工操作技术简单。

化学铣切的缺点：

① 不适宜加工窄而深的槽和型孔等；

② 原材料中缺陷和表面不平度、划痕等不易消除；

③ 腐蚀液对设备和人体有危害，也不利于环保，故需有适当的防护性措施。

3. 化学铣切的应用范围

① 主要用于较大工件的金属表面厚度减薄加工 铣切厚度一般小于13mm。如：航空和航天工业中常用于局部减重(减轻火箭、飞船舱体结构件的重量)，同时，亦适用于大面积或不利于机械加工的薄壁形整体壁板的加工。

② 常应用在厚度小于1.5mm的薄壁零件上加工复杂型孔。

4. 化学铣切加工的工艺过程

化学铣切的工艺步骤是表面预处理、涂保护层、固化、刻形、化学腐蚀，最后清洗和去掉保护层。

(1) 涂保护层

涂保护层之前，必须清除工件表面的油污、氧化膜等，再在相应的腐蚀液中进行预腐蚀。在某些情况下还需先进行喷砂处理，使表面形成一定的粗糙度，以保证涂层与金属表面粘结牢固。

保护层必须具有良好的耐酸、碱性能，并保证在化学蚀刻过程中粘结力不下降。

常用的保护层有氯丁橡胶、丁基橡肢、丁苯橡胶等耐蚀涂料。涂覆的方法有刷涂、喷涂、浸涂等。涂层要求均匀，不允许有杂质和气泡。涂层厚度一般控制在0.2mm左右。涂后需经一定时间并在适当温度下加以固化。

(2) 刻形或划线

刻形是根据样板的形状和尺寸，把待加工表面的涂层去掉，以便进行腐蚀加工。刻形的方法一般采用手术刀沿样板轮廓切开保护层，再把不要的部分剥掉，如图11－2所示。

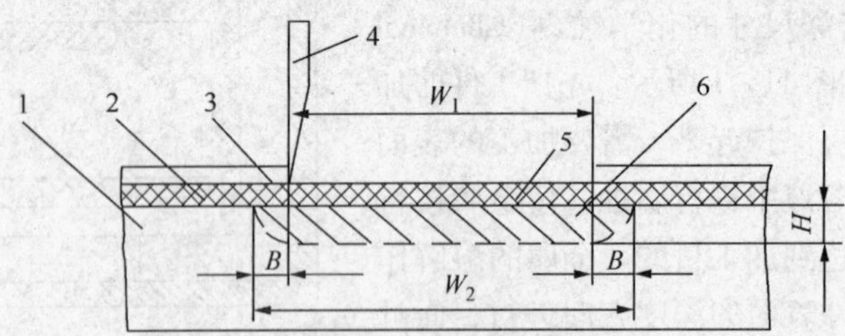

图11－2 刻线示意图

1—工件材料；2—保护层；3—刻形样板；4—刻形刀；
5—应切除的保护层；6—蚀除部分

(二) 光刻加工

光刻加工是将光学照相制版和化学腐蚀相结合的一种精密微细加工技术。它与化学蚀刻的主要区别是不靠样板人工刻形、划线，而是用照相感光来确定工件表面要蚀除的图形、线条，因此可以加工出非常精细的文字图案，目前已在工艺美术、机制工业和电子工业中获得应用。

1. 光刻加工的原理

光刻是利用光致抗蚀剂的光化学反应特点，将掩膜版上的图形精确地印制在涂有光致抗蚀剂的衬底表面，再利用光致抗蚀剂的耐腐蚀特性，对衬底表面进行腐蚀，获得极为复杂的精细图形。光刻的精度高，其尺寸精度可达到0.01～0.005mm，是半导体器件和集成电路制造中的关键工艺之一。特别是对大规模集成电路、超大规模集成电路的制造和发展，起到了极大的推动作用。

利用光刻原理还可制造一些精密产品的零部件，如刻线尺、刻度盘、光栅、细孔金属网板、电路布线板、晶闸管元件等。

2. 光刻加工的工艺与应用

光刻加工的主要工艺过程如图11－3所示。其中主要有：制备、曝光、显影、腐蚀、去胶等。

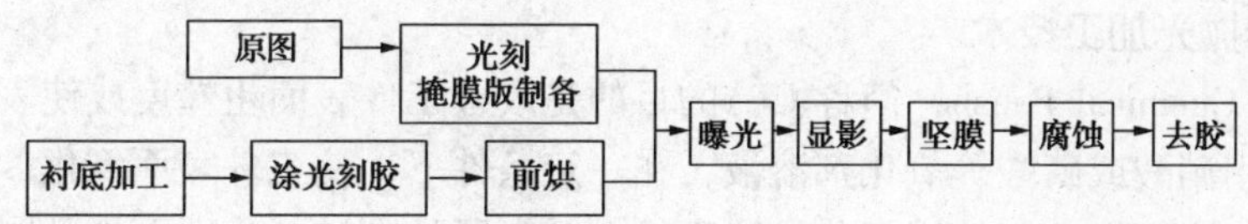

图11－3　光刻加工工艺过程

图11－4为半导体光刻工艺过程示意图，结合此图，工艺大致如下：

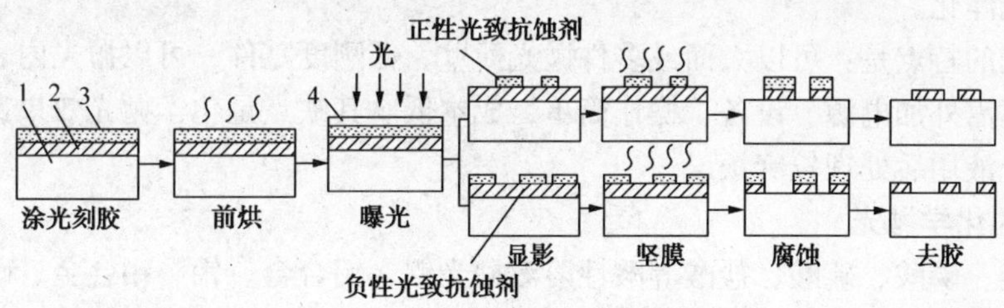

图11－4　半导体光刻工艺过程示意图

（1）原图和掩膜版的制备

① 原图制备　首先在透明或半透明的聚酯基板上，涂覆一层醋酸乙烯树脂系的红色可剥性薄膜，然后把所需的图形按一定比例放大几倍至几百倍，用绘图机绘图刻制可剥性薄膜，把不需要部分的薄膜剥掉，而制成原图。

② 掩膜版制备　在半导体集成电路的光刻中，为了获得精确的掩膜版，需要先利用初缩照相机把原图缩小制成初缩版，然后采用分步重复照相机将初缩精缩，使图形进一步缩小，从而获得尺寸精确的照相底版。再把照相底版用接触复印法，将图形印制到涂有光刻胶的高纯度铬薄膜板上，经过腐蚀，即获得金属薄膜图形掩膜版。

（2）涂覆光致抗蚀剂

光致抗蚀剂是光刻工艺的基础。它是一种对光敏感的高分子溶液。根据其光化学特点，可分为正性和负性两类。凡能用显影液把感光部分溶除，而得到和掩膜版上挡光图形相同的抗蚀涂层的一类光致抗蚀剂，称为正性光致抗蚀剂，反之则为负性光致抗蚀剂。

在半导体工业中常用的光致抗蚀剂有：聚乙烯醇一肉桂酸脂系（负性）、双迭氮系（负性）和酯一二迭氮系（正性）等。

(3) 曝光

曝光光源的波长应与光刻胶感光范围相适应，一般采用紫外光，曝光方式常用接触式曝法，即将掩膜版与涂有光致抗蚀剂的衬底表面紧密接触而进行曝光。另一种曝光方式是采用光学投影曝光，此时掩膜版不与衬底表面直接接触。

随着电子工业的发展，对精度要求更高的精细图形进行光刻时，其最细的线条宽度要求到1μm以下，紫外光已不能满足要求，需采用电子束、离子束或X射线等曝光新技术。

(4) 腐蚀

不同的光刻材料，需采用不同的腐蚀液。腐蚀的方法有多种，如化学腐蚀、电解腐蚀、离子腐蚀等，其中常用的是化学腐蚀法。即采用化学溶液对带有光致抗蚀剂层的衬底表面进行腐蚀。

(5) 去胶

为去除腐蚀后残留在衬底表面的抗蚀胶膜，可采用氧化去胶法，即使用强氧化剂(如硫酸-过氧化氢混合液等)，将胶膜氧化破坏而去除，也可采用丙酮、甲苯等有机溶剂去胶。

(三) 化学抛光加工技术

化学抛光(Chemical Polish，简称CP)的目的是改善工件表面粗糙度或使表面平滑化和光泽化。一般是用硝酸或磷酸等氧化剂溶液，在一定条件下，使工件表面氧化，此氧化层又能逐渐溶入溶液，表面微凸起处被氧化较快而较多，微凹处则被氧化慢而少。同样凸起处的氧化层又比凹处更多、更快地扩散、溶解于酸性溶液中，因此使加工表面逐渐被整平，达到表面平滑化和光泽化。

化学抛光的特点是：可以大面或多件抛光薄壁、低刚度零件，可以抛光内表面和形状复杂的零件，不需外加电源、设备，操作简单，成本低。其缺点是化学抛光效果比电解抛光效果差，且抛光液用后处理较麻烦。

1. 金属的化学抛光

常用硝酸、磷酸、硫酸、盐酸等酸性溶液抛光铝、铝合金、钼、钼合金、碳钢及不锈钢等。有时还加入明胶或甘油之类的添加剂。抛光时必须严格控制溶液温度和时间。温度从室温到90℃，时间自数秒到数分钟，要根据材料、溶液成分经试验后才能确定最佳值。

2. 半导体材料的化学抛光

如锗和硅等半导体基片在机械研磨平整后，还要最终用化学抛光去除表面杂质和变质层。常用氢氟酸和硝酸、硫酸的混合溶液或双氧水和氢氧化铵的水溶液。

(四) 化学镀膜技术

化学镀膜的目的是在金属或非金属表面镀上一层金属，起装饰、防腐蚀或导电等作用。

其原理是：在含金属盐溶液的镀液中加入一种化学还原剂，将镀液中的金属离子还原后沉积在被镀零件表面。

其特点是：有很好的均镀能力，镀层厚度均匀，这对大表面和精密复杂零件很重要；被镀工件可为任何材料，包括非导体如玻璃、陶瓷、塑料等；不需电源，设备简单；镀液一般可连续、再生使用。

化学镀膜的工艺要点及应用：

化学镀铜主要用硫酸铜，镀镍主要用氯化镍，镀铬用溴化铬，镀钴用氯化钴溶液，以次磷酸钠或次硫酸钠作为还原剂，也有选用酒石酸钾钠或葡萄糖等为还原剂的。对特定的金属，需选用特定的还原剂。镀液成分、质量分数、温度和时间都对镀层质量有很大影响。镀前还应对工件表面脱脂、去锈等净化处理。

二、等离子体加工

(一) 等离子体加工原理与工艺

等离子体加工又称等离子弧加工(Plasma Arc Machining，简称 PAM)，是利用电弧放电使气体电离成过热的等离子气体流束，靠局部熔化及气化来去除材料的。

等离子体由气体原子或分子在高温下获得能量电离之后，离解成带正电荷的离子和带负电荷的自由电子所组成，整体的正负电荷数值相等，故称为等离子体。它被认为是物质存在的第四种状态，物质存在的通常三种状态是气、液、固三态。等离子体是高温电离的气体。

图 11－5 为等离子体加工原理示意图。该装置由直流电源供电，钨电极 5 接阴极，工件 9 接阳极。利用高频振荡或瞬时短路引弧的方法，使钨电极与工件之间形成电弧。电弧的温度很高，使工质气体的原子或分子在高温中获得很高的能量。其电子冲破了带正电的原子核的束缚，成为自由的负电子，而原来呈中性的原子失去电子后成为正离子。这种电离化的气体，正负电荷的数量仍然相等，从整体看呈电中性，称之为等离子体电弧。在电弧外围不断送入工质气体，回旋的工质气流还形成与电弧柱相应的气体鞘，压缩电弧，使其电流密度和温度大大提高。采用的工质气体有氮、氩、氦、氢或是这些气体的混合。

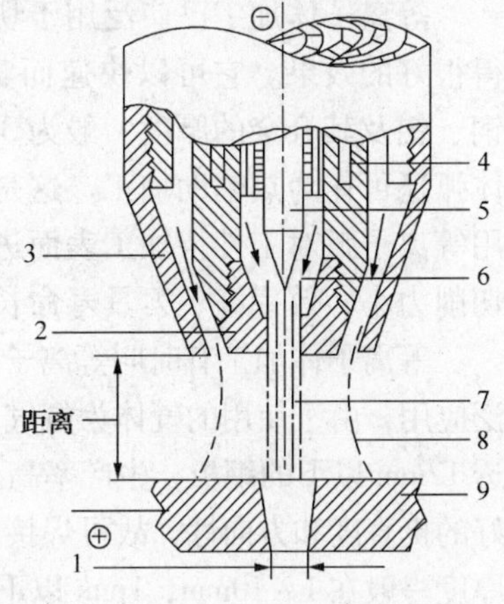

图 11－5　等离子体加工原理示意图

1—切缝；2—喷嘴；3—保护罩；4—冷却水；5—钨电极；6—工质气体；7—等离子体电弧；8—保护气体屏；9—工件

等离子体具有极高的能量密度，这是由下列三种效应造成的。

(1) 机械压缩效应

电弧在被迫通过喷嘴通道喷出时，通道对电弧产生机械压缩作用，而喷嘴通道的直径和长度对机械压缩效应的影响很大。

(2) 热收缩效应

喷嘴内部通入冷却水，使喷嘴内壁受到冷却，温度降低，因而靠近内壁的气体电离度急剧下降，导电性差，电弧中心导电性好，电离度高，电弧电流被迫在电弧中心高温区通过，使电弧的有效截面缩小，电流密度大大增加。这种因冷却而形成的电弧截面缩小作用，就是热收缩效应，一般高速等离子气体流量越大，压力越大，冷却愈充分，则热收缩效应愈强烈。

(3) 磁收缩效应

由于电弧电流周围磁场的作用，迫使电弧产生强烈的收缩作用，使电弧变得更细，电弧区中心电流密度更大，电弧更稳定而不扩散。

由于上述三种压缩效应的综合作用，使等离子体的能量高度集中，电流密度、等离子体电弧的温度都很高，可达 11000～28000℃，气体的电离度也随着剧增，并以极高的速度(约 800～2000m/s，比声速还高)从喷嘴喷出，具有很大的动能和冲击力，当达到金属表面时，可以释放出大量的热能，加热和熔化金属，并将熔化了的金属材料吹除。

等离子体加工有时叫做等离子体电弧加工或等离子体电弧切割。也可以把图9-12中的喷嘴接直流电源的阳极，钨电极接阴极，使阴极钨电极和阳极喷嘴的内壁之间发生电弧放电，吹入的工质气体受电弧作用加热膨胀，从喷嘴喷出形成射流，称为等离子体射流，使放在喷嘴前面的材料充分加热。由于等离子体电弧对材料直接加热，因而比用等离子体射流对材料的加热效果好得多。因此，等离子体射流主要用于各种材料的喷镀及热处理等方面；等离子体电弧则用于金属材料的加工、切割以及焊接等。

等离子弧不但具有温度高、能量密度大的优点，而且焰流可以控制。适当地调节功率大小、气体类型、气体流量、进给速度和火焰角度，以及喷射距离等，可以利用一个电极加工不同厚度和多种材料。

（二）等离子体加工的应用

等离子体加工已广泛用于切割各种金属材料，特别是不锈钢、铜、铝的成形切割，已获得很好的效果。它可以快速而整齐地切割软钢、合金钢、钛、铸铁、钨、钼等。切割不锈钢、铝及其合金的厚度一般为3~100mm；等离子体还用于金属的穿孔加工。此外，等离子体弧还可作为热辅助加工。这是一种机械切削和等离子弧的复合加工方法，在切削过程中，用等离子弧对工件待加工表面进行加热，使工件材料变软，强度降低，从而使切削加工具有切削力小、效率高、刀具寿命长等优点，已用于车削、开槽、刨削等。

等离子体加工有时叫等离子体电弧加工或等离子体电弧焊接，说明其在焊接领域已得到广泛应用，由于使用的气体为氩气，能量集中，弧柱温度高，热影响区小，可以不开坡口一次焊透12mm以下的钢板，生产率高；另外能保证电流小到0.1A时，电弧仍能稳定燃烧，保持良好的挺直度和方向性，故可焊接箔材和薄板。用直流电源可以焊接不锈钢和各种合金钢，焊接厚度一般在1~10mm，1mm以下的金属材料用微束等离子弧焊接。近代又发展了交流及脉冲等离子体弧焊铝及其合金的新技术。等离子体弧还用于各种合金钢的熔炼，熔炼速度快，质量好。但是，因其设备复杂，且需大量的氩气，主要适于焊接难熔金属和易氧化金属。

等离子体表面加工技术近年来有了很大的发展。日本近年试制成功一种很容易加工的超塑性高速钢，就是采用这一技术实现的；采用等离子体对钢材进行预热处理和再结晶处理，使钢材内部形成微细化的金属结晶微粒。结晶微粒之间联系韧性很好，所以具有超塑性能，加工时不易碎裂。

采用等离子体表面加工技术，还可以提高某些金属材料的硬度，例如使钢板表面氮化，可大大提高钢材的硬度。在氧等离子体中，采用微波放电，可使硅、铝等进行氧化，制得超高纯度的氧化硅和氧化铝。采用无线电波放电，在氮等离子体中，对钛、锆、铌等金属进行氮化，可制得氮化钛、氮化锆、氮化铌等化合物。由直流辉光放电发生的氩等离子体，使四氯化钛、氢气与甲烷发生反应，可在金属表面生成碳化钛，大大提高了材料的强度和耐磨性能。

等离子体还用于人造器官的表面加工：采用氨和氢、氮等离子体，对人造心脏表面进行加工，使其表面生成一种氨基酸，这样，人造心脏就不受人体组织排斥和血液排斥，使人造心脏植入手术更易获得成功。

等离子体加工时，会产生噪声、烟雾和强光，故其工作地点要求对此进行控制和防护。常采用的方法就是采用高速流动的水屏，即高速流动的水通过一个围绕在切削头上的环喷出，这样就形成了一个水的屏幕或防护罩，从而大大减少了等离子体加工过程中产生的光、烟和噪声的不良影响。在水中加入染料，可以降低电弧的照射强度。

三、磨料流加工

磨料流加工(Abrasive Flow Machining，简称 AFM)在我国又称挤压珩磨，是 20 世纪 70 年代发展起来的一项表面光整加工技术，最初主要用于去除零件内部通道或隐蔽部分的毛刺而显示出优越性，随后扩大应用到零件表面的抛光。

(一) 磨料流加工基本原理

磨料流加工(挤压珩磨)是利用一种含磨料的半流动状态的粘弹性磨料介质，在一定压力下强迫在被加工表面上流过，由磨料颗粒的刮削作用去除工件表面微观不平材料的工艺方法。

图 11-6 为其加工过程的示意图。工件安装并被压紧在夹具中，夹具与上、下磨料室相连，磨料室内充以黏弹性磨料，由活塞在往复运动过程中通过黏弹性磨料对所有表面施加压力，使黏弹性磨料在一定压力作用下反复在工件待加工表面上滑移通过，类似用砂布均匀地压在工件上慢速移动那样，从而达到表面抛光或去毛刺的目的。当下活塞对黏弹性磨料施压，推动磨料自下而上运动时，上活塞在向上运动的同时，也对磨料施压，以便在工件加工面的出口方向造成一个背压。由于有背压的存在，混在黏弹性介质中的磨料才能在挤压珩磨过程中实现切削作用，否则工件加工区将会出现加工锥度及尖角倒圆等缺陷。

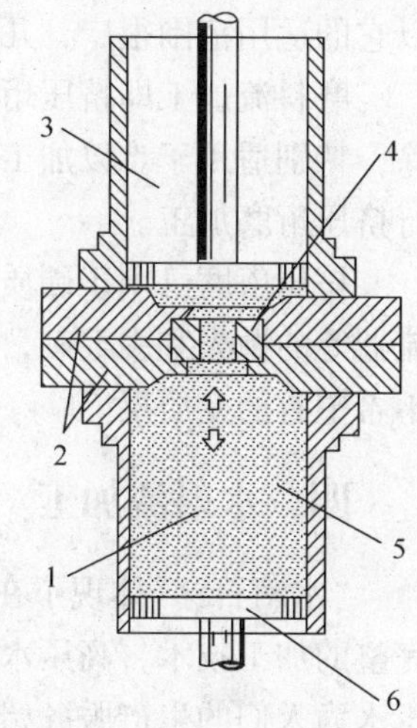

图 11-6 磨料流加工原理图

1—黏性磨料；2—夹具；3—上部磨料室；4—工件；5—下部磨料室；6—液压操纵活塞

(二) 磨料流加工的工艺

① 抛光效果加工后的表面粗糙度与原始状态和磨料粒度等有关，一般可降低到加工前表面粗糙度值的1/10，最佳的表面粗糙度可以达到R_a0.025μm的镜面。磨料流动加工可以去除在 0.025mm 深度的表面残余应力，可以去除前面工序(如电火花加工、激光加工等)形成的表面变质层和其他表面微观缺陷。

② 材料去除速度挤压珩磨的材料去除量一般为 0.01 ~0.1mm，加工时间通常为 1 ~5min，最多十几分钟即可完成，与手工作业相比，加工时间可减少 90% 以上，对一些小型零件，可以多件同时加工，效率可大大提高。对多件装夹的小零件的生产率每小时可达 1000 件。

③ 加工精度挤压珩磨是一种表面加工技术，因此它不能修正零件的形状误差。切削均匀性可以保持在被切削量的 10% 以内，因此，也不致于破坏零件原有的形状精度。由于去除量很少，可以达到较高的尺寸精度。一般尺寸精度可控制在微米的数量级。

④ 粘弹性磨料介质由一种半固体、半流动性的高分子聚合物和磨料颗粒均匀混合而成。这种高分子聚合物是磨料的载体，能与磨粒均匀粘结，而与金属工件则不发生粘附。它主要用于传递压力、携带磨粒流动以及起润滑作用。

磨料一般使用氧化铝、碳化硼、碳化硅磨料。当加工硬质合金等坚硬材料时，可以使用金刚石粉。磨料粒度范围是 84# ~600#；含量范围 10% ~60%。应根据不同的加工对象确定具体的磨料种类、粒度、含量。

碳化硅磨料主要用于去毛刺。粗磨料可获得较快的去除速度；细磨料可以获得较好的表面粗糙度，故一般抛光时都用细磨料，对微小孔的抛光应使用更细的磨料。此外，还可利用细磨料(600# ~800#)作为添加剂来调配基体介质的稠度。在实际使用中常是几种粒度的磨料混合使用，以获得较好的性能。

(三) 磨料流加工的应用

由于挤压珩磨介质是一种半流动状态的粘弹性材料，可适应各种复杂表面的抛光和去毛刺，如各种型孔、型面，像齿轮、叶轮、交叉孔、喷嘴小孔、液压部件、各种模具等等，所以它的适用范围很广，几乎能加工所有的金属材料，同时也能加工陶瓷、硬塑料等。

磨料流加工即挤压珩磨可用于边缘光整、倒圆角、去毛刺、抛光和少量的表面材料去除，特别适用于难以加工的内部通道的抛光和去毛刺，从软的铝到韧性的镍合金材料均可进行挤压珩磨加工。

挤压珩磨已用于硬质合金拉丝模、挤压模、拉深模、粉末冶金模、叶轮，齿轮、燃料旋流器等的抛光和去毛刺，还用于去除电火花加工、激光加工或渗氮处理这类热能加工产生的不希望有的变质层。

四、水射流加工

“水滴石穿”体现了在人们眼中秉性柔弱的水本身潜在的威力，然而，作为一项独立而完整的加工技术，高压水射流(wj)、磨料水射流(awj)的产生却是最近30年的事，利用高压水为人们的生产服务始于20世纪70年代左右，用来开采金矿、剥落树皮。“二战”期间，飞机运行中“雨蚀”使雷达舱破坏这一现象启发了人们思维。直到20世纪50年代，高压水射流切割的可能性才源于苏联，但第一项切割技术专利却在美国产生，即1968年由美国密苏里大学林学教授诺曼·弗兰兹博士获得。在最近十多年里，水射流(wj、awj)切割技术和设备有了长足进步，其应用遍及工业生产和人们生活各个方面。许多大学、公司和工厂竞相研究开发，新思维、新理论、新技术不断涌现，形成了一种你追我赶的势头。目前已有3000多套水射流切割设备在数十个国家几十个行业应用，尤其是在航空航天、舰船、军工、核能等高、尖、难技术上更显优势。已可切割500余种材料，其设备年增长率超过20%。

(一) 水射流切割的基本工艺与原理

水射流切割(Water Jet Cuting，简称 WJC)又称液体喷射加工(Liquid Jet Machining，简称 LJM)，是利用高压高速水流对工件的冲击作用来去除材料的，有时简称水切割，或俗称水刀，如图11-7所示。

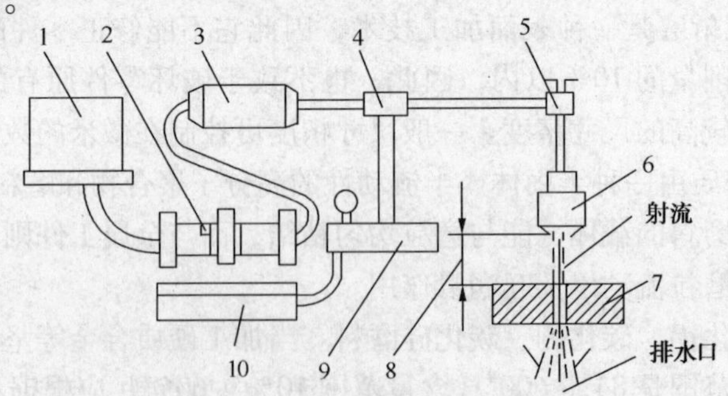

图11-7 水射流切割原理示意图

1—带有过滤器的水箱；2—水泵；3—储液蓄能器；4—控制器；5—阀；6—蓝宝石喷嘴；7—工件；8—压射距离；9—液压机构；10—增压器

采用水或带有添加剂的水，以 500～900m/s 的高速冲击工件进行加工或切割。水经水泵后通过增压器增压，储液蓄能器使脉动的液流平稳。水从孔径为 0.1～0.5mm 的人造蓝宝石喷嘴喷出，直接压射在工件加工部位上。加工深度取决于液压喷射的速度、压力以及压射距离。被水流冲刷下来的"切屑"随着液流排出，入口处束流的功率密度可达 10^6W/mm^2。

水中加入添加剂能改善切割性能和减少切割宽度。另外，喷射距离对切口斜度的影响很大，距离越小，切口斜度也越小。有时为了提高切割速度和厚度，在水中混入磨料细粉。切割过程中，"切屑"混入液体中，故不存在灰尘，不会有爆炸或火灾的危险。对某些材料，射流束中夹杂有空气将增加噪声，噪声随喷射距离的增加而增加。在液体中加入添加剂或调整到合适的前角，可以降低噪声。

水射流切割需要液压系统和专门设计的机床，每种机床的设计要符合具体加工要求。液压系统产生的压力应能达到 400MPa。液压系统包括控制器、过滤器以及耐用性好的液压密封装置。同时，加工区需要一个排水系统和储液槽。水射流切割时，作为工具的射流束不会变钝，喷嘴寿命相当长；但是，液体要经过很好的过滤，过滤后的微粒小于 0.5μm，液体经过脱矿质和去离子处理以减少对喷嘴的腐蚀。切割时的摩擦阻尼很小，夹具简单。还可配备多个喷嘴实现多路切割。目前水射流切割都已采用程序控制和数字控制系统，数控水射流加工机床，其工作台尺寸大于 1.5m×2m，移动速度大于 380mm/s。

（二）水射流切割实际应用

水射流切割可以加工很薄、很软的金属和非金属材料，例如铜、铝、铅、塑料、木材、橡胶、纸等七八十种材料和制品。水射流切割可以代替硬质合金切槽刀具，而且切边的质量很好。所加工的材料厚度少则几毫米，多则几百毫米，例如切割 19mm 厚的吸声天花板，采用的水压为 310MPa，切割速度为 76m/min。玻璃绝缘材料可加工到 125mm 厚。由于加工的切缝较窄，可节约材料和降低加工成本。

由于加工温度较低，因而可以加工木板和纸品，还能在一些化学加工的零件保护层表面上划线。

英国汽车工业中用水射流来切割石棉制动片、橡胶基地毯、复合材料板、玻璃纤维增强塑料等。航天工业用以切割高级复合材料、蜂窝状夹层板、钛合金元件和印制电路板等，可提高疲劳寿命。

（三）高压水射流简介

高压水射流是运用液体增压原理，通过特定的装置（增压口或高压泵），将动力源（电动机）的机械能转换成压力能，具有巨大压力能的水在通过小孔喷嘴（又一换能装置），再将压力能转变成动能，从而形成高速射流（wj）。因而又常叫高速水射流。

高压水射流切割是利用具有很高动能的高速射流进行的（有时又称为高速水射流加工）与激光、离子束、电子束一样是属于高能束加工范畴。高压水射流切割作为一项高新特技术在某种意义上讲是切割领域的一次革命，有着十分广阔的应用前景，随着技术的成熟及某些局限的克服，对其他切割工艺是一种完美补充。目前其用途和优势主要体现在难加工材料方面：如陶瓷、硬质合金、高速钢、模具钢、淬火钢、白口铸铁、钨钼钴合金、耐热合金、钛合金、耐蚀合金、复合材料、锻烧陶瓷、高速钢、不锈钢、高锰钢、模具钢和马氏体钢、高硅铸铁、可锻铸铁等一般工程材料。

高压水射流除切割外，稍降低压力或增大靶距和流量还可以用于清洗、破碎、表面毛化和强化处理。在美国，几乎所有的汽车和飞机制造厂都有应用。目前已在以下行业获得成功应用：汽车制造与修理、航空航天、机械加工、国防、军工、兵器、电子电力、石油、采矿、轻工、建筑建材、核工业、化工、船舶、食品、医疗、林业、农业、市政工程等方面。

思考题

1. 何谓光刻加工？有什么优点？
2. 化学加工常见的种类是哪些？如何应用？
3. 什么是等离子体加工？通常通过哪三个效应来实现？
4. 磨料流加工在模具加工中有什么应用？
5. 什么是“水刀”？有什么优势？

参 考 文 献

[1] 刘晋春，白基成，郭永丰．特种加工[M]．第5版．北京：机械工业出版社，2008

[2] 贾立新．电火花加工实训教程[M]．西安：西安电子科技大学出版社，2007

[3] 周旭光．模具特种加工技术[M]．北京：人民邮电出版社，2010

[4] 金庆同．特种加工[M]．北京：航空工业出版社，1988

[5] 朱企业等．激光精密加工[M]．北京：机械工业出版社，1990

[6] 汤家荣．模具特种加工技术[M]．北京：北京理工大学出版社，2010

[7] 鄂大幸，成志芳．特种加工基础实训教程[M]．北京：北京理工大学出版社，2010

[8] 王至尧．电火花线切割工艺[M]．北京：原子能出版社，1986

[9] 胡传．特种加工手册[M]．北京：北京工业大学出版社，2001

[10] 王瑞金．特种加工技术[M]．北京：机械工业出版社，2011

[11] 杨武成．特种加工[M]．西安：西安电子科技大学出版社，2009

[12] 郭谆钦．特种加工技术[M]．南京：南京大学出版社，2013